高等教育“十四五”规划教材
新编安全科学与工程专业系列教材

建筑施工安全

主　编　翟　越　李宛鸿
副主编　李宇白　孔祥国
主　审　李树刚

中国矿业大学出版社
· 徐州 ·

内容提要

本书是高等院校“新编安全科学与工程专业系列教材”之一，主要介绍了建筑施工安全概论、土方工程施工安全、脚手架及模板工程施工安全、高处作业安全防护措施、施工现场临时用电安全措施、建筑施工机械设备使用安全、地下工程施工安全、拆除工程施工安全、建筑施工现场消防安全、季节性施工安全措施与职业卫生健康、建筑施工现场安全管理及信息化建设、建筑施工事故处理及案例分析等内容。为帮助学习者巩固理论基础知识，将理论与实践相结合，重点列举了典型的建筑工程事故案例，并进行了必要的分析。

本书可以作为高等院校安全工程专业和建筑工程专业的本科教学用书，也可供建筑施工企业技术人员、管理人员参考使用。

图书在版编目(CIP)数据

建筑施工安全 / 翟越，李宛鸿主编. —徐州 ：中国矿业大学出版社，2023.7

ISBN 978-7-5646-5907-3

Ⅰ. ①建… Ⅱ. ①翟… ②李… Ⅲ. ①建筑施工—安全技术—高等学校—教材 Ⅳ. ①TU714

中国国家版本馆 CIP 数据核字(2023)第 139915 号

书　　名　建筑施工安全
主　　编　翟　越　李宛鸿
责任编辑　陈红梅
出版发行　中国矿业大学出版社有限责任公司
　　　　　（江苏省徐州市解放南路　邮编 221008）
营销热线　(0516)83885370　83884103
出版服务　(0516)83995789　83884920
网　　址　http://www.cumtp.com　**E-mail**:cumtpvip@cumtp.com
印　　刷　徐州中矿大印发科技有限公司
开　　本　787 mm×1092 mm　1/16　**印张** 18.75　**字数** 468 千字
版次印次　2023 年 7 月第 1 版　2023 年 7 月第 1 次印刷
定　　价　52.00 元

前　言

随着我国建筑行业的高速发展，建筑规模越来越大，复杂程度越来越高，保证施工安全的难度也就越来越大。因此，建筑业是一个危险源多、风险大、事故率高的行业。近年来，建筑施工安全受到越来越广泛的重视，建筑施工行业对安全工程专业人才的需求也越来越迫切。为此，国内百余所高等院校的安全工程专业每年都有大量的毕业生进入建筑施工企业从事安全技术与管理工作。为了满足高等院校安全工程专业和建筑工程专业对建筑施工安全方面的教学要求，以及促进从事建筑工程施工的广大施工人员学习和掌握施工安全的专业知识，作者在收集了大量文献资料的基础上，依据我国相关法律、规范、标准，并结合多年的教学和工程实践经验编写了此教材。

本教材系统地介绍了建筑施工安全所涉及的诸多领域，力求体现科学性、系统性和先进性，内容包括：建筑施工安全概论、土方工程施工安全、脚手架及模板工程施工安全、高处作业安全防护措施、施工现场临时用电安全措施、建筑施工机械设备使用安全、地下工程施工安全、拆除工程施工安全、建筑施工现场消防安全、季节性施工安全措施与职业卫生健康、建筑施工现场安全管理及信息化建设、建筑施工事故处理及案例分析。本教材按照 48 学时编写，在讲授过程中，任课教师可以根据实际情况及专业需要进行取舍。

翟越和李宛鸿担任本教材主编，负责教材编写的组织、协调和统筹工作。全书共 12 章，第 1 章由翟越编写；第 2 章和第 7 章由孔祥国编写；第 3 章至第 6 章由李宛鸿编写；第 8 章至第 12 章由李宇白编写。

本教材在编写过程中参考了大量的文献资料，谨向这些文献资料的作者们表示衷心的感谢；同时，感谢中国矿业大学出版社的编辑及各位领导给予的关心和大力支持。

由于时间仓促，并限于编者的水平，书中难免存在不足之处，敬请读者批评指正。

编　者

2023 年 3 月

目　录

第 1 章 建筑施工安全概论

习近平总书记在党的二十大报告中指出，高质量发展是全面建设社会主义现代化国家的首要任务。重申要贯彻新发展理念，要加快构建新发展格局，着力推动高质量发展。建筑业是我国国民经济的重要支柱产业之一，对提高人民生活水平、促进社会发展具有非常重要的意义。随着我国经济水平的快速提升和科学技术的迅猛发展，建筑行业创造出更多"高、大、精、新"的建筑工程，"安全生产是民生大事，一丝一毫不能放松，要以对人民极端负责的精神抓好安全生产工作，站在人民群众的角度想问题，把重大风险隐患当成事故来对待"，这对建筑施工安全提出了更高的要求。安全生产不仅关系到劳动者的根本利益，也关系到企业生存与声誉，更关系到社会的稳定和发展。在我国，目前建筑施工是仅次于交通运输的事故多发行业，因此建筑施工安全任重而道远。

建筑施工安全是以建筑工程实施过程中可能发生的各种类型的风险为研究对象，研究风险因素及其发生、发展的条件和规律，以及其预防、控制的原理和方法。它是一门有自身科学体系的综合性课程，包括安全科学方法论、建筑施工安全技术、建筑施工安全管理与法规，以及建筑施工职业卫生与健康等多方面的内容。本章主要介绍建筑工程与施工的特点、建筑安全生产的意义，建筑施工危险源辨识与一般控制措施，以及本课程的主要内容与学习方法。

1.1 建筑工程及施工事故的特点

建筑施工过程不确定危险因素多、风险大，事故多发。虽然目前已经强制实行了建筑施工企业安全生产许可制度，并进一步加强对建筑施工现场的生产安全检查力度，但伤亡事故率和数量仍然居高不下，这与建筑工程本身及施工行业固有的复杂特点紧密相关。

1.1.1 建筑工程的基本特点

(1) 建筑工程产品固定性

这个特点是它不同于其他生产行业流水作业的根本点。建筑施工场地固定，所有生产活动都是围绕着建筑物、构筑物进行的，有限的场地上集中了大量流动的施工人员、建筑材料、施工机械与工具等。这种产品固定、人员流动的情况可以持续几个月或一年，有的需要七八年，甚至更长的时间，工程才能够完工。

(2) 建筑工程产品不可重复性

建筑结构、规模、功能是多种多样的，而且建筑施工现场的周边环境、场地水文地质条件、施工季节气候等也千差万别，对施工人员、建筑材料、机械设备、施工设施、防护用具、施工技术等都有不同的要求，可以说建筑产品没有完全相同的，因此具有单一性和不可重复性，这就决定了建筑施工的安全问题是动态变化的。

(3) 建筑工程安全责任主体多

参与建筑施工过程的主体众多，如建设、勘察、设计、监理、施工、材料供应和设备租赁等单位，以及政府相关监督管理部门，各单位协调关系的复杂性，安全责任主体多，决定了建筑施工安全管理的难度较高，安全制度落实难度大。

(4) 露天作业和高处作业多

建筑物从基础、主体结构、屋面工程、管道安装到室外装修等施工过程中，露天作业约占整个工程的 70%，其中 90%以上施工作业都属于高处作业，因此受环境影响大、高处作业危险性大。在所有的建筑安全生产事故中，高处坠落所占比例最大。特别是在高处露天作业环境中的大风、雷电、雨雪天气以及夜间照明不足还会导致工作环境更加恶劣，会使得作业人员体力和注意力下降，这些都会增加施工作业中的危险性。

(5) 机械化程度低

建筑业是劳动密集型的传统行业之一，目前机械化、自动化程度相对其他工业生产较低，手工操作多，如瓦工、抹灰工、架子工、混凝土工、管工、木工等都在从事繁重的体力劳动。建筑施工作业的高强度体力劳动，加之施工现场的噪声、热量、有害气体和尘土等有害因素都会导致工作条件恶劣，使得人身伤害事故和职业健康事故频发。

(6) 施工现场变化大

每栋建筑物施工从基础、主体到装修，每道工序都不同，即使同一工序由于施工工艺和方法不同，生产过程和环境不同，危险因素也就不同。建筑工程的施工过程是按流水作业方式进行的，而随着工程的进展，施工现场可能会从地下的几十米到地上的几百米，其工作场所和工作内容都是动态的、不断变化的，而且周边环境、作业条件、施工技术等都在不断更新与变化，因此，施工过程的安全问题也是不断变化的。

(7) 施工作业人员的专业素质相对较低

建筑施工业属于劳动密集型行业，需要大量的人力资源，据统计资料显示，目前在我国建筑一线施工作业人员中，农民工就有 4 000 万人，占从业人员总数的 80%左右，而且多数从业人员与施工单位属于临时劳务外包关系，其中部分未经过正规培训，文化水平较低，安全意识较淡薄，安全操作水平较差，常出现违章作业现象，给建筑事故的发生埋下了较大安全隐患。

由于上述建筑工程项目的特点，在施工实施过程中存在着许多不确定性危险因素，加上流动分散、工期不固定，比较容易形成临时观念，出现偷工减料，重生产轻安全，易存在侥幸心理不采取可靠的安全防护措施，因此比其他工业产品的生产具有更大的风险性。

1.1.2 建筑工程施工事故的特点

建筑规模和难度日益增大，施工的复杂程度越来越高，使得建筑施工安全生产事故严重程度增加，其具体特点如下：

(1) 严重性

建筑工程发生的施工安全事故损失往往较大，甚至会造成群死群伤和巨大财产损失，而且给人们的心理以及企业信誉带来的影响也是不可估量的，甚至给社会带来较大的负面影响，备受媒体和群众关注，处理不当还可能导致社会问题的发生。

（2）不确定性与可变性

建筑施工产品在生产过程中具有流动性强、作业环境复杂、参与人员多、外部环境影响大等特点，这些决定了建设施工过程风险的不确定性强，并且安全隐患随外界条件变化而变化，还可能引发事故的连锁反应，导致损失和影响面扩大。

（3）复杂性

建筑施工安全事故的发生常常是多种因素的综合积累作用导致的，人的不安全行为、物的不安全状态、环境因素、管理上的缺陷这四类因素的相互作用，使得事故发生时很难准确地说明是哪种因素影响更多。因此，导致事故发生的原因错综复杂，即使是同类事故发生的原因也可能是多种因素综合交叉造成的。

（4）多发性

某些建筑施工事故在某些部位、工序、作业中经常重复发生。根据统计，发生安全事故的部位如“四口”“五临边”，以及基础工程施工、模板工程施工、脚手架施工、塔吊或其他大型运输设备等作业过程中经常发生安全事故。虽然发生的安全生产事故已成为项目安全管理的经验教训，但是犯下“同样错误”的情形却仍然无法杜绝。

1.2　建筑工程危险源的辨识

1.2.1　危险源的基本概念

1.2.1.1　危险源的定义

危险源是指一个系统中具有潜在能量和危险物质，在一定的触发因素作用下可以转化为事故的部位、区域、场所、空间、岗位、设备及其位置。也就是说，危险源是能量、危险物质集中的核心，是能量传出来或爆发的地方。危险源存在于确定的系统中，不同的系统范围，危险源的区域也不同。根据危险源的定义，危险源是导致事故发生的起因，具有破坏能力是其基本条件。作为危险源，它还应具有以下 3 个基本要素：

（1）潜在危险性

危险源的潜在危险性是指一旦触发，可能带来的危害程度或损失大小，或者说危险源可能释放的能量强度或危险物质量的大小。

（2）存在条件

危险源的存在条件是指危险源所处的物理、化学状态和约束条件状态，主要包括以下内容：

① 储存条件，如堆放方式、数量，通风、隔离状态等。

② 理化性能，如温度、压力、状态、闪点、燃点、爆炸极限、有毒、有害特性等。

③ 设备状态完好程度，如缺陷、维护保养、使用年限等。

④ 防护条件，如防护措施、故障处理措施、安全装置及标志等。

⑤ 操作条件，如操作技术水平、操作失误率等。

⑥ 管理条件，如组织、指挥、协调、控制、计划等的措施及水平。

(3) 触发因素

触发因素不属于危险源的固有属性，而是危险源转化为安全事故的外因。每一类型的危险源都有相应的敏感触发因素，如对于易燃易爆物质，热能是其敏感的触发因素；对于压力容器，压力升高是其敏感触发因素。在触发因素的作用下，危险源转化为危险状态，继而转化为事故。触发因素主要包括：

① 人为因素，如不正确操作、心理因素、生理因素等。

② 管理因素，如不正确管理、不正确的训练、指挥失误、判断决策失误、设计差错、错误组织安排等。

③ 自然因素，包括引起危险源转化的各种自然条件及其他变化，如环境的气温、气压、湿度、温度、风速等，以及自然界中的雷电、雨雪、地震、滑坡等。

1.2.1.2 危险源的分级

危险源分级一般按危险源在触发因素作用下转化为事故的可能性大小与发生事故的严重程度划分，危险源分级实质上是对危险源的评价。

(1) 按危险源转化为事故可能性大小划分

按发生事故的可能性大小将危险源划分为 6 个等级，见表 1-1。

表 1-1 按发生事故的可能性大小划分危险源等级

级别	事故出现可能性	危险概率
A 级	非常容易发生	10^{-1}
B 级	容易发生	10^{-2}
C 级	较容易发生	10^{-3}
D 级	不容易发生	10^{-4}
E 级	难以发生	10^{-5}
F 级	极难以发生	10^{-6}

(2) 按事故危险程度划分

按危险源转化为事故后果的严重性来划分，见表 1-2。

表 1-2 按事故后果的严重程度大小划分危险源等级

级别	危害程度	危害后果
一级	可忽略	不会造成人员伤害和系统破坏
二级	临界的	可能造成人员伤害和主要系统损坏，但可排除和控制
三级	危险的	会造成人员伤害和主要系统损坏，需立即采取控制措施
四级	破坏性的	造成人员伤害以及系统严重损坏

(3) 按事故损失划分

依据《生产安全事故报告和调查处理条例》(国务院令第 493 号)，根据生产安全事故(简称事故)造成的人员伤亡或者直接经济损失将事故分为 4 个等级，见表 1-3。

表 1-3　按事故造成的人员伤亡或者直接经济损失分类

事故等级	伤亡人数	直接经济损失
一般事故	3 人以下死亡，或者 10 人以下重伤(包括急性工业中毒，下同)	或者 1 000 万元以下
较大事故	3 人以上 10 人以下死亡，或者 10 人以上 50 人以下重伤	或者 1 000 万元以上 5 000 万元以下
重大事故	10 人以上 30 人以下死亡，或者 50 人以上 100 人以下重伤	或者 5 000 万元以上 1 亿元以下
特别重大事故	30 人以上死亡，或者 100 人以上重伤	或者 1 亿元以上

注：表格中所称“以上”包括本数，所称“以下”不包括本数。

1.2.1.3　按危险源作用分类

根据危险源在事故发生和发展中的作用，把危险源划分为第一类危险源和第二类危险源。

(1) 第一类危险源

根据能量意外释放理论，能量或危险物质的意外释放是伤亡事故发生的物理本质，因此把生产过程中存在的可能发生意外释放的能量(能源或能量载体)或危险物质称作第一类危险源。第一类危险源产生的根源是能量与有害物质，系统具有的能量越大，存在的有害物质数量越多，系统的潜在危险性和危害性也越大。

建筑施工现场中所有能产生、供给能量的能源和载体在一定条件下都可能释放能量而造成事故，这是最根本的危险源；施工现场中有害物质在一定条件下能损伤人体的生理机能和正常代谢功能，破坏设备和物品的效能，它也是最根本的危险源。为了防止第一类危险源导致事故，必须采取措施约束、限制能量和危险物质。表 1-4 为建筑施工事故伤害类型与第一类危险源。

表 1-4　建筑施工事故伤害类型与第一类危险源

事故类型	能量源或危险物的产生、储存	能量载体或危险物
物体打击	产生物体落下、抛出、破裂、飞散的设备和场所	落下、抛出、破裂、飞散的物体
车辆伤害	车辆，使车辆移动的牵引设备、坡道	运动的车辆
机械伤害	机械的驱动装置	机械的运动部分、人体
起重伤害	起重、提升机械	被吊起的重物
触电	用电装置	带电体、高跨步电压区域
灼烫	热源设备、加热设备、炉、灶、发热体	高温物体、高温物质
火灾	可燃物	火焰、烟气
高处坠落	高度差的场所，人员借以升降的设备、装置	人体
坍塌	土石方工程的边坡、料堆、料仓、建筑物、构筑物	边坡土(岩)体、物料、 建筑物、构筑物、载荷
冒顶片帮	矿山采掘空间的围岩体	顶板、两帮围岩
爆破、火药爆炸	炸药的储存、使用设备和场所	炸药
瓦斯爆炸	可燃性气体、可燃性粉尘	气体、粉尘

表 1-4(续)

事故类型	能量源或危险物的产生、储存	能量载体或危险物
锅炉爆炸	锅炉	蒸汽
压力容器爆炸	压力容器	内部容纳物
淹溺	江、河、湖、海、池塘、洪水、储水容器	水
中毒窒息	产生、储存、聚积有毒有害物质的装置、容器、场所	有毒有害物质

(2) 第二类危险源

在生产、生活中,为了利用能量,让能量按照人们的意图在生产过程中流动、转换和做功,就必须采取屏蔽措施约束、限制能量,即必须控制危险源。约束、限制能量的屏蔽应该能够可靠地控制能量,防止能量意外地释放。然而,实际生产过程中绝对可靠的屏蔽措施并不存在。在许多因素的复杂作用下,约束、限制能量的屏蔽措施可能失效,从而发生事故。导致约束、限制能量屏蔽措施失效或破坏的各种不安全因素称为第二类危险源,主要包括物的故障、人的失误、管理失误和环境影响等因素。

① 物的故障。物包括机械设备、设施、装置、工具、用具、物质、材料等。根据物在事故发生中的作用,可分起因物和致害物两种。起因物是指导致事故发生的物体或物质,致害物是指直接引起伤害或中毒的物体或物质。

物的故障是指机械设备、设施、装置、元部件等在运行或使用过程中由于性能低下而不能实现预定功能的现象。物的故障可能是由于设计、制造缺陷造成的,也可能由于安装、搭设、维修、保养、使用不当或磨损、腐蚀、疲劳、老化等原因造成的,还可能由于认识不足、检查人员失误、环境或其他系统的影响等。例如,安全带及安全网质量低劣为高处坠落事故提供了条件;超载限制或高度限位安全装置失效使钢丝绳断裂、重物坠落;电线和电气设备绝缘损坏、漏电保护装置失效造成触电伤人,这些都是物的故障引起的危险源。

故障发生的规律是可知的,通过定期检查、维修保养和分析总结可使多数故障在预定期间内得到控制。因此,掌握各类故障发生的规律和故障率是防止故障发生而造成严重后果的重要手段。

② 人的不安全行为,是指违反安全规则或安全原则,使事故有可能或有机会发生的行为。违反安全规则或安全原则包括违反法律法规、标准、规范、规定,也包括违反大多数人都知道并遵守的不成文的安全原则,即安全常识。

根据现行《企业职工伤亡事故分类》(GB 6441—86),人的不安全行为包括:操作错误、忽视安全、忽视警告,造成安全装置失效,使用不安全设备,手代替工具操作,物体存放不当,冒险进入危险场所,攀、坐不安全位置,在起吊物下作业、停留,机器运转时进行加油、修理、检查、调整等工作,有分散注意力行为,在必须使用个人防护用具的作业或场合中,忽视其使用,不安全装束,对易燃、易爆等危险物品处理错误等。

不能仅仅因为行为是不安全的就定为不安全行为。例如,高处作业有明显的安全风险,然而,这些安全风险通过采取适当的预防措施可以规避。因此,这种作业不应被认为是不安全行为。

③ 管理失误,主要表现在对物、人和工作的管理失误。对物的管理失误,也可称技术上的缺陷,包括:技术、设计、结构上有缺陷,作业现场、作业环境的安排设置不合理等缺陷,防

护用品缺少或有缺陷等;对人的管理失误,包括:教育、培训、指示、对施工作业任务和施工作业人员的安排等方面的缺陷或不当;对管理工作的失误,包括:施工作业程序、操作规程和方法、工艺过程等的管理失误,安全监控、检查和事故防范措施等的管理失误,对采购安全物资的管理失误等。

④ 环境影响因素。人和物存在的环境,即施工生产作业环境中的温度、湿度、噪声、振动、照明或通风换气等方面的问题,会促使人的失误或物的故障发生。环境影响因素包括:

a. 物理因素,主要包括:噪声、振动、温度、湿度、照明、风、雨、雪、视野、通风、色彩等可能成为危险的因素。

b. 化学因素,主要包括:爆炸性物质、腐蚀性物质、可燃液体、有毒化学品、氧化物、危险气体等。化学性物质的形式有液体、粉尘、气体、蒸气、烟雾、烟等,化学性物质可通过呼吸道吸入、皮肤吸收、误食等途径进入人体。

c. 生物因素,主要包括:动物、植物、真菌、细菌、病毒等。感染途径有食物、空气、唾液等。

(3) 两类危险源的关系

事故的发生往往是两类危险源共同作用造成的。两类危险源相互关联、相互依存。第一类危险源的存在是事故发生的前提,在事故发生时释放出的能量是导致人员伤害或财物损坏的能量主体,决定事故后果的严重程度;第二类危险源是第一类危险源造成事故的必要条件,决定事故发生的可能性。因此,危险源辨识的首要任务是辨识第一类危险源,在此基础上再辨识第二类危险源。

1.2.1.4 按引发事故的起因分类

根据现行《企业职工伤亡事故分类》(GB 6441—86),综合考虑事故的起因物、致害物、伤害方式等特点,将危险源及危险源造成的事故分为20类,见表1-5。

表1-5 企业职工伤亡事故分类

事故名称	事故特征	事故表现
物体打击	失控物体的惯性力造成的人身伤害事故	落物、滚石、锤击、碎裂、崩块等造成的伤害,不包括爆炸而引起的物体冲击
车辆伤害	机动车辆引起的机械伤害事故	机动车辆在行驶中的挤、压、撞车或倾翻等事故,在行驶中上下车,搭乘矿车或放飞车引起的事故,以及车辆运输挂钩、跑车事故
机械伤害	机械设备与工具引起的绞、碾、割、戳、切等伤害	工具或刀具飞溅伤人、切屑伤人,手或身体被卷入,手或其他部位被刀具碰伤,被转动的机构碾压等,但属于车辆、起重设备的情况除外
起重伤害	从事起重作业时引起的机械伤害事故	不包括触电、检修时制动失灵引起的伤害,上下驾驶室时引起的坠落式跌倒
触电	电流流经人体,造成生理伤害的事故	人体接触带电的设备金属外壳或者裸露的临时线,漏电的手持电动手工工具,起重设备误触高压线或感应带电;雷击伤害,触电坠落等

表 1-5(续)

事故名称	事故特征	事故表现
淹溺	大量水经口、鼻进入肺内，造成呼吸道阻塞，发生急性缺氧而窒息死亡的事故	船舶、排筏、设施在航行、停泊、作业时发生的人员落水
灼烫	强酸、强碱溅到身体引起的灼伤，火焰引起的烧伤，高温物体引起的烫伤，放射线引起的皮肤损伤等事故	不包括电烧伤以及火灾事故引起的烧伤
火灾	造成伤亡的企业火灾事故	不适用于非企业原因造成的火灾，比如居民火灾蔓延到企业
高处坠落	由于危险重力势能差引起的伤害事故	脚手架、平台、陡峭施工等高于地面的坠落，也适用于从地面踏空失足坠入洞、坑、沟、升降口、漏斗等情况。但排除以其他类别为诱发条件的事故，如高处作业时因触电失足坠落应定为触电事故
坍塌	建筑物、构筑物、堆置物的倒塌以及石土塌方引起的事故	因设计或施工不合理而造成的倒塌，以及土方、岩石发生的塌陷事故，如建筑物倒塌，脚手架，挖掘沟、坑、洞时土石的塌方等情况。不适用于矿山冒顶片帮事故，或因爆炸、爆破引起的坍塌
冒顶片帮	矿井工作面、巷道侧壁由于支护不当、压力过大造成的坍塌，称为片帮；顶板垮落为冒顶	矿山、地下开采、掘进及其他坑道作业发生的坍塌
透水	矿山开采、地下开挖、坑道作业时，意外水源带来伤亡事故	井巷与含水岩层、地下含水带、溶洞或与被淹没巷道、地面水域相通时，涌水成灾的事故，不适用于地面水害事故
爆破	施工时爆破作业造成的伤亡事故	各种爆破作业，如采石、采矿、采煤、开山、修路、拆除建筑物等过程进行的爆破作业引起
火药爆炸	火药与炸药在生产、运输、储藏的过程中发生的爆炸事故	火药与炸药生产在配料、运输、储藏、加工过程中，由于振动、明火、摩擦、静电作用，或因炸药的热分解，储藏时间过长或因储存火药或炸药过多发生的化学爆炸事故，以及熔炼金属时废料处理不净，残存火药或炸药引起
瓦斯爆炸	可燃性气体瓦斯、煤尘与空气混合形成了达到燃烧极限的混合物，接触火源时引起的化学性爆炸	煤矿，同时也适用于空气不流通，瓦斯、煤尘积聚的场合
锅炉爆炸	锅炉发生的物理性爆炸事故	使用工作压力大于 0.7 atm(1 atm $=10^5$ Pa)，以水为介质的蒸汽锅炉，但不适用于铁路机车、船舶、列车电站和船舶电站的锅炉
容器爆炸	压力容器破裂引起的气体爆炸，即物理性爆炸	容器内盛装的可燃性液化气体在容器破裂后，立即蒸发，与周围的空气混合成爆炸性气体混合物，遇到火源时产生的化学爆炸，也称容器二次爆炸

表 1-5(续)

事故名称	事故特征	事故表现
其他爆炸	不属于上述爆炸的事故均列为其他爆炸事故	① 可燃性气体(如煤气、乙炔等)与空气混合形成的爆炸;② 可燃蒸气与空气混合形成的爆炸性气体混合物(如汽油挥发气)引起的爆炸;③ 可燃性粉尘以及可燃性纤维与空气混合形成爆炸性气体混合物引起的爆炸;④ 间接形成的可燃性气体与空气相混合,或者把可燃蒸气与空气相混合(如可燃固体、自燃物品,当其受热、水、氧化剂的作用迅速反应,分解出可燃气体或蒸气与空气混合形成爆炸性气体),遇火源爆炸
中毒和窒息	人接触有毒物质,如误食有毒食物或呼吸有毒气体引起急性中毒事故;在废弃的坑道、暗井、涵洞、地下管道等不通风的地方工作,因氧气缺乏,有时候会发生突然晕倒、死亡事故	不适用于病理变化导致的中毒和窒息的事故,也不适用于慢性中毒的职业病导致的死亡
其他伤害	不属于上述伤害的事故	扭伤、跌伤、冻伤、野兽咬伤、钉子扎伤等

建筑工程施工现场危险源辨识时,对危险源或其造成的伤害的分类多采用这种分类方法。其中高处坠落、物体打击、触电事故、机械伤害、坍塌事故、火灾和爆炸是建设工程施工中最主要的事故类型。

1.2.1.5 按导致事故和职业危害的直接原因分类

根据现行《生产过程危险和有害因素分类与代码》(GB/T 13861—2022)中的规定,将生产过程中的危险因素、有害因素分为6类。此种分类方法所列危险、有害因素具体、详细、科学、合理,适用于项目管理人员对危险源辨识和分析,经过适当的选择调整后,可作为危险源提示表使用。

(1) 物理性危害

① 设备、设施缺陷,包括强度不够、刚度不够、稳定性差、密封不良、应力集中、外形缺陷、外露运动件缺陷、制动器缺陷、控制器缺陷、设备设施其他缺陷。

② 防护缺陷,包括无防护、防护装置和设施缺陷、防护不当、支撑不当、防护距离不够、其他防护缺陷。

③ 电危害,包括带电部位裸露、漏电、雷电、静电、其他电危害。

④ 噪声危害,包括机械性噪声、电磁性噪声、流体动力性噪声、其他噪声。

⑤ 振动危害,包括机械性振动、电磁性振动、流体动力性振动、其他振动。

⑥ 电磁辐射,包括X射线、γ射线、β粒子、质子、中子、高能电子束等。

⑦ 非电离辐射,包括紫外线、激光、射频辐射、超高压电场等。

⑧ 运动物危害,包括固体抛射物、液体飞溅物、反弹物、岩土滑动、料堆垛滑动、气流卷动、冲击地压、其他运动物危害。

⑨ 明火,包括施工中电焊、做防水等过程中的动火作业、钢筋加工中产生的电火花等。

⑩ 能造成灼伤的高温物质,包括:高温气体、高温固体、高温液体、其他高温物质。

⑪ 能造成冻伤的低温物质,包括低温气体、低温固体、低温液体、其他低温物质。

⑫ 粉尘与气溶胶，不包括爆炸性、有毒性粉尘与气溶胶。

⑬ 作业环境不良，包括基础下沉、安全过道缺陷、采光照明不良、有害光照、通风不良、缺氧、空气质量不良、给排水不良、涌水、强迫体位、气温过高、气温过低、气压过高、气压过低、高温高湿、自然灾害、其他作业环境不良。

⑭ 信号缺陷，包括无信号设施、信号选用不当、信号位置不当、信号不清、信号显示不准、其他信号缺陷。

⑮ 标志缺陷，包括无标志、标志不清楚、标志不规范、标志选用不当、标志位置缺陷、其他标志缺陷。

⑯ 其他物理性危害因素。

(2) 化学性危害

① 易燃易爆性物质，包括易燃易爆性气体、易燃易爆性液体、易燃易爆性固体、易燃易爆性粉尘与气溶胶、其他易燃易爆性物质。

② 自燃性物质，包括油布、金属粉、煤粉、橡胶粉等。

③ 有毒物质，包括有毒气体、液体和固体，有毒粉尘与气溶胶，其他有毒物质。

④ 腐蚀性物质，包括腐蚀性气体、液体和固体，其他腐蚀性物质。

⑤ 其他化学性危害因素。

(3) 生物性危害因素

致病微生物、传染病媒介物、致害动物、致害植物、其他生物性危害因素等。

(4) 心理、生理性危害

负荷超限、健康状况异常、从事紧急作业、心理异常、辨识功能缺陷、其他心理、生理性危害因素等。

(5) 行为性危害因素

指挥错误、操作失误、监护失误、其他行为性危害因素等。

(6) 其他危害因素

1.2.1.6 按照建筑分部分项工程分类

在工业、民用建筑和市政基础设施的新建、改建、扩建和拆除等活动中，危险性较大工程是《建设工程安全生产管理条例》第二十六条所指的 7 项分部分项工程：基坑支护与降水工程；土方开挖工程；模板工程；起重吊装工程；脚手架工程；拆除、爆破工程；其他危险性较大的工程。这些都是建筑工程在施工过程中存在的可能导致作业人员群死群伤或造成重大不良社会影响的分部分项工程。

(1) 基坑支护与降水工程

开挖深度超过 3 m(含 3 m)或虽未超过 3 m，但地质条件和周边环境复杂的基坑(槽)支护、降水工程。

(2) 土方开挖工程

开挖深度超过 3 m(含 3 m)的基坑(槽)的土方开挖工程。

(3) 模板工程及支撑体系

① 各类工具式模板工程：包括大模板、滑模、爬模、飞模等；

② 混凝土模板支撑工程：搭设高度 5 m 及以上，搭设跨度 10 m 及以上，施工总荷载 10 kN/m^2 及以上，集中线荷载 15 kN/m 及以上，高度大于支撑水平投影宽度且相对独立

无联系构件的混凝土模板支撑工程；

③ 承重支撑体系：用于钢结构安装等满堂支撑体系。

(4) 起重吊装及安装、拆卸工程

① 采用非常规起重设备、方法，且单件起吊重量在 10 kN 及以上的起重吊装工程。

② 采用起重机械进行安装的工程。

③ 起重机械设备自身的安装、拆卸。

(5) 脚手架工程

① 搭设高度 24 m 及以上的落地式钢管脚手架工程。

② 附着式整体和分片提升脚手架工程。

③ 悬挑式脚手架工程。

④ 吊篮脚手架工程。

⑤ 自制卸料平台、移动操作平台工程。

⑥ 新型及异型脚手架工程。

(6) 拆除、爆破工程

① 建筑物、构筑物拆除工程；

② 采用爆破拆除的工程。

(7) 其他危险性较大的工程

① 建筑幕墙安装工程。

② 钢结构、网架和索膜结构安装工程。

③ 人工挖扩孔桩工程。

④ 地下暗挖、顶管及水下作业工程。

⑤ 预应力工程。

⑥ 采用新技术、新工艺、新材料、新设备及尚无相关技术标准的危险性较大的分部分项工程。

1.2.1.7 建筑工程的重大危险源

施工单位对超过一定规模的危险性较大的分部分项工程，即建筑工程重大危险源，应当组织专家对专项方案进行论证。所谓超过一定规模的危险性较大的分部分项工程包括下列内容：

(1) 深基坑工程

① 开挖深度超过 5 m(含 5 m)的基坑(槽)的土方开挖、支护、降水工程。

② 开挖深度虽未超过 5 m，但地质条件、周围环境和地下管线复杂，或者影响毗邻建筑(构筑)物安全的基坑(槽)的土方开挖、支护、降水工程。

(2) 模板工程及支撑体系

① 工具式模板工程：包括滑模、爬模、飞模等。

② 混凝土模板支撑工程：搭设高度 8 m 及以上，搭设跨度 18 m 及以上；施工总荷载 15 kN/m^2 及以上，集中线荷载 20 kN/m 及以上。

③ 承重支撑体系：用于钢结构安装等满堂支撑体系，承受单点集中荷载 700 kg 以上。

(3) 起重吊装及安装、拆卸工程

① 采用非常规起重设备、方法，且单件起吊重力在 100 kN 及以上的起重吊装工程。

② 起重量 300 kN 及以上的起重设备安装工程；高度 200 m 及以上内爬起重设备的拆除工程。

(4) 脚手架工程

① 搭设高度 50 m 及以上落地式钢管脚手架工程。

② 提升高度 150 m 及以上附着式整体和分片提升脚手架工程。

③ 架体高度 20 m 及以上悬挑式脚手架工程。

(5) 拆除、爆破工程

① 采用爆破拆除的工程。

② 码头、桥梁、高架、烟囱、水塔或拆除中容易引起有毒有害气(液)体或粉尘扩散、易燃易爆事故发生的特殊建(构)筑物的拆除工程。

③ 可能影响行人、交通、电力设施、通信设施或其他建、构筑物安全的拆除工程。

④ 文物保护建筑、优秀历史建筑或历史文化风貌区控制范围的拆除工程。

(6) 其他危险性较大的工程

① 施工高度 50 m 及以上的建筑幕墙安装工程。

② 跨度大于 36 m 及以上的钢结构安装工程；跨度大于 60 m 及以上的网架和索膜结构安装工程。

③ 开挖深度超过 16 m 的人工挖孔桩工程。

④ 地下暗挖工程、顶管工程、水下作业工程。

⑤ 采用新技术、新工艺、新材料、新设备及尚无相关技术标准的危险性较大的分部分项工程。

1.2.2 建筑工程的危险源辨识与评价

建筑工程危险源辨识与评价是建立安全生产保证计划的重要工作内容，其目的是对建筑工程施工过程的全部危险源及其影响进行确认和评价分级，并根据评价分级结果，有针对性地采取措施控制风险，从而取得良好的安全效益。

1.2.2.1 建筑工程危险源辨识的范围与内容

建筑工程危险源辨识的范围主要包括：施工作业区、加工区、办公区和生活区，企业机关和基层单位所在的办公场所和生活场所等。建筑工程危险源辨识与评价活动的内容主要包括五个方面：

(1) 对工作场所设施的辨识

① 企业机关、基层单位、各部(科)室在辨识小组领导下，负责对管辖区域内的办公设施(包括办公室、厂院、楼道等)进行辨识。

② 行政管理部门和各基层单位相关科室负责对所管辖的生活区域(包括食堂、浴室、俱乐部、宿舍、厕所等)的设施进行辨识，并监督项目部对办公区、生活区的辨识。

③ 项目部辨识小组负责对施工现场的办公区、生活区(包括分包队伍的食堂、宿舍等)、加工区(包括钢筋加工、木工加工、混凝土搅拌等区域)、施工作业区(包括“四口”“五临边”防护、安全通道、作业面的材料码放、架子搭设、临时用电架设等)设施的辨识。

④ 工作场所的设施无论是企业自有的、企业租赁的、分包方自带的、业主提供的，都在辨识的范围内。

(2) 对工作场所使用的设备、材料、物资进行辨识。

(3) 对常规作业活动进行辨识。项目部依照正常作业计划按分项、分部工程,对施工作业和加工作业进行辨识和评价。

(4) 对非常规作业活动进行辨识。基层单位、项目部未能按照正常作业计划施工,如抢工期、交叉作业等,或者在冬季、雨期、夜间等施工过程中可能发生的危险源。

(5) 对进入施工现场的相关方,如分包队伍、合同人员、来访者、供方等,可能产生的危险源进行辨识。

1.2.2.2 建设工程危险源辨识方法

对于一般危险源辨识的方法也适用于建筑工程危险源辨识。具体可以从系统中能量存在点进行识别,也可以从伤亡事故辨识危险源。

(1) 按系统中能量存在点辨识危险源

在生产实际中可以按系统中能量的存在位置来辨识危险源,主要包括以下几个方面:

① 产生、供给能量的装置、设备。它们运转时往往产生或供给很高的能量,如变配电室、供热锅炉等。

② 使人体或物体具有较高能量的装置、设备、场所。例如,提升机械使物体、人体具有较高的势能;向外抛出物料的机械使物料具有较高的动能;距基准面高差大的场所,使人体、物体具有较高的势能。

③ 能量载体,拥有能量的人或物。例如,运动中的车辆、运动的机械部件、带电的导体、吊起的重物、操作中的人等。

④ 一旦失控可能产生巨大能量的装置、设备、场所。这是一些正常情况下按人们意图进行的能量转换和做功,在意外情况下可能产生巨大能量的装置、设备、场所,如气焊中的乙炔瓶,充满爆炸性气体的空间等。

⑤ 一旦失控可能发生能量蓄积的装置、设备、场所。正常情况下,多余的能量被泄放而处于安全状态,一旦失控时能量大量蓄积,其结果可能导致大量能量的意外释放,如各种压力容器、受压设备、容易发生静电蓄积的装置、场所等。

⑥ 危险物质,除了干扰人体与外界能量交换的有害物质外,还包括具有化学能的危险物质。具有化学能的危险物质分为燃烧爆炸危险物质和有毒有害危险物质两大类。前者泛指能够引起火灾或爆炸的物质,按其物理化学性质分为可燃气体、可燃液体、易燃固体、可燃粉尘、易爆化合物、自燃性物质、忌水性物质和混合危险性物质等。后者是指直接损害人体机能和健康,造成中毒、致病、致畸、致癌等的化学物质。

⑦ 生产、加工、储存危险物质的装置、设备、场所。在意外情况下,可能引起其中的危险物质起火、爆炸或泄漏,如爆破所需炸药的储存设施、汽油等燃料的储存场所等。

⑧ 人体一旦与之接触将导致人体能量释放的物体。例如,锐利的毛刺、棱角等,运动的人体与之接触后,人体的动能意外释放而遭受伤害。

(2) 从伤亡事故辨识危险源

在生产实际中,可以通过现场调查并应用故障树分析法从安全生产事故来分析辨识引起该事故发生的危险源。

1.2.2.3 建筑工程危险源的评价方法

对已经辨识出来的危险源还要进行正确评价,按危险性严重程度进行对策整改,消除事故隐患,或者将事故隐患控制在允许的范围内。常见的危险源评价方法如下:

(1) 危险源定性评价法

危险源常用的定性评价法主要包括德尔菲(Delphi)法、专家调查法、危险性与可操作性研究(HAZOP)、因果分析图法、故障类型及影响分析(FMEA)等。这些方法主要依靠专业评价人员自身的知识体系、技术素养和工程经验积累,通过对施工工艺、相关施工设备的机械性能与使用环境、操作人员能力等方面进行的非量化综合性评价。其结果一般依赖于定性指标。例如,专家评价法是组织熟悉本项目生产经营活动、工程产品和服务过程的专业技术及环境保护方面的专家,利用他们的知识和经验进行分析和评价。必要时,可寻求企业和社会的帮助。

(2) 危险源定量评价法

危险源的所谓定量评价法,一般是指用某一种或多种指标反映出生产系统中所存在的危险性指数大小。定量评价法可以划分为相对的指数评价与概率危险性评价两种。

① 相对指数评价法。相对指数评价法是对系统范围内存在的各种危险源进行辨识,再以规定的相应标准进行打分,然后在此基础上应用数学统计方法进行分值综合分析,以最终分值计算结果来进行危险性的等级确定。这种方法主要包括打分检查表法、MES 法、作业条件评价方法,即格雷厄姆法(LEC)等。由于这类方法操作简单,因此应用较广,但这种方法受打分人员的主观影响较大。下面详细介绍一下作业条件危险性评价法,即格雷厄姆法和打分法。

a. 格雷厄姆法:认为影响危险性的主要因素包括:发生事故或危险事件的可能性,用符号 L 表示;人出现在这种危险环境的时间,用符号 E 表示;发生事故可能产生的后果,用符号 C 表示。那么,危险性指标的计算式如下:

$$危险性\ A_n = L \times E \times C \tag{1-1}$$

发生危险情况的可能性 L 可用发生事故的概率来表示。将实际不可能发生事故的情况分数定为 0.1,而将必然发生事故的分数定为 10,对这两种情况之间的情况取中间值,见表 1-6。

表 1-6　发生危险的可能性分数(L)

发生危险的可能性	分数值	发生危险的可能性	分数值
完全被预料到	10	可以设想但高度不可能	0.5
相当可能	6	极度不可能	0.2
不经常但可能	3	实际上不可能	0.1
完全意外极少可能	1		

人出现于危险情况中的时间越长,危险性越大,E 越大。这里规定连续出现在危险环境中的情况为 10,而每年仅出现几次或相当少的时间为 1,如表 1-7 所列。

表 1-7　出现于危险环境中的分数(E)

出现于危险环境的情况	分数值	出现于危险环境的情况	分数值
连续处于危险环境中	10	每月一次出现在危险环境中	2
每天一次在有危险的环境中工作	6	每年一次出现在危险环境中	1
每周一次出现于危险环境中	3	几年一次出现在危险环境中	0.5

事故发生后的危害程度变化范围很大，对于伤亡事故来说，可以是极轻微的伤害直到多人死亡的后果。由于取值范围很广，所以规定 C 为 1～100，将微伤害规定为 1，将 10 人及以上死亡的可能性分数定为 100，其他情况的分数值均在 1～100，如表 1-8 所列。

表 1-8　事故发生后可能结果的分数（C）

可能结果	分数值	可能结果	分数值
大灾难（10 人及以上死亡）	100	职业病	5
灾难（3 人及以上死亡）	40	轻伤	3
非常严重（1 人及以上死亡）	15	微伤	1
严重（重伤）	7		

根据经验，危险性分数在 20 以下的环境被认为是低危险性的，一般来说可以被生产企业或项目部所接受。危险性分数达 70～160，就有显著的危险性，需要及时整改。危险性分数为 160～320 的，是一种必须立即采取措施进行整改的高度危险性生产环境。320 分以上的高分，表示环境非常危险，应立即停止生产，直到环境得到改善、危险性消除为止。危险性分级分数如表 1-9 所列。

表 1-9　危险性分数（A_n）

危险性程度	分数值	危险性程度	分数值
极度危险，停产整改	＞320	一般危险，需要注意	20～70（含 70）
高度危险，立即整改	160～320（含 320）	稍有危险，可以接受	≤20
很危险，及时整改	70～160（含 160）		

b. 打分法。应用于施工环境影响的评价时，对污染物（粉尘、废气、废弃物、废水等）及噪声排放的法规符合性、发生频率、影响规模与范围、影响程度、社会关注度 5 个方面按表 1-10 规定进行打分。

表 1-10　打分表

评价分类	评价标准	得 分	评价分类	评价标准	得 分
法规符合性（a）	超标	5	社会关注度（d）	严重	5
	接近超标	3		一般	3
	未超标	1		基本不关注	1
影响程度（b）	严重	5	影响规模与范围（e）	超出社区	5
	一般	3		周围社区	3
	轻微	1		场界内	1
发生频率（c）	持续发生	5	备注		
	间歇发生	3			
	偶然发生	1			

当总分 $a+b+c+d+e \geqslant 14$，可认定为重大环境影响因素。

② 概率危险性评价法。概率危险性评价方法是以安全性为向导，然后采用不同的危险评价方法测算概率。一般是结合导致发生故障的类型和造成的影响，对不同的施工安全事故进行分析，研究相应的事故模式，并结合故障数据，进行项目的安全事故概率分析，得出相应的危险度及危险临界值。这种方法是建立在统计数据资料的基础上的，其计算的过程有着严谨的科学性，其结果也能在一定程度上反映出真实的危险水平，可以运用在工程的可行性研究、设计、实施等各个阶段。这类方法主要包括道化学法、蒙德评价法（Mond）等，其中蒙德评价法是指英国帝国化学公司（ICI）开发的火灾、爆炸、毒性指标评价法，这是一种在美国道化学公司（DOW）火灾、爆炸指数评价法（道化学法）基础上补充发展的评价方法。该方法与道化学法的原理相同，都是基于物质系数法，而它在考虑对系统安全影响因素方面更加全面和完善，主要体现在以下几点：

a. 增加了毒性的概念和计算。

b. 补充了某些补偿系数。

c. 增加了几个特殊工程类型的危险性。

d. 能对较广范围的工程及存储设备进行研究。

（3）综合整体评价法

综合整体评价法是在以上两类方法的基础上，通过统计整个系统的所有危险源，对机械设备、操作人员、施工环境与管理水平等进行综合性危险性评价。由于这种方法集合了定性及定量危险性评价的长处，所以在应用上有着一定的优势。

1.3 建筑施工危险源控制措施

1.3.1 固有危险源控制措施

（1）限制能量

对固有危险源采取限制能量的措施，主要是对能量采取隔离和控制的方法，具体措施如下：

① 将不能共存的物质分开存放，如把燃烧三要素中任何一种要素与其余要素分开，防止火灾；将相互接触或混合后可能发生燃烧爆炸的物质分开储存，如炸药与雷管要分开存放。

② 设置安全防护设施，如设置带式输送机的安全防护装置、隔音间、防护栏杆等。

③ 危险物质的屏蔽，如高温热源的屏蔽、放射线或辐射的防护屏蔽等。

（2）安全能源代替

采用安全能源代替危险性较大的能源，即采用转移的手段。但是应该注意安全能源替代危险性较大的能源又可能产生新的危险。安全能源代替具体措施如下：

① 采用不燃烧性能源代替可燃性能源，防止火灾事故。

② 采用安全电压，防止触电和电气火灾事故。

③ 用液压系统代替电力系统或压气系统，防止电气事故或避免压力容器管路破裂造成冲击破坏。

(3) 防止能量积蓄

能量积蓄会使危险源的能量增加,从而使事故发生的可能性及造成的损失和伤害程度更为严重。一般采用控制手段防止能量积蓄。

① 设置调节装置,如给锅炉设置温度比较器、泄压阀等调节装置。

② 设置气体检测装置、报警装置,如设置煤气的检测、报警装置等。

③ 采取稀释手段,如设置通风、除尘等装置,防止粉尘、有毒有害气体积蓄。

④ 尽量采用地面装卸作业,避免势能增加。

⑤ 利用液位控制装置,防止液位过高或过低。

(4) 防止能量逸散

防止能量逸散主要是采取措施约束能量和危险物质,防止其逸散。

① 在带电体外部加上绝缘装置,安装漏电保护装置等。

② 高空作业佩戴安全带。

③ 用坚固的密闭容器储存危险物质。

④ 工业管道的接头、阀门采用可靠的密封材料。

(5) 缓冲能量

缓冲能量主要采用保留的手段来减少能量的破坏作用。这种保留手段是在能量达到一定程度时的应急措施。

① 采用安全缓冲装置,如高压容器的爆破板、安全阀等。

② 采用能量吸收缓解装置,如冲击吸收装置、天车的缓冲器、高空作业的安全网等。

③ 电气设备的保险装置,如保险丝、保险盒等。

④ 给设施、建构筑物设置避雷装置。

(6) 防护能量

防护能量主要采取防护手段,如防护罩、灭火、隔火装置、过滤装置、防噪声装置、爆破作业的掩体、防行车钩头脱落、防钢绳断裂的安全装置、联锁装置、隔墙等。

(7) 在能量通道上采取措施

① 设置安全通道,防止人进入能量通道。

② 道路上设置人行天桥、立交桥、人车分道,防止人与车、车与车相撞。

③ 火车、汽车、人行交叉路口设置安全栏杆、警示灯等。

④ 在危险区设栏杆、标志,如井下溜井、天井口设置警灯、护栏等。

(8) 安装联锁装置

联锁装置是一种堵截能量释放的措施,使能量不能按事故通道释放出来。联锁装置一般有以下两种情况:

① 安全防护装置与设备之间的联锁。如果不利用安全装置,则设备不能运转而处于最低能量状态,防止事故发生。例如,矿井井口的安全栅、摇台与卷扬机启动电路联锁,可以防止误启动卷扬机。

② 防止由于操作错误或设备故障而发生事故。例如,防止操作顺序错误而设置联锁,利用限位开关防止设备运转超出规定范围,当人体或人体的一部分进入危险区域时,联锁装置使设备及时停止运转。联锁装置的类型非常多,工业生产中常见的联锁装置类型如:

a. 限位开关:当限位开关被触动时打开或关闭电路。

b. 擒纵机构:利用擒纵装置,如棘爪机构、自动离合机构等,锁住或放开运动部分。

c. 运动联锁:当安全防护装置失去效能时设备不能运转。

d. 顺序控制:不按规定的次序操作则不能运转。

e. 定时或延时:利用定时或延时开关在一定时刻或一定时间间隔后开始运转设备。

f. 参数监测装置:根据压力、温度、流量等工艺参数控制设备运转。

g. 安全监控装置:利用光电、红外线等装置打开或关闭电路。

h. 双手控制:只有双手同时操作才能运转设备,防止把手伸入危险区域。

i. 分离通路:将电路或机械的一部分移开,防止误运转。

(9) 个体防护

个体防护实际上是一种隔离和缓冲能量的措施。个体防护用品包括:安全鞋、安全头盔、工作服、呼吸器、安全带、绝缘用具等。个体防护用品主要用于有危险性的作业场所,或为调查或消除危险而进入作业区,或事故发生时的应急情况。在危险源不能消除,但发生事故时会危及人身安全的情况下,必须使用个体防护用具。然而,不能用个体防护用品代替消除或控制危险源的措施。

(10) 降低损害程度

降低损害程度的措施实际上是一种应急措施。事故一旦发生后,应采取必要的措施,防止事故蔓延和扩大,减少损失。降低损害程度的主要措施包括以下几个方面:

① 施工现场提供的灭火器、沙袋、消防栓等设施是火灾发生后,能及时扑救,从而避免事故扩大的应急措施。

② 成立救护队,是发生事故后及时抢救受害者及财产的应急救援队伍保障。

③ 设置避难硐室、安全出口、撤退线路等。

④ 救护、急救措施,如急救、防护法的训练、医疗急救设施及急救室等。

⑤ 预警、报警措施等。

1.3.2 人为危险源的控制措施

人的行为表现形式多种多样,产生的原因也非常复杂,防止人的行为失控是一件非常困难的事情,一般可以从以下几方面考虑。

(1) 防止人的行为失控的技术措施

① 用机器代替人操作。在生产作业过程中,尽可能使用机器设备作业,而不用人进行操作,这样可以减少人的行为失控造成事故的概率。

② 人、机、环境的匹配,人、机器和环境之间应有良好的匹配关系。一方面,要人适应机器的操作要求,这就要求操作人员要熟悉、熟练掌握机器的性能,适应机器显示器的表达方式,适应机器控制器的操作要求;另一方面,机器、环境要适应人的生理、心理特征。显示器要表达准确、简单、一致且合理。控制器要适宜人的生理能力和作业范围,应使人操作起来方便、省力、安全、可靠。环境条件应适宜人的心理、生理要求,要使人感到舒适,能激发人更好作业的能力,从而减少行为失控,让设置适宜的照明、温湿度、噪声及振动、粉尘、风速、色彩、车间布置等。

③ 冗余技术是提高系统可靠性的有效措施,也是提高人的行为可靠性,防止人的行为失控的有效途径之一。一般地,冗余技术有以下几种类型:

① 两人操作。由两人操作同一台设备,组成核对系统,一人操作,一人监视。如果一人

发生行为失控，另一人可以及时纠正，如塔吊操作人员和指挥人员同时作业。

② 人机并联。由作业人员和机器共同操作的人机并联系统。当人员作业失误时，机器自动纠正错误，进行操作；当机器发生错误时，人员可以纠正错误，这样人机并联可大大提高系统的可靠性，一般自动控制系统都为人与机器共同作业的人机并联系统。

③ 检查与审查。对作业人员行为的检查，以及对设计的审查等都是防止人的行为失控的冗余技术。

④ 联锁。人一旦失误，其作业过程则不能继续进行的措施，如提升设备的防过卷装置、防坠装置、漏电保护、光电控制等联锁装置。

⑤ 警告。根据所利用的感官不同，警告分为：视觉警告、听觉警告、气味警告、触觉警告和味觉警告，如光、色、旗、标志和标记、电铃、蜂鸣器、喇叭等。警告是提醒人们注意的主要技术措施，它提醒人们注意危险源的存在和一些操作中必须注意的问题。

(2) 防止人的行为失误的管理措施

① 教育训练。对作业人员的安全意识、安全知识、安全技术的教育，对作业人员岗位技能培训等，使作业者行为规范化，避免差错。安全教育的主要形式为“三级教育”，即入厂教育、车间教育和班组教育；经常性教育；特殊工种的专门训练。

② 标准化作业。可以使作业者按正确的方法进行作业，知道该干什么，不该干什么，怎么干。使作业者知道作业程序，先干什么，后干什么，使作业者克服不正确的习惯性违章作业。制定作业标准要考虑到人员身体的运动、作业场所的布置，以及使用的设备、工具等符合人机学要求，应该明确规定操作步骤、程序，不应给操作者增加精神负担，符合现场实践情况。

③ 管理失误的控制。作业人员的选择和安排要适当；作业的审批和作业者的资格要认定；安全确认，开展危险预知活动；制度的健全和执行等。

④ 作业审批。在进行操作之前由有关管理部门进行作业审批，可以保证操作者的资格、能力等个人特征符合作业要求，保证作业在有充分准备、足够的安全措施的情况下进行操作。

⑤ 安全确认。通过安全确认可以在操作之前发现及纠正异常或其他不安全问题，防止发生操作失误。

1.4 课程的主要内容和学习方法

1.4.1 课程主要内容

建筑施工安全是一门综合性较强的学科，本教材主要包括：建筑施工安全基础、建筑施工安全技术、建筑施工安全管理和建筑施工事故分析与处理四部分内容。

(1) 建筑施工安全基础

建筑施工安全基础主要是让读者在学习施工安全技术和管理知识前，先从建筑工程基本特点了解建筑工程事故多发的原因，了解建筑施工事故特点，从而认识建筑工程安全生产的重要性；同时，掌握建筑工程危险源的辨识方法及评价方法，并初步掌握建筑工程危险源的基本控制措施，为掌握后面具体的安全技术措施和管理措施做好基础准备。

(2) 建筑工程安全技术

建筑施工安全技术主要是研究建筑工程施工过程中存在的各种事故因素及其发生、发展和作用方式，并提出相应的技术和措施，以便能及时消除、阻止、抑制事故的发生与发展。建筑施工安全技术既是施工技术的重要组成部分，又有其自身科学体系，是处于发展中的新兴技术领域。本教材将从建筑施工全过程安全技术、建筑施工机械设备使用安全、拆除工程施工安全技术、地下工程施工安全技术、建筑施工现场消防，以及建筑施工职业卫生等几个方面讲述建筑施工安全技术。

(3) 建筑工程安全管理

建筑施工安全管理主要是指建设行政主管部门、建设安全监督管理机构、建筑施工企业及其有关单位对建筑安全生产过程中的安全工作进行计划、组织、指挥、控制、监督等一系列致力于保障建筑工程安全实施的管理活动。建筑施工安全管理是一项涉及各参与方和各级施工管理人员的工作，需要依据我国的实际条件和发展水平，并依照规范化、科学化、标准化、人本化和法治化的发展要求，扎扎实实做好各个方面和各个环节的工作，特别是应当将工作的重点放在加强措施保障、加强责任管理和加强教育培训上，确保安全管理工作的实效。本教材将重点讲述建筑工程现场各参与单位的安全管理责任和要点，以及介绍双重预防体系；引入建筑安全管理信息化的概念，介绍建筑信息模型技术在建筑虚拟施工和安全管理中的应用。

(4) 建筑工程安全事故案例分析

在上述建筑安全基础知识和安全技术与管理知识的基础上，针对所学内容，对具有典型性、普遍性的建筑施工安全事故进行案例分析，将理论与实践相结合，深化对事故发生原因的认识，掌握事故发生的规律，增强安全生产意识，提高安全管理水平，有效防范事故的发生。

1.4.2 课程学习方法

(1) 以唯物辩证法学习本课程

唯物辩证法是指导研究和学习建筑施工安全的方法论。根据唯物辩证法，建筑施工安全技术与管理产生于实践活动，是建设项目实施过程中安全生产实践经验的科学总结和理论概括。为此，研究和学习建筑工程安全技术与管理，必须坚持实事求是的态度，深入施工安全生产实践活动中，进行调查研究，总结实践经验，同时应用判断和推理的方法，将建筑施工安全技术与管理实践上升为理论。在学习中要认识到大多数工程现象都是相互联系和相互制约的，项目的质量、进度、成本与安全之间也是矛盾与统一的，建筑工程中所遇到的问题都是不断发展和变化的。因此，必须运用全面的、动态的和辩证的方法。

(2) 以系统方法学习本课程

要学习掌握好建筑施工安全的知识体系，必须对影响建筑施工安全技术和管理过程中的各种因素及其相互之间的关系进行总体的、系统的分析研究，才能形成可行的基本理论和合理的决策。总体的、系统的方法，就是用系统的观点来分析、研究和学习。所谓系统，是指由相互作用和相互依赖的若干组成部分结合成的、具有特定功能的有机整体，根据这个定义，安全技术方法以及管理的概念、理论就是一个系统。学习建筑施工安全技术与管理的概念、理论和方法要用系统的观点来进行指导。通过管理过程中的管理职能展开系统学习活动的过程、规律、原理和方法。因此，绝不能将各项职能工作分割开来，而应将其作为整个建筑施工安全技术与管理过程的有机组成部分，从而系统地分析和思考，使施工安全生产管理人员认识到自已应该做什么工作，怎样把工作做好。

(3) 强化理论联系实际的学习方法

理论联系实际的方法，就是指建筑施工安全学习中应积极采用调查和分析、理论联系实际，以及带着问题学习等多种形式。通过学习这种方法，有助于读者运用建筑施工安全技术和管理的基本理论和方法提高发现问题、分析问题和解决问题的能力。同时，由于建筑施工安全是一门实践性很强的学科，所以读者还应以探讨研究的态度来学习，通过理论与实践的结合，使技术和管理理论在实践中不断地加以检验，从而深化认识，发展理论。

(4) 其他学习方法

除上述基本学习方法外，还有其他一些方法，如归纳与演绎的方法、比较研究的方法、数学分析的方法等。

总之，学习和研究建筑施工安全要以唯物辩证法为指导，同时综合运用各种方法，吸收和采用多种学科知识，从系统的观点出发，理论联系实际，实事求是，只有这样才能真正地掌握完整的建筑施工安全学科体系。

思　考　题

1. 建筑工程与其他行业相比较，其危险源的特点是什么？
2. 查找其他安全评价方法，并分析其适用范围和特点。
3. 查阅目前颁布的关于建筑施工安全的主要相关法律、法规。
4. 思考一下全面提高我国建筑工程安全生产水平的措施和方法。

第 2 章 土方工程施工安全

土方工程是建筑工程施工中主要的分部分项工程之一，主要施工过程包括土方的挖掘、运输、填筑和压实，以及所需的排水、降水和土壁支撑等。土方工程施工往往具有面广量大、劳动繁重、施工条件复杂和施工期长等特点，再加上受环境气候、水文地质等因素影响，安全事故多发成为土方工程施工中非常突出的问题，其中大部分事故是土方塌方造成的，还有爆破事故、机械伤害、电气伤害等其他类型的事故。

2.1 土方开挖施工基本要点

2.1.1 土方开挖施工的基本方法

建筑工程中土石方开挖施工方法主要包括人工开挖、机械开挖和爆破开挖 3 种施工方法。

(1) 人工开挖

人工开挖的施工方法主要使用铁锹、镐头、大锤等工具，由手工作业来完成。在开挖深度不大、工程量较小的工程中，采用人工开挖经济效果较好。在受到机械设备供应条件限制而工期不受严格约束时，也可采用人工开挖。这种施工方法一般常用于条形、独立柱等基础，以及给排水、暖气管道等作业面较小的工程施工。

(2) 机械开挖

机械开挖的施工方法主要运用推土机、挖掘机、铲运机等设备进行大面积的场地平整、大型地下工程开挖和高层建筑等深大基础的施工。凡是有条件采用机械开挖土方的工程，应尽量采用机械设备开挖基坑和沟槽，以提高工效，降低劳动强度，缩短工期。

(3) 爆破开挖

爆破开挖的施工方法主要是用炸药将土石方松动、破碎或抛掷。这种方法主要用于冬季冻土施工、岩石类基础施工和大型土石方定向抛掷施工等。

2.1.2 土方开挖施工的事故类型及主要原因

土方施工过程中的事故类型主要包括坍塌、物体打击、机械伤害、高处坠落和触电伤害等。

（1）土方坍塌

土方坍塌常将施工人员埋入土中，而抢救被埋没的人员一般比较困难，尤其是在空间狭小的沟槽中，用工具挖土容易伤人，用手工扒土时间较长，常导致错失最佳的救人时机，造成窒息死亡。造成土方坍塌的主要原因如下：

① 不按土壤特性放坡。特别是大片的密实性土壤里可能会夹杂回填土等不良地层，在土方施工中，若不能按照土壤特性及时调整放坡坡率，就可能造成土方坍塌。

② 支撑措施不当。如果所选用的支撑方式与土的类型不相适应，支撑拆除计划不周及方法不当等，就起不到支撑的作用，从而造成土坡失稳。

③ 基槽边沿超载。如果沿基槽边沿堆放土方、物料，或者车辆靠边行驶，而在开挖或支护设计中又没有考虑这些不利因素，就可能造成土方坍塌。另外，当基槽深度超过附近建筑物或构筑物的基础深度，并且二者之间的净距又小于它们底面高差的1～2倍，就有可能造成原建筑物基础的塌陷而引起土方坍塌。

④ 基槽内积水。基槽内积水必然导致土体中的含水量增加，土的抗剪强度降低，使土坡稳定性变差。若从基坑内向外排水时，应注意渗透水流对土坡稳定性的影响，因为水在土中渗透时，会对土产生动水压力。当动水压力大于粉砂颗粒在水中的重力时，就会使粉砂颗粒悬浮随渗透水流出，发生流砂现象。粉砂颗粒越细或地下水渗流流速越大，越容易产生流砂，使边坡失稳、坍塌，支撑结构也会失去功效。

⑤ 振动引起土坡失稳。如果在场地附近有打桩机等重型机械装置作业，或者邻近铁路线上火车频繁通过，容易使边坡受到扰动而失稳坍塌。

⑥ 冻融循环。冻融循环作用会降低土壤的黏聚力，造成土体边坡塌方。

（2）物体打击

土方工程中造成物体打击的主要原因如下：

① 基槽上空建筑物或设施（如人行天桥等）上的意外坠落物造成下方作业人员受到打击伤害。

② 放置在基坑边的工具或设备不稳定，坠落到坑内造成人员伤害。

③ 堆放在沟槽的材料不稳定而散落到坑内伤人。

④ 挖出的泥石堆发生滚落砸伤坑内作业人员等。

（3）机械伤害

土方工程中造成机械伤害的主要原因如下：

① 土方机械距离坑槽边缘过近，会造成坑槽边缘负荷过大而塌方，并使机械倾翻对人造成伤害。

② 设备控制系统失灵，造成机械失控撞人或倾翻。

③ 机械与人工同时作业，发生碰撞碾压等车辆伤害。

（4）高处坠落

土方工程中造成高处坠落的主要原因如下：

① 未设置上下坑槽的梯子，人员在上、下攀爬时坠落；或者没有设置跨越坑槽的桥板，人员跳跃时失足坠落；或者桥板和梯子质量不合格，造成人员坠落等。

② 基坑周边未设置防护栏杆，周边作业人员或路过人员不慎坠落。

③ 在上述坠落发生的同时，还可能引起土方坍塌而将坠落者埋没。

(5) 触电伤害

土方工程中造成触电伤害事故的主要原因如下：

① 当上空有高压电线时，在使用长金属杆或机械施工时，不小心与高压线接触而发生触电事故。

② 蛙式打夯机、风镐等手持式电气设备漏电造成的触电伤害。

③ 周边或场内的电缆损坏引起触电和其他电气事故。

(6) 其他事故

煤气管道断裂造成泄漏和爆炸事故；化工管道破损造成毒气泄漏；噪声、振动、废气、粉尘等也会影响作业人员的情绪和身体健康。

2.1.3 土方开挖的一般安全技术措施与管理措施

(1) 土方开挖施工前准备

为了防止事故的发生，土方开挖工程施工前，应详细调查、分析和核对实测地形图、水文地质、工程地质等勘察资料，收集原有地下各类管道、通信电缆和地下构筑物的位置、埋深、结构形式等资料，并根据现有条件，在确保施工安全的基础上，制定专项施工方案。

① 土方开挖前调查。开挖前调查应查明作业范围周边环境及荷载情况，主要包括各种地下管线分布及现状，道路距离及车辆载重情况，影响范围内的建筑类型、基础埋深，以及地表水排泄情况等。

② 土方开挖前勘察。勘察范围应根据开挖深度及场地条件确定，一般要求在大于开挖边界外按开挖深度1倍以上范围布置勘探点。根据施工场地土的性质、含水情况以及基坑环境等条件，合理选定土的压力参数。

③ 土方开挖前设计。土石方作业和基坑支护的设计与施工应根据现场的环境、地质与水文情况、基坑开挖深度、渗水量、开挖范围大小，综合考虑支护方案、开挖工艺、降排水方法以及对周边环境采取的措施，编制土方工程专项施工方案。主要制定现场场地平整、基坑开挖施工方案；绘制施工总平面布置图和基坑土方开挖图；确定开挖路线、顺序、范围、底板标高、边坡坡度、排水沟、集水井位置，以及挖去的土方堆放地点；制定需用施工机具、物资及劳动力的计划等。

④ 土方开挖前期作业。土方开挖前应做好平整施工场地，清除施工现场障碍物，做好排水降水设施，设置测量控制网，修建临时设施及道路，准备施工机具、物资及人员等。

(2) 土方开挖的一般安全技术措施

土方开挖时应采取必要的安全技术措施，还要遵循相应的安全管理措施，其基本要点如下：

① 土方挖掘方法、挖掘顺序应根据支护方案和降排水要求进行，当采用局部放坡或全部放坡开挖时，放坡的坡度必须满足坡体稳定性要求。

② 当基坑开挖深度大于相邻建筑的基础深度时，应保持一定距离或采取相应的边坡支撑加固措施，并进行沉降和移位监测。

③ 土方施工前需要做好地面排水和降低地下水位的工作，若为人工降水时，要降至坑底0.5～1.0 m时，方可开挖。

④ 土方挖掘应自上而下进行，严禁先挖坡脚。软土基坑应分层均衡开挖，每层高不宜

超过 1 m。土方每次开挖深度和挖掘顺序必须严格按照设计要求。

⑤ 当基坑施工深度超过 2 m 时，坑边应按照高处作业的要求设置临边防护设施，作业人员上下基坑应有专用梯道，不应踩踏土壁或边坡支撑上下。深基坑施工时，应合理布局机位、人员、运输通道，尽量避免形成立体交叉作业，否则必须设置防止落物伤害的防护层。

⑥ 开挖中的基坑(槽)沟边 1 m 以内不得堆土、堆料，不得停放机械。当土质良好时可以堆载，但应堆放在边缘 1 m 外，且高度不能超过 1.5 m；载重汽车与坑、沟边沿距离不得小于 3 m；马车与坑、沟边沿距离不得小于 2 m；塔式起重机等振动较大的机械与坑、沟边沿距离不得小于 6 m。

⑦ 人工开挖时，两个人操作间距应保持 2～3 m，应自上而下逐层挖掘，严禁采用掏洞的挖掘操作方法。用挖土机施工时，挖土机的作业范围内，不得进行其他作业，且应至少保留 0.3 m 厚不挖，最后由人工修挖至设计标高。

⑧ 挖土机作业的边坡应验算其稳定性，当不能满足时，应采取加固措施。在停机作业面以下挖土应选用反铲或拉铲作业，当使用正铲作业时，挖掘深度应严格按其说明书规定进行。有支撑的基坑使用机械挖掘时，应防止作业中碰撞支撑。

⑨ 配合挖土机的作业人员，应在其作业半径以外工作，当挖土机停止回转并制动后，方可进入作业半径内工作。

⑩ 挖土时要随时注意土壁的变异情况，如发现有裂纹或部分塌落现象，要及时进行支撑或改缓放坡，并注意支撑的稳固和边坡的变化。

开挖至坑底标高后，应及时进行下道工序基础工程施工，减少暴露时间。如不能立即进行下道工序施工，应预留 0.3 m 厚的覆盖层。

深基坑内光线不足时，不论白天还是黑夜，均应保证设置足够的电气照明，电气照明的安装和设置应符合有关的安全规定。

施工中如发现不能辨认的物品时，应立即停止施工，保护现场，并报告工程所在地有关部门处理，严禁擅自处理。

大型机械行驶及机械开挖应防止损坏给排水、燃气、电力等市政管道。如果发现管道出现损坏，应及时修复。

(3) 土方开挖施工安全管理措施

① 土方工程的勘察、设计和施工任务，应由具有相应资质的单位承接，并实行统一管理。工程监理单位应对土方工程的设计和施工进行全面监理。

② 土方工程的设计和施工必须遵守相关规范，结合当地成熟经验，因地制宜地进行。深基坑工程施工方案应经建设主管部门审批，并经专家论证审查通过后方可实施。

③ 应加强土方工程的监测和预报工作，包括对支护结构、周围环境及对岩土变化的监测，应通过监测分析及时预报并提出建议，做到信息化施工，随时检验设计施工的正确性，防止隐患扩大。

④ 应建立健全基坑工程档案，内容包括勘察、设计、施工、监理及监测等单位的有关资料。

2.1.4 特殊土方开挖工程的安全技术要点

对于一些特殊地区、特殊基坑类型的土方开挖工程，除满足上述土方开挖的一般安全要求外，还需要满足相应且有针对性的安全技术要点。

(1) 基坑(槽)和管沟开挖的安全技术措施

基坑、基槽和管沟开挖的一般程序如下:测量放线、切线分层开挖、排降水、修坡、平整、预留土层等。施工时,应注重时空效应问题,要根据基坑面积大小、维护机构形式、开挖深度和工程环境等因素决定开挖工艺。除上述一般安全注意事项外,还应注意以下要点:

① 雨季施工,基坑槽应分段施工,挖好一段浇筑一段垫层。开挖施工过程中应做好地表截排水,防止地面水流入基坑、沟槽内,以免积水造成边坡塌方。

② 挖方边坡要随挖随撑,支撑牢固,且在施工过程中应经常检查,如坑壁有松动、变形等现象,应及时加固或更换。

③ 相邻基坑和管沟开挖时,要先深后浅或同时进行施工,并且要及时做好基础,避免相互影响。

(2) 深基坑土方开挖的安全技术措施

对于5 m以上的深基坑,在土方开挖时还要注意以下要点:

① 防止深基坑挖土后土体回弹变形过大。有效防止深基坑挖土后土体回弹变形过大的措施是设法减少土体中应力的变化,减少暴露时间,并防止地基土浸水。因此,在基坑开挖过程中和开挖后,均应保持降水措施正常工作;在挖至设计标高后,应尽快浇筑垫层和底板。必要时,可对基础底部土层进行适当的加固。

② 防止边坡失稳。当挖土速度过快,即卸载快,则会迅速改变原来土体的平衡状态,降低土体的抗剪强度,易造成边坡塌方。另外,当边坡堆载给边坡增加过大的附加荷载时,也易形成边坡失稳。因此,深基础的土方开挖,要根据地质条件、基础埋深、基坑暴露时间、挖土及运土机械、堆土等情况,拟定合理的施工方案。

③ 深基坑支护结构。随着挖土加深侧压力加大,边坡变形增大,周围地面沉降也随之加大。为了减少边坡的变形,应先支撑后挖土,并且要求支撑浇筑后养护至一定强度才可以继续向下开挖。挖土时,挖土机械应避免直接碰撞到支撑。

④ 防止桩位移和倾斜。对先打桩后挖土的工程,由于打桩时挤土和动力波的作用,会使原来处于静平衡状态的地基土遭到破坏。如果打桩后紧接着开挖基坑,由于开挖时的应力作用,再加上挖土高差形成一侧卸荷而另一侧产生侧向推力,土体易发生一定的水平位移,进而使原先打入的桩体产生水平位移。一般要求在群桩基础的桩施工完后,宜停留一定时间,并用降水设备预抽地下水,使土中由于打桩积聚的应力有所释放,孔隙压力有所降低,被扰动的土体重新固结后,方可开挖基坑土方。开挖时宜均匀、分层,尽量减少开挖时的土压力差,以保证桩位正确和边坡稳定。

⑤ 加强临边防护措施。在开挖深基础(坑、槽)时,其临边应设置防止人员及物体坠落基坑的设施并设警示标志,必要时应配专人监护。基坑周边搭设的防护栏杆的规格、连接及搭设方式必须符合《建筑施工高处作业安全技术规范》(JGJ 80—2016)的规定。

(3) 斜坡土方开挖的安全技术措施

在斜坡场地进行土方开挖施工时,应注意以下安全技术要点:

① 土坡坡度要根据工程地质资料和土坡高度,结合当地同类土体的稳定坡度值确定。

② 土方开挖宜从上到下分层分段依次进行,并随时做成一定的坡势以利于泄水,不应在影响边坡稳定的范围内积水。

③ 在斜坡上方弃土时,应保证挖方边坡的稳定。弃土堆应连续设置,其顶面应向外倾

斜，以防止山坡水流入挖方场地。坡度1/5以上或在软土地区，禁止在挖方上侧弃土。在挖方下侧弃土时，要将弃土堆表面整平，并向外倾斜，弃土表面要低于挖方场地的设计标高，并在弃土堆与挖方场地间设置排水沟，防止地表水流入挖方场地。

(4) 滑坡地段开挖的安全技术措施

在滑坡地段进行开挖施工时，由于滑坡体本身具有不稳定性，为了安全施工应遵守以下基本规定：

① 施工前先认真查阅工程地质勘察资料，了解场地的地形、地貌、水文地质条件以及滑坡体稳定性等情况，开挖线路一定要选在边坡稳定的地段。

② 不宜在雨季施工，同时不应破坏挖方上坡的自然植被，并且要事先做好地面截排水和地下降水措施。主排水沟宜与滑坡方向一致，支排水沟与滑坡方向呈30°～45°的斜角，防止冲刷坡脚。

③ 遵循先整治后开挖的施工顺序，在开挖时，必须遵循由上到下的开挖顺序，严禁先切除坡脚。

④ 尽量采用对滑坡体稳定性扰动小的施工方法。在条件允许采用爆破施工时，注意控制爆破能量，严防因爆破震动过大产生滑坡。

⑤ 挡土墙基槽开挖应分段进行，并及时加设支撑，开挖一段就要及时做好该段的挡土墙，再进行下一段开挖。

⑥ 开挖过程中如发现坡体出现裂缝、滑动等滑坡迹象时，应立即暂停施工，所有人员和机械要撤离至安全地带。

(5) 膨胀土地区挖方的安全技术措施

在有膨胀性土质的地区进行土方开挖时，应遵循以下相关要求：

① 开挖前要做好截、排水工作，防止地表水、施工用水和生活废水浸入施工现场或冲刷边坡。

② 开挖后的地基土不允许受到烈日暴晒或水浸泡。

③ 开挖、作垫层、基础施工和回填土等要连续施工作业。其中回填土料应符合设计要求，宜选用非膨胀土、弱膨胀土或掺有适当比例的石灰及其他松散材料的膨胀土。

④ 采用砂地基时，要先将砂土浇水至饱和后再铺填夯实，不能采用在基坑(槽)或管沟内浇水使砂土沉落的方法施工。

⑤ 对钢(木)支撑进行拆除时，要按回填顺序依次进行。拆除多层支撑时，应自下而上逐层拆除，同时随拆随填。

2.2 基坑(槽)边坡的稳定及支护

2.2.1 基坑(槽)边坡坡度和垂直开挖深度的规定

(1) 基坑(槽)边坡坡度的规定

当地质情况良好、土质均匀、地下水位低于基坑(槽)底面标高时，可不加设支撑，这时的边坡最陡。坡度应按表2-1的规定确定。

表 2-1　边坡最陡坡度的规定

土的类别	边坡坡度(高∶宽)		
	坡顶无荷载	坡顶有静载	坡顶有动载
中密的砂土	1∶1.00	1∶1.25	1∶1.50
中密的碎石土	1∶0.75	1∶1.00	1∶1.25
硬塑的粉土	1∶0.67	1∶0.75	1∶1.00
中密的碎石土(充填物为黏土)	1∶0.50	1∶0.67	1∶0.75
硬塑的粉质黏土、黏土	1∶0.33	1∶0.50	1∶0.67
老黄土	1∶0.10	1∶0.25	1∶0.33
软土(轻型井点降水后)	1∶1.00	—	—

注:① 静载指堆土或材料等,动载指机械挖土或汽车运输作业等。静载或动载距挖方边缘的距离应在 1 m 以外,堆土或材料堆积高度不应超过 1.5 m;② 若有成熟的经验或科学的理论计算并经试验证明者,可不受本表限制。

(2) 基坑(槽)土壁垂直挖深规定

当基坑(槽)不放边坡时,其垂直开挖深度应满足以下相关规定:

① 当无地下水或地下水位低于基坑(槽)底面且土质均匀时,土壁不加设支撑的垂直挖深不宜超过表 2-2 的规定。

表 2-2　基坑(槽)土壁垂直挖深规定

土的类别	深度/m
密实、中密的砂土和碎石类土(充填物为砂土)	1.00
硬塑、可塑的粉土及粉质黏土	1.25
硬塑、可塑的黏土和碎石类土(充填物为黏土)	1.50
坚硬的黏土	2.00

② 当确定天然冻结速度和深度能保证土方开挖时的安全操作时,对于 4 m 以内深度的基坑(槽)开挖时可以采用天然冻结法垂直开挖而不加设支撑,但对于干燥的砂土应严禁采用天然冻结法施工。

③ 土质为黏土的不加支撑的基坑(槽)最大垂直挖深可根据坑壁的质量、内摩擦角、坑顶部的均布荷载及安全系数等参数进行计算。

2.2.2　基坑边坡支护与支撑

(1) 边坡支护

① 支护方法。深度超过 5 m 以上的深基础的支护,应符合现行《建筑基坑支护技术规程》(JGJ 120—2012)的规定。常见的支护形式和适用条件见表 2-3。

表 2-3　基坑支护结构选型表

结构形式	适用条件
排桩和地下连续墙	适用于基坑侧壁安全等级为一、二、三级的场地；悬臂式结构在软土场地中不宜大于 5 m；当地下水位高于基坑底面时，宜采用降水、排桩加截水帷幕或地下连续墙
与锚杆相结合的挡土护坡桩	适用于基坑侧壁安全等级为一、二、三级的场地；大型较深基坑开挖，邻近有高层建筑，不允许支护有较大变形；采用机械挖土，不允许内部设置支承；当地下水位高于基坑底面时，宜采用降水和排水措施；不适用于地下水量多、含有化学腐蚀物的土层和松散软弱土层
与锚杆相结合的地下连续墙	适用于基坑侧壁安全等级为一、二、三级的场地；大型较深基坑开挖，邻近有高层建筑，不允许支护有较大变形；采用机械挖土，不允许内部设置支撑；适用于土质条件差，地下水位高，要求既挡土又挡水防渗的基坑
水泥土墙	适用于基坑侧壁安全等级为二、三级的场地；水泥土桩施工范围内地基土承载力不宜大于 150 kPa；基坑深度不宜大于 6 m；基坑周边具备水泥土墙的施工宽度
土钉墙	适用于基坑侧壁安全等级为二、三级的非软土场地；基坑深度不宜大于 12 m；喷锚支护适用于无流砂和水量不高、非淤泥等流塑土层的基坑，开挖深度不超过 18 m；当地下水位高于基坑底面时，应采用降水和排水措施
逆作拱墙	适用于基坑侧壁安全等级为二、三级的场地；淤泥和淤泥质土场地不应采用；拱墙轴线的矢跨比不宜小于 1/85；基坑深度不宜大于 12 m；当地下水位高于基坑底面时，应采用降水和排水措施
放坡	适用于基坑侧壁安全等级为三级的场地；施工场地应满足放坡条件；可独立或与上述其他结构结合使用；当地下水位高于基坑坡脚时，应采用降水措施

② 支护结构选型。基坑支护结构的选型应考虑基坑周边环境、开挖深度、工程地质与水文地质、施工作业设备和施工季节等条件，选择有利于支护的结构形式或采用几种形式相结合。当采用悬臂结构支护时，基坑深度不宜大于 6 m。如果深度超过 6 m 时，可选用单支点和多支点的支护结构。地下水位低的地区，当能保证降水施工时，可采用土钉支护。

（2）支撑体系选型与装拆

① 支撑体系选型。对于排桩、板墙式支护结构，当基坑深度较大时，为了使围护墙受力合理和受力后变形控制在一定范围内，应沿围护墙竖向增设支撑点，以减小跨度。在坑内对围护墙加设支撑，称为内支撑；在坑外对围护墙设拉支撑，则称为拉锚。

内支撑受力合理、安全可靠、易于控制围护墙的变形，但内支撑的设置给基坑内土方开挖和地下室结构的支模及浇筑带来不便，需通过换撑施工。拉锚结构围护墙，坑内施工无任何阻拦，但位于软土地区的变形较难控制，且拉锚有一定的长度，在建筑密集区受红线的限制。一般情况下，在土质好的地区，如具备锚杆施工设备、技术和环境条件，宜选用拉锚围护，而在软土地区为了便于控制变形，应采用钢支撑或混凝土支撑。

② 支撑的安装拆除顺序。基坑支撑的安装和拆除顺序必须与施工组织设计工况相符合，并与土方开挖和主体工程的施工顺序相配合。分层开挖时，应先支撑后开挖；同层开挖

时，应边支撑边开挖。支撑拆除前，应采取换撑措施，防止边坡卸载过快。挡土板或板桩与坑壁间的回填土，应分层回填夯实。

2.2.3 基坑支护的一般技术要求

深基础在施工前必须编制安全专项施工方案，由施工现场技术负责人、总监理工程师及相关部门审核，并由安全专项方案专家组对方案进行论证审查，形成书面论证审查报告，施工现场应根据论证审查报告对方案进行完善，由施工现场技术负责人、总监理工程师及相关部门签字认可后，方可按安全专项方案组织施工。施工过程中应满足以下安全要求：

① 施工中应先采用降水措施对基坑进行有效降水，将地下水降低到开挖基底 0.5 m 以下，防止桩侧土压力和水渗入基坑使桩产生位移。

② 施工期间应按照设计规定的程序施工，不得随意改动支护结构的受力状态，严格控制基坑边缘地面堆土、行驶机械和运输车辆、堆放材料等施工荷载。

③ 基坑开挖前应将整个支护系统包括土层锚杆、桩顶圈梁、地下连续墙等施工完毕，即做到先支护后开挖。挡土桩墙应达到设计强度，以保证支护结构的强度和整体刚度。

④ 锚杆施工必须保证质量，锚杆深入到可靠锚固层内。

⑤ 挡土桩宜穿透基坑底部粉(细)砂层。当挡土桩之间存在间隙，应在背面安设旋喷止水桩挡水，避免出现流水缺口，造成水土流失涌入基坑。

⑥ 支撑安装必须按设计位置进行，施工过程严禁随意变更，使围檩与挡土桩墙结合紧密。挡土板或板桩与坑壁间的回填土应分层回填夯实。支撑拆除时，应根据回填的速度，按顺序及要求依次拆除，即填土填好一层拆除一层，不能事先将支撑全部拆除。

2.3 地面及基坑(槽)排(降)水

施工场地聚集的地表水和地下水对于基坑边坡稳定、地基承载力以及土方开挖施工等影响都非常大，特别是湿陷性黄土地区要格外注意，不仅影响施工进度而且存在很大的安全隐患。因此，在基坑(槽)开挖前和开挖时，必须做好排(降)水工作，保持土体干燥，而且要持续到基础工程施工完毕，并进行回填后方可停止。

2.3.1 场地地面排水

施工场地内的地面排水应根据场地坡度的不同情况采用相应的措施。具体措施如下：

① 地面坡度不大时，进行场地平整，应将低洼地带或可泄水地带平整成慢坡，并且在场地四周设排水沟，分段设渗水井，以便排出地表水，防止场地积水。

② 地面坡度较大时，在场地四周设排水主沟，并在场地范围内设置纵横向排水支沟，将水流疏干，也可在下游设集水井，用水泵排出。

③ 地面遇有山坡地段时，应在山坡底脚处挖截水沟，使地表水流入截水沟内排出场地外。

2.3.2 基坑(槽)排水及降水

施工基坑(槽)的地表水排放和地下水的控制可采用明排水和人工降水两种方法。

(1) 明排水法

明排水法设备简单、排水方便,主要适用于粗粒土层,也可用于渗水量小的黏性土层,但当施工的土层为细砂和粉砂时,抽出的地下水流会带走细砂而发生流砂现象,将会造成边坡坍塌、坑底隆起、无法排水和难以施工等现象,此时应改用人工降低地下水位的方法。明排水法施工过程中应注意以下安全要求:

① 在雨期施工时,应该在基坑四周或地表水的上游,开挖截水沟或修筑土堤,以防止基坑周围的地表水流入基坑(槽)内。

② 基坑(槽)开挖过程中,在坑底设置集水井,并沿坑底的周围或中央开挖排水沟,使水流入集水井中,然后用水泵抽走,抽出的水严防倒流。

③ 排水沟及集水井应设置在基础范围以外地下水走向的上游,并根据地下水的水量大小、基坑平面形状及水泵功率,每隔 20~40 m 设置一个集水井。集水井的直径或宽度一般为 0.6~0.8 m,其深度随着开挖的加深而加深,并且随时保持低于开挖底面 0.7~1.0 m。集水井壁可用竹、木等材料进行简单加固。当基坑(槽)挖至设计标高后,集水井底应低于基坑底 1~2 m,并铺设碎石滤水层,以避免在抽水时将泥沙抽出,并且可以防止集水井底的土被扰动。

(2) 人工降水

人工降低地下水位就是在基坑开挖前,预先在基坑(槽)四周埋设一定数量的滤水管(井),利用抽水设备从中抽水,使地下水位降落到基坑底以下的降水方法。这种方法能够使所挖的土始终保持干燥状态,而且从根本上防止抽出细砂和粉砂而产生流砂现象,从而改善挖土工作的条件,同时土内的水分排出后,边坡坡度可适当增加,从而减少挖土量。人工降水的设计与施工应符合现行《建筑与市政地下水控制技术规范》(JGJ/T 111—2016)的有关规定。人工降水的方法有轻型井点、喷射井点、管径井点、深井泵以及电渗井点等。

① 轻型井点降水。在各种人工降水方法中,轻型井点应用最为广泛,一般用于土壤渗透系数 K 不小于 0.1 m/d,当用于渗透系数 K 为 5~20 m/d 的土壤时效果最好。

② 电渗井点。对渗透系数 K 小于 0.1 m/d 的土壤,可在轻型井点管的内圈增设一些钢筋或钢管作为电极,通入直流电,以加速地下水向井点管渗透,此法称为电渗井点降水。

③ 喷射井点。当地下水位较高,基坑开挖较深时,应采用喷射井点进行降水。喷射井点的设备主要包括喷射井管、高压水泵和管网系统(如进水总管、排水总管等)。一台高压水泵约可带动 20~30 根喷射井管。

④ 管井井点。沿基坑每隔 20~50 m 设置一个深度为 8~15 m 的管井,每个管井单独用一台潜水泵或离心泵不断抽水以降低地下水位,此方法适用于渗透系数较大,如 $K=$ 20~200 m/d,且地下水量大的土层中。

⑤ 深井泵。当施工中降水深度较大,用一般水泵满足不了要求时,可将其改为深井泵的降水方法。

施工中采用何种降水方法,应根据土的渗透系数、降低水位的深度、含水层岩性以及设备条件等确定,参照表 2-4 选择。

表 2-4 各种井点的适用范围

井点类别	适用条件		
	适合土质	土的渗透系数/(m·d⁻¹)	降低水位深度/m
一级轻型井点	黏性土、砂土	0.1～20	3～6
二级轻型井点	黏性土、砂土	0.1～20	6～9
电渗井点	黏性土	<0.1	5～6
管井井点	砂土、碎石土、可溶岩、破碎带	1.0～200	6～10
喷射井点	砂土	0.1～50	8～20
深井泵	砂土、碎石土	1.0～80	>15

2.3.3 回灌

回灌是在降水井点和被保护的建筑之间搭设一排井点，在降水井点抽水的同时，通过回灌井点向土层内灌入相当于降水井点抽出的水量的水，形成一道隔水帷幕，从而阻止或减少回灌井点外侧被保护的建筑物地下水流失，这样不会因降水使地基自重应力增加而引起地面沉降。回灌主要包括井点回灌和砂沟、砂井回灌两种方法。

(1) 井点回灌

回灌井点的间距应根据降水井点的间距和被保护建筑物的平面位置确定，其与降水井点的间距不应小于 6 m。回灌井点宜进入稳定水面以下 1 m，且位于渗透性较好的土层中，过滤器的长度应大于降水井点过滤器的长度。回灌水量可以通过水位观测孔中水位变化进行控制与调节，不宜超过原水位标高，回灌水箱高度可根据灌入水量配置。实际施工时应协调控制降水井点与回灌井点。

(2) 砂沟、砂井回灌

在降水井点与被保护建筑物之间设置砂井，并沿砂井布置一道砂沟，将降水井点抽出的水适时、适量排入砂沟，再经砂井回灌到地下。回灌砂井的灌砂量，应取井孔体积的 95%，填料应采用含泥量不大于 3%、不均匀系数在 3～5 的纯净中粗砂。

2.3.4 降水控制的一般要求

① 地下水控制的设计与施工应满足支护结构设计要求，应根据场地及周边工程地质条件、水文地质条件和环境条件并结合基坑支护和基础施工方案综合分析，合理选择方案。

② 为排除暴雨和其他突然而来的明水倒灌，基坑内尚应设置明沟和集水井，为防止大雨对边坡的侵蚀，基坑边坡视需要可覆盖塑料布。

③ 膨胀土场地应在基坑边缘采取封闭坡顶及坡面的防水措施，防止各种水流(渗)入坑壁，如采用抹水泥地面等。不得向基坑边缘倾倒各种废水，并应防止水管泄漏冲走桩间土。

④ 软土基坑、高水位地区应做隔水帷幕，防止降水造成基土流失。

⑤ 基坑截水结构的设计，必须依据场地的水文地质资料及开挖深度等条件，截水结构必须满足隔渗要求，且其支护结构必须满足变形要求。

⑥ 在降水井点与周边重要建筑物之间宜设置回灌井(沟)，在基坑降水的同时，应沿建筑物地下回灌，以保持原地下水位，或采取减缓降水速度，控制地面沉降。

⑦ 当基坑底为隔水层且底层作用有承压水时，应进行坑底突涌验算，必须时刻采取水平封底隔渗或钻孔减压措施保证基坑底土层稳定。

2.4 桩基础施工安全

桩基础是由设置在土中的桩和承接上部结构的承台组成。桩在平面内可布置成方形及矩形网格，或三角形及梅花形网格。桩可为等间距的，也可为不等间距的。桩基可由单根桩组成，如一柱一桩的情况，而多数情况下是由多根桩和承台组成的群桩，桩底部的承台也可以利用地下室的底板或整片基础的底板。按照功能可分为承受轴向压力的桩、承受轴向拉拔力的桩、承受横向荷载的桩 3 种。桩基施工必须严格按照施工方案要求进行，防止事故发生。

2.4.1 人工挖孔桩施工安全技术

① 人工挖孔桩深度不宜超过 15 m。各种大直径桩的成孔，应首先选用机械成孔，当采用人工挖孔时须经上级主管部门批准后方可施工。

② 应由熟悉人工挖孔桩施工工艺、遵守操作规定和具有应急监测、自我防护能力的专业施工队伍施工。

③ 开挖桩孔应自上向下逐层进行，挖一层土及时浇筑一节混凝土护壁。第一节护壁应高出地面 0.3 m。

④ 距孔口顶周边 1 m 位置搭设围栏。孔口应设安全盖板，当盛土吊桶自孔内提出地面时，必须用盖板关闭孔口后，再进行卸土。孔口周边 1 m 范围内不得有堆土和其他堆积物。

⑤ 提升吊桶的机构，其传动部分及地面扒杆必须牢靠，制作、安装应符合施工设计要求。人员上下不得乘坐盛土吊桶，必须另配钢丝绳及滑轮并有断绳保护装置，或者使用安全爬梯上下。

⑥ 应避免落物伤人，孔内应设半圆形防护板，并随挖掘深度逐层下移。吊运物料时，作业人员应在防护板下面工作。

⑦ 每次作业前应检查孔壁和抽样检测孔内空气，当二氧化碳含量超过 0.3%时，应采用通风措施。当挖孔深度超过 10 m 时，应采取鼓风机送风。当使用风镐凿岩石时，为了排出施工中产生的岩灰，应加大送风风量，但严禁用纯氧进行通风换气。

⑧ 井内照明应采用安全矿灯或 12 V 防爆灯具。桩孔较深时，上下联系可通过对讲机等方式，地面不得少于 2 名监护人员。井下人员应轮换作业，连续工作时间不应超过 2 h。

⑨ 挖孔桩孔内岩石需要爆破时，应采用浅眼爆破法，严格控制炸药用量，并按现行国家标准《爆破安全规程》(GB 6722—2014)执行。

⑩ 挖孔完成后，应该当天验收，及时将桩身钢筋笼就位并浇筑混凝土。正在浇筑混凝土的桩孔周围 10 m 半径内，不得有其他人工作业。

2.4.2 钻孔灌注桩施工安全技术

① 钻孔机械就位后，应对钻机及配套设备进行全面检查。钻机安设必须平稳、牢固，钻架应设斜撑或缆风绳。

② 冲击钻孔，选用的钻锥、卷扬机和钢丝绳等应配置适当，钢丝绳与钻锥用绳卡固接时，绳卡数量应与钢丝绳直径匹配。冲击过程中，钢丝绳的松弛度应掌握适宜。

③ 正反循环钻机及潜水钻机使用的电缆线要定期检查，接头必须绑扎牢固，确保不透水、不漏电。对经常处于水、泥浆浸泡处应架空搭设。挪移钻机时，不得挤压电缆线及风水管路。

④ 潜水钻机钻孔时，一般在完成一根钻孔桩时要检查一次电动机的封闭状况。钻机速度应根据地质变化加以控制，以保证安全运转。

⑤ 采用冲抓钻和冲击钻孔，当钻头提到接近护筒底缘时应减速，平稳提升，不得碰撞护筒和钩挂护筒底缘。

⑥ 钻孔使用的泥浆，宜设置泥浆循环净化系统，并注意防止或减少环境污染。

⑦ 钻机停钻，必须将钻头提出孔外，置于钻架上，不得滞留孔内。

⑧ 对于已埋设护筒未开钻或已成桩、但护筒尚未拔出的，应加设护筒顶盖或挂安全网遮罩。

2.4.3 沉入桩基础施工安全技术

① 打桩作业区应有明显标志或围栏，作业区上方不应有架空线路。在施打过程中，操作人员必须距离桩锤 5 m 以外监视。

② 钢筋混凝土桩、预应力混凝土桩采用锤击沉桩或振动沉桩时，施工场地应保持平整清洁。打桩机的移动轨道铺设要平顺、轨距要准确，轨钉要牢固，轨道端部要安设止轮器。如果打桩过程中遇到地坪隆起或下陷时，应及时将打桩机架调直，将路轨垫平或调平。

③ 预制桩施工桩机作业时，严禁吊装、吊锤、回转、行走动作同时进行。

④ 打桩架移动时，应在现场施工项目负责人指挥下进行。桩架移动应平稳，桩锤必须放在最低位置，柴油打桩机后部的配重铁必须齐全。采用滚杠滑移打桩架作业时，作业人员不得在打桩架内操作。

⑤ 起吊沉桩或桩锤时，严禁作业人员在吊钩下方或在桩架龙门口处停留或作业。

⑥ 打桩架及起重工具，应经常检查维修，桩锤检查维修，必须将桩锤放落在地面或平台上，严禁在悬挂状态下维修。

⑦ 采用高压水泵助沉措施，其高压水泵的压力表、安全阀、水泵、输水管道等应符合相关安全要求。射水沉桩时，应根据地质条件采用相应的压力，在桩身入土达到稳定时再射水，防止因急剧下沉而造成桩架倾斜。

⑧ 所有开始和停止振动必须听从指挥，在振动打桩机开动后，作业人员应暂离基桩。在振打中若发现桩身回跳、打桩机有异响及其他不正常情况时，应立即停止振动，并检查处理后再继续作业。

⑨ 振动打桩机在停止作业后，应立即切断电源。

思 考 题

1. 简述土方施工造成的主要事故类型及原因。
2. 特殊土方开挖工程包含哪些方面？
3. 简述基坑人工降水的方法及适用条件。
4. 简述钻孔灌注桩施工安全技术要点。
5. 请搜集土方开挖施工的安全事故，并进行事故分析。

第3章 脚手架及模板工程施工安全

3.1 脚手架工程安全措施

脚手架是指为建筑施工上料、堆料与施工操作而搭设的临时结构支架。在建筑工地上，为了便于工人操作、安全防护并解决垂直和水平运输需要搭设各种脚手架，如砌筑砖墙、浇筑混凝土、墙面的抹灰、装饰和粉刷、设备和结构件的安装等都需要在近旁搭设脚手架。

脚手架的使用贯穿于建筑工程施工的全过程，作为一种承重结构和安全设施，脚手架的搭设、使用和拆除对建筑施工速度、工作效率、工程质量以及作业人员的人身安全等有直接的影响，如果操作不当，就可能引起高处坠落、坍塌、物体打击、触电和雷击等安全事故的发生。有关统计表明，在我国建筑施工行业每年所发生的伤亡事故中，大约有1/3的事故直接或间接地与脚手架有关。所以，脚手架工程一直是建筑施工现场安全技术和管理的工作重点。

3.1.1 脚手架的类型

脚手架按照不同的分类方式，通常有以下几种：

按照用途分类，可以分为3种：作业脚手架，包括结构作业用脚手架和装饰作业脚手架；防护用脚手架，主要用于安全防护；承重、支撑类脚手架，主要用于模板支设。

按照支固方式分类，可以分为落地式脚手架、悬挑式脚手架、附墙悬挂脚手架、悬吊脚手架和附着升降脚手架。

按照搭设的位置分类，可以分为里脚手架、外脚手架。

对于落地式脚手架，按照搭设类型分类，可以分为单排脚手架、双排脚手架和满堂脚手架。

按照材质分类，可以分为金属结构脚手架和竹、木脚手架（以木或竹竿件搭设的脚手架）。竹、木脚手架已经逐渐被淘汰，建筑施工大多使用钢管脚手架。

钢管脚手架按照连接方式不同，又有扣件式脚手架、碗扣式脚手架、盘扣式脚手架和承插式钢管脚手架等类型。

3.1.1.1 扣件式钢管脚手架

扣件式钢管脚手架如图3-1所示，简称扣件式脚手架，是将立杆，纵向、横向水平杆用扣件连接组成的、为满足建筑施工的上料、临时堆料与施工作业等使用的临时结构架。钢管扣件式脚手架在我国的应用已有数十年,积累了丰富的使用经验,是应用最为普遍的一种脚手架。

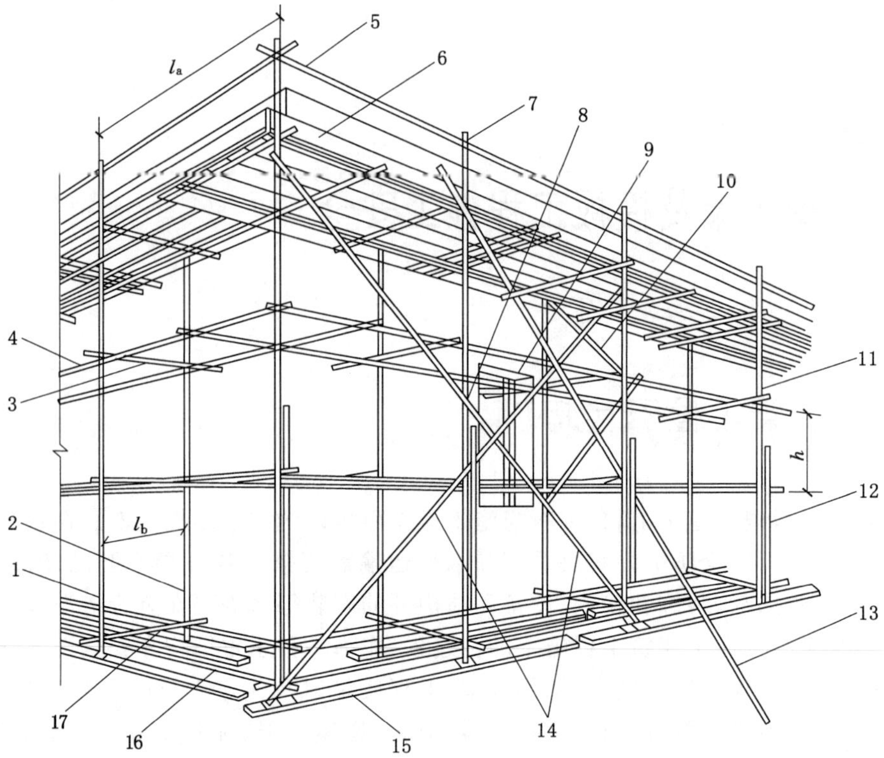

1—外立杆;2—内立杆;3—横向水平杆;4—纵向水平杆;5—栏杆;6—挡脚板;7—直角扣件;8—旋转扣件;9—连墙件;10—横向斜撑;11—主立杆;12—副立杆;13—抛撑;14—剪刀撑;15—垫板;16—纵向扫地杆;17—横向扫地杆;l_a—纵距;l_b—横距;h—水平杆距。

图 3-1　扣件式钢管脚手架

(1) 扣件式钢管脚手架具有良好的使用特性

① 承载力较大。当脚手架的几何尺寸及构造符合规范的有关要求时,一般脚手架的单管立柱的承载力可达 15～35 kN。

② 装拆方便,搭设灵活。钢管自身没有接头结构,使用灵活,钢管长度易于调整,扣件连接简便,因而可适应各种平面、立面的建筑物与构筑物用脚手架。

③ 经济性良好。加工制作简单,一次投资费用较低;如果精心设计脚手架几何尺寸、注重提高钢管周转使用率,则材料用量也可取得较好的经济效果。

(2) 扣件式钢管脚手架的不足之处

① 由于扣件与钢管是分体的,扣件(特别是螺杆)容易丢失。

② 节点处的杆件为偏心连接,靠摩擦力传递荷载和内力,因而降低了其承载能力。

③ 扣件节点的连接质量受扣件本身质量和工人操作的影响较大。

扣件式钢管脚手架虽然得到了广泛使用,但是必须在其适用范围内选择使用,对于超范围、重(特)大工程、超危工程和有特殊要求的建筑工程禁止选用扣件式脚手架。

3.1.1.2　碗扣式钢管脚手架

如图 3-2 所示，碗扣式钢管脚手架是一种新型多功能的工具式脚手架。

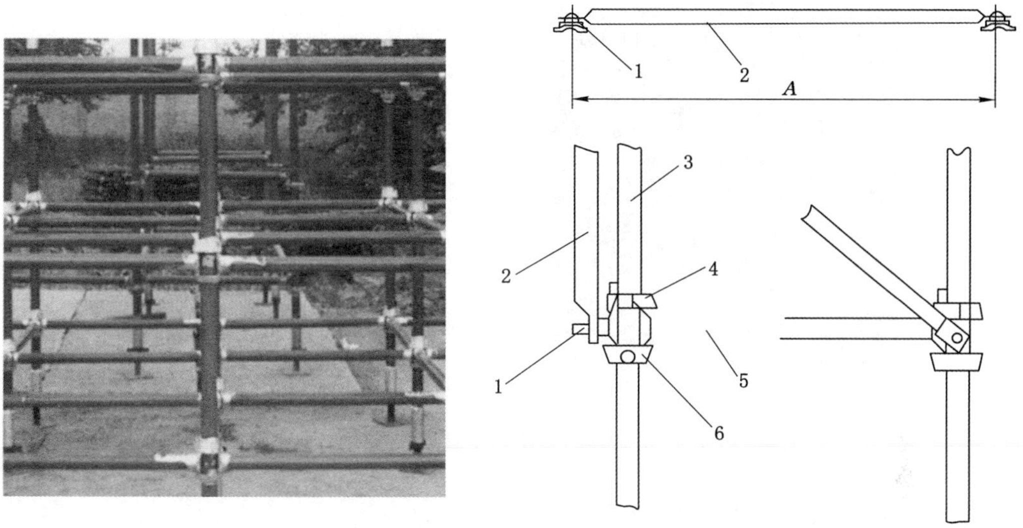

1—斜杆接头；2—斜杆；3—立杆；4—上碗扣；5—横杆；6—下碗扣。

图 3-2　碗扣式钢管脚手架

碗扣式钢管脚手架由主部件、辅助构件、专用构件构成。全系分为 23 类，共 53 种规格。碗扣型多功能脚手架的接头构造合理，制作工艺简单，作业容易，使用范围广，能充分满足房屋、桥涵、隧道、烟囱、水塔等多种建(构)筑物的施工要求。

(1) 碗扣式钢管脚手架的主要优点

① 多用途。能根据具体施工要求，组成不同组架尺寸、形状和承载能力的单、双排脚手架，支撑架，支撑柱，物料提升架，爬升脚手架，悬挑架等多种功能的施工装备。也可用于搭设施工棚、料棚、灯塔等构筑物。特别适合于搭设曲面脚手架和重载支撑架。

② 易安装。常用杆件中最长为 3 130 mm，质量为 17.07 kg。整架拼拆速度比常规快 3～5 倍，拼拆快速省力。

③ 承载力大。立杆连接是同轴心承插，横杆同立杆，靠碗扣接头连接。接头具有可靠的抗弯、抗剪、抗扭力学性能，而且各杆件轴心线交于一点。由于节点在框架平面内，因而结构稳固可靠，承载力大。

④ 安全可靠。接头设计时，考虑到上碗扣螺旋摩擦力和自重力作用，使接头具有可靠的自锁能力。

⑤ 不易丢失。钢管与扣件固结在一起，减少了零散易丢失扣件。

(2) 碗扣式钢管脚手架的不足之处

立杆和横杆均为几种尺寸的系列定型杆，立杆上碗扣节点按 0.6 m 间距设置，使构架尺寸受到限制；碗扣的结构也使得脚手架的构型受到一定的约束。

3.1.1.3　盘扣式钢管脚手架

(1) 盘扣式钢管脚手架的分类：

如图 3-3 所示，按照盘扣结构不同，盘扣式钢管脚手架可分为菊花盘式、圆盘式、八角盘式、六角盘式等多种形式。

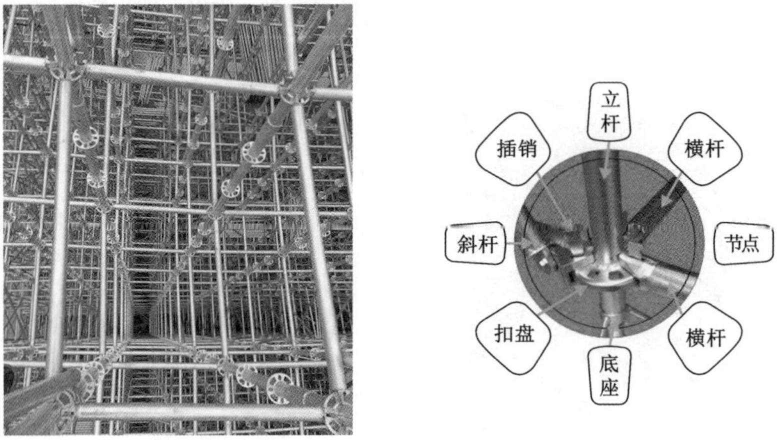

(a)　　(b)

图 3-3　盘扣式钢管脚手架

(2) 盘扣式钢管脚手架的优点

① 安装快捷,搭建轻松快速,并具有很强的机动性,可满足大范围的作业要求。

② 构架灵活,可根据不同的实际需要,搭建多种规格、多排、固定或可移动的脚手架。

③ 安全可靠,各种完善的安全配件在作业中提供牢固、安全的支持。

3.1.1.4　承插式钢管脚手架

如图 3-4 所示,承插式钢管脚手架采用 Q235 钢管作为主构件,立杆是在一定长度的钢管上每隔一定距离焊接上一个插座,横杆是在一定长度的钢管两端分别焊接一个插头,插头与插座构成连接结构。立杆为竖向受力杆件,通过横杆拉结组成支架。承插式钢管脚手架的连接点能够承受弯矩、冲剪及扭矩,使之形成整体稳定性能良好的空间支架结构。

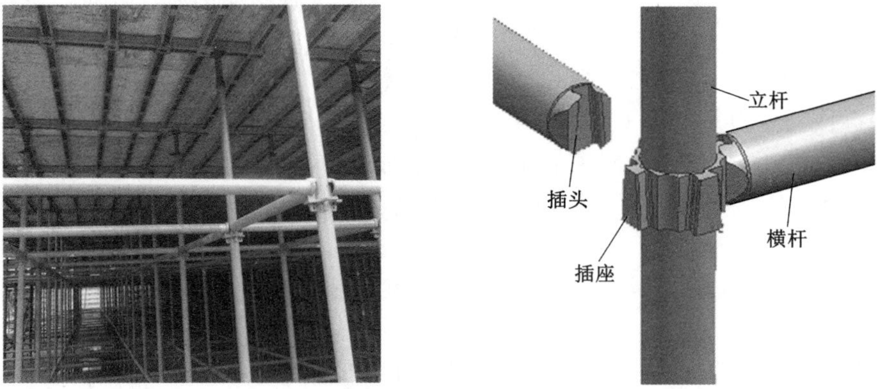

(a)　　(b)

图 3-4　承插式钢管脚手架

3.1.2　脚手架工程的事故类型及原因

脚手架事故具有易发性、多发性和难控性等特点,当存在地基不牢、构架不好、设置不稳、防护不到位和使用不当,或者存在材料缺陷、设备缺陷、安装缺陷、超载和人的不安全行为，以及出现意外作用、异常情况和应急处置不当时，都可能发生安全事故。这就要求施工单位全面做好脚手架安全技术措施的编制工作并认真执行，同时加强安全管理和安全教育，使脚手架事故达到难发、少发和可控的要求，杜绝重大事故，并减少和避免受伤事故的发生。

3.1.2.1　脚手架工程中的事故类型

（1）脚手架整体或局部破坏

由于脚手架结构构件及其支撑、升降和安全装置发生整体或局部的破坏、损坏、失去安全状态和工作能力的变形而引起的事故。主要包括：整体或局部坍塌；整体或局部倾倒；杆、扣件破坏和局部垮塌；悬空脚手架（包括吊脚手架、吊篮、挂脚手架、附着升降脚手架）和悬挑受料架等倾翻、坠落或失去安全状态；其他情况的架体失稳破坏。

（2）脚手架使用和架上作业安全事故

由于对脚手架使用或处置不当、或架上作业不当及其他不安全行为造成的事故。主要包括：超量堆载、人员过度集中、在脚手架上拉结缆绳、在脚手架侧安设提升材料的滑轮，以及在脚手架上设外檐模板支撑等；不当拆除连墙杆、结构杆件和防护设施；不当的行车、搬运、卸料、吊物等引起的高处坠落、落物伤害等；其他不安全行为引起的事故（碰撞、滑跌等）。

（3）脚手架安装和拆除作业事故

在脚手架安装或拆除过程中因措施、操作不当和其他意外因素引发的事故。主要包括：装拆中架体倒塌事故；作业人员坠落事故和落物伤人事故；等等。

3.1.2.2　造成脚手架事故的主要原因

当设计不到位、作业人员操作不当，材料不符合规范要求等，加之安全管理、技术交底和安全教育不到位，都可能造成在使用和装拆过程中因脚手架结构失稳或承载能力不够而引发安全事故。具体原因如下：

① 施工企业施工前未编制切实可行的施工组织设计和专项施工方案，未做到具体技术安全措施交底，危险性较大施工项目未经专家评审论证。

② 架体的结构和构造设计不当，连墙件和附着拉结设置不够或有严重缺陷或被违规拆除，缺少防倾、防坠等保险装置或失效。

③ 未按规定的安全程序进行安装和拆除作业，设置和搭设质量存在缺陷。

④ 基础沉降或立杆底部脱空。

⑤ 作业人员缺乏架上安全作业和安全防范的意识和知识。

⑥ 违反安全规定，违章指挥或违章作业，如在有阻碍或故障时强行继续升降。

⑦ 超出设计的强大侧力（如风力、拉力、碾压等）作用。

3.1.3　脚手架搭设前的准备工作

（1）技术文件准备

脚手架搭设前应具备必要的技术文件。技术文件包含脚手架施工方案和脚手架的施工图。脚手架施工方案应依据建筑工程规模及其现场实际条件和有关的规程、规范和技术要求进行编制。主要内容包括：脚手架类型的选择；脚手架各种构件及其技术参数；主要材料和构（配）件的质量要求；脚手架搭设施工工艺；连墙件构造要求或基础处理要求；脚手架搭设总体质量要求；安全和技术组织措施要求；等等。脚手架的技术文件应由工程技术负责人按施工组织设计中有关脚手架的要求向搭设工人和施工人员进行技术交底。

（2）构配件质量检查

对钢管、扣件、脚手板等构配件应按规范要求进行质量检查验收，对不合格产品一律不得使用。经检验合格的构配件应按品种、规格分类，堆放整齐、平稳，堆放场地不得有积水。

(3) 现场清理和基础加固

对脚手架的搭设场地要进行清理、平整，并使排水畅通。对高层脚手架或荷载较大而场地土软弱的脚手架还应按设计要求对场地土进行加固处理，如原土夯实、加设碎石或素混凝土垫层等。

3.1.4 脚手架工程安全要求

3.1.4.1 扣件式脚手架安全要求

(1) 扣件式脚手架的搭设

① 扣件式脚手架必须按照设计规定的构造方案和尺寸进行搭设，并注意杆件的搭设顺序。首先摆放扫地杆，即贴近地面的横杆，然后逐根竖立立杆，随即与扫地杆扣紧，安装第一步横杆，与各立杆扣紧，再安装第二步横杆，加设临时斜撑杆，将其上端与第二步横杆扣紧，安装第三、第四步横杆等，并加设剪刀撑、铺护栏和挡脚板。

② 脚手架地基与基础的施工，必须根据脚手架搭设高度、搭设场地土质情况与现行国家标准《建筑地基基础工程施工质量验收标准》(GB 50202—2018)的有关规定进行。脚手架底座底面标高宜高于自然地坪 50 mm。脚手架及基础经验收合格后，应按施工组织设计的要求放线定位。

③ 脚手架搭设人员必须是经过按现行国家标准《特种作业人员安全技术考核管理规则》(GB 5306—85)考核合格的专业架子工。上岗人员应定期体检，合格者方可持证上岗。搭设脚手架人员必须戴安全帽、系安全带、穿防滑鞋。

④ 脚手架必须配合施工进度搭设，一次搭设高度不应超过相邻连墙件以上两步。

⑤ 严禁外径 48 mm 与 51 mm 的钢管混合使用。

⑥ 用于连接横杆的连接扣件，开口应朝架子内侧，螺栓向上，不能开口朝上，以防雨水进入。

⑦ 装螺栓时应注意将根部放正和保持适当的拧紧程度，这对于支架的承载能力、稳定性和安全影响很大。螺栓拧紧程度应适中，扭力矩控制在 39～49 N・m，最大不超过 59 N・m。为控制拧紧程度，操作人员应根据扳手长度用测力计校核自己的手劲，反复练习，以求达到准确掌握扭力矩的大小。

⑧ 搭设时，工人必须系安全带，并及时采用临时支顶，以确保搭设过程的安全。

⑨ 随时校正杆件垂直度和水平偏差，避免偏差过大，要求偏差不得大于 25 mm。

⑩ 没有完成的支架，在每日收工前应采取稳定措施，以免发生意外。

(2) 扣件式脚手架的拆除

按照“先安装的后拆除、后安装的先拆除”的原则，拆除顺序和搭设顺序相反。为了保证脚手架工程的安全施工，脚手架的拆除应遵循以下要求：

① 在脚手架拆除前，单位技术负责人必须向施工人员进行拆除安全技术交底，并要求其签字确认。

② 脚手架拆除时，必须划出安全区，设置警戒标志，派专人看管。

③ 脚手架拆除时，应两个人协同作业，以避免单人作业时出现闪失，造成安全事故。

④ 脚手架上的杂物及地面障碍物必须清除。

⑤ 必须全面检查脚手架的扣件连接及连墙件、支撑体系等受力部位，保证各部位满足构造要求。如果个别部位不符合要求，必须及时整改。

⑥ 脚手架的拆除作业必须由上而下逐层进行，严禁上下同时作业。

⑦ 连墙件必须随脚手架逐层拆除，严禁先将连墙件整层或数层拆除后再拆脚手架。

⑧ 脚手架采取分段、分立面拆除时，必须事先确定分界处的技术处理方案。当分段拆除时，高差不应大于两步，否则应增设连墙件加固。

⑨ 当脚手架拆至下部最后一根长立杆的高度时，应先在适当位置搭设临时抛撑加固，再拆除连墙件。

⑩ 拆除后的各配件应吊运至地面，严禁抛掷。

⑪ 拆除的构件应及时检查，检修与保养，并分类堆放，以便运输保管。

⑫ 拆除工作不应损坏建筑物的玻璃窗、墙外水管等。

(3) 扣件式脚手架的检查与验收

① 扣件式脚手架及其地基基础应在以下阶段进行检查与验收：基础完工后及脚手架搭设前；作业层上施加荷载前；每搭设完 10～13 m 后；达到设计高度后；遇有六级及以上大风和大雨、大雪后，寒冷地区开冻后；停用超过 1 个月。

② 进行脚手架检查、验收时应根据以下技术文件进行：国家和行业的有关技术标准、安全技术规范；施工组织设计及变更文件；专项施工方案及专家论证文件；技术交底文件等。

③ 建筑施工脚手架使用中，应定期检查以下项目：杆件的设置连接，连墙件、支撑、门洞桁架等的构造是否符合要求；地基是否积水，底座是否松动，立杆是否悬空；扣件螺栓是否松动；高度在 24 m 以上的脚手架，其立杆的沉降与垂直度的偏差是否符合规范规定要求；安全防护措施是否符合要求；是否超载等。

(4) 扣件式脚手架使用过程中的安全管理

建筑施工现场脚手架在使用过程中应当符合以下安全管理基本要求：

① 脚手架的构配件质量与搭设质量应按规定进行检查、验收，合格后方准使用。

② 作业层上的施工荷载应符合设计要求，不得超载；不得将模板支架、缆风绳、泵送混凝土和砂浆的输送管等固定在脚手架上；严禁悬挂起重设备。

③ 遇有六级及以上大风和雾、雨、雪天气时，应停止脚手架搭设与拆除作业。雨、雪后应及时扫除积雪，上架作业应有防滑措施。

④ 脚手架的安全检查与维护，应按规定进行，安全网应按有关规定搭设或拆除。

⑤ 在脚手架使用期间，严禁拆除主节点处的纵、横向水平杆，纵、横向扫地杆，以及连墙件等。

⑥ 不得在脚手架基础及其邻近处进行挖掘作业，否则应采取安全措施，并报主管部门批准。

⑦ 临街搭设脚手架时，外侧应有防止坠物伤人的防护措施。

⑧ 在脚手架上进行电、气焊作业时，必须有防火措施和专人看守。

⑨ 工地临时用电线路的架设及脚手架接地、避雷措施等，应按现行行业标准《施工现场临时用电安全技术规范》(JGJ 46—2022)的有关规定执行。

3.1.4.2　碗扣式、盘扣式钢管脚手架安全要求

(1) 碗扣式脚手架安全要求

建筑施工现场脚手架在使用过程中应当符合以下安全管理基本要求：

① 脚手架搭设和拆除人员必须经岗位作业能力培训考核合格后，方可持证上岗。

② 搭设和拆除脚手架作业应有相应的安全设施，操作人员应正确戴安全帽、系安全带和穿防滑鞋。

③ 脚手架作业层上的施工荷载不得超过设计允许荷载。

④ 遇有六级及以上强风、浓雾、雨或雪天气时，应停止脚手架的搭设与拆除作业。凡雨、霜、雪后，上架作业应有防滑措施，并应及时清除水、冰、霜、雪。

⑤ 夜间不宜进行脚手架搭设与拆除作业。

⑥ 在搭设和拆除脚手架作业时，应设置安全警戒线和警戒标志，并应设专人监护，严禁非作业人员进入作业范围。

⑦ 严禁将模板支撑架、揽风绳、混凝土输送泵管、卸料平台及大型设备的附着件等固定在双排脚手架上。

⑧ 脚手架验收合格投入使用后，在使用过程中应定期检查。

⑨ 当脚手架遇到下列情况之一时，应进行全面检查，确认安全后方可继续使用：遇有六级及以上强风或大雨后；冻结的地基土解冻后；停用超过 1 个月后；架体遭受外力撞击作用后；架体部分拆除后；遇有其他特殊情况后；其他可能影响架体结构稳定性的特殊情况发生后。

⑩ 当在双排脚手架上同时有 2 个及以上操作层作业时，在同一跨距内各操作层的施工均布荷载标准值总和不得超过 5 kN/m^2。防护脚手架应有限载标志。

⑪ 脚手架使用期间，严禁擅自拆除架体主节处的纵向水平杆、横向水平杆、纵向扫地杆、横向扫地杆和连墙件。

⑫ 当脚手架在使用过程中出现安全隐患时，应及时排除；当出现可能危及人身安全的重大隐患时，应停止架上作业，撤离作业人员，并应及时组织检查处理。

⑬ 模板支撑架在使用过程中，模板下严禁人员停留。

⑭ 模板支撑架的使用应符合下列规定：一是浇筑混凝土应在签署混凝土浇筑令后进行；二是混凝土浇筑顺序。框架结构中连续浇筑立柱和梁板时，应先浇筑立柱、后浇筑梁板；而在浇筑梁板或悬臂构件时，应按从沉降变形大的部位向沉降变形小的部位顺序进行。

⑮ 当有下列情况之一时，宜按现行行业标准《钢管满堂支架预压技术规程》(JGJ/T 194—2009)的规定对模板支撑架及地基进行预压：承受重载或设计有特殊要求时；地基为不良地质条件时；拟浇筑构件跨度大、对成型线形有要求时。

⑯ 模板支撑架应编制监测方案，使用中应按监测方案对架体实施监测。

⑰ 双排脚手架在使用过程中，应对整个架体相对主体结构的变形、基础沉降、架体垂直度进行观测。

⑱ 在影响脚手架地基安全的范围内，严禁进行挖掘作业。

⑲ 脚手架应与输电线路保持安全距离，施工现场临时用电线路架设及脚手架接地防雷措施等应符合现行行业标准《施工现场临时用电安全技术规范》(JGJ 46—2022)的规定。

⑳ 在脚手架上进行焊接作业时，必须有防火措施，应派专人监护，并应符合现行国家标准《建设工程施工现场消防安全技术规范》(GB 50720—2011)的规定。

3.1.4.3　盘扣式(含承插盘扣式)钢管脚手架安全要求

建筑施工现场脚手架在使用过程中应当符合以下安全管理基本要求：

① 控制模板支架混凝土浇筑作业层上的施工荷载，尤其要严格控制施工操作集中荷载，以保证支架的安全。

② 模板支架混凝土浇筑期间应做好相应的监测工作，并做好紧急情况下的应急处理。

③ 模板支架及脚手架使用期间不允许随意拆除架体结构杆件，避免架体因随意拆除导致承载力不足。例如，为了施工方便需要临时拆除的，应履行审批手续，并实施相应的安全措施。

④ 防止挖掘作业过程中或挖掘以后模板支架或脚手架因基础沦陷而坍塌。

⑤ 盘扣式钢管支架的水平杆和立杆均为定尺长度，防止采用抛掷方式拆除支架导致定尺杆件弯曲，影响后续使用的支架搭设。

⑥ 规定模板支架及脚手架对防火措施的基本要求。

3.1.4.4　悬挑式脚手架安全要求

① 悬挑式脚手架安装拆卸人员必须经过建设行政主管部门培训考试合格，持证上岗，应在合格证有效期内从事安装和拆除作业。

② 悬挑式脚手架安装拆卸人员应定期体检，健康状况应符合架子工职业安全健康要求。

③ 安装拆卸作业必须戴好安全帽、系好安全带、穿防滑鞋等，正确使用安全防护用品。

④ 悬挑式脚手架安装、拆除作业前，应根据脚手架高度及坠落半径，在地面对应位置进行临时围护和设置警示标志。安装、拆除作业过程中，应派专人监护。

⑤ 悬挑式脚手架安装拆卸作业，必须严格执行专项施工方案、安全技术交底和安全技术操作规程，应有防止高空坠落和落物伤人的防护措施。

⑥ 悬挑式脚手架构配件的质量和安装质量应符合本规程规定，并应经检查验收合格后方可使用。

⑦ 架体上的施工荷载必须符合设计要求，严禁超载使用。架体上的建筑垃圾及杂物应及时清理。

⑧ 严禁将模板及支架、揽风绳、混凝土浇筑输送管道、卸料平台等搁置或固定在脚手架上，严禁借助脚手架起吊重物。

⑨ 在悬挑式脚手架上进行电、气焊等动火作业，必须执行审批制度，有可靠的防火措施，应派专人监护。

⑩ 工地临时用电线路的架设及悬挑式钢管脚手架的接地、避雷措施等，应按现行行业标准《施工现场临时用电安全技术规范》(JGJ 46—2022)的规定执行。

⑪ 悬挑式脚手架沿架体外围必须采用密目式安全网全封闭，防护密目网应在每100 mm×100 mm 的面积内至少有 2 000 目，密目式安全网宜设置在脚手架外立杆的内侧，且应顺环扣逐个与架体绑扎可靠。当底部悬空时，底部应做好安全防护并架设安全平网。

⑫ 悬挑式脚手架底部与墙体之间的间隙应封堵严密且牢固，附墙悬挂脚手架安全要求。

3.1.4.5　悬吊脚手架安全要求

① 脚手架搭拆人员必须经过培训合格，并具备上岗资质。

② 所有悬吊脚手架的搭拆人员必须正确使用劳保用品，否则不能从事脚手架搭拆活动。

③ 脚手架施工人员不允许疲劳施工，施工过程中注意休息，休息时必须挂好安全带。

④ 注意施工范围内脚手架材料堆放稳固，搭拆脚手架必须挂好安全带，防止坠落。

⑤ 搭拆脚手架时，严格按照脚手架搭拆顺序进行搭拆活动，不允许随意搭拆。

⑥ 脚手架拆除时，所有拆下的杆件和扣件不得随意往下扔，以免损坏杆件和扣件，甚至伤人；拆下的扣件要放到工具袋内，用绳子顺放下去；从事拆除的人员必须挂好安全带、戴好安全帽、穿好工作服和劳保鞋。

⑦ 搭拆脚手架时，周边应设置警戒标志，并派专人看守，严禁非操作人员入内。

⑧ 脚手架施工人员和脚手架使用单位要严格遵守脚手架安全管理中的规定。

3.1.4.6 附着升降脚手架安全要求

① 操作人员必须经过专业培训。脚手架组装前，应根据专项施工组织设计要求，配备合格人员，明确岗位职责。对所有材料、工具和设备进行检验，不合格的产品严禁投入使用。

② 脚手架组装完毕，必须对各项安全保险装置、电气控制装备、升降动力设备、同步及荷载控制系统、附着支承点的连接件等进行仔细检查，在工程结构混凝土强度达到承载强度后，方可进行升降操作。

③ 升降操作前应解除所有妨碍架体升降的障碍和约束。升降时，严禁操作人员停留在架体上。特殊情况需要上人的，必须采取有效的安全防护措施。

④ 在升降的脚手架下方严禁人员进入。升降时应设置安全警戒线，并设专人监护。如遇雨、雪、雷电等恶劣天气和五级以上大风天气，不应进行升降，夜间禁止升降作业。

⑤ 升降过程中应实行统一指挥，规范指令。但有异常时，任何人均可立即发出停止指令。

⑥ 升降过程中，监护人员必须提高责任心。发现任何异常、异声及障碍物等，应立即停止，排除异常后，方可继续操作。

⑦ 脚手架升降到架体固定后，必须对附着支承和架体的固定、螺栓连接、碗扣和扣件、安全防护等进行安全检查，确认符合要求后，方可交付使用。

⑧ 架体上的施工荷载必须符合设计规定，严禁超载，严禁放置影响局部杆件安全的集中荷载，并应及时清理架体、设备及其他构配件上的垃圾和杂物。

⑨ 严禁利用架体吊运物件，不得在架体上拉结吊装缆绳和推车，不得利用架体支顶模板，卸料平台不得与架体连在一起。

⑩ 严禁任意拆除结构构件或松动连接件，严禁拆除或移动架上的安全防护设施。

⑪ 脚手架在使用过程中应每月进行一次全面检查。停用超过一个月时，应采取加固措施。

⑫ 螺栓连接件、动力升降设备、防倾装置、防坠装置、电控设备等应至少每月维护、保养一次。

⑬ 脚手架的拆除必须按专项施工组织设计进行，拆除时严禁抛掷物件，拆下的材料及设备应及时检修保养，不符合设计要求的必须予以报废。

3.2　模板工程安全措施

模板工程是指能使新浇筑混凝土成为设计要求的形状、尺寸与位置的模板面以及支承模板的一系列支撑体系。模板工程在混凝土结构施工中虽然是一种临时结构，但是在施工成本和用工量中均占较大比例。据有关资料统计，模板工程一般占混凝土结构工程造价的20%～30%，占工程用工量的30%～40%，占工期的50%左右，因而模板技术的科学合理性直接影响工程建设的安全、质量、造价和进度。而据有关部门的不完全统计，与模板工程相关的安全事故占混凝土结构施工安全事故的70%以上，因而模板工程是影响施工安全的重点防范对象。特别是近年来高层建筑和大跨度建筑增多，模板工程的安全重要性更为突出。

造成模板工程伤亡事故频发的原因是多方面的，有设计方面、施工方面、材料质量方面、监控管理方面、技术标准方面等，主要包括下面几个方面：

第一，未编制相应的安全技术方案，未对模板安装人员进行安全培训和安全技术交底，操作人员不了解模板安装方法，不了解高处作业相关安全防护要求，在模板安装过程中未正确使用安全防护设施。

第二，模板及支撑体系的材料强度和刚度不够，造成混凝土施工过程中支撑或连接件发生变形或脆断。

第三，钢筋绑扎或混凝土浇筑等作业时，模板上的施工荷载超过设计规定，如模板物料集中超载堆放，混凝土施工人员不了解正确的浇筑方法，混凝土集中浇筑，导致局部荷载过大。

第四，墙、柱模板支撑架管间距超过设计值。

第五，模板支撑基础达不到设计要求的承载力。

第六，高大模板施工时，模板方案未经专家论证，模板支撑未经过验收，未设置专用上下通道等。

第七，模板拆除时，未按正确的拆除顺序施工，导致模板意外倒塌或人员高处坠落。

第八，其他相关方面。

3.2.1　模板的安装安全要求

3.2.1.1　模板安装前准备工作

(1) 模板工程专项施工方案编制与审查

安装前要审查设计审批手续是否齐全，模板结构设计与施工说明中的荷载、计算方法、节点构造是否符合规范要求及实际情况，是否有安装和拆除的方案。按照现行《中华人民共和国建筑法》和《建设工程安全生产管理条例》的要求，模板工程施工前应编制安全专项施工方案，其内容主要包括：该工程现浇混凝土工程的概况；拟定模板类型；模板支撑体系的设计计算及布料点的设置；绘制模板施工图；模板搭设的程序、步骤及要求；浇筑混凝土时的注意事项；模板拆除的程序及要求。

当模板工程属于超高、超重、大跨度，即高度超过 8 m 或跨度超过 18 m 或施工总荷载大于 10 kN/m^2 或集中线荷载大于 15 kN/m 的模板支撑工程，则还需要对其施工安全专项方案进行专家论证，评审通过后方可实施。

(2) 安全技术交底

对模板施工队伍进行全面详细的安全技术交底，详细交代模板工程的施工程序、安全技术措施、安全操作要求、应急处理及安全防范措施等，并填写安全交底记录，要求被交底人员签字确认。

(3) 场地清理平整

平整搭设场地，清除杂物，保证排水畅通；当模板支架基础下有设备基础、管沟时，在模板拆除前不应开挖，否则必须采取加固措施；模板支撑支柱的地基应满足承载要求，场地应事先平整夯实，并做好防水和排水。

(4) 材料检查

认真检查模板、支撑、连接件等构件的型号、尺寸及材质是否符合规范要求，对不符合要求的要及时更换，并将不能使用的及时清出现场。

(5) 放线定位

做好模板定位放线、标高测量、找平、模板定位等准备工作；竖向模板安装的底面应平整垫实，并采取可靠的定位措施，按施工设计要求预埋支撑锚固桩。

(6) 模板吊装

采取预组装模板施工时，预组装工作应在组装平台或经平整处理过的场地上进行，并按要求逐块检查后进行吊装。

3.2.1.2 模板安装一般安全要求

(1) 模板安装

一般要求必须按模板的施工设计进行，严禁随意变动安装方案。组合钢模板、大模板、滑动模板等的安装，应符合现行国家标准《组合钢模板技术规范》(GB/T 50214—2013)、《大模板多层住宅结构设计与施工规程》(JGJ 20—84)、《液压滑动模板施工技术规范》(GBJ 113—87)等的相应规定。

(2) 基本防护要求

① 模板安装作业高度超过 2 m 时，必须搭设脚手架或平台，并设防护栏杆。支设高度在 3 m 以上的模板，四周应设斜支撑，并应设立操作平台。若柱模板高度在 6 m 以上，应将多根柱模板连成整体。

② 在悬空部位作业时，操作人员应系好安全带。禁止上下在同一垂直面交叉操作。

③ 模板及其支架在安装过程中，必须采取有效的防倾覆临时固定设施。

④ 若中途停歇，应将已就位的模板固定牢固。模板上有预留洞口，应在安装后将洞口封盖好。

⑤ 在临街及交通要道作业时，应设警示牌，并派专人维持安全，防止伤及行人。

⑥ 操作人员登高必须走专设的梯道，严禁利用模板支撑上、下攀爬，不得在墙顶、独立梁及其他高处狭窄而无防护的模板上行走。

(3) 模板安装过程

上下应有人接应，随装随运，严禁抛掷，且不得将模板支搭在门窗框上，也不得将脚手板支搭在模板上，不能将模板与井字架、脚手架或操作平台连成一体。

(4) 现浇钢筋混凝土梁、板

当跨度大于 4 m 时，模板应相对受力方向反向起拱。当设计无具体要求时，起拱高度可为全跨长度的 1/1 000～3/1 000。

(5) 安装上层模板及其支架的安全要求

① 下层楼板应具有承受上层荷载的承载能力，当下层楼板混凝土强度达到1.2 MPa以上，才能上料具，所上料具分散堆放，不得过于集中。

② 上层支架立柱应对准下层支架立柱，并在立柱底铺设垫板。支撑不得搭在门、窗框和脚手架上。

③ 当采用悬臂吊模板、桁架支模方法时，其支撑结构的承载能力和刚度必须符合要求。

④ 拼装高度为2 m以上的竖向模板，不得站在下层模板上拼装上层模板。

(6) 垂直吊运模板要求

① 在升、降过程中应设专人指挥，统一信号，密切配合。

② 吊运大块或整体模板时，竖向吊运应不少于2个吊点，水平吊运应不少于4个吊点。必须使用卡环连接，并应稳起、稳落，待模板就位连接牢固后，方可摘除卡环。

③ 吊运散装模板时，必须码放整齐，待捆绑牢固后，方可起吊。

④ 当承重焊接钢筋骨架和模板一起安装时，模板必须固定在承重焊接钢筋骨架的节点上。安装钢筋模板组合体时，吊索应按模板设计的吊点位置绑扎牢固。

⑤ 在架空输电线路下面安装组合钢模板时，吊机起重臂、吊物、钢丝绳、外脚手架和操作人员等与架空线路的最小安全间距应符合相应要求。如不符合要求时，应停电作业。不能停电时，应有可靠的隔离防护措施。

⑥ 遇有五级风以上时，应停止一切吊运作业。

(7) 悬挑结构模板安装要求

① 多层悬挑结构模板的上下立柱应保持在同一条垂直线上，应连续支撑，不应小于3层。

② 安装圈梁、阳台、雨篷及挑檐等模板时，其支撑应独立设置，不得支搭在施工脚手架上。

③ 安装悬挑结构模板时，应搭设脚手架或悬挑工作台，并应设置防护栏杆和安全网。

④ 作业处的下方不得有人通行或停留。

3.2.1.3 模板支撑的安装要求

模板支撑体系是保证模板系统安全的重要组成部分。因此，模板支撑除了保证单根立杆具有足够的承载力和稳定性外，还应保证支撑系统具有良好的整体稳定性。模板支架立杆的构造应符合以下要求：

(1) 模板支撑安装的一般要求

① 对梁和板安装的二次支撑时，在梁、板上不得有施工荷载，支撑的位置必须准确。安装后所传给支撑或连接件的荷载不应超过其允许值，已承受荷载的支架和附件不得随意拆除或移动。

② 当支撑呈一定角度倾斜或其支撑的表面倾斜时，应采取可靠措施确保支点稳定，支撑底脚必须有可靠的防滑移措施。

③ 除设计图另有规定外，所有垂直支架柱应保证其垂直。对于其垂直允许偏差，当层高不大于5 m时为6 mm，当层高大于5 m时为8 mm。

④ 竖向模板支架支承部分安装在基土上时，应加设垫板。基土应坚实，并有排水措施。对湿陷性黄土应有防水措施。对于特别重要的结构工程，必须采用防止支架柱下沉的措施。

对于冻胀性基土，应有防冻融措施。

（2）梁式或桁架式支架的安装要求

① 安装的梁式或桁架式支架的间距设置应与模板设计图一致。

② 当层间高度大于 5 m 时，宜选用桁架支模或多层支架支模。当采用多层支架支模时，支架的横垫板应平整，支柱应垂直，上下层支柱应在同一竖向中心线上，其支柱不得超过两层，并必须待下层形成空间整体后，才能支安上层支架。

③ 采用伸缩式桁架时，其搭接长度不得小于 500 mm，上下弦连接销钉规格、数量应符合设计规定，采用不少于两个 U 形卡或钢销钉销紧，卡距或销距不得小于 400 mm。

④ 支承梁式或桁架式支架的结构应具有足够强度，否则应另设立柱支撑。

⑤ 若桁架采用多榀成组排放，在下弦折角处必须加设用木条锯口卡住的水平撑。

（3）单立柱支撑的安装要求

① 工具式钢管单立柱支撑的间距应符合支撑设计的规定，立柱不得接长使用。所有夹具、螺栓、销钉和其他配件都应处在闭合或拧紧的状态。

② 木立柱宜选用整料，当不能满足要求时，立柱的接头不宜超过两个，并应采用对接夹板接头方式。立柱底部可采用垫块垫高，但不得采用砖块、混凝土块等脆性材料垫高。

③ 采用对角楔木进行支撑高度调整时，楔木与垫木应接触紧密，并应用铁钉固定牢靠。

④ 单立柱支撑的所有底座和支撑顶端都应与底座和顶部模板紧密接触，支撑头不得承受偏心荷载。

⑤ 立柱支撑群或称满堂模板支架应沿纵、横向设水平拉杆，其间距按设计规定。在立杆上、下两端 200 mm 处设置纵、横向扫地杆。架体外侧每隔 6 m 设置一道剪刀撑，并沿竖向连续设置，剪刀撑与地面的夹角应为 45°～60°。当楼层高超过 10 m 时，应设置水平方向剪刀撑。拉杆和剪刀撑必须与立柱牢固连接。

（4）扣件式钢管脚手架立柱支撑安装要求

① 钢管规格、间距、扣件应符合设计要求，每根立杆底部应设置底座及垫板。

② 立杆必须设置纵横向扫地杆，纵上横下，用直角扣件在离地 200 mm 处与立杆扣牢。

③ 立杆接长必须采用对接扣件连接，且相邻两立杆的对接接头不得在同步内，而隔一根立杆的对接接头沿竖向错开的距离不宜小于 500 mm，各接头中心距主节点不宜大于步距的 1/3。搭接接头的长度不应小于 1 m，且应采用不少于两个旋转扣件固定，端部扣件盖板边缘至杆端不应小于 100 mm。

④ 扣件式钢管脚手架作组合式格构柱使用时，主立杆间距不得大于 1 m，纵横杆步距不应大于 1.2 m，且柱的每一边应在两横杆间加设斜杆。

（5）门式钢管脚手架支撑安装要求

门式钢管脚手架（简称门架）做支撑时，其安装应符合以下要求：

① 门架的跨距和间距应按设计规定布置，但间距宜小于 1.2 m。支撑架底部垫木上设固定底座或可调底座。

② 门架支撑可沿梁轴线垂直和平行布置。当垂直布置时，在两门架间的两侧应设置交叉支撑；当平行布置时，在两门架间的两侧也应设置交叉支撑，交叉支撑应与立杆上的锁销锁牢，上下门架的组装连接必须设置连接棒及锁臂。

③ 门架支撑宽度为 4 个及以上或 5 个间距及以上时，应在周边底层、顶层、中间按每 5

列、5排于每榀门架立杆根部设 ϕ48 mm×3.5 mm 通长水平加固杆，并应用扣件与门架立杆扣牢。

④ 门架支撑高度超过10 m时，应在外侧周边和内部每隔15 m设置剪刀撑。剪刀撑不应大于4个间距，水平夹角应为45°～60°，沿竖向应连续设置，并用扣件与门架立杆扣牢。

⑤ 顶部操作层应采用挂扣式脚手板。

(6) 悬挑结构立柱支撑安装要求

① 多层悬挑结构模板的上下立柱应保持在同一条垂线上，且应连续支撑，并不得少于3层。

② 安装悬挑结构模板时，应搭设脚手架或悬挑工作台，并应设置防护栏杆和安全网。作业下方不得有人通行或停留。

3.2.1.4 建筑构件模板安装要求

(1) 基础及地下工程模板安装要求

① 地面以下支模应当先检查土壁的稳定情况，当有裂纹及塌方等危险迹象时，应在采取安全防范措施后，方可作业。当深度超过2 m时，应为操作人员设置上下扶梯。被吊重物下方回转半径内禁止人员停留。

② 距基槽(坑)上口边缘1 m内不得堆放模板。向基槽(坑)内运送物料时应使用起重机、溜槽或绳索。上下人员应互相呼应，运下的模板严禁立放于基槽(坑)土壁上。

③ 斜支撑与侧模的夹角不应小于45°，支撑在土壁上的斜支撑应加设垫板，底部的对角楔木应与斜支撑连接牢固。高大基础若采用分层支模时，其下层模板应就位校正并支撑稳固后，再进行上一层模板的安装。

④ 两侧模板间应用水平支撑连成整体模板。水平支撑支在护壁上时，应在支点处加垫板，以免支撑不牢或造成护壁坍塌。

(2) 柱模板安装要求

① 现场拼装柱模板时，四周应及时加设临时支撑进行固定，斜撑与地面的倾角宜为60°，不能将大片模板系于柱子钢筋上。

② 四片柱模板就位拼装完成，并经对角线校正无误后，立即自下而上安装柱箍。

③ 若采用整体预组合柱模板，吊装时应采用卡环和柱模连接，不得用钢筋钩代替。

④ 柱模板用四根斜支撑或用连接在柱模板顶部的四角带花篮螺丝的缆风绳固定，底端与楼板钢筋拉环固定进行校正后，应采用斜撑或水平撑进行四周支撑，以确保整体稳定。

⑤ 柱模板高度超过4 m时，应群体或成列同时支模，并应将支撑连成一体，形成整体框架体系。当采用单根支模时，且柱宽大于500 mm，应每边在同一标高上不得少于两根斜支撑或水平撑。斜撑与地面的夹角为45°～60°，下端应有防滑移的措施。

⑥ 边、角柱模板的支撑，除满足上述要求外，在模板里面还应与外边对应的点设置既能承拉力又能承压力的斜支撑。

(3) 墙模板安装要求

① 用散拼定型模板支模时，应自下而上进行，必须在下一层模板全部紧固后，方可进行上一层安装。当下层不能独立安设支撑件时，应采取临时固定措施。

② 采用预拼装的大块墙模板进行支模安装时，严禁同时起吊两块模板，并应边就位、边校正、边连接，固定后方可摘钩。

③ 安装电梯井内墙模板前，必须在板底下方 200 mm 处满铺一层脚手板。

④ 模板未安装对拉螺栓前，板面应向内倾斜一定角度并支撑牢固。安装过程应随时拆换支撑或增加支撑，以保证墙模板随时处于稳定状态。

⑤ 当钢楞需要接长时，接头处应增加相同数量，并不小于原规格的钢楞，搭接长度不得小于墙模板宽(高)的 15%～20%。

⑥ 拼接时，U 形卡应正、反交替安装，间距不得大于 300 mm。两模板对接接缝处的 U 形卡应满装。

⑦ 对拉螺栓与墙模板应垂直、松紧一致，并能保证墙厚尺寸正确。

⑧ 墙模板内外支撑必须牢固可靠，应确保模板的整体稳定。当墙模板外面无法设置支撑时，应于里面设置能承受拉和压的支撑。多排并列且间距不大的墙模板，当其支撑互成一体时，应有防止浇筑混凝土时引起临近模板变形的措施。

(4) 独立梁和整体楼盖梁结构模板安装要求

① 安装独立梁模板时应设操作平台，高度超过 3.5 m 时，应搭设脚手架并设防护栏。严禁操作人员站在独立梁底模或柱模支架上操作及上下通行。

② 底模与横楞应拉结好，横楞与支架、立柱应连接牢固。

③ 安装梁侧模时，应边安装、边与底模连接，侧模多于两块高时，应设临时斜撑。

④ 梁模板起拱应在侧模内外楞连接牢固前进行。

⑤ 单片预组合梁模的钢楞与面板的拉结应按设计规定制作，并按设计吊点试吊无误后方可正式吊运安装，待侧模与支架支撑稳定后方可摘钩。

⑥ 支架立柱底部的基土应按规定处理。

⑦ 安装单排立柱时，应于单排立柱的两边每隔 3 m 加设斜支撑，且每边不得少于 2 根，斜支撑与地面的夹角应为 60°。

(5) 楼板或平台板模板安装要求

① 预组合模板采用桁架支模时，桁架与支点连接应牢固可靠，同时桁架支承应采用平直通长的型钢或木方。

② 预组合模板块较大时，应加钢楞后吊运。当组合模板为错缝拼配时，板下横楞应均匀布置，并应在模板端穿插销。

③ 单块模的就位安装，必须待支架搭设稳固，板下横楞与支架连接牢固后进行。

④ U 形卡应按设计规定安装。

3.2.1.5 特殊类型模板安装要求

(1) 大模板安装基本要求

① 大模板的存放应满足自稳定的角度要求，并应采取面对面存放。长期存放模板，应将模板连成整体。吊装大模板必须采用卡环吊钩。

② 安装大模板必须有操作平台、上人楼梯、防护栏杆等安全设施。

③ 已浇筑的混凝土强度未达到 0.2 MPa 以前，不得踩踏和进行下一道工序。大模板起吊前，应将吊装机械位置调整适当，稳起、稳落，严禁大幅摆动。

④ 大模板安装就位后，必须及时穿好穿墙螺栓、花篮螺栓，将全部模板连接成一个整体，防止倾倒。

⑤ 安装外墙外侧模板时，必须确保三角挂架、平台或爬模提升安装牢固。外侧模板安

装后，应立即穿好销杆、固定螺栓。安装外侧模板、提升架及三角挂架时，墙体混凝土强度必须达到7.5 MPa以上方可安装。

⑥ 模板安装就位后，要采取防止触电保护措施，将大模板串联起来，并同避雷网接通，防止漏电伤人。

(2) 飞模安装基本要求

① 所有操作人员必须经过专门培训，持证上岗。上、下信号工应分工明确。

② 组装好的飞模，在使用前应进行试吊装，以检验各部件是否有安全隐患。

③ 飞模就位后，其外侧应立即设置防护栏，高度不应小于1.2 m，外侧必须架设安全网。

④ 施工上料前，所有支撑都应支设好，同时严格控制施工荷载，上料不得太多或过于集中，必要时应进行核算。

⑤ 升降飞模时，应统一指挥，信号明确，保证联络畅通。

⑥ 挂钩工人操作时，必须系好安全带，并挂在上层的预埋铁环上。在其操作时，不得穿塑料鞋或硬底鞋，以防滑倒摔伤。

⑦ 飞模吊起来时，人不准站在飞模上。操作电动平衡吊具的人员应站在楼面上操作，待飞模完全平衡后，方可起吊，塔吊转臂要慢，不允许斜吊。

⑧ 飞模吊装时，必须使用安全卡环，不得使用吊钩，所有飞模的附件应事先固定好，不允许在飞模上存放自由物料，以防高空坠物伤人事故。

3.2.2 模板的拆除安全要求

3.2.2.1 模板拆除的一般要求

① 拆除模板前，必须有模板拆除的安全专项施工方案。拆除模板前施工单位要提交拆除申请报告单及相应的混凝土强度报告，经工程技术负责人批准，方可进行拆除模板作业。

② 各类模板拆除的顺序和方法在无特殊规定时，一般可按“先支后拆、后支先拆，先拆非承重的模板、后拆承重的模板及支架”的顺序进行拆除。

③ 拆模时严禁下方有人进入，拆模区应设警戒线，以防有人误入被砸伤。作业人员必须站在平稳牢固可靠的地方，保持自身平衡，尽量避免用力过猛、动作过大，防止失稳坠落。

④ 拆除作业时，对已经活动的模板必须一次连续拆除完方可停歇，以免落下伤人。拆模间歇时，应将活动的模板、牵杠、支撑等运走或妥善堆放，防止因踏空、扶空而坠落。当混凝土板上有预留孔时，应采取相应的防护措施并做好技术交底，免操作人员踏空。

⑤ 拆除中使用的垂直运输设备和机具，必须经检查合格后方可使用。严禁使用吊车直接起吊拆除还没有松动的模板。当遇到雷雨、雾、雪或风力达到五级以上的天气时，不得进行模板拆除作业。

⑥ 拆除较大跨度梁下支柱时，应先从跨中开始，分别向两端拆除。拆除楼板支柱时，在确认上部施工荷载不需要传递的情况下方可拆除下部支柱。

⑦ 当水平支撑超过两道以上时，应先拆除上水平支撑，最下面一道大横杆与立杆应同时拆除。

⑧ 模板拆除不得采用大面积撬落方法。拆除的模板和支撑件应该用滑槽滑下或用绳吊下，不得留有悬空模板，做到随拆随清理，楼层边口、通道口、脚手架边缘严禁堆放任何拆下物件。如果需要临时堆放，则堆放处距离楼边缘不应小于1 m，且堆放高度不得超过1 m。

⑨ 不承重的侧模板，只要混凝土强度能保证其表面及棱角不因拆除模板而受损坏，即可拆除。承重模板包括梁、板等水平结构构件的底模和支撑，应根据混凝土强度增长的情况、结构设计荷载与支模施工荷载的情况通过计算确定拆除时间。一般根据与结构同条件养护的试块强度达到表 3-1 的规定，技术负责人方可批准拆模。

表 3-1　现浇结构拆模时所需混凝土强度

项次	构造类型	结构跨度/m	达到设计混凝土强度标准值的百分数/%
1	板	≤2	50
		>2,≤8	75
2	梁、拱、壳	≤8	75
		>8	100
3	悬臂构件	≤2	75
		>2	100

⑩ 后张预应力混凝土结构或构件模板的拆除时，侧模在混凝土强度达到侧模拆除条件即可进行，并且应在预应力张拉前拆除完成。进行预应力张拉时，必须待混凝土强度达到设计规定值方可进行，底模必须在预应力张拉完毕后方能拆除。

⑪ 已拆除模板及其支架的混凝土结构，应在其强度达到设计强度标准值后，才允许承受全部的设计使用荷载。当承受施工荷载的效应比使用荷载更为不利时，必须经过核算，然后加设临时支撑。

⑫ 拆除芯模或预留孔的内模时，应在混凝土强度能保证不发生塌陷和裂缝的条件下，方可拆除。拆除电梯井及大型孔洞模板时，下层必须支设安全网等可靠的防坠落设施。

⑬ 对于大体积混凝土，除应满足混凝土强度要求外，还应考虑保温措施，拆模之后要保证混凝土内外温差不超过 20 ℃，以免发生温差裂缝。

⑭ 冬期施工模板的拆除应遵守冬期施工的有关规定，主要考虑混凝土模板拆除后的保温养护。如果不能进行保温养护且只能暴露在大气中，这时要满足混凝土受冻的临界强度。

3.2.2.2　建筑构件模板拆除安全要求

(1) 基础模板的拆除

在基坑内拆除模板时，要注意基坑边坡的稳定。特别是拆除模板支撑时，可能使边坡土发生震动而塌方，拆除的模板应及时运到离基坑较远的地方进行清理。

(2) 现浇楼盖及框架结构模板的拆除

① 一般现浇楼盖及框架结构的拆模顺序为：拆除柱模板的斜撑与柱箍、拆除柱侧模、拆除楼板底模、拆除梁侧模，最后拆除梁底模。

② 楼板小钢模的拆除，应设置供拆模人员站立的平台或架子，还必须将洞口和临边进行封闭后，才能开始拆除工作。拆除时，应先拆除钩头螺栓和内外钢楞，然后拆下 U 形卡、L 形插销，再用钢钎轻轻撬动钢模板，最后用木槌或带胶皮垫的铁锤轻击钢模板。将第一块钢模板拆下，随后将钢模逐块拆除，不得采取猛撬而使大片模板塌落的方法拆除。

③ 模板立柱有多道水平拉杆，应先拆除上面的，按由上而下的顺序拆除。当拆除最后

一道连杆时，应与拆除立柱同时进行，以免立柱倾倒伤人。

（3）现浇柱模板的拆除

柱模板拆除顺序为：拆除斜撑、拉杆或钢拉条；自上而下拆除柱箍或横楞、拆除竖楞；并由上向下拆除模板连接件、模板面。

3.2.2.3 特殊模板拆除安全要求

（1）滑动模板的拆除

① 滑模装置拆除必须编制详细的施工方案，明确拆除的内容、方法、程序、使用的机械设备、安全措施及指挥人员的职责等，并报上级主管部门审批后方可实施。

② 滑模装置拆除必须由专业拆除队伍承担，指定熟悉该项专业技术的专人负责统一指挥。参加拆除的作业人员，必须经过技术培训，考核合格后方可上岗。

③ 滑模装置拆除前应检查各支承点埋设件牢固情况，以及作业人员上下走道是否安全可靠。当拆除工作利用已完工的建筑结构作为支承点时，结构混凝土强度的要求应经过承载力验算确定，且不低于 15 N/mm^2。

④ 拆除作业必须在白天进行，宜采用分段整体拆除，运至地面解体。拆除的部件及操作平台上的一切物品，均不得从高空抛下。

⑤ 高大构筑物宜在顶端设置安全行走平台。

（2）大模板的拆除

① 大模板拆除顺序与模板组装顺序相反。拆除时，必须设专人指挥，模板拆除工人与起重机驾驶员应协调配合，必须拴接牢固、吊点平衡，做到稳起、稳落、稳就位，待吊具挂牢后方可拆除支撑。

② 拆除大模板过程中应注意不损坏混凝土墙体。拆除模板起吊前，应检查所有的穿墙螺栓是否全部拆除，模板与墙体完全脱开后，方准起吊。

③ 大模板拆除后停放的位置，无论是短期停放还是较长期停放，一定要支撑牢固，面对面放置，中间留出 600 mm 宽的人行道，以便清理和涂刷脱模剂。

（3）飞模的拆除

① 拆除飞模必须有专人统一指挥，升降飞模要同步进行。信号工与司索人员必须经过专门培训，上、下信号工责任要分清：一人在下层负责指挥飞模的推出、打掩、挂安全绳、挂钩起吊工作；另一人在上层负责电动倒链的吊绳调整，保证飞模在推出过程中一直处于平衡状态，逐步调整吊绳，使飞模保持水平，同时负责指挥飞模的就位与摘钩。信号工及司索人员要系好安全带，不得穿塑料底及其他硬底鞋，防止发生滑倒事故。司索人员挂好钩应立即离开飞模，信号工必须待操作人员全部撤离出后方可指挥起吊。

② 当不采用专用的悬挑起飞平台时，结构边沿的地滚轮一定要比里边高出 1～2 cm，以免飞模自动滑出，并将飞模的重心位置用红油漆标在飞模侧面明显位置。飞模挂钩前严格控制其重心不能到达外边沿第一个滚轮，以免飞模外倾。

③ 飞模吊装挂钩，必须采用卡环将飞模的吊环与吊绳绳扣卡牢的方法，保证不脱钩。飞模尾部要绑安全绳，安全绳另一端绕套在施工结构坚固的构件上，徐徐放松。

④ 飞模飞出后，楼层外边缘立即绑好护身栏。飞模每使用一次后，必须逐个检查螺栓，若发现有松动现象，应立即拧紧。

思 考 题

1. 建筑施工常用的脚手架有哪几种类型?

2. 简述钢管脚手架的种类及其特性。

3. 脚手架的事故类型有哪些? 发生事故的原因有哪些?

4. 简述脚手架的搭设、使用和拆除时的注意事项。

5. 发生模板工程事故的原因有哪些?

6. 简述模板的安装和拆除时的注意事项。

7. 结合一个工程实例,分析该工程的脚手架或模板工程的危险源,并给出安全措施的建议。

8. 查阅我国现行的关于建筑施工脚手架和模板工程安全技术方面的法律法规。

第 4 章 高处作业安全防护措施

根据现行国家标准《高处作业分级》(GB 3608—2008)的规定，凡在有可能坠落的高处进行施工作业，当坠落高度距离基准面在 2 m 以上(含 2 m)时，该项作业即称为高处作业。所谓基准面，即发生坠落通过最低着落点的水平面，如地面、楼面、楼梯平台、相邻较低建筑物的屋面、基坑的底面、脚手架的通道板等。按照上述的定义，建筑施工中有 90%左右的作业为高处作业。这些高处作业基本上分为 3 大类：临边作业、洞口作业和独立悬空作业。

在施工现场高处作业中，如果未采取相应的防护措施，或防护不好，或作业不当，都可能发生人或物的坠落。人从高处坠落的事故，称为高处坠落事故。高处坠落是高处作业事故中比例最高、伤亡最严重的事故。物体从高处坠落砸着下面人的事故，称为物体打击事故。由于高处作业活动面小，四周临空，风力大，且垂直交叉作业多，因此是一项十分复杂、危险的工作，稍有疏忽，将会造成严重事故。由此可见，在进行各项高处作业时，必须采取必要的安全防护技术措施和管理措施。

4.1 高处作业及安全防护要求

4.1.1 高处作业

根据高处作业者工作时所处的部位不同，高处作业坠落事故可分为：临边作业高处坠落事故、洞口作业高处坠落事故、攀登作业高处坠落事故、悬空作业高处坠落事故、操作平台作业高处坠落事故、交叉作业高处坠落事故等。根据事故致因理论，可知致因因素包括人的因素和物的因素两个主要方面。

(1) 人的不安全行为

建筑施工高处作业事故的发生从人的不安全行为分析，主要有以下原因：

① “三违”行为，即违章指挥、违章作业、违反劳动纪律。主要表现为：

a. 派无登高架设作业操作资格的人员从事登高架设作业，比如项目经理指派无架子工操作证的人员搭拆脚手架即属违章指挥。

b. 不具备高处作业资格(条件)的人员擅自从事高处作业。根据《建筑安装工人安全技术操作规程》有关规定，从事高处作业的人员要定期体检，凡患高血压、心脏病、贫血病、癫痫病以及其他不适合从事高处作业的人员不得从事高处作业。

c. 未经现场安全人员同意擅自拆除安全防护设施，比如砌体作业班组在做楼层周边砌体作业时擅自拆除楼层周边防护栏杆即为违章作业。

d. 不按规定的上下通道进入作业面，而是随意攀爬阳台、吊车臂架等非规定通道。

e. 拆除脚手架、井字架、塔吊或模板支撑系统时无专人监护，且未按规定设置足够的防护措施。

f. 高空作业时，不按劳动纪律规定穿戴好个人劳动防护用品（安全帽、安全带、防滑鞋）等。

② 人操作失误。在洞口、临边作业时，因踩空、踩滑而坠落。在转移作业地点时，因没有及时系好安全带或安全带系挂不牢固而坠落。在安装建筑构件时，因作业人员配合失误而导致相关作业人员坠落。

③ 注意力不集中。主要表现为作业或行动前不注意观察周围的环境是否安全而轻率行动，比如没有看到脚下的脚手板是探头板或已腐朽的板而踩上去坠落造成伤害事故。

(2) 从物的不安全状态分析原因

建筑工程高处作业事故的发生从物的不安全状态分析，主要有以下几方面的原因：

① 安全防护设施不安全。高处作业的安全防护设施的材质强度不够、安装不良、磨损老化等，或者安全防护设施不合格、装置失灵而导致事故。主要表现为：

a. 临边、洞口、操作平台周边的防护栏杆的钢管、扣件等材料因壁厚不足、腐蚀、扣件不合格，而折断、变形失去防护作用。

b. 吊篮的脚手架和钢丝绳因摩擦、锈蚀而破断导致吊篮倾斜、坠落而引起人员坠落。

c. 施工脚手板因强度不够而弯曲变形、折断等导致人员坠落。

d. 因其他设施设备（手拉葫芦、电动葫芦等）破坏而导致相关人员坠落。

e. 临边、洞口、操作平台周边的防护设施设置不符合规范要求。

f. 整体提升脚手架、施工电梯等设施设备的防坠装置失灵而导致脚手架、施工电梯坠落。

② 劳动防护用品缺陷，主要表现为高处作业人员的安全帽、安全带、安全绳、防滑鞋等用品因内在缺陷而破损、断裂、失去防滑功能等引起的高处坠落事故。

4.1.2 高处作业的分级和分类

(1) 高处作业的分级

① 高处作业在 2～5 m（含 5 m）时，为一级高处作业。

② 5～15 m（含 15 m）时，为二级高处作业。

③ 在 15～30 m（含 30 m）时，为三级高处作业。

④ 在大于 30 m 时，为特级高处作业。

(2) 高处作业的分类

高处作业分为一般高处作业和特殊高处作业两大类。一般高处作业是指除特殊高处作业以外的高处作业。特殊高处作业分为 8 类，具体如下：

① 在风力六级以上（风速大于 10.8 m/s）情况下进行的高处作业，称为强风高处作业。

② 在高温或低温环境下进行的高处作业，称为异温高处作业。

③ 降雪时进行的高处作业，称为雪天高处作业。

④ 降雨时进行的高处作业，称为雨天高处作业。

⑤ 室外完全采用人工照明时进行的高处作业，称为夜间高处作业。

⑥ 在接近或接触带电体条件下进行的高处作业，称为带电高处作业。

⑦ 在无立足点或无牢靠立足点的条件下进行的高处作业，称为悬空高处作业。

⑧ 对突然发生的各种灾害事故进行抢救的高处作业，称为抢救高处作业。

（3）高处作业的标记

一般高处作业做标记时，应写明级别和种类。特殊高处作业做标记时，写明级别和类别，种类可省略不写。例如：三级，一般高处作业；一级，强风高处作业；二级，异温高处作业。

（4）高处作业的坠落范围

任何物体自高处下落时，由于水平初始速度影响，物体往往不是垂直于地面而是呈抛物线轨迹下落，所以坠落范围是随物体坠落高度而变化的。设坠落高度为 h，可能的坠落范围半径为 R，则一般可以认为：当 $h=2\sim5$ m 时，$R=2$ m；当 $h=3\sim10$ m 时，$R=3$ m；当 $h=13\sim30$ m 时，$R=4$ m；当 $h\geqslant30$ m 时，$R\geqslant5$ m。

4.1.3　高处作业时的安全防护基本规定

《建筑事故高处作业安全技术规范》(JGJ 80—2016)中对高处作业安全防护的基本规定如下：

① 高处作业的安全技术措施及其所需料具，必须列入工程的施工组织设计。

② 建筑工程施工负责人应对工程的高处作业安全技术负责并建立相应的责任制。施工前，应逐级进行安全技术教育及交底，落实所有安全技术措施和防护用品，未经落实时不得进行施工。

③ 高处作业中的安全标志、工具、仪表、电气设施和各种设备，必须在施工前加以检查，确认其完好，方能投入使用。

④ 攀登和悬空高处作业人员，以及搭设高处作业安全设施的人员，必须经过专业技术培训及专业考试合格后，持证上岗，并且必须定期进行体格检查。

⑤ 施工中发现高处作业的安全技术设施有缺陷和隐患时，必须及时解决。若发现危及人身安全时，必须停止作业。

⑥ 施工作业场所有坠落可能的物件，必须先行撤除或加以固定。作业中所用的物料，均应堆放平稳，不妨碍通行和装卸。工具应随手放入工具袋。作业中的走道、通道板和登高用具，应及时清扫干净。拆卸下的物件、余料和废料均应及时清理运走，不得随意放置或向下丢弃。传递物件禁止抛掷。

⑦ 雨天和雪天进行高处作业时，必须采取可靠的防滑、防寒和防冻措施。凡工作面上的水、冰、霜、雪等均应及时清除。

⑧ 因作业需要临时拆除或变动安全防护设施时，必须经施工负责人同意，并采取相应的可靠防护措施，作业后应立即恢复。

⑨ 防护棚搭设与拆除时，应设警戒区，并派专人监护。严禁上下同时进行拆除。

⑩ 对高处作业安全设施的主要受力杆件进行力学计算，应按一般结构力学公式，其强度及挠度计算按现行有关规范进行。型钢结构受弯构件的强度计算不考虑塑性影响，构造上应符合现行的相应规范的要求。

⑪ 对进行高处作业的高耸建筑物，应事先设置避雷设施。遇有六级以上强风、浓雾等恶劣气候，不得进行露天攀登与悬空高处作业。暴风雪及台风暴雨后，应对高处作业安全设施逐一加以检查，发现有松动、变形、损坏或脱落等现象，应立即修理完善。

4.1.4 安全防护用具的技术要求

进入施工现场必须戴安全帽，登高作业必须系安全带，在建筑施工过程中，应采用密目式安全立网对建筑物进行封闭等，这些是施工现场安全管理的最基本规定。作为常规性的防护用具，"安全三宝"（安全帽、安全带、安全网）对于保护施工人员的人身安全，减轻事故伤害，防止安全事故的发生，有着非常重要的作用。以上安全防护用品都有相应的产品标准，在使用时，应该选择符合建筑施工要求的产品。

（1）安全帽的技术要求

当前安全帽的产品种类很多，制作安全帽的材料有塑料、玻璃钢、竹、藤等。安全帽的制作与使用应符合现行国家标准《安全帽》(GB 2811—2019)的有关规定。无论选择哪种的安全帽，它必须满足以下技术要求：

① 耐冲击。将安全帽在＋50 ℃和－10 ℃或用水浸的 3 种情况下，将 5 kg 的钢锤自 1 m 高处自由落下，冲击安全帽。传递到头模上的最大冲击力不应超过 500 kg，因为人体的颈椎只能承受 500 kg 冲击力，超过时就易受伤害。

② 耐穿透。根据安全帽的不同材质采用在＋50 ℃及－10 ℃或用水浸 3 种方法处理后，用 3 kg 的钢锥，自安全帽的上方 1 m 高处自由落下，钢锥穿透安全帽，但不能碰到头皮。这要求选择的安全帽，在佩戴时帽衬顶端与帽壳内面的每一侧面的水平距离保持在 5～20 mm。

③ 耐低温性能良好。在－10 ℃以下的气温中，帽的耐冲击和耐穿透性能不改变。

④ 侧向强度和刚度能达到规范要求。

（2）安全带的技术要求

在高处作业的操作人员应系安全带。安全带的选用与佩戴应符合现行国家标准《安全带》(GB 6095—2019)的有关规定。在使用时要注意满足以下技术要求：

① 安全带应高挂低用，防止摆动和碰撞，安全带上的各种部件不得任意拆掉。

② 安全带使用两年以后，使用单位应按购进批量的大小，选择一定比例的数量进行抽检，用 80 kg 的沙袋做自由落体试验，若未破断可继续使用，但被抽检的样带应更换新的挂绳才能使用。如果检验不合格，则购进的这批安全带应予以报废。

③ 安全带外观有破损或发现有异味时，应立即更换。

④ 安全带使用 3～5 年就应报废，禁止使用。

（3）安全网的技术要求

建筑工地所使用的安全网，按形式及其作用可分为平网和立网两种。平网是指其安装平面平行于水平面，主要用来承接人和物的坠落。立网是指其安装平面垂直于水平面，主要用来阻止人和物的坠落。由于这两种安全网使用中的受力情况不同，因此它们的规格、尺寸和强度要求等也有所不同。

① 安全网的组成。安全网由网体、边绳、系绳和筋绳构成。网体由网绳编结而成，具有菱形或方形的网目。网体四周边缘上的网绳，称为边绳。安全网的尺寸由边绳的尺寸而定。安全网编结物相邻两个绳结之间的距离称为网目尺寸。将安全网固定在支撑物上的绳，称

为系绳。此外，凡用于增加安全网强度的绳，则统称为筋绳。

② 安全网的材料，要求其密度小、强度高、耐磨性好、延伸率大和耐久性强，此外还应有一定的耐气候性能，受潮后其强度下降不能过大。目前，安全网以化学纤维为主要材料，多采用维纶和尼龙等合成化纤作网绳。丙纶由于性能不稳定，禁止使用。此外，只要符合国际有关规定的要求，亦可采用棉、麻、棕等植物材料作原材料。同一张安全网上所有的网绳都要采用同一材料，所有材料的湿干强力比不得低于 75%。不论用何种材料，每张安全平网一般不宜超过 15 kg，并要能承受 800 N 的冲击力。

③ 密目式安全网。《建筑施工安全检查标准》(JGJ 59—2011)规定棉纶 P-3×6 的大网眼的安全平网就只能在电梯井里、外脚手架的跳板下面、脚手架与墙体间的空隙等处使用，而密目式安全网适用范围更广。密目式安全网的规格有两种：ML1.8 m×6 m 和 ML1.5 m×6 m。密目式安全网的目数为在网上任意一处的 10 cm×10 cm=1 00 cm^2 的面积上，应大于 2 000 目。施工单位应对采购来的密目式安全网做现场试验，除外观、尺寸、质量、目数等的检查以外，还要做以下两项试验：

a. 贯穿试验。《安全网》(GB 5725—2009)规定，将 1.8 m×6 m 的安全网与地面成 30°夹角放好，四边拉直固定，在网中心上方 3 m 的地方，用一根 ϕ48 mm×3.5 mm 的 5 kg 重的钢管或 $45^{\#}$ 圆棒，并将管口边的毛刺削平，使其自由落下，网不贯穿，即为合格。

b. 冲击试验。将密目式安全网水平放置，四边拉紧固定。在网中心上方 1.5 m 处，有一个 100 kg 重的沙袋自由落下，网边撕裂的长度小于 200 mm，即为合格。

用密目式安全网对在建工程外围及外脚手架的外侧全封闭，就使得施工现场从大网眼的平网做水平防护的敞开式防护和栏杆或小网眼立网做防护的半封闭式防护到全封闭式防护。这不仅为施工人员创造了一个安全的作业环境，也成为城市文明建设的一部分。

4.2 临边作业与洞口作业安全防护要求

在建筑工程施工中，施工人员大部分时间处在未完成的建筑物的各层各部位或不同构件的边缘或洞口处作业。在施工过程中，由于临边与洞口处是极易发生坠落事故的场所，因此不得缺少安全防护设施，必须严格遵守防护规定。

4.2.1 临边作业防护

在施工现场，当作业中工作面的边沿没有围护设施或围护设施的高度低于 800 mm 时，这类作业称为临边作业。例如，在沟、坑、槽边、基础周边、楼层周边梯段侧边、平台或阳台边、屋面周边等地方施工。

(1) 临边高处作业防护措施

在进行临边作业时，所设置的安全防护设施主要为防护栏杆和安全网，其设置要按照规范要求实施。要求设置临边作业防护的具体施工场所如下：

① 基坑周边，尚未安装栏杆或栏板的阳台、料台与挑平台周边，雨篷与挑檐边，无外脚手的屋面与楼层周边及水箱与水塔周边等处，都必须设置防护栏杆。

② 头层墙高度超过 3.2 m 的二层楼面周边，以及无外脚手的高度超过 3.2 m 的楼层周边，都必须在外围架设一道安全网。

③ 分层施工的楼梯口和梯段边必须安装临时护栏；顶层楼梯口应随工程结构进度安装正式防护栏杆。

④ 井架与施工用电梯和脚手架等与建筑物通道的两侧边必须设防护栏杆；地面通道上部应装设安全防护棚；双笼井架通道中间应分隔封闭；栏杆的下部还必须加设挡脚板、挡脚竹笆或金属网片。

⑤ 各种垂直运输接料平台，除两侧设防护栏杆外，平台口还应设置安全门或活动防护栏杆。

(2) 防护栏杆的选材

临边防护用的栏杆是由栏杆立柱和上、下两道横杆组成的，其中上横杆称为扶手。栏杆的材料应按规范标准的要求选择，选材时除了满足力学条件外，其规格尺寸和连接方式还应符合构造上的要求，应紧固而不动摇，能够承受一定的冲击力，阻挡人员在可能状态下的下跌和防止物料的坠落，还要有一定的耐久性。具体要求如下：

① 毛竹横杆小头有效直径不应小于 70 mm，栏杆柱小头直径不应小于 80 mm，并且必须用不小于 16 号的镀锌钢丝绑扎不少于 3 圈，要求无泻滑。

② 原木横杆上杆梢径不应小于 70 mm，下杆梢径不应小于 60 mm，栏杆柱梢径不应小于 75 mm，并且必须用相应长度的圆钉钉紧，或者用不小于 12 号的镀锌钢丝绑扎，要求表面平顺、稳固、无动摇。

③ 钢筋横杆上杆直径不应小于 16 mm，下杆直径不应小于 14 mm，栏杆柱直径不应小于 18 mm，采用电焊或镀锌钢丝绑扎固定。

④ 钢管横杆及栏杆柱均采用 A48×(2.75～3.5)mm 的管材，以扣件或电焊固定。

⑤ 用其他钢材如角钢、槽钢等作防护栏杆杆件时，应选用强度相当的规格，并且用电焊固定。

(3) 防护栏杆的构造要求

搭设临边防护栏杆的构造要求如下：

① 栏杆上杆的高度，要考虑人身受到冲击后，冲向横杆时要防止重心高于横杆，从而导致从杆上翻出去。因此，上杆离地高度为 1.0～1.2 m，而下杆离地高度为 0.5～0.6 m，坡度大于 1∶2.2 的屋面，防护栏杆应高 1.5 m，并加挂安全立网。除经设计计算外，当横杆长度大于 2 m 时，必须加设栏杆立柱，以免横杆受力后挠曲过甚，产生险情，造成滑跌。

② 当在基坑四周固定时，可采用钢管打入地面 0.5～0.7 m 深。钢管离边口的距离不应小于 0.5 m，当基坑周边采用板桩时，钢管可打在板桩外侧。

③ 在楼面、屋面或墙面固定时，可用预埋件与钢管或钢筋焊牢。采用竹、木栏杆时，可在预埋件上焊接 0.3 m 长的∟50 mm×5 mm 角钢，其上、下各钻一孔，然后用 10 mm 螺栓与竹、木杆件拴牢。

④ 当在砖或砌块等砌体上固定时，可预先将规格相适应的 80 mm×6 mm 弯转扁钢做成的预埋铁砌入混凝土块，然后与立杆连接固定。

⑤ 栏杆柱的固定及其与横杆的连接，其整体构造应使防护栏杆在上杆任何处都能经受任何方向的 1 kN 外力。当栏杆所处位置有发生人群拥挤、车辆冲击或物件碰撞等可能时，应加大横杆截面或加密柱距，以提高其刚度与强度。

⑥ 当临边的外侧面临街道或其他有人活动的场所，除设置必要的防护栏杆外，敞口立

面还要满挂安全网或以其他可靠的安全措施做封闭防护。另外，栏杆不宜有悬臂部分，杆件周围都应有不少于 40 mm 的净空。

⑦ 防护栏杆要自上而下用小网眼安全立网封闭，或者在栏杆下边加扎严密、固定的挡脚笆（板）。挡脚笆高度应不低于 0.4 m，挡脚板高度应不低于 0.18 m。挡脚笆与挡脚板面上如有孔眼，应不大于 25 mm。板与笆的下沿底面的空隙应不大于 10 mm。

（4）防护栏杆的计算要求

防护栏杆计算时，荷载设计值的取用应符合现行的《建筑结构荷载规范》(GB 50009—2019)的有关规定。强度设计值的取用，应符合相应的结构设计规范的有关规定。计算栏杆横杆时，集中荷载作用于杆件中点，按式(4-1)计算弯曲强度。需要控制变形时，应按式(4-2)计算挠度，并应纳入施工组织设计。

① 弯曲强度计算。防护栏杆横杆弯曲强度按以下式进行计算：

$$M=\frac{Fl}{4}\leqslant W_{n}f \tag{4-1}$$

式中　M——上杆承受的弯矩最大值，N·m；

F——上杆承受的集中荷载设计值，N；

l——上杆长度，m；

W_n——上杆净截面抵抗矩，mm^3；

f——上杆抗弯强度设计值，N/mm^2。

② 弯曲挠度计算。防护栏杆横杆弯曲挠度按照下式进行计算：

$$\frac{Fl^3}{48EI}\leqslant[\omega] \tag{4-2}$$

式中　F——上杆承受的集中荷载标准值，N；

l——上杆长度，mm；

E——杆件的弹性模量，N/mm^2，钢材可取 $206\times10^3\ N/mm^2$；

I——杆件截面惯性矩，mm^4；

$[\omega]$——容许挠度。

在计算过程中，集中荷载设计值 F 应按可变荷载（活荷载）的标准值($Q_k=1$ kN)乘以可变荷载的分项系数 1.4 取用。抗弯强度设计值，采用钢材时可按 $f=215\ N/mm^2$ 取用。

4.2.2　洞口作业安全防护

（1）孔和洞的概念

建筑物或构筑物在施工过程中，常会出现各种预留洞口、通道口、上料口、楼梯口、电梯井口，在其附近施工作业，称为洞口作业。凡深度在 2 m 及以上的桩孔、人孔、沟槽与管沿上的高处作业也都属于洞口作业范围。在水平方向的楼面、屋面、平台等上面短边大于 2.5 cm 小于 25 cm 的称为孔，等于或大于 25 cm 的称为洞。在垂直于楼面垂直面上，则高度小于 75 cm 的称为孔，高度等于或大于 75 cm、宽度大于 45 cm 的称为洞。例如，因特殊工序需要而产生使人与物有坠落危险及危及人身安全的各种洞口，都应该按洞口作业加以防护。

（2）洞口防护设计和构造要求

洞口作业应根据具体情况采取防护措施，主要有设置防护栏杆、盖件、栅门、格栅及架设安全网等多种方式。不同情况下选择相应的防护设施，且必须符合以下要求：

① 楼板、屋面和平台等面上短边尺寸小于 25 cm 且大于 2.5 cm 的孔口，必须用坚实的盖板盖没。盖板应能防止挪动移位。

② 楼板面等处边长为 25～50 cm 的洞口、安装预制构件时的洞口以及缺件临时形成的洞口，可用竹、木等作盖板，盖住洞口。盖板须能保持四周搁置均衡，并有固定其位置的措施。

③ 边长为 50～150 cm 的洞口，必须设置用扣件扣接钢管形成网格，并在其上满铺竹笆或脚手板。也可采用贯穿于混凝土板内的钢筋构成防护网，钢筋网格间距不得大于 20 cm。

④ 边长在 150 cm 以上的洞口，四周设防护栏杆，洞口下张挂安全网。洞口防护栏杆如图 4-1 所示。

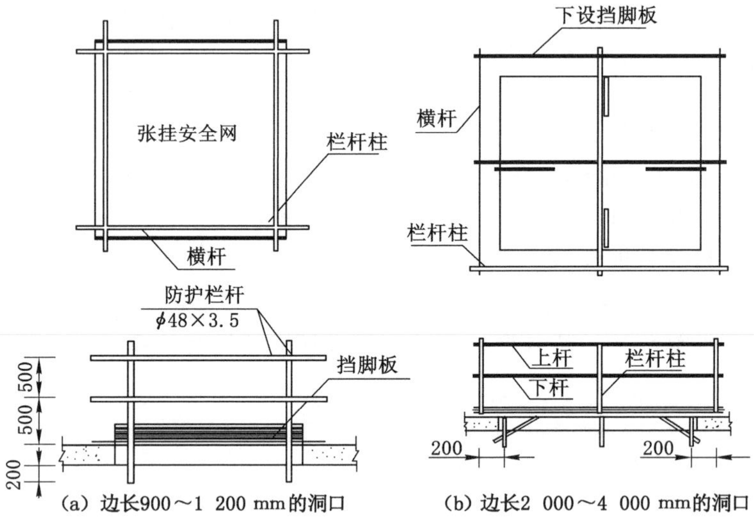

图 4-1 洞口防护栏杆示意图(单位:mm)

⑤ 垃圾井道和烟道，应随楼层的砌筑或安装而消除洞口，或者参照预留洞口作防护。管道井施工时，除按上述方法处理外，还应加设明显的标志。如有临时性拆移，需经施工负责人核准，工作完毕后必须恢复防护设施。

⑥ 位于车辆行驶道旁的洞口、深沟与管道坑、槽，所加盖板应能承受不小于当地额定卡车后轮有效承载力 2 倍的荷载。

⑦ 墙面等处的竖向洞口，凡落地的洞口应加装开关式、工具式或固定式的防护门，门栅网格的间距不应大于 15 cm，也可采用防护栏杆，下设挡脚板(笆)。电梯井内每隔两层设置一道安全平网，在井口设固定的格栅或采取砌筑坚实的矮墙等措施。电梯井口防护如图 4-2 所示。

⑧ 下边沿至楼板或底面低于 0.8 m 的窗台等竖向洞口，如侧边落差大于 2 m 时，应加设 1.2 m 高的临时护栏。

⑨ 对邻近的人与物有坠落危险性的其他竖向的孔、洞口，均应予以盖没或加以防护，并有固定其位置的措施。

⑩ 物料提升机上料口，应装设具有联锁装置的安全门，同时采用断绳保护装置或安全

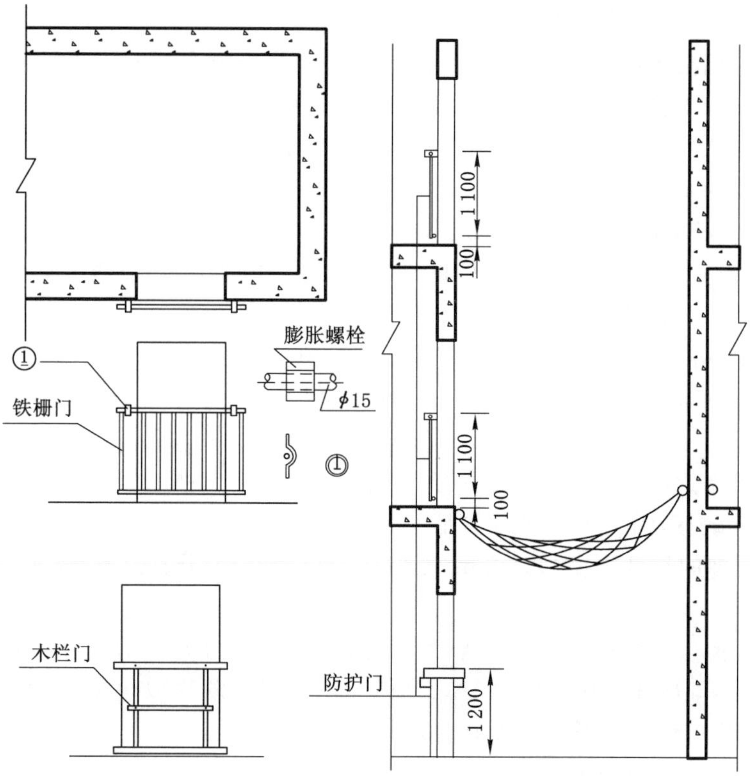

(a) 立面图　　(b) 剖面图

图4-2 电梯井口防护示意图(单位:mm)

停靠装置。通道口走道应平行于建筑物满铺脚手板,并固定牢靠,通道两侧边应设置符合要求的防护栏杆和挡脚板,并用密目式安全网封闭两侧。

⑪ 在施工现场与场地通道附近的各类洞口与深度在2 m以上的敞口等处除设置防护设施与安全标志外,夜间还应设红灯示警。

⑫ 洞口防护栏杆的杆件及其搭设应符合临边洞口的设计和构造规定。防护栏杆的力学计算与临边防护栏杆计算相同。

4.3 攀登与悬空作业安全防护要求

4.3.1 攀登作业安全防护

在施工现场,凡借助于登高用具或登高设施,在攀登条件下进行的高处作业,称为攀登作业。如在建筑物周围搭拆脚手架、张挂安全网,装拆塔机、龙门架、井字架、施工电梯、桩架,登高安装钢结构构件等作业都属于攀登作业。攀登作业容易发生危险,在施工过程中,各类人员都应在规定的通道内上下,不允许在阳台间与非正规通道作登高或跨越,也不能利用臂架或升降机架体等施工设备进行攀登。用于登高和攀登的设施应在施工组织设计中确定,攀登用具必须牢固可靠。

(1) 登高用梯的安全使用要求

攀登作业使用的不同类型的梯子都有国家标准及规定和要求，如角度、斜度、宽度、高度、联结措施、拉攀措施和受力性能等。供人上下的踏板，其负荷能力即使用荷载，目前规定为 1 100 N，是以人和衣物的平均总重量 750 N 乘以动荷载安全系数 1.5 而制定的。对梯子使用的要求主要如下：

① 对各种梯子构造细节和具体要求，梯子必须有足够的强度和稳定性，不允许有歪斜、扭曲变形、裂缝及其他影响使用安全性的缺陷。在制作时，都必须遵守国家相关标准的规定。对不符合要求的梯子，应及时修理或报废。

② 新梯在使用前须按照现行的国家标准进行质量验收，每一部位都要求能够承受作业者及携带工具材料攀登时的总重量。使用过程中梯子应有专人管理，需定期进行检查和检修。

③ 梯阶的距离不应大于 30 cm，梯子的踏板必须嵌在梯梁上，不准使用钉子钉成的梯子。梯子不得有缺打，因其极易导致失足，尤其对过重的人员危险性更大。

④ 木梯、折梯的长度不得超过 5 m，拉伸梯的长度不得超过 10 m，梯脚应包橡胶或采取其他的防滑措施。

⑤ 工作时，梯子要放在固定的地平面上，梯子使用时与地面的工作角度为 75°±5°，放置要平稳；梯子不得垫高使用，梯脚底部除须坚固外，还必须采取包紧、钉胶皮、锚固或夹牢等措施，以防滑跌倾倒。梯子上端应有固定措施。

⑥ 接长时，接头只允许有一处，且连接后梯梁强度不变。

⑦ 使用时，只允许一人在梯子上作业，上下梯子作业要按规范戴好安全帽，必须面向梯子，脚要踩稳，双手握住梯子，且不得手持器物。人在梯子上时，不得移动梯子，地面要有人监护。

⑧ 折梯使用时，上部第二个踏板面为最高安全站立高度，折梯上部第一个踏板不得站立或越过，折梯的最高安全站立高度处应涂红色标志，并且应有可靠的拉撑措施。

⑨ 使用直梯时，作业人员必须登在距梯顶不少于 1 m 的踏板上操作。靠在管子上或电线杆上等不能稳固使用的梯子，其上端须有挂钩或用绳索缚住等措施，以防梯子滑动或倾翻。

⑩ 梯子在带电场所使用时，人及梯子应与带电体保持必要的安全距离。

⑪ 在梯子上工作物件应用绳子传递，不准从梯子上下相互抛接。

⑫ 登高超过 2 m 时，地面应有人扶着梯子，以防梯子滑动或倾翻，同时有防止落物打伤地面作业人员的安全措施。登高至 2 m 以上的梯子作业时必须挂安全带，安全带要牢固系在除梯子以外的其他牢固物体上。

(2) 钢结构安装用登高设施的防护要求

在钢结构吊装和安装工程中，施工人员登高作业时，除安全防护用品必须按规定佩戴齐全外，对不同的结构构件的施工，还有其他必要的安全防护措施。一般有以下几种：

① 钢柱安装登高时，应使用钢柱挂梯或设置在钢柱上的爬梯。

② 钢柱的接长应使用梯子或操作平台。

③ 登高安装钢梁时，应视钢梁高度在两端设置挂梯或搭设脚手架。需要在梁面上行走时，其一侧设置的临时护栏，横杆可采用钢索。当改用扶手绳时，绳的自然下垂度不应大于

$L/20$，并应控制在 10 cm 以内。

④ 在钢屋架上下弦登高作业时，对于三角形屋架的屋脊处，梯形屋架的两端设置攀登时上下用的梯架，其材料可选用毛竹或原木，踏步间距不大于 40 cm，毛竹梢径不小于 70 mm。屋架吊装以前，应事先在上弦处设置防护栏杆，下弦挂设安全网。

4.3.2　悬空作业安全防护

在周边临空的状态下，无立足点或无牢固可靠立足点的条件下进行的高度在 2 m 及以上的作业，称为悬空作业。主要有以下 6 大类施工作业：构件吊装与管道安装；模板支撑与拆卸；钢筋绑扎和安装钢骨架；混凝土浇筑；预应力现场张拉；门窗安装作业等。由于悬空作业是在不稳定的条件下进行施工作业，危险性很大，因此悬空作业必须适当地建立牢靠的立足点，如设操作平台、脚手架或吊篮等，方可进行施工。对于悬空作业所使用的安全带挂钩、吊索、卡环和绳夹等必须符合相应规范的规定和要求。所用的索具、脚手架、吊篮、吊笼、平台、塔架等，必须是经过技术鉴定的合格产品，或者经过技术部门鉴定合格后，方可采用。

（1）构件吊装与管道安装的悬空作业安全

① 钢结构构件吊装前，尽可能先在地面上组装构件，尽量避免或减少在悬空状态下进行作业，同时还要预先搭好在高处要进行的临时固定、电焊、高强螺栓连接等工序的安全防护设施，随构件同时起吊就位，如搭设操作平台，佩戴安全带和张挂安全网。拆卸时的安全措施，也应一并考虑和落实。

② 高空吊装预应力钢筋混凝土屋架、钢架等大型构件之前，要搭设好进行悬空作业所需要的安全设施。分层分片吊装第一块预制构件，吊装单独的大、中型预制构件，以及悬空安装大模板等，必须站在平台上操作。吊装中的预制构件、大模板以及石棉水泥板上严禁站人和行走。

③ 安装管道时，应将结构或操作平台作为立足点，严禁在管道上行走、站立或停靠。

（2）模板支撑和拆卸悬空作业安全

支撑和拆卸模板时的悬空作业必须遵守以下安全规定：

① 支撑和拆卸模板，应按规定的作业程序进行。前一道工序所支的模板未固定前，不得进行下一道工序。严禁在连接件和支撑件上攀登上下，严禁在上下同一垂直面上装卸模板。结构复杂的模板在装拆时应该严格按照施工组织设计的施工方案和防护措施进行。

② 支设高度在 3 m 及以上的柱模板，四周应设斜支撑，并应设立操作平台。低于 3 m 时，可使用马凳进行操作。

③ 支设处于悬挑状态的模板，应有稳固的立足点。支设凌空构筑物的模板，应搭设支架或脚手架。模板面上有预留洞，应在安装后将洞口盖没。混凝土板上拆模后形成的临边或洞口，应按本章所述措施予以防护。

④ 拆卸模板高处作业，应配置登高用具或搭设支架。

（3）钢筋绑扎悬空作业安全

① 高空或深坑绑扎钢筋和安装钢筋骨架，必须搭设必要的脚手架和马道。

② 绑扎圈梁、挑梁、挑檐、外墙和边柱等钢筋，应搭设操作台、架，并张挂安全网。绑扎悬空大梁钢筋，必须在铺满脚手板的支架或操作平台上操作。

③ 绑扎支柱和墙体钢筋，不得站在钢筋骨架上或攀登骨架上下。3 m 以内的柱钢筋，可在地面或楼面上预先绑扎，然后整体竖立。绑扎 3 m 以上的柱钢筋，还须在柱的周围搭

设操作用的台架。

(4) 混凝土浇筑悬空作业安全

① 浇筑离地面高度 2 m 以上的框架、过梁、雨篷和小平台等，应搭设操作平台，操作人员不能站在模板上或支撑杆件上进行操作。

② 浇筑拱形结构，应从两边拱脚，对称地相向进行。

③ 浇筑储仓，要将下口先封闭，然后搭设脚手架以防人员坠落。

④ 特殊情况下，如果无可靠的安全设施，则必须系好安全带，并扣好保险钩或架设安全网。

(5) 预应力张拉悬空作业安全

① 在进行预应力张拉时，应搭设牢固可靠的脚手架或操作平台，用以站立操作人员和设置张拉装置。在雨天张拉时，还应架设防雨篷。

② 在预应力张拉区域应有明显的安全标志，禁止非操作人员进入。

③ 张拉钢筋的两端必须设置挡板，一般应距所张拉钢筋的端部 1.5～2 m，且应高出最上一组张拉钢筋 0.5 m，其宽度应距张拉钢筋左右两外侧各不小于 1 m。

④ 孔道灌浆应按预应力张拉安全设施的有关规定进行。

(6) 门窗悬空作业安全

① 安装和油漆门、窗及安装玻璃时，严禁操作人员站在窗户樘子或阳台栏板上操作。当门、窗临时固定，其封填材料未达到强度前，严禁手拉门、窗或进行攀登。

② 高处外墙安装门、窗，当无外脚手架时，应张挂安全网。无安全网时，操作人员应系好安全带，其保险钩应挂在操作人员上方的可靠物体上。

③ 进行各项窗口作业，操作人员的重心应位于室内，不该在窗台上站立，必要时应系安全带进行操作。

4.4 操作平台与交叉作业安全防护要求

4.4.1 操作平台安全作业

在施工现场用于承载物料，并在其中进行各种砌筑、装修和粉刷等操作的临时性构架式平台，称为操作平台。操作平台应具有必要的强度、刚度和稳定性，使用过程中，不得晃动。因此，制作前要由专业技术人员按用途确定施工荷载，选用相应构件材料，并依照现行的相应规范进行设计，计算书或图纸要编入施工组织设计。要在操作平台上显著位置标明它所允许的荷载值，使用时操作人员和物料总重量不得超过设计的允许荷载，且要配备专人监护。操作平台有固定式操作平台、移动式操作平台和悬挑式操作平台 3 种类型。

(1) 移动式操作平台

移动式操作平台具有独立的机构，便于搬移。常用于构件施工、装修工程和水电安装等作业。移动式操作平台的构造一般采用梁板结构的形式，以直径 48 mm、壁厚 3.5 mm 的脚手架钢管扣件进行制作，也可采用门架式钢管脚手架或承插式钢管脚手架的部件，按其使用要求进行组装。具体技术要求如下：

① 操作平台的面积不应超过 10 m^2，高度不应超过 5 m。应采取措施减少立柱的长细比，并进行稳定验算。

② 平台的次梁间距应不大于 400 mm，台面应满铺，如用木板，则要固定，使其不松动，厚度应不小于 50 mm。

③ 操作平台四周必须按临边作业要求设置防护栏杆，配置登高扶梯，不允许攀登杆件上下。

④ 对于装设轮子的移动操作平台，轮子与平台的接合处应牢固可靠，立柱底端离地面不得超过 80 mm。

(2) 悬挑式操作平台

悬挑式操作平台使用时一边搁置于楼层边沿，另一头以钢丝绳作吊索吊挂在建筑结构上，可用于接送物料和转运模板等构件，常为钢制构架。其设计按钢、木梁板结构，应符合结构设计规范的设计计算。悬挑式操作平台的具体技术要求如下：

① 悬挑物料平台应按现行的相关规范进行设计。必须将其荷载独立传递给建筑结构，不得以任何形式将物料平台与脚手架、模板支撑进行连接。

② 悬挑式钢平台，由于并无立柱支承，平台的受荷载较大，必须用型钢作次梁和主梁，荷载小的用角钢及槽钢，荷载较大的则用工字钢和槽钢，且均须铺满 50 mm 厚的木板。

③ 悬挑式钢平台制作时，吊点上需设置 4 个经过验算合格的吊环。吊运平台的钢丝绳与吊环之间要使用卡环连接，不得将吊钩直接挂于吊环。如果采用其他方法，卡头的卡子不能少于 3 个。吊环应用 Q235 钢制作。

④ 悬挑式钢平台的两边应各设两道钢丝、绳或斜拉杆，而且每一道都应分别做单独受力计算，其搁支点和上端拉结点都必须位于建筑物的结构上，不得固定在施工设施上。

⑤ 悬挑式钢平台外口应略高于内口，不可向外下倾。钢平台两侧还要按规定设置固定的防护栏杆。

⑥ 吊装后，待横梁支撑点稳定后再电焊固定，钢丝绳接好，调整完毕，并经过检查验收通过后，方可操作使用。

⑦ 在操作平台的显著位置悬挂限载标志，人员和物料总重量不得超过设计的容许荷载。

4.4.2 交叉作业安全防护

在施工现场不同层次中，处于空间贯通状态下同时进行的高处作业，称为交叉作业。上、下层之间，往往上层做结构，下层做装修，结构施工常有重物吊装、堆放或运送，而装修则往往有人员在操作或走动，常造成作业中坠物伤人。所以，前、后、左、右方向必须有一段横向的安全隔离距离，即大于可能的坠落半径。如果不能达到安全间隔距离，就应该设置能防止坠落物伤害下方人员的防护层。交叉作业中的安全规定主要有以下几项：

① 结构施工自二层起，人员进出的通道口，包括井架、施工用电梯的进出通道口以及上料口，都应搭设安全隔离棚或防护棚。防护棚的长度不应小于防护高度的物体坠落半径的规定。高度超过 24 m 的交叉作业，应设双层防护棚。交叉作业通道防护如图 4-3 所示。

② 当建筑外侧面临街道时，除建筑立面采取密目式安全立网封闭，尚应在临街段搭设防护棚并设置安全通道。

③ 支模、粉刷、砌墙等同时进行上下立体交叉施工时，任何时间、场合都不允许在同一

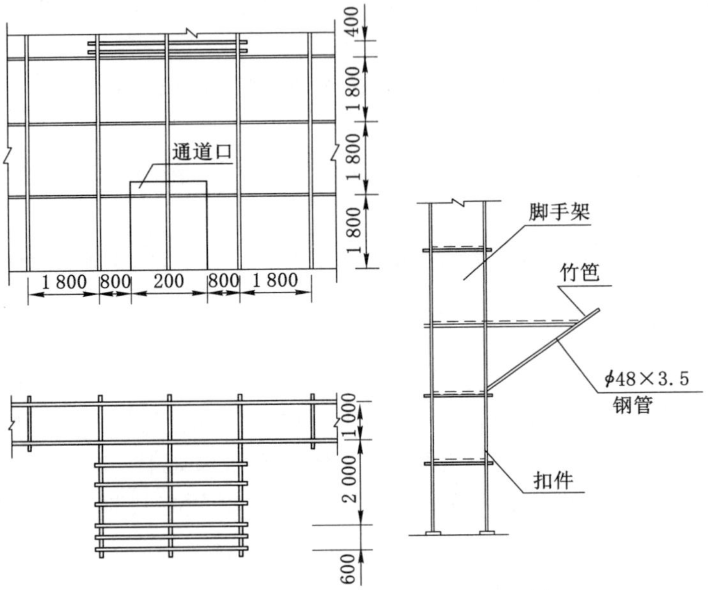

(a) (b)

图 4-3 交叉作业通道防护示意图(单位:mm)

垂直方向操作。上、下操作隔断的横向距离应大于上层高度的可能坠落半径。在设置安全隔离层时,其防止穿透能力应不小于安全网的防护能力。

④ 拆除钢模板、脚手架等时,下方不得有其他操作人员。钢模板部件拆除后,临时堆放处距楼层边沿不应小于 1 m,堆放高度不得超过 1 m。楼层边缘、通道口、脚手架边缘等处,严禁堆放任何拆下来的物件和材料。

思 考 题

1. 何谓高处作业?高处作业的 4 个等级是如何划分的?

2. 简述高处作业事故的基本类型及其原因。

3. 高处作业安全防护的基本要求有哪些?

4. 临边作业与洞口作业的安全防护要求有哪些?

5. 攀登与悬空作业的安全防护要求有哪些?

6. 操作平台与交叉作业的安全防护要求有哪些?

7. 结合一个高空作业实例,分析该作业过程中的危险源,并给出安全防护措施的建议;同时,对安全防护构件进行安全能力校核。

第 5 章

施工现场临时用电安全措施

施工现场临时用电是指在施工过程中施工现场使用的电力系统，一般为电源中性点直接接地的220/380 V三相四线制低压电力系统。在建筑工程中随着各种类型的电气装置和施工机械设备的不断增多，并且具有点多面广、随机性强、露天作业多等特点，加之施工现场环境的狭窄性、复杂性，因此存在各种触电和火灾事故隐患，是施工过程中容易发生事故的重要环节。根据建设部的工程事故统计资料显示，施工现场临时用电导致的触电事故已成为仅次于高处坠落的施工现场第二大伤亡事故。

通过对施工临时用电的危险因素分析可知，如果不注意安全用电，可能引起电击、电伤、火灾等伤害事故。施工现场临时用电常见的安全隐患如下：

① 电工不按规定穿戴和配备相应的防触电保护用品。

② 建筑物、塔吊或脚手架与户外高压线距离太近，而不设置防护网。

③ 电气设备、电气材料不符合规范要求，或者绝缘受到磨损破坏。

④ 机电设备的电气开关无相应的防雨、防潮及防尘装置。

⑤ 施工现场电线架设不当，造成拖地、与金属物接触，或高度不够。

⑥ 电箱不装门、不上锁，电箱门出线混乱，随意加保险丝，一闸控制多机等。

⑦ 电动机械设备不按规定接零、接地，手持电动工具无漏电保护装置，灯具金属外壳未做接零保护。

⑧ 不按规定高度搭建设备和安装防雷装置。

为了防止事故发生，建筑施工现场临时用电，应遵守现行《施工现场临时用电安全技术规范》(JGJ 46—2021)和《建设工程施工现场供用电安全规范》(GB 50194—2014)的规定。在施工过程中，特别要注意合理地进行临时用电施工组织设计，认真进行临时用电安全技术交底，仔细进行临时用电检查验收记录，严格进行临时用电定期安全检查。

5.1 施工现场临时用电安全原则

为了保证用电过程中系统能够安全、可靠的运行，并对系统本身在运行过程中可能出现的诸如短路、过载、漏电等故障进行自我保护，在系统结构配置中必须设置一些与保护要求相适应的子系统，即接地保护系统、过载与短路保护系统、漏电保护系统，它们的组合就是用电系统的基本保护系统。

根据现行《施工现场临时用电安全技术规范》(JGJ46—2021)和《建筑施工安全检查标准》(JGJ59—2011)的规定，建筑施工现场临时用电必须坚持3项基本原则：必须采用TN-S保护接零系统(简称TN-S系统)；必须采用三级配电系统；必须采用两级漏电保护和两道防线。

5.1.1 TN-S保护接零系统

TN-S保护接零系统是指在施工临时用电工程中采用具有专用保护零线(PE线)、电源中性点直接接地的220/380 V三相四线制低压电力系统，或者三相五线制系统，即工作零线(N线)和保护零线完全分开的保护系统，如图5-1所示。该系统中的保护接零线在正常情况下不通过电流，三相不平衡电流也不会使其产生对地电压，只有当电气设备绝缘损坏时，才通过故障电流。当系统中的工作零线断开，只是单向设备不能启动，不会造成保护零线及用电设备外壳带电。

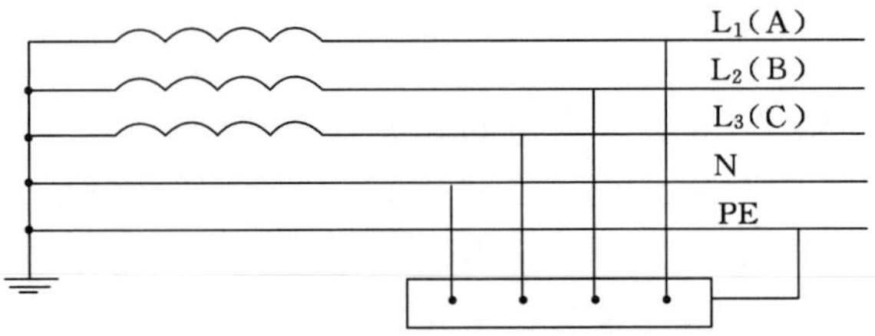

图5-1 TN-S系统组成图

当施工现场与外电线路共用同一供电系统时，电气设备的接地、接零保护应与原系统保持一致，不得一部分设备做保护接零、另一部分设备做保护接地。当采用TN系统做为保护接零时，工作零线必须通过总漏电保护器，保护零线必须由电源进线零线重复接地处或总漏电保护器电源侧零线处引出形成局部TN-S接零保护系统。

5.1.2 三级配电系统

施工现场临时用电工程的基本供配电应当采用三级配电系统。所谓三级配电系统，是指施工现场从电源进线开始至用电设备中间应经过三级配电装置配送电力，即由总配电箱(配电室内的配电柜)→分配电箱(负荷或若干用电设备相对集中处)→开关箱(用电设备处)分3个层次逐级配送电力。而开关箱作为末级配电装置，与用电设备之间必须实行“一机一闸”制，即每一台用电设备必须有专用的控制开关箱，而每一个开关箱只能用于控制一台用电设备。三级配电系统应遵守4项规则：分级分路规则；动、照分设规则；压缩配电间距规则；环境安全规则。

(1) 分级分路规则

施工现场临时用电工程的三级配电系统采用的分级分路规则如下：

① 从一级总配电箱(配电柜)向二级分配电箱配电可以分路，即一个总配电箱(配电柜)可以分若干分路向若干分配电箱配电，每一分路也可分支连接若干分配电箱。

② 从二级分配电箱向三级开关箱配电也可以分路，即一个分配电箱可以分若干分路，

向若干开关箱配电。

③ 从三级开关箱向用电设备配电实行“一机一闸”制，即每一开关箱只能控制一台用电设备（含插座），或者一组不超过30 A负荷的照明器。

按照每级分路规则的要求，在三级配电系统中，任何用电设备均不得越级配电，即其电源线不能直接与分配电箱或总配电箱连接，而且任何配电装置不能挂接其他临时用电设备；否则三级配电系统的分级分路规则将被破坏。

（2）动、照分设规则

动力配电箱与照明配电箱一般应分箱设置，但若合置于同一配电箱内，则必须严格按照分路配电。

（3）压缩配电间距规则

压缩配电间距规则是指总配电箱、配电室（配电柜）外，分配电箱与开关箱之间，开关箱与用电设备之间的间距应尽量缩短。应将分配电箱设置在用电设备或负荷相对集中的场所，要求分配电箱与开关箱的距离不得超过30 m，开关箱与其控制的用电设备的水平距离不宜超过3 m。

（4）环境安全规则

施工现场临时用电的环境安全主要是针对施工过程中建筑物、设备设施与外电架空线路的安全距离要求。具体包括：对外电架空线路的防护；电气设备周围对易燃易爆危险品和腐蚀介质的防护；以及电气设备设置场所对机械损伤的防护、雷电防护等。

① 与外电架空线路的安全距离。为保证与外电架空线路的安全距离，要求在建工程不得在高、低压线路下方施工，不得搭设作业棚、生活设施和堆放构件、材料等。在架空线路一侧施工时，起重机的任何部位或被吊物边缘与10 kV以下的架空线路边缘最小水平距离不得小于2 m。在建工程（含脚手架）应与架空线路边线之间保持安全操作距离，最小安全操作距离见表5-1。

表5-1 在建工程的外侧边缘与外电架空线路的边缘之间的最小安全操作距离

架空线路电压	1 kV及以下	1～10 kV	35～110 kV	154～220 kV
最小安全操作距离/m	4	6	8	10

② 对外电架空线路的防护。施工现场不能满足表5-1中规定的最小距离时，必须按规范规定搭设防护设施，并设置警示标志。在架空线路一侧或上方搭设或拆除防护屏障等设施时，必须停电后作业，并设监护人员。

③ 对易燃易爆危险品和腐蚀介质的防护。应确保电气设备周围应无可能导致电气火灾的易燃易爆危险品和导致绝缘损坏的腐蚀介质存在，否则应予清除或做防护处理。

④ 机械损伤的防护。电气设备设置场所应能避免物体打击、撞击等机械伤害，否则应做防护处理。

⑤ 雷电防护。施工现场内的施工升降机、钢管脚手架等金属设施，若在相邻建筑物、构筑物的防雷装置的保护范围以外，且在表5-2规定范围之内时，应按有关规定安装防雷装置。防雷装置的避雷针（接闪器）可用ϕ20 mm的钢筋，长度应为1～2 m。当用金属构架作引下线时，应保证构架之间的电气连接。防雷装置的冲击接地电阻值不得大于30 Ω。

表 5-2　施工现场内金属设施需安装防雷装置的规定

地区年平均雷暴日 D/d	金属设施高度 H/m	地区年平均雷暴日 D/d	金属设施高度 H/m
$D \leqslant 15$	$H \leqslant 50$	$40 \leqslant D < 90$	$H \leqslant 20$
$15 < D < 40$	$H \leqslant 32$	$D \geqslant 90$ 及雷害特别严格地区	$H \leqslant 12$

注：地区平均雷暴日可查阅现行的《施工现场临时用电安全技术规范》(JG J46—2020)。

5.1.3　两级漏电保护

施工现场临时用电工程采用的两级漏电保护系统，是指在施工现场基本供配电系统的总配电箱(配电柜)和开关箱，即首、末二级配电装置中，要求分别设置漏电保护器。两级漏电保护系统实行分级、分段设置，具体体现就是合理选择总配电箱、开关箱中漏电保护器的额定漏电动作参数。从确保防止人体间接接触触电危害角度出发，对设置于开关箱和总配电箱(配电柜)的漏电保护器的漏电动作参数及保护系统做出了以下规定：

① 开关箱中的漏电保护器的额定漏电动作电流 $I_{\triangle}$ 规定：一般场所 $I_{\triangle} \ngtr 30$ mA，潮湿与腐蚀介质场所 $I_{\triangle} \ngtr 15$ mA。额定漏电动作时间为 $T_{\triangle} \ngtr 0.1$ s。

② 总配电箱中的漏电保护器的额定漏电动作电流 $I_{\triangle} \ngtr 30$ mA，额定漏电动作时间 $T_{\triangle} \ngtr 0.1$ s，而且其额定漏电动作电流与额定漏电动作时间的乘积 $I_{\triangle} \times T_{\triangle}$ 应不超过安全界限值 30 mA·s，即 $I_{\triangle} \times T_{\triangle} \ngtr 30$ mA·s。

③ 漏电保护器极数和线数必须与负荷的相数和线数保持一致。

④ 漏电保护器必须与用电工程合理的接地系统配合使用，从而形成完备、可靠的防触电保护系统。

⑤ 漏电保护器的电源进线的相线和零线必须与其进线端一一对应，不允许交叉混接，更不允许将 PE 线当作 N 线接入漏电保护器。

⑥ 漏电保护器在结构选型时，宜选用无辅助电源型产品，或者选用故障时能自动断开的辅助电源型产品。不能选用辅助电源故障时不能断开的辅助电源型产品。

5.2　施工现场临时用电供配电装置安全要求

5.2.1　施工现场的配电室设置

(1) 配电室的位置

施工现场临时用电配电室的位置应靠近电源、接近负荷中心，而且便于线路的引入和引出，周边道路畅通，并有防止小动物出入的措施；同时，周围环境应该灰尘少、潮气少、振动少、无腐蚀介质、无易燃易爆危险品、无积水等，还应该避开污染源的下风侧和易积水场所的正下方。

(2) 配电室的布置

施工临时用电配电室的布置主要是指配电柜的空间排列。具体要求如下：

① 配电柜正面的操作通道宽度应确保在单列布置或双列背对背布置时不小于 1.5 m，双列面对面布置时不小于 2 m。

② 配电柜后面的维护通道宽度应确保在单列布置或双列面对面布置时不小于0.8 m，双列背对背布置时不小于1.5 m。若个别地点有建筑物结构突出的空地，则此点通道宽度可减少0.2 m。

③ 配电柜侧面的维护通道宽度不应小于1 m。

④ 配电室内设置值班室或检修室时，该室边缘距配电柜的水平距离应大于1 m，并采取屏障隔离。

⑤ 配电室内的裸母线与地面通道的垂直距离不小于2.5 m，当小于2.5 m时，应采用遮拦隔离，遮拦下面的通道高度不小于1.9 m。

⑥ 配电室围栏上端与其正上方带电部分的净距离不小于0.5 m。

⑦ 配电装置上端(含配电柜顶部和配电母线排)距天棚不小于0.5 m。

⑧ 配电室内应保持整洁，无杂物，大门向外开启，并配锁。

(3) 配电室的照明

施工现场临时用电配电室的照明应包括正常照明和事故照明2个彼此独立的照明系统。

5.2.2 施工现场的配电装置

施工现场临时用电的配电装置是指施工现场配电系统中设置的总配电箱(配电柜)、分配电箱和开关箱，是联系电源和用电设备的枢纽。

(1) 配电装置的箱体结构

施工现场临时用电的三级配电装置的箱体结构应适合于施工现场供配电系统的安全性要求。

① 箱体材料要求。配电箱、开关箱的箱体一般应采用冷轧铁板制作，其厚度以1.5～2.0 mm为宜，也可采用优质阻燃绝缘材料制作。

② 配置电器安装板。配电箱、开关箱内配置的电器安装板是用以安装所配置的电器和接线端子板等。金属板与配电箱体应做电气连接，当采用折页作为活动连接时，必须在二者之间跨接编织软铜线。

③ N、PE接线端子板，必须分别设置，固定安装在电器安装板上，并用符号标记，防止N线和PE线被混接混用。其中，N端子板与金属质电器安装板之间必须保持绝缘，而PE端子板与金属质电器安装板之间必须保持电气连接。当采用绝缘电器安装板时，PE端子板应与金属质箱体做电气连接。PE端子板的接线端子数量应与箱的进线和出线的总路数量保持一致。PE端子板应采用紫铜板制作。

(2) 配电装置的设置要求

施工现场临时用电工程的总配电箱应在靠近电源的地方，分配电箱应装设在用电设备或负荷相对集中的地方，分配电箱与开关箱，开关箱与其控制的用电设备之间的距离应满足压缩配电间距规则；同时，配电装置应设置在干燥通风及常温场所，必须按其正常工作位置安装牢固、稳定、端正。固定式配电箱、开关箱的中心点与地面的垂直距离应为1.4～1.6 m。移动式配电箱、开关箱的中心点与地面的垂直距离宜为0.8～1.6 m。箱体周围应有2人同时工作的足够空间和通道。

(3) 配电装置的电器配置

在施工现场临时用电工程配电系统中，配电装置的电器配置与接线应与基本供配电系统和基本保护系统相适应，必须具备3种基本功能：电源隔离功能；正常接通与分断电路功能；过载、短路、漏电保护功能。而对于分配电箱，漏电保护功能可以不要求。

① 总配电箱的电器配置。当总路设置总漏电保护器，而各分路设置分路漏电保护器时，还应装设总隔离开关、分路隔离开关以及总断路器、分路断路器或总熔断器、分路熔断器等；隔离开关应设置于电源进线端，应采用具有可见分断点并能同时断开电源所有极或彼此靠近的单极隔离电器，不得采用不具有可见分断点的电器。

② 分配电箱的电器配置。在采用二级漏电保护的配电系统中，分配电箱中不要求设置漏电保护器，此时分配电箱的电器配置应符合下述原则：总路设置总隔离开关以及总断路器或总熔断器；分路设置分路隔离开关以及分路断路器或分路熔断器；隔离开关设置于电源进线端。

根据这些原则，分配电箱必须依次按隔离电器、短路与过载保护电器设置，不可颠倒。

(4) 配电装置的使用与维护

① 所有配电装置的箱(柜)门处均应有名称、用途、分路标记，及内部电气系统接线图。

② 所有配电装置的箱门均应配锁，并由专人负责开启和关闭。

③ 电工和用电人员操作配电装置时，应按规定穿戴绝缘、防护用品，使用绝缘工具。

④ 配电装置送电和停电时，必须严格遵循以下送电操作顺序：总配电箱(柜)、分配电箱、开关箱。停电操作顺序为：开关箱、分配电箱、总配电箱(柜)。

⑤ 施工现场下班停止工作时，必须将班后不用的配电装置分闸断电并上锁。班中停止作业 1 h 及以上时，相关动力开关箱应断电上锁。暂时不用的配电装置，也应断电上锁。

⑥ 配电箱、开关箱内的电气配置和接线严禁随意改动，不得随意挂接其他用电设备。

⑦ 配电装置的漏电保护器应在每次使用时，用试验按钮试跳一次，只有试跳正常才可继续使用。

5.2.3 施工现场自备电源设置

按照现行《施工现场临时用电安全技术规范》(JGJ 46—2020)的规定，施工现场应设置自备电源，即自行设置电压为 230 V 和 400 V 的自备发电机组，主要是作为在外电线路电源停止供电时的后备接续供电电源。要求发电机组电源应与外电线路电源联锁，严禁并联运行。发电机应采用三相四线制中性点直接接地系统，并独立设置。

5.3 施工现场用配电线路及外电线路防护措施

在施工现场临时供配电系统中，除了有配电装置作为配电枢纽以外，还有连接配电装置和用电设备的配电线路。施工现场的配电线路，按其敷设方式和应用场所不同，主要有架空线路、电缆线路和室内配线 3 种。设有配电室时，还应包括配电母线。

5.3.1 施工用架空线的选择与敷设

施工现场配电线的选择与敷设就是对架空线路导线、电缆线路电缆、室内线路导线、电缆以及配电母线的选择与敷设。

(1) 架空线的选择

施工现场架空线必须采用绝缘线，其选择主要是依据线路敷设要求和线路负荷计算的电流来选择架空线路导线的种类和导线的截面。

① 架空线的绝缘色标准。当考虑架空线相序排列时，其颜色的选择应符合下述统一规定：L_1(A相)为黄色；L_2(B相)为绿色；L_3(C相)为红色；N线为淡蓝色；PE线为绿/黄双色。

② 架空线导线截面的选择。采用三相四线制工作时，N线和PE线截面不小于相线(L线)截面的50%，单相线路的零线截面与相线截面相同。导线中的计算负荷电流不大于其长期连续负荷允许载流量。线路末端电压偏移不大于额定电压的5%。按照机械强度要求，绝缘铜线截面不小于10 mm^2，绝缘铝线截面不小于16 mm^2。跨越铁路、公路、河流、电力线路挡距内的架空绝缘铜线截面不小于16 mm^2，绝缘铝线截面不小于25 mm^2。

(2) 架空线路的敷设要求

施工现场架空线路的组成一般包括4部分：电杆、横担、绝缘子和绝缘导线。如采用绝缘横担，则架空线路可由电杆、绝缘横担、绝缘线3部分组成。

① 架空线相序排列顺序

动力、照明线在同一横担上架设时，导线相序排列顺序是：面向负荷从左侧起依次为L_1、N、L_2、L_3、PE。

动力、照明线在二层横担上分别架设时，导线相序排列顺序是：上层横担面向负荷从左侧起依次为L_1、L_2、L_3；下层横担面向负荷从左侧起依次为L(L_1、L_2、L_3)、N、PE。

② 架空线路在一个挡距内每层导线的接头数不得超过该层导线条数的50%，且一条导线应只有一个接头。在跨越铁路、公路、河流、电力线路等时，架空线路不得有接头。

③ 架空线路的挡距不得大于35 m，线间距不得小于0.3 m，靠近电杆的两导线间距不得小于0.5 m。

④ 架空线路横担间的最小垂直距离不得小于表5-3所列的数据。

表5-3　横担间的最小距离　　单位：m

排列方式	直线杆	分支或转角杆
高压与低压	1.2	1.0
低压与低压	0.6	0.3

⑤ 架空线路与邻近线路或固定物的防护距离应符合表5-4的规定。

表5-4　架空线路与邻近线路或固定物的最小距离

<table>
<tr><td>项目</td><td colspan="8">距离类别</td></tr>
<tr><td rowspan="2">最小净空间距/m</td><td colspan="2">架空线路的过引线</td><td colspan="3">架空线与架空线电杆外缘</td><td colspan="3">架空线与摆动最大时的树梢</td></tr>
<tr><td colspan="2">0.13</td><td colspan="3">0.06</td><td colspan="3">0.5</td></tr>
<tr><td rowspan="3">最小垂直距离/m</td><td rowspan="2">架空线路与同杆架设下方的通信、广播线路</td><td rowspan="3"></td><td colspan="3">架空线路最大弧与地面</td><td rowspan="2">架空线最大弧与暂设工程顶端</td><td colspan="2">架空线与邻近电力线路交叉</td></tr>
<tr><td>施工现场</td><td>机动车道</td><td>铁路轨道</td><td>1 kV及以下</td><td>1～10 kV</td></tr>
<tr><td>1.0</td><td>4.0</td><td>6.0</td><td>7.5</td><td>2.5</td><td>1.2</td><td>2.5</td></tr>
<tr><td rowspan="2">最小水平距离/m</td><td colspan="2">架空线电杆与路基边缘</td><td colspan="3">架空线电杆与轨道边缘</td><td colspan="3">架空线与建筑物凸出部分</td></tr>
<tr><td colspan="2">1.0</td><td colspan="3">杆高+3.0</td><td colspan="3">1.0</td></tr>
</table>

⑥ 架空线路宜采用钢筋混凝土杆或木杆。钢筋混凝土杆不得有露筋、宽度大于 0.4 mm 的裂缝和扭曲。木杆不得腐朽,其直径不得小于 130 mm。电杆埋设深度宜为杆长的 1/10 加 0.6 m,回填土应分层夯实。在松软土质处,应加大埋设深度或采用卡盘等加固。

⑦ 直线杆和 15°及以下的转角杆,可采用单横担单绝缘子,但跨越机动车道时应采用单横担双绝缘子。15°～45°的转角杆应采用双横担双绝缘子。45°及以上的转角杆,应采用十字横担。

⑧ 架空线路绝缘子选取时,直线杆应采用针式绝缘子,耐张杆应采用蝶式绝缘子。

⑨ 电杆的拉线宜采用不少于 3 根 ϕ4.0 mm 的镀锌钢丝。拉线与电杆的夹角应在 30°～45°。拉线埋设深度不得小于 1 m。电杆拉线如从导线之间穿过,应在高于地面 2.5 m 处装设拉线绝缘子。

⑩ 因受地形环境限制不能装设拉线时,可采用撑杆代替拉线,撑杆埋设深度不得小于 0.8 m,其底部应垫底盘或石块。撑杆与电杆的夹角宜为 30°。

⑪ 接户线在挡距内不得有接头,进线处距离地面高度不得小于 2.5 m。接户线最小截面应符合表 5-5 的规定。接户线线间及与邻近线路间的距离应符合表 5-6 的要求。

表 5-5　接户线的最小截面

接户线架设方式	接户线长度/m	接户线截面/mm²	
		铜线	铝线
架空或沿墙敷设	10～25	6.0	10.0
	≤10	4.0	≤6.0

表 5-6　接户线线间及与邻近线路间的距离

接户线架设方式	接户线档距/m	接户线线间距/mm
架空敷设	≤25	150
	>25	200
沿墙敷设	≤6	100
	>6	150
架空接户线与广播电话线零线和相线交叉式的距离/mm		接户线在上部,600 接户线在下部,300
架空接或沿墙敷设的接户线零线和相线交叉式的距离/mm		100

⑫ 架空线路必须有短路保护。采用熔断器作短路保护时,其熔体额定电流不应大于明敷绝缘导线长期连续负荷允许载流量的 1.5 倍;采用断路器做短路保护时,其瞬动过流脱扣器的脱扣电流额定值应小于线路末端单相短路电流。

⑬ 架空线路必须有过载保护。采用熔断器或断路器作为过载保护时,绝缘导线长期连续负荷允许载流量不应小于熔断器熔体额定电流或断路器长延时过流脱扣器脱扣电流整定值的 1.25 倍。

5.3.2　施工用电缆线路的选择与敷设

(1) 施工用电缆的选择

施工现场选择电缆主要是选择电缆的类型、截面和芯线配置，其选择依据主要是线路敷设的要求和线路负荷计算的电流。具体选择规定如下：

① 电缆类型应根据敷设方式和环境条件选择，埋地敷设应选择能防水防腐铠装电缆。

② 电缆的截面面积的选择应根据其长期连续负荷允许载流量和允许电压偏移值确定，具体规定与前述架空线导线截面选择规定相同。

③ 根据基本供配电系统的要求，电缆中必须包含线路所需要的全部工作芯线和保护零线 PE 线。特别需要指出，需要三相四线制配电的电缆线路必须采用五芯电缆，即包含 3 条相线外，还必须包含用作 N 线的淡蓝色芯线和用作 PE 线的绿黄双色芯线，而五芯电缆中相线的绝缘色则一般由黑色、棕色、白色中的两种颜色搭配。

(2) 电缆线路的敷设要求

施工现场临时用电的电缆线路敷设应符合以下规定：

① 电缆敷设应采用埋地或架空方式，埋地电缆路径应设方位标志，严禁沿地面明设，以防机械损伤和介质腐蚀。

② 施工现场埋设电缆时，应尽量避开经常积水的地方，地下埋设物较复杂的地方，时常被挖掘的地方，拟建建筑物的地方，散发腐蚀性气体或液体的地方，以及有制造和储存易燃易爆或燃烧的危险物质的场所。

③ 电缆直接埋地敷设的深度不应小于 0.6 m，并应在电缆紧邻区域均匀敷设不小于 60 mm 厚的细砂，然后覆盖砖或混凝土板等硬质保护层。

④ 直埋电缆在穿越建筑物、构筑物、道路、易受机械损伤和腐蚀性场所，以及引出地面从 2 m 高到地下 0.2 m 处时，必须加设防护套管，其内径不应小于电缆外径的 1.5 倍。

⑤ 埋地电缆与附近外电电缆和热力管沟的平行间距不得小于 2 m，交叉距离不得小于 1 m。

⑥ 埋地电缆的接头应设在地面上的电缆接线盒内，接线盒应能防水、防尘、防机械损伤，并且远离易燃、易爆、易腐蚀场所。

⑦ 架空电缆应沿电线杆、支架或墙壁敷设，并采用绝缘子固定，其绑扎线必须采用绝缘线，固定点间距离应保证电缆能承受自重所带来的荷载，敷设高度同前述架空线路敷设高度要求，沿墙敷设时，最大弧垂直距离不得小于 2.0 m。

⑧ 在施工现场内的电缆线路必须采用电缆埋地引入，严禁穿越脚手架。电缆垂直敷设应充分利用在建工程的竖井、垂直孔洞等，并宜靠近用电负荷中心，固定点每层楼不得少于 1 处。电缆水平敷设宜沿墙或门洞口刚性固定。

⑨ 电缆线路必须有短路保护和过载保护，具体要求同前述架空线路的规定。

5.3.3　室内配线的选择与敷设

安装在施工现场办公室、生活用房、加工厂房等建筑物内的配电线路，统称为室内配电线路，简称室内配线。

(1) 室内配线的选择

室内配线必须采用绝缘导线或电缆，其截面应根据用电设备或线路的计算负荷确定，且铜线截面不应小于 1.5 mm^2，铝线截面不应小于 2.5 mm^2。

(2) 室内配线的敷设

室内配线分为明敷设和暗敷设两种。

① 明敷设可采用瓷瓶、瓷(塑料)夹配线，嵌绝缘槽配线和钢索配线 3 种方式，不得悬空

乱拉。明敷主干线的距地高度不得小于 2.5 m。钢索配线的吊架间距不宜大于 12 m;采用瓷夹固定导线时,导线间距不应小于 35 mm,瓷夹间距不应大于 800 mm;采用瓷瓶固定导线时,导线间距不应小于 100 mm,瓷瓶间距不应大于 1.5 m;采用护套绝缘导线或电缆时,可以直接敷设于钢索上。

② 暗敷设可采用绝缘导线穿管埋墙或埋地方式和电缆直埋墙或直埋地方式。暗敷设线路部分不得有接头;暗敷设金属穿管应做等电位连接,并与 PE 线相连接;潮湿场所或埋地的非电缆配线必须穿管敷设,管口和管接头应密封。

③ 室内配线必须有的短路保护和过载保护,其具体要求同前述规定。对穿管敷设的绝缘导线线路,其短路保护熔断器的熔体额定电流不应大于穿管绝缘导线长期连续负荷允许载流量的 2.5 倍。

5.3.4 配电母线的选择与敷设

施工现场配电母线常常采用裸扁铜板或裸扁铝板制作成的裸母线,因此其安装时,必须用绝缘子支撑固定在配电柜上,以保持对地绝缘和电磁(力)稳定性,其敷设要求见前述配电室设置。

5.3.5 外电线路防护

在施工现场周围往往存在一些高、低压电力线路,这些不属于施工现场的外接电力线路统称为外电线路。外电线路一般为架空线路,个别施工现场也会遇到地埋电缆线路。由于外电线路的位置原已固定,因而其与施工现场的相对距离也难以改变,这就给施工现场作业安全带来不利因素。如果施工现场距离外电线路较近,在施工期间就可能因操作不慎意外触及外电线路,从而发生触电伤害事故。因此,当施工现场邻近外电线路作业时,施工现场必须对其采取相应的防护措施,这种对外电线路触电伤害的防护称为外电线路防护,简称外电防护。施工现场外电防护的技术措施主要包括安全距离和绝缘隔离措施。

(1) 保证安全操作距离

① 在施工现场不得在外电架空线路正下方施工、搭设作业棚、建造生活设施或堆放构件、架具、材料及其他杂物等。

② 在施工现场的周边与外电架空线路的边线之间的最小安全操作距离不应符合表 5-7 的规定。

表 5-7 施工现场的周边与架空线路的边线之间的最小安全操作距离

外电线路电压等级/kV	≤1	1～10	35～110	220	330～500
最小安全操作距离/m	4.0	6.0	8.0	10.0	15.0

注:上下脚手架的斜道不宜设在有外电线路的一侧。

③ 施工现场的机动车道与外电架空线路交叉时,架空线路的最低点与路面的最小垂直距离应符合表 5-8 的规定。

表 5-8 施工现场的机动车道与架空线路交叉时的最小垂直距离

外电线路电压等级/kV	≤1	1～10	35
最小垂直距离/m	6.0	7.0	7.0

④ 起重机严禁越过无防护设施的外电架空线路作业。在外电架空线路附近吊装时，起重机的任何部位或被吊装物边缘在最大偏斜时与架空线路边线的最小安全距离应符合表 5-9 的规定。

表 5-9　起重机与架空线路边线最小安全距离

安全距离/m	电压/kV						
	≤1	10	35	110	220	330	500
最小垂直距离/m	1.5	3.0	4.0	5.0	6.0	7.0	8.5
最小水平距离/m	1.5	2.0	3.5	4.0	6.0	7.0	8.5

⑤ 施工现场开挖沟槽边缘与外电埋地电缆沟槽边缘之间的距离不得小于 0.5 m。

⑥ 在外电架空线路附近开挖沟槽时，必须采取加固措施，防止外电架空线路电杆倾斜、悬倒。

（2）绝缘隔离措施

当安全距离无法得到保障时，必须采取绝缘隔离措施，并应悬挂醒目的警示标志。架设安全防护设施是一种常用的绝缘隔离防护措施，宜通过采用木、竹或其他绝缘材料增设屏障、遮栏、围栏、保护网等，与外电线路实现强制性绝缘隔离，并必须在隔离处悬挂醒目的警示标志。架设防护设施时，必须经有关部门批准，采用线路暂时停电或其他可靠安全技术措施，并由电气工程技术人员操作，同时专职安全人员监护。防护设施与外电线路之间的最小安全距离不应小于表 5-10 所列数值。

表 5-10　防护设施与外电线路之间的最小安全距离

外电线路电压等级/kV	≤10	35	110	220	330	500
最小安全距离/m	1.7	2.0	2.5	4.0	5.0	6.0

当安全距离和绝缘隔离防护措施都无法实现时，必须与有关部门协商，采取停电、迁移外电线路或改变工程位置等措施，未采用上述措施的严禁施工。

5.4　施工现场雷电安全防护措施

雷电是一种破坏力极大的自然现象，要想消除它是不可能的，但消除其危害却是可以的，即可通过防雷装置或避雷装置，控制和限制雷电发生的位置，使其不至危害到需要保护的人、设备和设施。

（1）施工现场防雷部位

参照现行《建筑物防雷设计规范》(GB 50057—2020)，施工现场需要考虑防直击雷的部位主要是塔式起重机、物料提升机、外用电梯等高大机械设备，钢脚手架以及在建工程金属结构等高架设施，其防雷等级可按三类防雷对待。同时，还应考虑邻近建筑物或设施是否有防直击雷装置，如果其在保护范围以外，则应按规定安装防雷装置。对于防感应雷的部位，则应设置在施工现场变电所的进、出线处。

(2) 防雷保护范围

防雷保护范围是指接闪器对直击雷的保护范围，应按现行《施工现场临时用电安全技术规范》(JGJ 46—2020)中的滚球法确定。滚球法是指选择一个半径，由防雷类别确定的一个可以滚动的球体，沿需要防护直击雷的部位滚动，当球体只触及接闪器以及被利用作为接闪器的金属物，或者只触及接闪器和地面以及与大地接触并能承受雷击的金属物，而不触及需要保护的部位时，则未被触及的部分就得到了接闪器的保护。单支避雷针的保护范围，是以避雷针为轴线的直线圆锥体，直线与轴的夹角为60°。

(3) 防雷技术要求

① 施工现场内所有防雷装置的冲击接地电阻值不得大于30 Ω；在土壤电阻低于200 Ω·m区域的电线杆可不再另设防雷接地装置，但在配电室的架空线路或出线处应将绝缘子铁脚与配电室的接地装置相连接。

② 施工现场内机械设备及高架设施需要安装防雷装置的应符合表5-11中的规定。

表5-11 施工现场内机械设备及高架设施需要安装防雷装置

地区年平均雷暴日 D/d	机械设备高度 H/m	地区年平均雷暴日 D/d	机械设备高度 H/m
$D\leqslant 15$	$H\geqslant 50$	$40\leqslant D<90$	$H\geqslant 20$
$15<D<40$	$H\geqslant 32$	$D\geqslant 90$及雷害特别严重地区	$H\geqslant 12$

③ 机械设备或设施的防雷下引线一般采用铜线、扁钢、角钢等材料，也可以利用该设备或设施的金属结构体，但应保证具有可靠的电气连接。

④ 机械设备上的避雷针(接闪器)可用直径20 mm的钢筋，其长度应为1～2 m。塔式起重机可不另设避雷针(接闪器)。安装避雷针的机械设备，所有固定的动力、控制、照明、信号及通信线路，宜采用钢管敷设。钢管与该机械设备的金属结构应做电气连接。

⑤ 防雷接地机械设备上的电气设备，所连接的PE线必须做重复接地。同一台机械电气设备的重复接地和机械防雷接地可共同使用同一接地体，但接地体的电阻应符合重复接地电阻值的要求。为防止跨步电压伤人，接地装置距建筑物入口不应小于3 m。

5.5 施工现场用电设备安全防护措施

施工现场的用电设备是直接服务于施工作业的生产设备，可分为3大类：电动机械、电动工具和照明器。这些施工用电设备以及其开关箱、漏电保护器、插座、开关电器等附属电气装置必须符合产品的国家标准、专业标准和安全技术规程，并通过有关部门的鉴定。

5.5.1 用电环境分类

从触电危险程度来考虑，按施工现场的用电环境可划分为一般场所、危险场所和高度危险场所3类。在不同用电环境下，电气设备安全防护应满足相应要求。

(1) 一般场所

相对湿度不大于75%的干燥场所；无导电粉尘场所；气温不高于30 ℃场所；有不导电

地板，如干燥的木地板、塑料地板、沥青地板等场所均属于一般场所。

（2）危险场所

相对湿度长期处于75%以上的潮湿场所；露天并且能遭受雨、雪侵袭的场所；气温高于30 ℃的炎热场所；有导电粉尘场所；有导电水泥、混凝土或金属结构地板场所；施工中常处于水湿润的场所等均属于危险场所。

（3）高度危险场所

相对湿度接近100%场所；蒸汽环境场所；有活性化学媒质放出腐蚀性气体或液体场所；具有两个及以上危险场所特征，如导电地板和高温，或者导电地板和有导电粉尘等场所，均属于高度危险场所。

5.5.2　建筑机械用电安全

（1）起重机械用电安全

施工现场的起重机械主要包括塔式起重机、外用电梯和物料提升机等。

① 塔式起重机用电安全。塔式起重机的电气设备应符合现行国家标准《塔式起重机安全规程》（GB 5144—2006）中的规定。塔式起重机的机体必须做防雷接地，同时必须与配电系统PE线连接，而且PE线与接地体之间应有一个直接独立的连接点。轨道塔式起重机的防雷接地可以借助机轮和轨道连接，轨道的接头处应做电气连接，对较长的轨道每隔30 m应加一组接地装置。

塔式起重机运行时，必须按规范要求与外电架空线路或其防护设施保持安全距离。需要夜间工作的塔式起重机，应设置正对工作面的投光灯。塔身高于30 m的塔式起重机，应在塔顶和臂架端部设红色信号灯。在强电磁波源附近工作的塔式起重机，操作人员应戴绝缘手套和穿绝缘鞋，并应在吊钩与机体间采取绝缘隔离措施，或者在吊装地面物体时，在吊钩上挂接临时接地装置。

② 外用电梯与物料提升机的用电安全。外用电梯需要设置单独的开关箱，在梯笼内外均应安装紧急停止开关，特别是要有可靠的极限控制和通信联络。

外用电梯和物料提升机的上下极限位置应设置限位开关。每日工作前必须对行程开关、限位开关、紧急停止开关、驱动机构和制动器等进行空载检测，正常后方可使用。检查时，必须有防坠落措施。

（2）桩工机械的用电安全

桩工机械用电安全主要涉及潜水式钻孔机、潜水电机等与水直接接触的机械，其使用的主要安全问题包括防水、防潮、防漏电等。

① 潜水式钻孔机的漏电保护要符合配电系统关于潮湿场所漏电保护的要求。

② 潜水电机的负荷线应采用防水橡皮护套铜芯软电缆，长度不应小于1.5 m，电缆护套不得有裂纹和破损，且不能承受外力。

③ 潜水式钻孔机电动机的密闭性应符合现行国家标准《外壳防护等级（IP代码）》（GB 4208—2017）中的有关规定。

④ 潜水式钻孔机开关箱中的漏电保护器应采用防溅型产品，其额定漏电动作电流不应大于15 mA，额定漏电动作时间不应大于0.1 s。

（3）夯土机械的用电安全

① 夯土机械的金属外壳与PE线的连接点不得少于两处，其漏电保护必须适应潮湿场

所的要求。

② 夯土机械的负荷线应采用耐气候型橡皮护套铜芯软电缆。

③ 夯土机械的操作扶手必须绝缘。当使用夯土机械时，必须按照规定使用绝缘用品。使用过程应有专人调整电缆，电缆长度不应大于 50 m，电缆严禁缠绕、扭结或被夯土机械跨越。

④ 多台夯土机械同时并列工作时，其间距不得小于 5 m。前后工作时，其间距不得小于 10 m。

(4) 焊接机械的用电安全

电焊机械属于露天半移动、半固定式用电设备。电焊机往往在露天环境下通过电弧产生高温对金属材料作业，因而用电环境较为危险。当其空载时其二次侧有 50～70 V 的空载电压，已超出安全电压范围，所以防触电成为其安全使用的重要问题。针对上述问题，其用电安全要求可综合归纳如下：

① 电焊机械应放置在防雨、干燥和通风良好的地方。焊接现场不得有易燃易爆危险品。

② 发电机式直流电焊机的换向器要经常检查、清理、维修，防止可能产生的异常电火花。

③ 交流电焊机除应设置一般漏电保护以外，还应配装二次空载降压保护器。

④ 交流弧焊机变压器的一次侧电源线长度不应大于 5 m，其电源进线处必须设置防护罩，不得裸露。此外，还应设置防尘罩。

⑤ 电焊机械的二次侧电源线长应采用防水橡皮护套的铜芯软电缆，电缆长度不应大于 30 m，其护套不得破裂，接头必须绝缘，且做好防水防护，不应有裸露带电部分。电焊机械的二次线的地线不得用金属构件或结构钢筋代替。

⑤ 使用电焊机焊接时必须穿戴防护用品，严禁露天冒雨从事电焊作业。

5.5.3 手持电动工具的分类及安全使用

施工现场使用的电动工具一般都是手持式的，所以称为手持式电动工具，如电钻、冲击钻、电锤、射钉枪及手持式电锯、电刨、切割机、砂轮等。

(1) 手持电动工具的分类

手持式电动工具按其绝缘和防触电性能分为 3 类，即Ⅰ类工具、Ⅱ类工具、Ⅲ类工具。

① Ⅰ类工具是指不仅依靠基本绝缘，还将可触及的可导电的零件与已安装在固定线路中的保护接地或接零导线连起来的附加安全预防措施防止触电的工具。这类工具亦逐渐被淘汰。

② Ⅱ类工具是指不仅依靠基本绝缘，而且还采用双重绝缘或加强绝缘的附加安全预防措施，同时还设有保护接地或依赖安装条件的安全措施的工具，其铭牌上有“回”字标志。

③ Ⅲ类工具是指依靠由安全电压供电和在工具内部不产生比安全电压高的电压来防止触电事故的工具。

(2) 手持电动工具的安全使用

① 一般场所可选用Ⅰ类或Ⅱ类手持式电动工具，要求金属外壳与 PE 线的连接点不应少于两处。漏电保护应符合潮湿场所对漏电保护的要求，除塑料外壳Ⅱ类工具外，相关开关漏电保护器的额定漏电动作电流不应大于 15 mA，额定漏电动作时间不应大于 0.1 s，其负

荷线插头应具备专用保护触头。所用插座和插头在结构上应保持一致，避免导电触头和保护触头混用。

② 在潮湿场所或金属构架上操作时，必须选用Ⅱ类或Ⅲ类手持式电动工具。严禁使用Ⅰ类手持式电动工具。使用金属外壳Ⅱ类手持式电动工具时，其金属外壳可与 PE 线相连接，并设漏电保护。

③ 在狭窄场所，如锅炉、金属容器、地沟、管道内等作业时，必须选用Ⅲ类手持式电动工具。

④ 除一般场所外，在潮湿场所、金属构架上及狭窄场所使用Ⅱ、Ⅲ类手持式电动工具时，其开关箱和控制箱应设在作业场所以外，并有人监护。

⑤ 手持式电动工具的负荷线应采用耐气候型橡皮护套铜芯软电缆，并且不得有接头。

⑥ 手持电动工具的外壳、手柄、插头、开关、负荷线等必须完好无损，使用前必须做绝缘检查和空载检查。绝缘电阻不应小于表 5-12 规定的数值。

表 5-12　手持式电动工具绝缘电阻限值

测量部位	绝缘电阻/MΩ		
	Ⅰ类	Ⅱ类	Ⅲ类
带电零件与外壳之间	2	7	1

注：绝缘电阻用 500 V 兆欧表测量。

⑦ 使用手持式电动工具时，必须按规定穿戴绝缘防护用品。

5.5.4　其他电动建筑施工机械

① 混凝土搅拌机、插入式振动器、平板振动器、地面抹光机、水磨石机、钢筋加工机械、木工机械、盾构机、水泵等设备的漏电保护应采用防溅型产品，其额定漏电动作电流不应大于 15 mA，额定漏电动作时间不应大于 0.1 s。

② 混凝土搅拌机、插入式振动器、平板振动器、地面抹光机、水磨石机、钢筋加工机械、木工机械、盾构机械、水泵等设备的漏电保护应符合规范要求，其负荷线必须采用耐气候型橡皮护套铜芯软电缆，并不得有任何破损和接头。水泵的负荷线不得承受任何外力。盾构机械的负荷线必须固定牢固，距地高度不得小于 2.5 m。

③ 混凝土搅拌机、钢筋加工机械、木工机械、盾构机械等设备进行清理、检查、维修时，必须首先将其开关箱分闸断电，并关门上锁，防止意外通电。

④ 木工机械使用时，其金属基座必须与 PE 线做可靠的电气连接；木工机械的漏电保护可按一般用电场所要求对待。要特别注意由于电器使用不当造成的火灾事故的防护。

5.5.5　施工现场照明设备的使用

施工现场电气照明主要是指地下工程、夜间施工和一些自然采光差的场所，如在坑、洞、井内作业、夜间施工或厂房、道路、仓库、办公室、食堂、宿舍、料具堆放场及自然采光差等场所，采用的照明。

(1) 施工现场照明设置场所要求

① 在建筑施工现场的一个工作场所内，采用一般照明或混合照明，不得只设局部照明。

② 停电后作业人员需要及时撤离现场的特殊工程，如夜间高处作业工程及自然采光很

差的深坑洞工程等场所，必须装设由独立自备电源供电的应急照明设备。

③ 对于夜间影响行人和车辆安全通行的在建工程，如开挖的沟、槽、孔洞等，应在其临边设置醒目的红色警戒照明。

④ 对于夜间可能影响飞机及其他飞行器安全通行的高大机械设备或设施，如塔式起重机、外用电梯等，应在其顶端设置醒目的警戒照明。

⑤ 根据施工现场安保需要，设置不受停电影响的保安照明。

(2) 照明器的选择

施工现场照明器具的形式和防护等级应与环境条件相适应，具体要求如下：

① 正常湿度(相对湿度≤75%)的一般场所，可选用普通开启式照明器。

② 潮湿或特别潮湿(相对湿度>75%)场所，属于触电危险场所，必须选用密闭型防水照明器或配有防水灯头的开启式照明器。

③ 含有大量尘埃，但无爆炸和火灾危险的场所，属于触电一般场所，必须选用防尘型照明器。

④ 有爆炸和火灾危险的场所，亦属于触电危险场所，应按危险场所等级选用防爆型照明器，详见现行国家标准《爆炸和火灾危险环境电力装置设计规范》(GB 50058—2014)。例如，当火灾危险场所属于火灾危险区域划分的23区，即具有固体状可燃物质，在数量和配置上能引起火灾危险的环境，按该规范的规定，照明灯具的防护结构应为IP2X级。

⑤ 存在较强振动的场所，必须选用防振型照明器。

⑥ 有酸碱等强腐蚀介质场所，必须选用耐酸碱型照明器。

(3) 照明供电要求

① 一般场所，照明供电电压宜为220 V。而隧道、人防工程、高温、有导电灰尘、比较潮湿或灯具离地面高度低于2.5 m等较易触电的场所，照明电源电压应采用安全电压，一般不得大于36 V。

② 潮湿和易于触及带电体的触电危险场所，照明电源电压不得大于24 V。

③ 特别潮湿、导电良好的地面、锅炉或金属容器等触电高度危险场所，照明电源电压不得大于12 V。

④ 行灯电压不得大于36 V。

⑤ 远离电源的小面积工作场地、道路照明、警卫照明或额定电压为12～36 V的照明场所，其电压允许偏移值为额定电压的－10%～5%。其余场所电压允许偏移值为额定电压值的－5%～5%。

⑥ 施工用电照明变压器必须为隔离双绕组型，严禁使用自耦变压器。

⑦ 照明系统宜使三相负荷平衡，其中每一单相回路上，灯具和插座数量不宜超过25个，负荷电流不宜超过15 A。

⑧ 携带式变压器的一侧电源线应采用橡皮保护套或塑料保护套铜芯软电缆，中间不得有接头，长度不宜超过3 m。其中，绿/黄双色线只可作为PE线使用，电源插头应有保护触头。

⑨ 在三相四线制线路中，当照明器为白炽灯时，零线截面不小于相线截面的50%。当照明器为气体放电灯时，零线截面按最大负载相的电流选择。

(4) 照明装置的设置

① 照明灯具的金属外壳必须与零线连接，照明开关箱内必须装设隔离开关，短路与过载保护电器和漏电保护器，应符合电气规范要求。

② 一般 220 V 灯具，室外安装高度不低于 3 m，室内不低于 2.5 m。碘钨灯及其他金属卤化物灯安装高度宜在 3 m 以上。

③ 螺口灯头的中心触头应与相线连接，螺口应与零线(N 线)连接。碘钨灯及其他金属卤化物灯的灯线应固定在专用接线柱上。灯具的内接线必须牢固，外接线必须做可靠的防水绝缘包扎。

④ 荧光灯管应采用管座固定或用吊链悬挂，其镇流器不得安装在易燃结构物上。

⑤ 投光灯的底座应安装牢固，应按需要的光轴方向将枢轴拧紧固定。

⑥ 对易燃易爆危险品的防护距离：普通灯具不宜小于 300 mm。聚光灯及碘钨灯等高热灯不宜小于 500 mm，且不得直接照射易燃物。当达不到防护距离时，应采取隔热措施。

⑦ 不得将 220 V 碘钨灯用作移动照明，而行灯灯具不得作为一般灯具使用。

⑧ 任何灯具必须经照明开关箱配电与控制，配置完整的电源隔离、过载与短路保护及漏电保护电器。路灯还应逐灯另设熔断器保护，灯头线应做防水弯。

⑨ 灯具的相线必须经开关控制，不得直接引入灯具。

⑩ 照明灯具开关距地面高度为 1.3 m，与出入口的水平距离为 0.15～0.2 m。暂设工程的照明灯具宜采用拉线开关控制，其安装高度为距地 2～3 m，与出入口的水平距离为 0.13～0.2 m。宿舍区禁止设置床头开关。

5.5.6　施工现场电气防火措施

(1) 电气防火技术措施要点

① 合理配置用电系统的短路、过载、漏电保护电器。

② 确保 PE 线连接点的电气连接可靠。

③ 在电气设备和线路周围不堆放并清除易燃易爆危险品和腐蚀介质，或者做阻燃隔离防护。

④ 不在电气设备周围使用明火，特别在变压器、发电机等场所严禁烟火。

⑤ 在电气设备相对集中场所，如变电所、配电室、发电机室等场所配置可扑灭电气火灾的灭火器材。

⑥ 按规定设置防雷装置。

(2) 电气防火组织管理措施要点

① 建立易燃易爆危险品和腐蚀介质管理制度。

② 建立电气防火责任制，加强电气防火重点场所烟火管制，并设禁止烟火标志。

③ 建立电气防火教育制度，定期进行电气防火知识宣传教育，提高各类人员电气防火意识和电气防火知识水平。

④ 建立电气防火检查制度，发现问题，及时处理，不留任何隐患。

⑤ 建立电气火警预报制，做到防患于未然。

⑥ 建立电气防火领导体系及电气防火队伍，并学会和掌握扑灭电气火灾的方法。

⑦ 电气防火措施可与一般防火措施一并编制。

思考题

1. 施工现场临时用电一般采用哪种电力系统?
2. 施工现场临时用电常见的安全隐患有哪些?预防安全事故的基本原则是什么?
3. 建筑施工现场临时用电必须坚持的 3 项基本原则是什么?
4. 何谓三级配电系统?三级配电系统的配电原则是什么?
5. 施工现场临时用电配电装置的设置有哪些要求?
6. 如何做到正确使用和维护配电装置?
7. 施工现场为何需要设置备用电源?如何安全使用备用电源?
8. 施工现场的架空线路敷设和电缆敷设需要注意哪些问题?
9. 施工现场外电防护的技术措施是什么?
10. 施工现场预防雷电危害的措施是什么?
11. 施工现场的用电设备是如何分类?
12. 施工现场电气防火的技术和组织措施有哪些?
13. 查阅我国现行的关于建筑施工现场临时用电安全技术方面的法律法规。

第 6 章 建筑施工机械设备使用安全

在建筑工程施工过程中需要使用各种大、中型建筑机械，如挖掘机、推土机、塔吊、施工电梯、井架、龙门架等，并且还需要使用大量的配套施工机具，如木工机械、钢筋机械、混凝土机械、手持电动工具、电焊机、打桩机等。建筑机械在使用前必须经过验收合格后方可投入使用，在施工使用中必须遵守《建筑机械使用安全技术规程》(JGJ33—2018)的有关规定。本章主要介绍土石方机械、桩工机械、混凝土机械、起重机械、钢筋机械、焊接作业、木工机械及其他机械的种类、性能及安全使用要求等方面的内容。

6.1 土石方机械使用安全

土石方机械在城市建设、公路铁路建设、农田水利工程和国防工程建设中起着十分重要的作用，是国民经济建设不可缺少的技术装备。各种土石方机械都各自有一定的技术性能和作业范围，作为施工组织和管理人员，应熟悉它们的类型、性能、构造特点以及使用安全要求，合理选择施工机械和施工方法，充分发挥机械的效率，从而在保证施工安全的前提下提高经济效益。

6.1.1 推土机使用安全

推土机是以履带式或轮胎式拖拉机牵引车为主机，再配置悬式铲刀的自行式铲土运输机械。推土机作业时，依靠机械的牵引力，完成土壤的切割和推运。推土机主要用于进行短距离推运土方、石渣等作业，若配置其他工作装置可完成铲土、运土、填土、平地、压实以及松土、除根、清除石块杂物等作业，是土方工程中广泛使用的施工机械。

(1) 推土机的种类

① 按行走装置分类。推土机按行走装置不同分为履带式和轮胎式。履带式推土机附着性能好，接地比压小，通过性好，爬坡能力强，但行驶速度低，适用于场地条件较差地带作业。轮胎式推土机行驶速度快，灵活性好，不破坏路面，但牵引力小，通过性差。

② 按传动形式分类。推土机按传动形式分为机械传动式、液力机械传动式和全液压传动式 3 种，其中液力机械传动式推土机应用最广。

③ 按发动机功率分类。推土机按发动机功率分为轻型、中型和大型。轻型推土机的发动机功率小于 75 kW，中型推土机的发动机功率在 75～225 kW，大型推土机的发动机功率大于 225 kW。

推土机按用途可分为通用型和专用型，按工作装置形式可分为直铲式和角铲式。

(2) 推土机的选择

在土方施工过程中，对推土机的选择主要考虑以下几个方面：

① 土方工程量。当土方量大而且集中时，应选用大型推土机；当土方量小而且分散，则应选用中、小型推土机。

② 土的性质。一般推土机适用于Ⅰ、Ⅱ级土施工或Ⅲ、Ⅳ级土预松后施工。若土质较密实、坚硬或冬期冻土，应选择重型推土机或带松土器的推土机；当土质条件允许时，应尽量选用轮胎式推土机；若土质属潮湿软泥，最好选用宽履带的湿地推土机。

③ 施工条件。当修筑半挖半填的傍山坡道时，可以选用角铲式推土机；在水下作业时，可选用水下推土机；在市区施工时，应选用能够满足当地环保部门要求的低噪声推土机。

④ 作业要求。根据施工作业的多种要求，为减少投入机械台数和扩大机械作业范围，最好选择多功能推土机。

⑤ 经济性。在推土机选型时，还应考虑其经济性，尽量实现单位土方成本最低。单位土方成本决定于施工机械使用费和机械生产效率。在选择机型时，应结合施工现场情况，根据相关参数和经验，按台班费用定额，计算单位土方成本，经过分析比较，选择生产率高，单方成本低的合适机型。

(3) 推土机的使用安全

施工现场推土机使用过程中的安全要求如下：

① 推土机作业前应重点检查并确认各部件无松动，连接良好；燃油、润滑油、液压油等符合规定；各系统管路无裂纹和泄漏；各操纵杆和制动踏板的行程、履带的松紧度或轮胎气压均符合要求。

② 推土机在Ⅲ～Ⅳ级土或多石土壤的场地作业时，应先进行爆破或用松土器翻松。

③ 不得用推土机推石灰、烟灰等粉尘物料和用作碾碎石块的工作。

④ 牵引其他机械设备时，应有专人负责指挥。钢丝绳的连接应牢固可靠。在坡道上或长距离牵引时，应采用牵引杆连接。

⑤ 填沟作业驶近边坡时，铲刀不得越出边缘。后退时，应先换挡，方可提升铲刀进行倒车。

⑥ 在深沟、基坑或陡坡地区作业时，应有专人指挥，其垂直边坡深度一般不超过 2 m，否则应设置安全边坡。

⑦ 推土机行驶前，严禁有人站在履带或刀片的支架上，机械周围应无障碍物，确认安全后，方可开动。

⑧ 两台以上推土机在同一地区同时作业时，前后距离应大于 8 m，左右距离应大于 1.5 m。

6.1.2 铲运机使用安全

铲运机是一种挖土兼运土的机械设备，可以在一个工作循环中独立完成挖土、装土、运输和卸土等工作，还兼有一定的压实和平整场地作用。铲运机操作灵活，运土距离较远，铲斗容量较大，不受地形限制，不需要特设道路，生产效率高，是土方工程中应用最广泛的重要施工机械之一。在土方工程中，铲运机常应用于大面积场地平整，开挖大型基坑、填筑堤坝和路基等，最适用于开挖含水量不超过 27%的松土和普通土。

6.1.2.1　铲运机的分类及型号

(1) 铲运机的分类

① 铲运机按行走方式分为拖式和自行式。

② 按卸土方式分为强制式、半强制式和自由式。

③ 按行走机构的不同可分为拖式铲运机和自行式铲运机。

④ 按铲运机的操作系统的不同，又可分为液压式和索式铲运机。

(2) 铲运机的型号

铲运机按铲斗容量分为：容量在 6 m^3 以下的为小型铲运机，容量在 6～15 m^3 的为中型铲运机，容量在 15～30 m^3 的为大型铲运机，容量在 30 m^3 以上的为特大型铲运机。

6.1.2.2　铲运机的安全使用要点

(1) 作业前安全使用要点

① 检查工作面的安全隐患和道路的平整情况，有问题及时处理。

② 检查钢丝绳、轮胎气压、铲土斗及卸土板回位弹簧、拖把万向接头、撑架和固定钢丝绳部分以及各部滑轮等。

③ 液压式铲运机铲斗和拖拉机连接的叉座应与牵引连接块锁定，液压管路连接应可靠，检查液压系统油箱的油面，不能低于油标。

④ 检查润滑点的润滑情况是否良好，检查刹车油、轮胎气压是否足够，轮辋是否松动。

⑤ 铲运机启动前应使铲斗离开地面，确认机械周围无障碍物，并通知铲运机周围人员撤至安全地带后，方可运行。

(2) 作业中安全使用要点

① 检查铲运机的各操作手柄是否在正常位置上，确定无误后方可合上主开关。

② 启动后检查仪表读数是否正常，各部位有无不正常的声响，制动是否可靠，液压系统是否漏油等。

③ 小心驾驶，尤其在道路狭窄地段或急转弯地段应缓慢低速行驶，严禁铲运机碰撞两旁支柱或边帮。

④ 在整个铲装过程中，要合理使用铲斗操纵杆和加速机构，使所有轮胎都在运行中，防止打滑或空转。

⑤ 铲运机后退时，应避免机身轴线与排出的拖曳电缆夹角小于 90°；前进时，应保证滚筒上的剩余电缆有 3 圈以上，以防止损坏电缆或拉脱滑环装置。

⑥ 在土堤上作业时，离堤坡边缘不得小于 1 m，需要在斜坡横向作业时，应先将斜坡挖填平整，保证横向坡度不得超过 6°，坡宽应大于机身 2 m 以上，确保机身平衡。

⑦ 铲运机上下坡道时，应低速行驶，不得中途换挡，下坡时不得空挡滑行。在陡坡上，严禁转弯、倒车或停车。在坡道上，不得进行检修作业。在坡上熄火后，应将铲斗落地、制动牢靠后再行启动。下陡坡时，应将铲斗触地行驶，帮助制动。

⑧ 多台铲运机联合作业时，各机之间前后距离不得小于 10 m(铲土时不得小于 5 m)，左右距离不得小于 2 m。行驶中，应遵守下坡让上坡、空载让重载、支线让干线的原则。

⑨ 遇故障或包扎电缆接口时，先断开主电源，严禁带电作业。

⑩ 作业中严禁任何人上下机械、传递物件，以及在铲斗内、拖把或机架上坐、立。

（3）作业后安全使用要点

① 将铲运机停在无松石、无滴水、无天井垮塌、无爆破作业砸坏等情况发生的安全处。

② 将各操纵杆复位，动臂放到底，铲斗下翻并接触地面。

③ 将停车闭锁放到锁定位置。

④ 断开车上电源开关及主电源开关。将铲运机停在平地上，若停在斜坡上，必须用三角木或石块将车轮楔住。

⑤ 拖动铲运机时，在正常的拖挂或拉杆之外还要加用安全链条或钢丝绳索；长距离牵引时，必须断开驱动系统。

⑥ 非作业行驶时，铲头必须锁紧链条挂牢在运输行驶位置上，机械任何部位均不得载人或装载易燃、易爆物品。

6.1.3 装载机使用安全

装载机是一种作业效率较高的铲装机械，可用来装载土壤、砂石、石灰、煤炭等松散物料，也可对矿石、硬土等进行轻度铲挖作业，同时还能用于清理、平整场地、短距离装运物料，也可牵引和配合运输车辆装土使用。如更换相应的辅助工作装置后，还可以完成推土、挖土、松土、起重等多种工作，且有较好的机动性。因此，装载机被广泛用于建筑、筑路、矿山、港口、水利及国防等各种建设工程的土石方施工。

6.1.3.1 装载机的分类

常用的单斗装载机，按发动机功率、传动形式、行走结构和装载方式的不同进行分类。

（1）按发动机功率分类

① 功率小于 74 kW（含 74 kW）为小型装载机。

② 功率在 74～147 kW（含 147 kW）为中型装载机。

③ 功率在 147～515 kW（含 515 kW）为大型装载机。

④ 功率大于 515 kW 为特大型装载机。

（2）按传动形式分类

① 液力机械传动式装载机，具有冲击振动小，传动件寿命长，操纵方便，车速与外载可自动调节，一般在大中型装载机上采用较多。

② 液力传动式装载机，可无级调速、操纵简便，但启动性较差，一般仅在小型装载机上采用。

③ 电力传动式装载机，可无级调速、工作可靠、维修简单，但费用较高，一般在大型装载机上采用。

（3）按行走结构分类

① 轮胎式装载机，具有自重轻、速度快、机动灵活、效率高、不易损坏路面的特点，但接地比压大、通过性差。

② 履带式装载机，接地比压小、通过性好、重心低、稳定性好、附着力强、牵引力大、切入力大，但是速度低、灵活性相对差、成本高、行走时易损坏路面。

（4）按装卸方式分类

① 前卸式装载机，具有结构简单、工作可靠、视野好，适合于各种作业场地，应用较广。

② 回转式装载机，工作装置安装在可回转360°的转台上，侧面卸载不需要调头，作业效率高，但结构复杂、自重大、成本高、侧面稳定性较差，适用于较狭窄的场地。

③ 后卸式装载机，前端装、后端卸、作业效率高，但作业的安全性较差。

6.1.3.2 装载机的选用原则

(1) 机型的选择

装载机机型主要依据作业场地和用途进行选择。一般在采石场和软基地进行作业时，多选用履带式装载机。

(2) 动力的选择

装载机一般多采用柴油发动机，在特殊地域作业，如海拔高于3 000 m的地方，应采用特殊的高原型柴油发动机。

(3) 传动形式的选择

装载机一般选用液力机械传动，其关键部件是变矩器形式的选择。目前，我国生产的装载机多选用双涡轮单级两相液力变矩器。

(4) 制动性能

在选用装载机时，还要充分考虑装载机的制动性能，包括行车制动、停车制动和紧急制动3种。制动器分为蹄式、钳盘式和湿式多片式3种。制动器的驱动机构一般采用加力装置，其动力源有压缩空气、气顶油和液压式3种。目前，常用的是气顶油制动系统，一般采用双回路制动系统，以提高行驶的安全性。

6.1.3.3 装载机的安全使用要点

(1) 一般安全注意事项

① 驾驶员及有关人员在使用装载机之前，必须认真阅读制造企业随机提供的使用维护说明书及操作维护保养手册，按资料规定的事项操作和检修。

② 驾驶员穿戴应符合安全要求，并穿戴必要的防护用品。

③ 绝对严禁驾驶员酒后或过度疲劳驾驶作业。

④ 在作业区域范围较小或危险区域作业，必须在其作业范围内或危险点设置明显的警告标志。

⑤ 在中心铰接区进行维修或检查作业时，要装上“防转动杆”以防止前、后车架相对转动。

⑥ 上下装载机时，要在装载机停稳之后，在有蹬梯扶手的地方上下，切勿在装载机作业或行走时跳上跳下。

⑦ 维修装载机需要举臂时，必须将举起的动臂垫牢，保证在任何维修情况下动臂绝对不会落下。

(2) 装载机启动前的安全注意事项

① 检查并确保所有照明灯具及各显示灯能正常运行，特别是转向灯及制动显示灯。检查燃油、润滑油、液压油是否符合规定，液压机压力传动系统有无泄漏。

② 检查并确保在启动发动机时，不得有人在车底下或靠近装载机的地方工作。

③ 启动前装载机的变速操纵手柄应扳到“空挡”位置。

④ 不带紧急制动的制动系统，应将手制动手柄搬到“停车”位置。

⑤ 只能在空气流动好的场所启动或运转发动机。若在室内运转时，应将发动机的排气

口接到室外,或者朝向室外。

(3) 装载机作业时安全注意事项

① 发动机启动后,等制动气压达到安全气压时再准备起步,以确保行车时的制动安全性。有紧急制动装置的,应按下紧急停车制动阀的按钮(只有当气压达到允许起步气压时,按钮才能按下,否则按下去会自动跳起来),使紧急停车制动释放下,才能挂Ⅰ挡起步。无紧急制动装置时,只需要将停车制动手柄放下,释入停车制动即可起步。

② 不得在倾斜度超过出厂规定的场地上作业。装载机作业区内,应当提前清除即将行走道路上的故障物和无关人员,特别要注意铁块、沟渠之类的障碍物,以免割破轮胎。

③ 将后视镜调整好,使驾驶员入座后能有最好的视野效果。

④ 确保装载机的喇叭、后退信号灯以及所有的保险装置能正常工作。

⑤ 在即将起步或检查左右转向是否灵活到位时,应先按喇叭,以警告周围人员注意安全。

⑥ 在起步行走前,应对所有的操纵手柄、踏板、方向盘先试一次,要特别注意检查转向、制动是否完好,确定已处于正常状态后才能起步运行。

⑦ 行进时,将铲斗置于离地 400 mm 左右高度。在山区坡道作业或跨越沟渠等障碍时,应减速、小转角,避免倾翻。当装载面在陡坡上开始滑向一边时,必须立即卸载,防止继续下滑。

⑧ 作业时尽量避免轮胎过多打滑,尽量避免两轮悬空,不允许只有两轮着地而继续作业。

⑨ 作牵引车时,只允许与牵引装置挂接,被牵引物与装载机之间不允许站人,且要保持一定的安全距离,防止出现安全事故。

⑩ 在边坡、壕沟、凹坑卸料时,轮胎离边缘距离应大于 1.5 m,铲斗不宜过于伸出。在大于 3°的坡道上,不得前倾卸料。

⑪ 在向自卸汽车装料时,铲斗不得在汽车驾驶室上方越过。当汽车顶无防护板、装料时,驾驶室不得有人。

(4) 停机时的安全注意事项

① 装载机应停在平地上,并将铲斗平放于地面。当发动机熄火后,必须反复多次扳动工作装置操纵手柄,确保各液压缸处于无压休息状态。当装载机只能停在坡道上时,应将轮胎垫牢。

② 将各种手柄置于“空挡”或中间位置。

③ 首先取走电锁钥匙,然后关闭电源总开关,最后关闭门窗。

④ 不准停在有明火或高温地区,以防轮胎受热爆炸,引起事故。

⑤ 利用组合阀或储气罐对轮胎进行充气时,人不得站在轮胎的正面,以防爆炸伤人。

⑥ 装载机转向架未锁闭时,严禁站在前后车架之间进行检修保养。

6.1.4 挖掘机使用安全

挖掘机是用铲斗挖掘高于或低于承机面的土壤、煤、泥沙以及经过预松后的岩石等物料,并装入运输车辆或卸至堆料场的土石方机械,广泛用于各类建设工程的土、石方开挖施工中,如开挖基坑、沟槽以及取土等。更换不同工作装置,还可以进行破碎、打桩、夯土、起重等多种作业,扩大了挖掘机的使用范围。

（1）挖掘机的分类

① 按驱动方式分类，可分为内燃机驱动和电力驱动两种。其中，电动挖掘机主要应用在高原缺氧环境和地下矿井，以及其他一些易燃易爆的场所。

② 按行走方式分类，可分为履带式挖掘机和轮胎式挖掘机。

③ 按传动方式分类，可分为液压挖掘机和机械挖掘机。机械挖掘机主要用在一些大型矿山上。

④ 按用途分类，可分为通用挖掘机、矿用挖掘机、船用挖掘机、特种挖掘机等不同的类别。

⑤ 按铲斗分类，可分为正铲挖掘机和反铲挖掘机。正铲挖掘机多用于挖掘地表以上的物料，反铲挖掘机多用于挖掘地表以下的物料。

（2）挖掘机的使用安全技术

① 挖掘机是经济投入较大的固定资产，为提高其使用年限获得更大的经济效益，应保证良好的保养维护和合理使用，故设备必须做到定人、定机、定岗位，明确职责。

② 挖掘机驾驶室内的外露传动部分，必须安装防护罩。电动单斗挖掘机必须接地良好，油压传动臂杆的油路和油缸应确认完好。

③ 挖掘机进入施工现场后，驾驶员应先观察工作面地质及四周环境情况，挖掘机旋转半径内不得有障碍物，以免对车辆造成划伤或损坏。

④ 驾驶人员在工作期间严禁中午喝酒和酒后驾车工作。机械发动后，禁止任何人员站在铲斗内，铲臂上及履带上，确保人身安全。

⑤ 挖掘机在工作中，禁止任何人员在回转半径范围内或铲斗下面工作、停留或行走，非驾驶人员不得进入驾驶室乱摸乱动，不得用以培训驾驶员，以免造成电气设备的损坏。

⑥ 装车作业时，应待运输车辆停稳后进行，铲斗应尽量放低，减小卸落高度，不得装偏或砸坏车厢，严禁铲斗从汽车驾驶室顶上越过，不得用铲斗吊运物料。

⑦ 挖掘机正铲作业时，除松散土壤外，其最大开挖高度和深度，不应超过机械本身性能规定。在拉铲或反铲作业时，履带距工作面边缘距离应大于 1.0 m，轮胎距工作面边缘距离应大于 1.5 m。

⑧ 平整作业场地时，不得用铲斗进行横扫或用铲斗对地面进行夯实。

⑨ 反铲作业时，应停稳后再挖土。挖土时，斗柄伸出不宜过长，提斗不得过猛。

⑩ 在崖边进行挖掘作业时，作业面不得留有松动的大块石。发现有坍塌危险时，应立即处理或将挖掘机撤离至安全地带。

⑪ 挖掘机在挪位时，驾驶员应先观察并鸣笛，后挪位，避免机械旁边有人造成安全事故，挪位后的位置要确保挖掘机旋转半径的空间无任何障碍，严禁违章操作。

⑫ 履带式挖掘机做短距离行走时，主动轮应在后面，斗臂应在正前方与履带平行，制动至回转机构，铲斗距离地面 1.0 m。上下坡道不得超过机械本身允许的最大坡度，下坡应慢速行驶，不得在坡道上变速或空挡滑行。

⑬ 使用挖掘机拆除构筑物时，操作人员应了解构筑物倒塌方向，在挖掘机驾驶室与被拆除构筑物之间留有构筑物倒塌的空间。

⑭ 工作结束后，应将挖掘机挪离低洼处或地槽（沟）边缘，停放在平地上，关闭门、窗并锁住。

⑮ 驾驶司机离开操作位置,不论时间长短,必须将铲斗落地并关闭发动机。

⑯ 驾驶员必须做好设备的日常保养、检修、维护工作,做好设备使用中的每日记录,发现车辆有问题时,不能带病作业,并及时汇报修理。

⑰ 驾驶员应养成工作结束后擦车的习惯,保持驾驶室内干净、整洁,车身表面清洁、无灰尘、无油污。

6.1.5 压路机使用安全

压路机是工程建设中不可缺少的施工机械,主要用于建筑、公路、铁路、市政、机场跑道、堤坝等建筑物地基工程的压实作业,以提高土石方基础的密实度,降低水的渗透性,保持基础稳定,防止沉陷。

6.1.5.1 压路机的种类

(1) 静作用压路机

静作用压路机是以其自身重量对被压实材料施加压力,减小材料颗粒间的间隙,排除空气和水分,以提高土壤的密实度、强度、承载能力和防渗透性等的压实机械,可用来压实路基、路面、广场和其他各类工程的地基等。静作用压路机的主要类型包括:

① 光轮压路机。自行式光轮压路机根据滚轮和轮轴数目分为二轮二轴式和三轮二轴式。这两种压路机除轮数不同外,其结构基本相同。

② 羊脚压路机,通称羊脚碾,是在普通光轮压路机的碾轮上装置若干羊脚或凸块的压实机械,故也称凸块压路机。凸块(羊脚)有圆形、长方形和菱形等多种形状,其高度与碾重和压实深度有关,凸块高度与碾轮之比一般为 1∶8～1∶5。除滚压轮外,自行式凸块(羊脚)压路机与光轮压路机的构造基本相同。

③ 轮胎压路机,通过多个特制的充气轮胎来压实铺层材料。由于具有接触面积大,压实效果好等特点,因此广泛用于压实各类建筑基础、路面、路基,特别是用于沥青混凝土路面压实作业。

(2) 振动压路机

振动压路机是利用自身重力和振动作用对压实材料施加静压力和振动压力。振动压力给予压实材料连续高频振动冲击波,使压实材料颗粒产生加速运动,颗粒间内摩擦力大大降低,小颗粒填补孔隙,排出空气和水分,增加压实材料的密实度,提高其强度及防渗透性。振动压路机与静作用压路机相比,具有压实深度大、密实度高、质量好以及压实遍数少、生产效率高等特点。其生产效率相当于静作用压路机的 3～4 倍。

振动压路机按行驶方式可分为自行式、拖式和手扶式;按驱动轮数量可分为单轮驱动、双轮驱动和全轮驱动;按传动方式可分为机械传动、液力机械传动和全液压传动;按振动轮外部结构可分为光轮、凸块(羊脚)和橡胶滚轮;按振动轮内部结构可分为振动、振荡和垂直振动。

6.1.5.2 压路机的安全使用要点

(1) 静作用压路机安全使用要点

① 当土的含水量超过 30%时不得碾压,含水量小于 5%时,应适当洒水。

② 工作地段的纵坡不应超过压路机的最大爬坡能力,横坡不应大于 20°。

③ 压路机启动后,应当进行试运转,确认运转正常、制动机转向功能灵敏可靠后,方可作业。

④ 压路机开动前，应当确保其周围应无障碍物和人员。

⑤ 在新建道路上进行碾压时，应从中间向两侧碾压，并确保距路基边缘不应少于0.5 m。

⑥ 碾压傍山道路时，应由里侧向外侧碾压，距路基边缘应不小于1.0 m。

⑦ 两台以上压路机同时作业时，前后间距不得小于3.0 m，在坡道上不得纵队行驶。

⑧ 作业后，应将压路机停放在平坦坚实的地方并制动住，不得停放在土路边缘及斜坡上，也不得停放在妨碍交通的地方。

(2) 振动压路机安全使用要点

① 作业时，压路机应先起步后才能起振，内燃机应先至于中速，然后再调制高速。

② 变速与换向时应先停止振动机，变速时应降低内燃机转速。

③ 严禁压路机在坚实的地面上进行振动。

④ 碾压松软路基时，应先在不振动的情况下碾压1～2遍，然后再振动碾压。

⑤ 碾压时振动频率应保持一致。对可调整的振动压路机，应先调好振动频率后再作业，不得在没有起振的情况下调整振动频率。

⑥ 换向离合器、起振离合器和制动器的调整，应在主离合器脱开后进行。

⑦ 上下坡时，不得使用快速挡。在急转弯时，包括铰接式振动压路机在小转弯绕圈碾压时，严禁使用快速挡。

⑧ 压路机在高速行驶时不得开启振动。

⑨ 停机时应先停振，然后将换向机构置于中间位置，变速器置于“空挡”位置，最后拉起手制动操纵杆，内燃机怠速运转数分钟后熄火。

⑩ 其他作业要求应符合静压压路机的使用安全技术要求。

6.1.6　蛙式打夯机使用安全

蛙式打夯机又称为蛙夯，是建筑施工中常见的小型压实机械，虽有不同形式，但构造基本相同，主要由机械结构和电器控制两部分组成。蛙式打夯机只适用于夯实灰土、素土地基以及场地平整工作，不能用于夯实坚硬或软硬相差较大的场地，更不得夯打混有碎石、碎砖的杂土。

(1) 蛙夯用电安全

① 蛙夯属于手持移动式电动工具，必须按照电气规定，在电源首端装设漏电动作电流不大于30 mA、动作时间不大于0.1 s的漏电保护器，并对蛙夯外壳做好保护接零。

② 蛙夯的电器开关与入线处的连接电线，要随时进行检查，避免因振动、磨损等原因导致松动或绝缘失效。

(2) 蛙夯作业安全要点

① 作业前，应对工作面进行清理排除障碍。搬运蛙夯到沟槽中时，应使用起重设备，上下槽应使用跳板。

② 在工作之前和工作中，凡需搬运蛙夯必须切断电源，不准带电搬运，以防造成蛙夯误动作。

③ 蛙夯操作必须有两人，一人扶夯，另一人提电线。两名操作人员都必须穿戴好绝缘用品。两人要密切配合，防止拉线过紧或夯打在电线上造成事故。

④ 蛙夯打室内土时，夯头要躲开墙基础，防止因夯头处软硬相差过大。

⑤ 两台以上蛙夯同时作业时，左右间距不小于 5.0 m，前后不小于 10.0 m。相互间的胶皮电缆不要缠绕交叉，并远离夯头。

6.2 桩工机械使用安全

桩基础施工历来是建筑施工中的安全管理薄弱环节，施工中的人身伤亡事故及设备损坏事故时有发生，造成的危害很大，故桩工机械的安全使用显得尤为重要。

6.2.1 桩工机械的种类及桩架

6.2.1.1 桩工机械的种类

（1）预制桩施工机械

① 蒸汽锤打桩机：利用高压蒸汽将锤头上举，然后靠锤头自重向下冲击桩头，使桩沉入地下。

② 柴油锤打桩机：利用燃油爆炸，推动活塞，靠爆炸力冲击桩头，使桩沉入地下，适宜打各类预制桩。

③ 振动锤打桩机：利用桩锤的机械振动力使桩沉入土中，适用于承载较小的预制混凝土桩板、钢板桩等。

④ 静力压桩机：利用机械卷扬机或液压系统产生的压力，使桩在持续静压力的作用下压入土中，适用于一般承载力的各类预制桩。

（2）灌注桩施工机械

① 转盘式钻孔机：采用机械传动方式，使平行于地面的磨盘转动，通过钻杆，带动钻头转动切削土层和岩层，以水作为介质，将岩土取出地面，适用于各类中等口径的灌注桩。

② 长螺旋钻孔机：电动机转动通过减速箱，使长螺旋钻杆转动，从而使土沿着螺旋叶片上升至地表，排出孔外，适用于地下水位低的黏土层地区，且桩孔径较小的建筑物基础。

③ 旋挖钻机：通过电动机转动，带动短螺旋钻杆及取土箱转动，待取土箱内土旋满时，将取土箱提出地表、卸土，如此周而复始。

④ 潜水钻孔机：电动机和钻头在结构上连接在一起，工作时电机随钻头能潜至孔底。

6.2.1.2 桩工机械的桩架

桩工机械的桩架是打桩机械的基本设备，俗称主机，用于承载工作装置、桩及其他机具的重量，承担吊桩、吊送桩器、吊料斗等，并能行走和回转，桩架和柴油锤配套后为柴油打桩机，桩架与振动桩锤配套后为振动锤打桩机。

桩架主要用型钢制成，按照行走方式的不同可分为履带式、滚筒式、船步履式、轨道式等。桩架结构主要由底盘、导向杆、后斜撑、动力装置、传动机构、制动机构以及行走回转机构等组成。桩架的高度可按实际工作需要分节拼装，通常每节 4～6 m。

桩架高度＝桩长＋工作装置＋附件高度＋安全距离＋工作余量。

例如：桩长 18 m，锤高 5 m，桩帽 1 m，安全距离 1 m，工作余量 0.5 m，则桩架有效高度 h＝18 m＋5 m＋1 m＋1 m＋0.5 m＝25.5 m。

6.2.2 桩工机械使用安全

在桩基础施工过程中，对于桩工机械的安全使用应严格遵循以下要点：

① 打桩机的类型选择应根据桩的类型、长度、桩径、地质条件、施工工艺等综合条件。

② 打桩机作业前要向作业人员进行安全技术交底。

③ 桩机周围应有明显标志或围栏，严禁闲人进入。作业时，操作人员应在距桩锤中心5 m以外监视。

④ 安装时，应将桩锤运到桩架正前方2.0 m以内，严禁远距离斜吊。吊桩时应在桩上拴好拉绳，不得与桩锤或机架碰撞。

⑤ 高压线下两侧10 m以内不得安装打桩机。必须安装时，应采取安全技术措施，并经企业技术负责人批准同意，方可实施。

⑥ 打桩施工场地应按坡度不大于3%，地耐力不小于8.5 N/cm^{2}要求进行平实，地下不得有障碍物。在基坑和围堰内打桩，应配备足够的排水设备。

⑦ 严禁吊桩、吊锤、回转和行走同时进行。桩机在吊有桩和锤的情况下，操作人员不得离开。

⑧ 打桩作业时，严禁在桩机垂直半径范围以内以及桩锤或重物底下穿行或停留。

⑨ 起落机架时，应设专人指挥，拆装人员应互相配合，指挥旗语、哨音准确、清楚。严禁任何人在机架底下穿行或停留。

⑩ 作业中停机时间较长时，应将桩锤落下垫好。除蒸汽打桩机在短时间内可将锤担在机架上外，其他的桩机均不得悬吊桩锤进行检修。

⑪ 悬挂振动桩锤的起重机，起吊钩上必须有防松脱的保护装置。振动桩锤悬挂钢架的耳环上应加装保险钢丝绳。

⑫ 强夯机械的夯锤下落后，在吊钩尚未降至夯锤吊环附近时，操作人员不得提前下坑挂钩。从坑中提起夯锤时，严禁挂钩人员站在夯锤上随锤提升。

⑬ 遇有大雨、雪、雾和六级及以上强风等恶劣天气时，应停止作业。当风速超过七级时，应将桩机顺风向停置，并增加缆风绳，或者将桩立柱放倒在地面上。立柱长度在27 m以上时，应提前放倒。

⑭ 作业后，应将桩机停放在坚实平整的地面上，将桩锤落下，切断电源和电路开关，停机制动后方可离开。

6.3 混凝土机械使用安全

6.3.1 混凝土搅拌机

混凝土搅拌机是将水泥、砂石骨料、水以及其他掺和剂和外加剂混合并拌制成混凝土混合料的机械设备，主要由拌筒、加料和卸料机构、供水系统、原动机、传动机构、机架和支承装置等组成。混凝土搅拌机是钢筋混凝土工程中必不可少的材料加工设备。

6.3.1.1 混凝土搅拌机的种类和特点

混凝土搅拌机按工作性质可分为周期式（分批式）和连续式；按搅拌原理可分为自落式和强制式；按安装方式可分为固定式和移动式；按出料方式可分为倾翻式和非倾翻式；按拌筒结构形式可分为梨式、鼓筒式、双锥式、圆盘立轴式和圆槽卧轴式等。随着混凝土材料和施工工艺的发展，又相继出现了许多新型结构的混凝土搅拌机，如蒸汽加热式搅拌机、超临界转速搅拌机、声波搅拌机、无搅拌叶片的摇摆盘式搅拌机和二次搅拌的混凝土搅拌机等。

(1) 周期式混凝土搅拌机

建筑施工最常用的是周期式混凝土搅拌机。按搅拌原理可分为自落式和强制式两大类。其主要区别是:搅拌叶片和拌筒之间没有相对运动的为自落式,有相对运动的为强制式。

① 自落式搅拌机。自落式混凝土搅拌机的拌筒内壁上有径向布置的搅拌叶片,工作时拌筒绕其水平轴线回转,加入拌筒内的物料,被叶片提升至一定高度后,借自重下落,这样周而复始地运动,以达到均匀搅拌的效果。

自落式搅拌机按其形状和卸料方式可分为鼓筒式、锥形反转出料式和锥形倾翻出料式3种,其中鼓筒式的性能指标落后,已列为淘汰机型。锥形反转出料搅拌机主要由搅拌机构、上料装置、供水系统和电气部分组成。锥形倾翻出料搅拌机的搅拌筒,通过中心锥形轴支承在倾翻机架上,在筒底沿轴向布置3片搅拌叶片,筒的内壁装有衬板。搅拌筒安装在倾翻机架上,由两台电动机带动旋转,整个倾翻机架和搅拌筒在汽缸作用下完成倾翻卸料作业。

② 强制式搅拌机。最先出现的是圆盘立轴式强制混凝土搅拌机,可分为涡桨式和行星式。19世纪70年代后,随着轻骨料的应用,出现了圆槽卧轴式强制搅拌机,可分为单卧轴式和双卧轴式两种,兼有自落和强制二者的特点,其搅拌叶片的线速度小、耐磨性好、耗能少,因而发展较快。强制式混凝土搅拌机拌筒内的转轴臂架上装有搅拌叶片,加入拌筒内的物料,在搅拌叶片的强力搅动下,形成交叉的物流。这种搅拌方式远比自落搅拌方式作用强烈,主要适用于搅拌干硬型混凝土。

(2) 连续式混凝土搅拌机

连续式混凝土搅拌机装有螺旋状搅拌叶片,各种材料分别按配合比经称量后连续送入搅拌机内,搅拌好的混凝土从卸料端连续向外卸出。这种搅拌机的搅拌时间短、生产率高、发展迅速。

6.3.1.2 混凝土搅拌机的使用安全要点

① 新搅拌机使用前,应按使用说明书的要求,对系统和部件进行检验及必要的试运转。

② 移动式搅拌机的停放位置必须选择平整坚实的场地,周围应有良好的排水措施。搅拌机就位后,放下支腿将机架顶起,使轮胎离地。在作业周期较长时,应卸下轮胎和牵引杆并妥善保管,用垫木将机器架起,并将机器调平。

③ 固定式搅拌机安装时,主机与辅机都应用水平尺校正水平。有气动装置的,风源气压应稳定在0.6 MPa左右。作业时,不得打开检修孔。入孔检修时,必须先将空气开关关闭,并派专人监护。

④ 搅拌机启动前,应重点检查电源电压升降幅度不超过额定值的5%,电动机和电气元件的接线牢固,保护接地及接地电阻符合相关规定,各传动机构、工作装置、制动器等均紧固可靠,开式齿轮、胶带轮等均有防护罩,齿轮油箱的油质、油量符合规定。

⑤ 作业前,应先进行空载试验,观察搅拌筒内叶片旋转方向是否与箭头所示方向一致。如方向相反,则应改变电机接线。反转出料的搅拌机,应按搅拌筒正反向运转数分钟,查看有无冲击抖动现象,如有异常噪声应立即停机检查。

⑥ 搅拌筒或叶片运转正常后,进行料斗提升试验,观察离合器、制动器是否灵活可靠。

⑦ 搅拌机启动后，当搅拌筒达到正常转速后方可上料，并应及时加水。每次加入的混合料不得超过搅拌机额定值的10%。为减少黏罐，加料的次序应为粗骨料、水泥、沙子，或者按沙子、水泥、粗骨料的次序。

⑧ 检查和校正供水系统的指示水量与实际水量是否一致，如果误差超过2%，应检查管路是否漏水，必要时调整节流阀。

⑨ 料斗提升时，严禁任何人在料斗下停留或通过。如果必须在料斗下检修时，应将料斗提升后，挂好保险挂钩或采取有效措施固定。

⑩ 料斗放到最低位置时，在料斗与地面之间应加一层缓冲垫木。

⑪ 作业中不得进行检修、调整和加油，并防止水泥、砂石骨料等落入机器的传动系统内。

⑫ 搅拌过程中不宜停机，如因故必须停机，再次启动前应卸除荷载，不得带载启动。

⑬ 以内燃机为动力系统的搅拌机，在停机前先脱开离合器，停机后应合上离合器。

⑭ 如遇冰冻天气，停机后应将供水系统积水排尽。内燃机的冷却水也应放尽。

⑮ 搅拌机在场内移动或远距离运输时，应将进料斗提升到上止点，挂好保险挂钩或采取有效措施固定。

6.3.2 混凝土搅拌输送车

混凝土搅拌输送车是运输混凝土的专用车辆，由于在运输过程中装载混凝土的搅拌筒可做慢速旋转，使混凝土不断受到搅动，防止产生分层离析现象，因而能保证混凝土的输送质量。

混凝土搅拌输送车的搅拌筒驱动装置分为机械式和液压式两种，目前普遍采用液压式。根据发动机的动力引出形式的不同，可分为飞轮取力、前端取力、前端卸料以及搅拌装置专用发动机的单独驱动等形式。混凝土搅拌输送车安全技术操作规程如下：

（1）启动前的准备

① 检查并确保滚筒和滑槽的外观无裂痕或损伤，滑槽止动器应无松弛和损坏，拌和机构架缓冲件应无裂痕或损伤，液压泵和液压马达应无漏油。

② 检查变速器、后桥齿轮的齿轮油量，发动机润滑油油量，液压油油量，动力转向液和制动液油量，燃油量、蓄电池电解液量，以及冷却水的水量是否足够和符合机械使用要求。

③ 检查各安全装置是否有效，电气部分和控制部分能否正确工作。

（2）运输中注意事项

① 启动发动机后，应进行5～10 min的加温空转。在发动机预热运转时，检查各种仪表和指示灯是否正常，发动机的声音和排气是否正常，各操作杆是否置于正确位置。

② 在车辆停止和清洗时，特别注意滚筒的驱动部分及其他旋转部位，切忌被卷绕进去。

③ 在进料、排料作业或其他原因需离开驾驶室时，应将车辆完全制动，并用制动器具楔定好车轮后再进行作业。

④ 操作滚筒的旋转时，一定要遵守从“正转→停止→再反转”的程序，避免其快速的反转而损坏机械。

⑤ 混凝土装料、搅料、出料应遵守操作规则，将操纵杆置于规定位置，选择正确的旋转速度。冬季混凝土必须在60 min内送达施工现场，夏季混凝土必须在30～40 min送达施工现场。

⑥ 行走时滚筒转速应控制在 1～3 r/min，禁止高速旋转。转弯处车速应放慢，防止重心偏斜。

⑦ 上坡时，应随坡度的缓急，减轻所载拌和混凝土的重量，下坡时应避免发生超限运动。

⑧ 输送车进入不平路面时，应停止滚筒转动，汽车行驶速度保持在 15 km/h 以下，在离开不平路面后，再旋转滚筒，以防止滚筒链的脱落。

6.3.1.3 停车注意事项

(1) 工作完成后，应当彻底清洗机械。清洗前必须确保水箱内装有水，严禁在无水情况下开动水泵。

(2) 彻底清洗滚筒内外的混凝土，对附着在滚筒叶片上的混凝土，用钢凿彻底凿除。

(3) 检查滚筒叶片等损耗件，如磨损过度应及时修理或更换。清洗完毕后，应将所有水排干净，并清除铁锈及水垢等沉淀物，对应防护的部位涂油防锈。

6.3.3 混凝土泵及混凝土泵车

混凝土泵是将混凝土沿管道连续输送到浇筑工作面的一种混凝土输送机械。混凝土泵车是将混凝土泵装置安装在汽车底盘上，并用液压折叠式臂架（布料杆）管道来输送浇筑混凝土。混凝土泵车的臂架具有变幅、曲折和回转 3 个动作，在其活动范围内可任意改变混凝土浇筑位置，在有效幅度内进行水平和垂直方向的混凝土输送，从而降低劳动强度，提高生产率，并能保证浇筑混凝土的质量。

混凝土泵及混凝土泵车的分类如下：

(1) 混凝土泵的分类

① 按其移动方式可分为拖式、固定式、臂架式和车载式等，常用的为拖式混凝土泵。

② 按其驱动方法分为活塞式、挤压式和风动式，其中活塞式又可以分为机械式和液压式。挤压式混凝土泵适用于泵送轻质混凝土，由于其压力小，故泵送距离短。机械式混凝土泵结构笨重，寿命短，能耗大。目前，使用较多的是液压活塞式混凝土泵。

(2) 混凝土泵车的分类

混凝土泵车按其底盘结构可分为整体式、半挂式和全挂式，目前使用较多的是整体式泵车。

① 混凝土泵及泵车的安全使用要点：

a. 混凝土泵机必须放置在坚固平整的地面上，周围不得有障碍物。放下支腿经过调整，使机身保持水平和稳定，轮胎应楔紧。如果必须在倾斜地面停放时，可用轮胎制动器卡住车轮，倾斜度不得超过 3°。

b. 泵送作业时，料斗中的混凝土平面应保持在搅拌轴轴线上。料斗网格上不得堆满混凝土，要控制供料流量，及时清除超粒径的骨料或异物。

c. 搅拌轴卡住不转时，要暂停泵送，及时排除故障。供料中断时间一般不宜超过 30 min，停泵后应每隔 5～10 min（冬季 3～5 min）做 2～3 个冲程反泵-正泵运动，再次投入泵送前应先搅拌。当停泵时间超限时，应排空管道。

d. 作业后如管路装有止流管，应插好止流插杆，防止垂直或向上倾斜管路中的混凝土倒流。

e. 在管路末端装上安全盖，其孔口应朝下。若管路末端已是垂直向下或装有向下 90°

弯管，可不装安全盖。

f. 洗泵时，应打开分配阀的阀窗，开动料斗搅拌装置，做空载推送动作；同时，在料斗和阀箱中冲水，直至料斗、阀箱、混凝土缸全部洗净，然后清洗泵的外部。若泵机几天内不用，则应拆开工作缸的橡胶活塞，将水放尽。如果水质浑浊，必须清洗供水系统。

g. 遇有六级及以上风力时，不得使用布料杆输送混凝土。

6.3.4　混凝土振动器

混凝土振动器是一种通过一定装置作为振源对混凝土浆料产生频繁的振动，以振动捣实混凝土的设备。

6.3.4.1　混凝土振动器的分类

(1) 按传递振动的方式分类

混凝土振动器按传递振动的方式可分为内部式(插入式)和外部式(附着式)。

① 内部式(插入式)分为软轴行星式、软轴偏心式和直联式3种。软轴插入式振动器由电动机、传动装置、振动棒组成。直联插入式振动器由与电动机组成一体的振动棒和配套的变频机组成。

② 外部式(附着式)分为附着式和平板式两种。附着式振动器有特制铸铝合金外壳的三相二极电动机，其转子轴两个伸出端上各装一个圆盘形偏心块。当电动机带动偏心块旋转时，由于偏心力矩作用，使振动器产生激振力；平板式振动器是将附着式振动器底部固定在一块平板改装而成。

(2) 按振源的振动子形式分类

按振源的振动子形式可分为行星式、偏心式、往复式。

(3) 按使用振源的动力分类

按使用振源的动力可分为电动式、内燃式、风动式、液压式等。

(4) 按振动频率分类

按振动频率可分为低频(2 000～5 000次/min)、中频(5 000～8 000次/min)、高频(8 000～20 000次/min)等。

6.3.4.2　混凝土振动器的安全使用要点

(1) 插入式振动器的安全使用要点

① 插入式振动器的电动机电源上应安装漏电保护装置，应配开关箱，并安装漏电保护装置，熔断器选配应符合要求，接地或接零应安全可靠。

② 电缆线应满足操作所需长度，不得有裸露导电和破皮老化现象。电缆线必须敷设在干燥、明亮处，不得在电缆线上堆放其他物品，并避免车辆碾压，更不能用电缆线吊挂振动器等。

③ 插入式振动器在使用前应检查各部件是否完好，各连接处是否紧固，电动机绝缘是否良好，电源电压和频率是否符合铭牌规定。检查合格后，方可接通电源进行试运转。

④ 振动棒软管不得出现断裂，当软管使用过久使长度增加时，应及时修复或更换。

⑤ 振动器操作人员应掌握一般安全用电知识。作业时，应穿绝缘鞋、戴绝缘手套。

⑥ 作业时，振动棒软管的弯曲半径不得小于500 mm，并不得多于2个弯，要使振动棒自然沉入混凝土，不可用力猛往下推，也不得全部插入混凝土中，插入深度不应超过棒长的3/4，不应触及钢筋、芯管及预埋件。一般应垂直插入，并插到下层尚未初凝层中50～

100 mm,以促使上、下层相互结合。

⑦ 振动棒各插点间距应均匀,一般间距不应超过振动棒抽出有效作用半径的1.5倍。

⑧ 振动器不得在初凝的混凝土、地板、脚手架和干硬的地面上进行试振。在检修作业间断时,应断开电源。

⑨ 作业完毕,应将电动机、软管、振动棒清理干净,并应按规定要求进行保养。振动器存放时,不得堆压软管,应平直放好,并应对电动机采取防潮措施。

⑩ 停止移动振动器时,应立即停止电动机转动。搬动振动器时,应切断电源,不得利用软管和电缆线拖拉、扯动电动机。

(2) 电动附着式、电动平板式振动器使用安全要点

① 安装振动器时,振动器底板安装螺孔的位置应正确,应防止底脚螺栓安装扭斜而使机壳受损。底脚螺栓应紧固,各螺栓的紧固程度应一致。

② 作业前,应对附着式振动器进行检查和试振,试振不得在干硬土或硬质物体上进行。安装在搅拌站料仓上的振动器,应安置橡胶垫。

③ 附着式、平板式振动器轴承不应承受轴向力。使用时,电动机轴应保持水平状态。

④ 在一个模板上同时使用多台附着式振动器时,各振动器的频率应保持一致,相对面的振动器应错开安装。

⑤ 使用时,引出电缆线不得拉的过紧,更不得弯折。作业时,应随时观察电气设备的漏电保护器和接地或接零装置并确认合格。

⑥ 附着式振动器安装在混凝土模板上时,每次振动时间不应超过1 min。当混凝土在模内泛浆流动或呈水平状时,即可停振,不得在混凝土初凝状态实施再振。

⑦ 装置振动器的构件模板应坚固牢靠,其面积应与振动器额定振动面积相适应。

⑧ 平板式振动器作业时,应使平板与混凝土保持接触,使振波有效地振实混凝土,待表面出浆、不再下沉后,即可缓慢向前移动,移动速度应能保证混凝土振实、出浆。在振的振动器不得搁置在已凝或初凝的混凝土上。

6.4 起重机械使用安全

起重机械是指用于垂直升降或者垂直升降并水平移动重物的机电设备,按结构不同可分为轻小型起重设备、升降机、起重机和架空单轨系统等几类。轻小型起重设备主要包括起重滑车、吊具、千斤顶、手动葫芦、电动葫芦和普通绞车,大多体积小、自重轻、使用方便。除电动葫芦和绞车外,绝大多数用人力驱动,适用于工作不繁重的场合。有些轻小型起重设备的起重能力也很大,如液压千斤顶的起重量可达750 t。起重机是在一定范围内垂直提升并水平搬运重物的大型机械设备。升降机主要作垂直或近于垂直的升降运动,具有固定的升降路线,包括电梯、升降台、矿井提升机和料斗升降机等。架空单轨系统是由刚性吊挂轨道所形成的线路,在桥梁工程建设施工中应用广泛。

重型设备和结构的吊装工艺复杂、技术难度大、安全要求高,耗费人力、物力和时间。吊装施工直接影响建筑施工安全、质量、进度和成本,应采用先进、合理的吊装工艺,正确地选

用起重机械，有针对性地制定安全技术措施，最大限度地缩短吊装工作的工期和降低工程成本，以保证施工安全。

6.4.1　索具和吊具

6.4.1.1　麻绳

（1）麻绳的种类

麻绳是建筑结构吊装作业中常用的一种索具。麻绳按材质分为白棕绳（棕绳）和混合麻绳，按股数可以分为三股、四股和九股 3 种，又可分为浸油和不浸油两大类。浸油白棕绳特点不易腐烂，但质料变硬，不易弯曲，且浸油后的强度要降低 10%～20%。

（2）麻绳的特点与用途

麻绳具有质地柔韧、轻便、易于捆绑和结扣、解脱方便等优点，但其强度较低，一般只有相同直径钢丝绳的 10%左右，而且容易磨损、腐烂、霉变。麻绳在起重作业中主要用于捆绑物体，起吊 500 kg 以下较轻的物件。当起吊物件或重物时，麻绳必须拉紧物体，以保持被吊物体的稳定和在规定的位置上就位。

（3）麻绳的计算

麻绳正常使用时允许承受的最大拉力称为允许拉力，是安全使用麻绳的主要参数。其计算公式为：

$$S = P_p / k \tag{6-1}$$

式中　S——麻绳的允许拉力，N；

k——安全系数，其取值见表 6－1；

P_p——麻绳的破断拉力，N。

旧绳使用时必须按新绳的 50%允许拉力计算。破断拉力可从产品说明书或有关资料的性能表中选取。如果缺少麻绳破断拉力资料或现场临时选用，可用近似公式求得：

$$P_p = 0.66 \times (\pi d^2/4) \times \sigma = 0.518\sigma d^2 \tag{6-2}$$

式中　d——麻绳的公称直径，mm；

0.66——麻绳的净截面面积占毛截面面积的 66%；

σ——材料的抗拉强度，N/mm^2（素麻绳取 $\sigma = 78.45\ N/mm^2$）。

表 6-1　麻绳的安全系数

工作性质	绳类名称	
	白棕绳	麻绳
地面水平运输设备	3	5
高空系挂或吊装设备	5	8
用慢速机械操作、绑扎及吊人绳	10	12

（4）麻绳的安全使用要点

① 麻绳切断后，其断口要用细铁丝或麻绳扎紧，防止断头松散。

② 对麻绳使用前要进行检查。发现表面损伤小于 30%直径，局部破损小于截面 10%时，要降低负荷使用。如果破损严重，应将此部分去掉，重新连接后使用。对于断股及表面损伤大于麻绳直径的 30%以及腐蚀严重的，应予以报废。

③ 要防止麻绳打结，对某一段出现扭结时，要及时加以调直。

④ 用麻绳捆绑边缘锐利的物体时，应垫以麻布、木片等软质材料，避免被棱角处损坏。

6.4.1.2 钢丝绳

钢丝绳具有强度高、弹性大、韧性好、耐磨、高速运行平稳、无噪声，并能承受冲击荷载等特点，是吊装中的主要绳索，可用作起吊、牵引、捆扎等。但钢丝绳在使用过程中经常受到反复拉伸、弯曲，容易产生“疲劳破坏”现象，弯曲疲劳是钢丝绳破坏的主要原因之一。

(1) 钢丝绳的构造特点和种类

钢丝绳按捻制的方法分为单绕、双绕和三绕钢丝绳 3 种。其中双绕钢丝绳先是用直径 0.4～3 mm，强度 140～200 kg/mm^2 的钢丝围绕中心钢丝拧成股，再由若干股围绕绳芯，拧成整根的钢丝绳。双绕钢丝绳钢丝数目多、挠性好，易于绕上滑轮和卷筒，故在起重作业中双绕钢丝绳应用最多。

按照捻制的方向钢丝绳分为同向捻、交互捻和混合捻 3 种。钢丝绳按绳股数及一股中的钢丝数多少可分为六股 19 丝，六股 37 丝，六股 61 丝等。日常工作中以 6×19+1、6×37+1 和 6×61+1 来表示。在钢丝绳直径相同的情况下，绳股中的钢丝数量越多，钢丝的直径越细，钢丝越柔软，挠性也就越好。

钢丝绳按绳芯不同可分为麻芯(棉芯)、石棉芯和金属芯 3 种。用浸油的麻或棉纱作绳芯的钢丝绳比较柔软，容易弯曲，同时浸过油的绳芯可以润滑钢丝，也可以防止钢丝生锈，又能减少钢丝间的摩擦，但不能受重压以及在较高温度下工作。钢丝绳的分类方法较多，见表 6-2。

表 6-2 钢丝绳的分类

序号	分类方法	主要类型
1	按搓绕次数分类	单绕、双绕
2	按捻制的方向或外形分类	顺绕、交绕、混绕
3	按绳芯的不同分类	有麻芯、棉纱芯、石棉芯和软钢芯
4	按钢丝绳股的构造分类	点接触型、线接触型、面接触型、扁股钢丝绳
5	按绳股的形状分类	圆股钢丝绳、三角股钢丝绳、椭圆钢丝绳
6	按绳股数和每股中钢丝数量不同分类	常用钢丝绳中分为：6×7、6×19、6×37、6×61
7	按用途和品种分类	有耐磨、耐热、耐寒、耐酸碱、阻燃、防撕裂、难燃等
8	按内部结构分类	普通结构型、横向增强型、预埋线圈防撕裂型

(2) 钢丝绳的安全负荷

为了保证吊装施工的安全实施，钢丝绳根据使用时的受力情况，规定所能允许承受的拉力称为钢丝绳的允许拉力，它与钢丝绳的使用情况有关，可通过计算取得。而钢丝绳的破断拉力是指将整根钢丝绳拉断所需的拉力大小。钢丝绳的允许拉力低于了钢丝绳破断拉力的若干倍，而这个倍数就是安全系数。钢丝绳的安全系数见表 6-3。

表 6-3　钢丝绳安全系数 K 值表

钢丝绳用途	安全系数	钢丝绳用途	安全系数
作缆风绳	3.5	作吊索时弯曲	6～7
缆索起重机承重绳	3.75	作捆绑吊索	8～10
手动起重设备	4.5	用于载人的升降机	14
机动起重设备	5～6		

(3) 钢丝绳的报废标准

钢丝绳经过长期使用后，由于受大气条件和化学腐蚀，面层会逐渐遭受破损，当整个钢丝绳外表面受腐蚀的麻面比较明显时，中间的纤维芯会被挤出，使其结构性能减弱，则该钢丝绳已不能继续使用。当钢丝绳直径减小、磨损若超过 30%时，应予以报废。钢丝绳具体报废标准见表 6-4。

表 6-4　钢丝绳断丝后的报废标准

钢丝绳的最初安全系数	钢丝绳结构					
	6×19+1		6×37+1		6×61+1	
	在一扣距全长中拉断钢丝根数					
	交互捻	同向捻	交互捻	同向捻	交互捻	同向捻
6 及以下	12	6	22	11	36	18
6～7	14	7	26	13	38	19
7 及以上	16	8	30	15	40	20

(4) 钢丝绳的安全使用与管理

为保证钢丝绳的使用安全，必须在选用、操作和维护方面做到以下几点：

① 选用钢丝绳要合理，不准超负荷使用。

② 钢丝绳使用前应检查钢丝绳的磨损、锈蚀、拉伸、弯曲、变形、疲劳、断丝、绳芯露出的程度，确定其安全使用条件。

③ 使用和存放钢丝绳，应保持钢丝绳清洁，定期涂抹无水防锈油或油脂。

④ 钢丝绳端部用钢丝扎紧或用熔点低的合金焊牢，也可用铁箍箍紧。

⑤ 用錾子剁切钢丝绳时，剁切位置不应前后变化，操作人员应戴护目镜。

⑥ 钢丝绳在卷筒上缠绕时，要逐圈紧密地排列整齐，不应错叠或离缝。

⑦ 吊装作业中，新使用的钢丝绳必须采用交互捻钢丝绳，新钢丝绳使用前应进行强度检验。钢丝绳在使用过程中会不断地磨损、弯曲、变形、锈蚀和断丝等，每隔半年应进行强度检验。不能满足安全使用时，应予以报废，以免发生危险。

⑧ 钢丝绳使用时不准拖地、抛掷，严禁超载，不准使钢丝绳发生锐角折曲，不准急剧改变升降速度，制动过程中必须平稳，避免冲击荷载。工作中的钢丝绳不得与其他物体相摩擦，而着地的钢丝绳应用垫板或滚轮托起。钢丝绳穿过滑轮时，严禁使用轮缘已破损的滑轮。

⑨ 使用中，钢丝绳表面如有油滴挤出，表示钢丝绳已承受相当大的力量，这时应停止增加负荷，并进行检查，必要时更换新钢丝绳。若钢丝绳股缝间有大量的油挤出，这是钢丝绳

破断的前兆，应立即停吊，查明原因。

⑩ 钢丝绳端部和吊钩、卡环连接，应该利用钢丝绳固接零件或使用插接绳套，不得用打结绳扣的方法来连接。

⑪ 钢丝绳使用完毕，应用钢丝刷将上面的铁锈、脏垢刷去，不用的钢丝绳应进行维护保养，按规格分类存放在干净的地方。对于露天存放的钢丝绳，应将其垫高，并在上面加盖防雨布罩。

6.4.1.3 化学纤维绳

化学纤维绳，即合成纤维绳，目前多采用绵纶、尼龙、维尼纶、乙纶、丙纶等合成纤维制成。化学纤维绳具有自重轻、质地柔软、耐腐蚀、有弹性、能减少冲击的优点，其吸水率只有4%，但对温度的变化较敏感。在吊运表面光洁的零件、软金属制品、磨光的销轴或其他表面不许磨损的物体时，应使用化学纤维绳。

6.4.1.4 链条

链条有片式链和焊接链之分，其中片式链条一般安装在设备中用来传递动力，而焊接链是一种起重索具。焊接链的优点是焊接链挠性好，可以用较小直径的链轮和卷筒，因而减少了机构尺寸。焊接链具有弹性小、自重大、链环接触处易磨损、不能随冲击荷载运动、运行速度低、安全性较差等缺点。

当链条绕过导向滑轮或卷筒时，链条中产生很大的弯曲应力，这个应力随滑轮或卷筒直径 D 与链条圆钢直径 d 之比的减少而增大。因此，要求人力驱动时，$D \geqslant 20d$；当采用机械驱动时，$D \geqslant 30d$。

6.4.1.5 吊具

起重吊装施工中用的吊具主要包括卡环、吊钩、卡扣、吊索具、横吊梁等。

(1) 卡环

卡环又称为卸扣或卸甲，用于吊索、构件或吊环之间的连接，是起重作业中用得较为广泛的栓连工具。卡环分为销子式和螺旋式两种，其中螺旋式卡环比较常用。

卡环必须是锻造的，一般是用 20 号钢锻造后经过热处理而制成的，不能使用铸造的或补焊的卡环。在使用时，不得超过规定的荷载，并应使卡环销子与环底不能横向受力，横向使用卡环会造成弯环变形，尤其是在采用抽销卡环时，弯环的变形会使销子脱离销空，钢丝绳扣柱易从弯环中滑脱出来。

(2) 吊钩

吊钩、吊环与吊耳是起重作业中比较常用的吊物工具。其优点是取物方便，工作安全可靠。吊钩根据外形的不同，有单钩和双钩之分。单钩一般在中小型的起重机上用，也是常用的起重工具之一。双钩多用在桥式机门座式的起重机上。吊钩按锻造的方法分锻造钩和板钩。锻造钩采用 20 号优质碳素钢，经过锻造和冲压，进行退火热处理，以消除残余的内应力，增加其韧性。板钩是由 30 mm 厚的钢板片铆合制成的，有单钩和双钩之分，在重型起重机上多用双钩。

使用时要求在吊装作业中使用的吊钩、吊环，其表面要光滑，不能有剥裂、刻痕、锐角、接缝和裂纹等缺陷；吊钩不得补焊。

(3) 卡扣

钢丝绳夹又称为卡扣，主要用来固定钢丝绳末端或将两根钢丝绳固定在一起。常用的有骑马式绳夹、U 形绳夹、L 形绳夹和压板式绳夹，其中骑马式绳夹应用比较广泛。选择绳夹时，必须使 U 形螺栓的内侧净距等于钢丝绳的直径。使用绳夹的数量和钢丝绳的直径有关，直径大的应多用。

（4）吊索具

吊索具是吊机或吊物主体与被吊物体之间的连接件。吊索分为环状吊索（万能吊索或闭式吊索）和 8 股头吊索（轻便吊索或开式吊索）两种。吊索具主要包括金属吊索具和合成纤维吊索具两大类。

选择吊索具时，应考虑起吊物的尺寸、质量、外形以及准备采用的吊装方法等，同时还要考虑工作环境和负载的种类。不得使用无标记和未经确认的吊索具，严禁超负荷使用，不得采用锤击的方法纠正已扭曲的吊索具，其组合部件要定期检查，禁止抛掷吊索具，不要从重物下面拉拽或让重物在吊索具上滚动。

（5）横吊梁

横吊梁俗称铁扁担，用于柱和屋架等构件吊装。常用的横吊梁有滑轮横吊梁、钢板横吊梁、钢管横吊梁等。

① 滑轮横吊梁。如图 6-1 所示，滑轮横吊梁一般用于吊装 8 t 以内的柱，由吊环滑轮和轮轴等部分组成。其中，吊环用 Q235 号圆钢锻制而成，环圈的大小要保证能够直接挂上起重机吊钩；滑轮直径应大于起吊柱的厚度，轮轴直径和吊环断面应按起重量的大小计算而定。

② 钢板横吊梁。由 3 号钢钢板压制而成，一般用于柱子吊装。钢板横吊梁如图 6-2 所示，一般用于吊装 10 t 以下的柱。

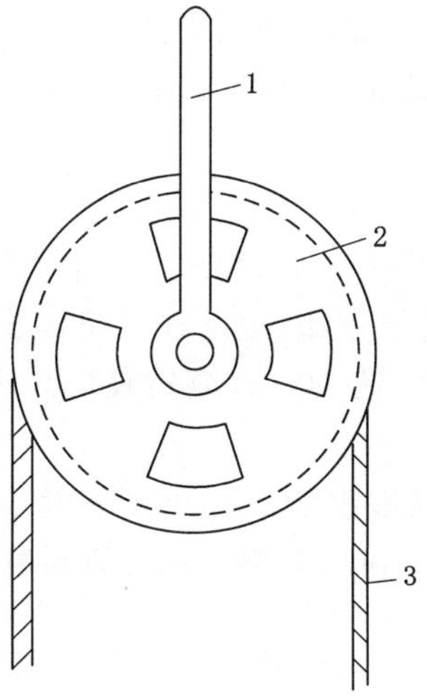

1—吊环；2—滑轮；3—吊索。

图 6-1　滑轮横吊梁构造图

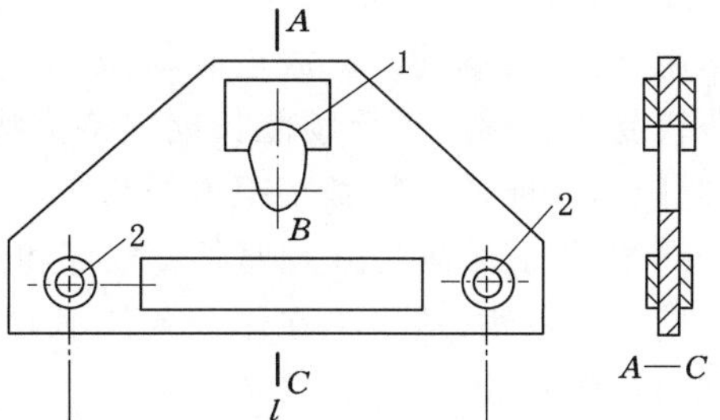

1—挂吊钩孔；2—挂卡环孔。

图 6-2　钢板横吊梁构造图

钢板横吊梁中的两个挂卡环孔的距离应比柱的厚度大 200 mm，以便柱能“进挡”。设计钢板横吊梁时，应先根据经验初步确定截面尺寸，再进行强度验算。设计钢板横吊梁时，应对中部截面（图 6-2 中的 $A—C$ 剖面）进行强度验算和对吊钩孔壁、卡环孔壁进行局部承压验算。设计荷载按构件重力乘以动力系数 1.5 计算。

③ 钢管横吊梁。如图 6-3 所示，钢管长 6～12 m，一般用于吊屋架。钢管横吊梁在起吊构件时承受轴向力 N 和弯矩 M（由钢管自重产生的）。设计时，可先根据容许长细比$[\lambda]=120$ 初选钢管截面，然后，按压弯构件进行强度和稳定验算。荷载按构件重力乘以动力系数 1.5，容许应力$[\sigma]$取 140 N/mm²，钢管横吊梁中的钢管可用两段槽钢焊接成箱形截面来代替。

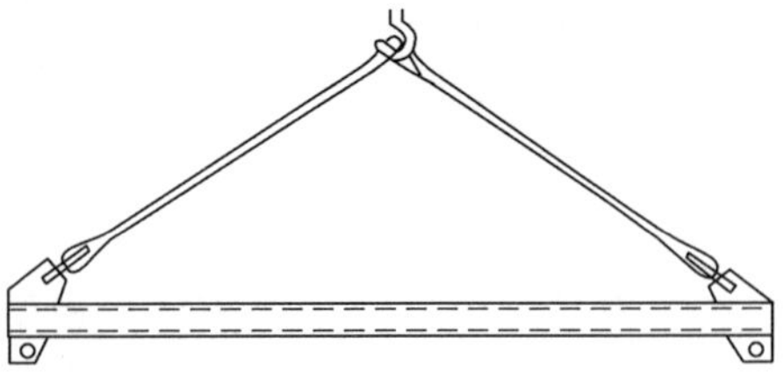

图 6-3　钢管横吊梁

6.4.2　起重机具

6.4.2.1　千斤顶

千斤顶又称为举重器，是一种用钢性顶举件作为工作装置，通过顶部托座或底部托爪在行程内顶升重物的轻小起重设备。其结构简单、工作平稳、使用方便，但起重高度小，一般小于 1.0 m。在建筑工程起重作业中，普遍用来顶升、降落物件，矫正构件的歪斜，将物件调直或顶弯。

（1）千斤顶种类

千斤顶包括机械式和液压式两大类，其中机械式千斤顶又分为螺旋式和齿条式两种。液压式千斤顶和螺旋式千斤顶应用比较广泛。

① 液压千斤顶。由人力或电力驱动液压泵，通过液压系统传动，用缸体或活塞作为顶举件。液压千斤顶可分为整体式和分离式。整体式的泵与液压缸联成一体；分离式的泵与液压缸分离，中间用高压软管相连。液压千斤顶结构紧凑，能平稳顶升重物，起重量最大可达 1 000 t，行程 1 m，传动效率较高，故应用较广。其缺点主要是易漏油，不宜长期支持重物。液压千斤顶除上述基本形式外，按同样原理可改装成滑升模板千斤顶、液压升降台、张拉机等，可用于各种特殊施工场合。

② 螺旋千斤顶。由人力通过螺旋传动，螺杆或螺母套筒作为顶举件。普通螺旋千斤顶靠螺纹自锁作用支持重物，构造简单，但传动效率低，返程慢。自降螺旋千斤顶的螺纹无自锁作用，但装有制动器。放松制动器，重物即可自行快速下降，缩短返程时间，但这种千斤顶构造较复杂。螺旋千斤顶能长期支持重物，最大起重量可达 100 t，应用较广。下部装上水平螺杆后，还能使重物做小距离横移。

③ 齿条千斤顶。由人力通过杠杆和齿轮带动齿条顶举重物。起重量一般不超过 20 t，可长期支持重物，适用于在作业条件不方便的地方或需要利用下部托爪提升重物的场合，如铁路起轨作业。

（2）千斤顶的使用安全要求

① 螺旋千斤顶和齿条千斤顶在任何气候环境下都可使用，而液压千斤顶在高温和低温条件下不准使用。

② 使用时应严格遵守主要参数规定，切忌超高超载，否则起重高度或起重吨位超过规定时，液压千斤顶的油缸顶部会发生严重漏油。

③ 如手动泵体的油量不足时，应先向泵中加入经充分过滤后的液压油才能工作。

④ 重物重心要选择适中，合理选择千斤顶的着力点，底面要垫平，同时要考虑地面软硬条件，是否需要衬垫坚韧的木材，放置是否平稳，以免负重下陷或倾斜。

⑤ 千斤顶将重物顶升后，应及时用支撑物将重物支撑牢固，禁止将千斤顶作为支撑物使用。

⑥ 如果需要几台千斤顶同时起重时，除应正确安放千斤顶外，还应使用多顶分流阀，保证每台千斤顶的负荷均衡，注意保持起升速度同步。同时，还必须考虑因重量不匀造成地面可能下陷的情况，防止被举重物产生倾斜而发生危险。

⑦ 使用时先将手动泵的快速接头与顶对接，然后选好位置，将油泵上的放油螺钉旋紧后，方可工作。欲使活塞杆下降，将手动油泵的手轮按逆时针方向微微旋松，油缸卸荷，活塞杆逐渐下降，否则下降速度过快将产生危险。

⑧ 因千斤顶起重行程较小，用户使用时千万不要超过额定行程，以免损坏千斤顶。

⑨ 在使用过程中，应避免千斤顶剧烈振动，不得超负荷使用，顶升高度不得超过活塞的标志线或活塞总高度的3/4。同时，千斤顶不适宜在有酸碱、腐蚀性气体的工作场所使用。

⑩ 用户要根据使用情况定期检查和保养千斤顶。

6.4.2.2 葫芦

葫芦是一种常用的轻小型起重机具，由安装在吊架梁上的驱动装置、传动装置、制动装置以及挠性卷放或夹持装置，带动取物装置升降。葫芦分为电动葫芦和手动葫芦两大类，其中手动葫芦又分为手拉葫芦和手扳葫芦两种。环链手拉葫芦和钢丝绳手扳葫芦的使用最为普遍。

手拉葫芦又称为倒链或神仙葫芦，是一种使用简单、携带方便的手动起重机械，可作为起吊轻型构件、拉紧扒杆的缆风绳，以及在构件或设备运输时作为拉紧捆绑的绳索。它适用于小型设备和重物的短距离吊装，一般起重量为0.1～80 t，起升高度为3～30 m。其具有结构紧凑、手拉力小、使用稳当、携带方便、比其他的起重机械容易掌握等优点，不仅是起重常用的工具，也常用做机械设备的检修拆装工具。因此，葫芦是使用颇广的简易手动起重工具。手拉葫芦的安全使用要求如下：

① 在使用前须确认机件完好无损，传动部分及起重链条润滑良好，空转情况正常。

② 严禁超载使用，严禁用人力以外的其他动力操作。

③ 起吊前检查上下吊钩是否挂牢，严禁重物吊在尖端等错误操作。起重链条应垂直悬挂，不得有错扭的链环，双行链的下吊钩架不得翻转。

④ 操作者应站在与手链轮同一平面内拽动手链条，使手链轮沿顺时针方向旋转，即可使重物上升。反向拽动手链条，重物即可缓缓下降。

⑤ 在起吊重物时，严禁人员在重物下做任何工作或行走，以免发生人身事故。

⑥ 在起吊过程中，无论重物上升或下降，拽动手链条时，用力应均匀平缓，不要用力过猛，以免手链条跳动或卡环。

⑦ 操作者如发现手拉力大于正常拉力时，应立即停止使用，防止手链条磨损。

其他类型葫芦可以参照上述要求。

6.4.2.3 起重桅杆

起重桅杆也称为拔杆或把杆，是一种常用的起吊机具，主要用于配合卷扬机、滑轮组和绳索等进行起吊作业。这种机械具有结构简单，安装和拆除方便，对安装地点要求不高、适应性强等优点，但需架设较多的缆风绳，移动困难，起重半径小，灵活性差。因此，桅杆式起重机一般多用于构件较重、吊装工程比较集中、施工场地狭窄而又缺乏其他合适的大型起重机械的场合。

（1）起重桅杆的构造

起重桅杆为立柱式，用缆风绳绷紧立于地面。绷紧一端固定在起重桅杆的顶部，另一端固定在地面锚桩上。拉索一般不少于 3 根，通常用 4～6 根，每根拉索初拉力为 10～20 kN，拉索与地面呈 30°～45°，各拉索在水平投影面夹角不得大于 120°。起重桅杆可直立地面，也可倾斜于地面（一般不大于 10°）。起重桅杆底部应垫以枕木垛。起重桅杆上部装有起吊用的滑轮组，用来起吊重物。绳索从滑轮组引出，通过桅杆下部导向滑轮引至卷扬机。桅杆式起重机如图 6-4 所示。

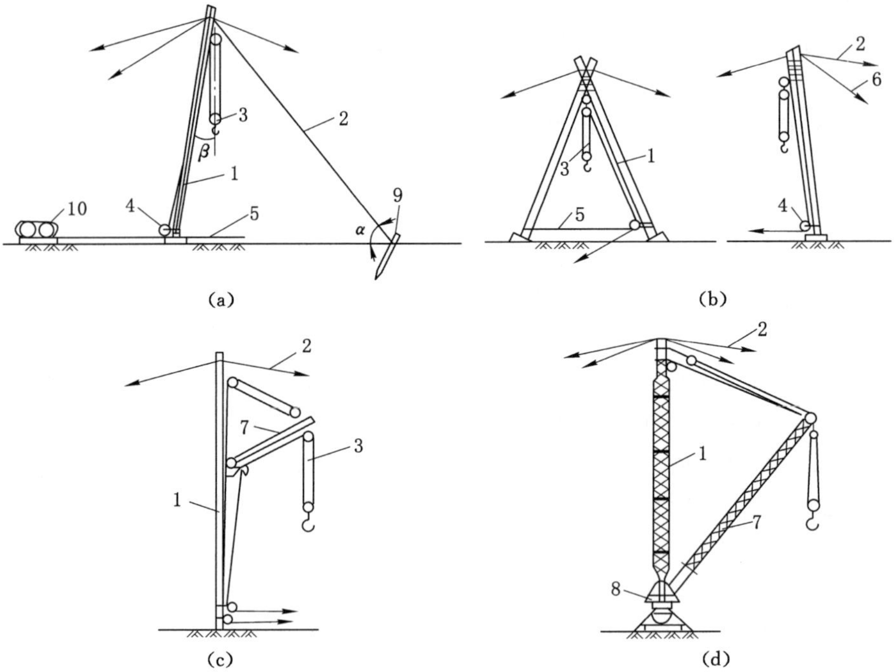

1—把杆；2—缆风绳；3—起重滑轮组；4—导向装置；5—拉索；
6—主缆风绳；7—起重臂；8—回转盘；9—锚碇；10—卷扬机。

图 6-4　桅杆式起重机

（2）起重桅杆类型

起重桅杆按其材质不同，可分为木桅杆和金属桅杆。木桅杆起重高度一般在 15 m 以内，起重量在 20 t 以下。木桅杆又可分为独脚、人字和三脚式 3 种。金属桅杆可分为钢管式和格构式。钢管式桅杆起重高度在 25 m 以内，起重量在 20 t 以下。格构式桅杆起重高度可达 70 m，起重量高达 100 t 以上。

（3）桅杆式起重机的卷扬机的安全使用要求

① 安装时，基座应平稳牢固、周围排水畅通、地锚设置可靠，搭设工作棚的位置应能看清指挥人员和拖动或起吊的物件。

② 作业前，应检查卷扬机与地面的固定情况，弹性联轴器不得松旷，并应检查安全装置、防护设施、电气线路、接零或接地线、制动装置和钢丝绳等，全部合格后方可使用。

③ 使用皮带或开式齿轮传动的部分，均应设防护罩，导向滑轮不得用开口拉板式滑轮。

④ 以动力正反转的卷扬机，卷筒旋转方向应与操纵开关上指示的方向一致。

⑤ 从卷筒中心线到第一个导向滑轮的距离，带槽卷筒应大于卷筒宽度的15倍，无槽卷筒应大于卷筒宽度的20倍。当钢丝绳在卷筒中间位置时，滑轮的位置应与卷筒轴线垂直，其垂直度允许偏差为6°。

⑥ 钢丝绳应与卷筒及吊笼连接牢固，不得与机架或地面摩擦，通过道路时，应设过路保护装置。

⑦ 在卷扬机制动操作杆的行程范围内，不得有障碍物或阻卡现象。

⑧ 卷筒上的钢丝绳应排列整齐，当重叠或斜绕时，应停机重新排列，严禁在转动中手拉脚踩钢丝绳。钢丝绳不许完全放出，最少应保留3圈。

⑨ 作业中，任何人不得跨越正在作业的卷扬钢丝绳。物件提升后，操作人员不得离开卷扬机，物件或吊笼下面严禁人员停留或通过，休息时应将物件或吊笼降至地面。

⑩ 作业中如发现异响、制动不灵、制动带或轴承等温度剧烈上升等异常情况时，应立即停机检查，排除故障后方可使用。

⑪ 作业中停电时，应切断电源，将提升物件或吊笼降至地面。

⑫ 作业完毕，应将提升吊笼或物件降至地面，并应切断电源，锁好电源开关箱。

(4) 起重桅杆的安全使用要求

① 起重桅杆的安装和拆卸应划出警戒区，清除周围的障碍物，在专人统一指挥下，按照出厂说明书或制定的拆装技术方案进行。

② 安装起重桅杆的地基应平整夯实，底座与地面之间应垫两层枕木，并应用木块楔紧缝隙，使起重桅杆所承受的全部力量能均匀地传给地面，以防在吊装中发生沉陷和偏斜。

③ 缆风绳的规格、数量及地锚的拉力、埋设深度等，按照起重桅杆性能经过计算确定。缆风绳与地面的夹角关系到起重机的稳定性能，夹角越小，缆风绳受力越小，起重桅杆稳定性就越好，但要增加缆风绳长度和占地面积。因此，缆风绳与地面的夹角为30°～45°，缆绳与桅杆和地锚的连接应牢固。

④ 缆风绳的架设应避开架空电线。在靠近电线的附近，应装有绝缘材料制作的护线架。

⑤ 提升重物时，吊钩钢丝绳应垂直，操作应平稳，当重物吊起刚离开支承面时，应检查并确认各部无异常时，方可继续起吊。

⑥ 起重桅杆结构简单，起重能力大，完全是依靠各根缆风绳均匀地拉牢主杆使之保持垂直。只要有一个地锚稍有松动，就能造成主杆倾斜而发生重大事故。因此，在起吊满载重物前，应派专人检查各地锚的牢固程度。各缆风绳都应均匀受力，主杆应保持直立状态。

⑦ 作业时，起重机的回转钢丝绳应处于拉紧状态，回转装置应有安全制动控制器。

⑧ 起重作业在小范围移动时，可以采用调整缆绳长度的方法使主杆在直立情况下稳定移动。起重机移动时，其底座应垫以足够承重的枕木排和滚杠，并将起重臂收紧处于移动方向的前方。移动时，主杆不得倾斜，缆风绳的松紧应配合一致。当距离较远时，由于缆风绳的限制，只能采用拆卸转运后重新安装。

6.4.2.4　电动卷扬机

卷扬机又称为绞车，是由人力或机械动力驱动卷筒，卷绕绳索来完成牵引工作的装置，可以垂直提升、水平或倾斜拽引重物。

（1）卷扬机的种类

卷扬机分为手动卷扬机和电动卷扬机两种。电动卷扬机由于起重能力大，速度变换容易，操作方便和安全，在起重作业中是经常使用的一种牵引设备。电动卷扬机主要由卷筒、减速器、电动机和控制器等部件组成。

电动卷扬机种类较多，按卷筒分有单筒和双筒两种；按传动方式分又有可逆齿轮箱式和摩擦式；按起重量分有 0.5 t、1 t、2 t、3 t、5 t、10 t、20 t 等。

（2）卷扬机的固定和安全使用

电动卷扬机的固定方法，通常采用的方法有固定基础法、平衡重法、地锚法，其中地锚又称为锚桩、锚点、锚锭、拖拉坑。起重作业中常用地锚固定拖拉绳、缆风绳、卷扬机、导向滑轮等，地锚一般用钢丝绳、钢管、钢筋混凝土预制件、圆木等作为埋件。卷扬机使用时的注意事项同 6.4.2.3 小节。

6.4.2.5　滑轮及滑轮组

滑轮是由可绕中心轴转动有沟槽的圆盘和跨过圆盘的柔索（如绳、胶带、钢索、链条等）所组成的可以绕着中心轴转动的机械。滑轮组是由若干定滑轮和动滑轮组成的滑轮组，既省力又可改变力的方向。在建筑工程吊装作业中，广泛使用滑轮与滑轮组，配合卷扬机、桅杆、吊具、索具等，进行设备的运输与吊装工作。

（1）滑轮的分类

① 按制作材质分为木滑轮和钢滑轮。

② 按使用方法分为定滑轮、动滑轮，以及动、定滑轮组成的滑轮组。

③ 按滑轮数多少分为单滑轮、双滑轮、三轮、四轮以及多轮等。

④ 按其作用分为导向滑轮和平衡滑轮。

⑤ 按连接方式可分为吊钩式、链环式、吊环式和吊梁式。

（2）使用滑轮的安全注意事项

① 滑轮的安全起重能力根据滑轮和轴的直径确定，一般都标注在滑轮产品的夹套上，使用时按其标定的技术性能选用，严禁超载。

② 选用滑轮时，轮槽宽度应比钢丝绳直径大 1～2.5 mm。

③ 使用滑轮的直径，通常不得小于钢丝绳直径的 16 倍。

④ 滑轮应装有防止钢丝绳跳槽的装置。

⑤ 金属铸造的滑轮，出现裂纹，轮槽壁厚磨损达原尺寸的 20%，轮槽不均匀磨损达 3 mm，磨损使轮槽底部直径减少量达绳径的 50%，以及其他会损害钢丝绳的缺陷时，应予以报废。

6.4.3　起重机

建筑施工中的起重机主要分为行走和固定式两大类，包括履带式起重机、轮胎式起重机、汽车式起重机、塔式起重机、门座式起重机等。

6.4.3.1　行走式起重机

在起重作业中，常用的行走式起重机械主要包括履带式起重机、汽车式起重机和轮胎式起重机。

（1）履带式起重机

履带式起重机是在行走的履带底盘上安装全回转动臂架式起重装置的机械，其履带接地面积大，可在松软、泥泞的地面上作业，且可以在崎岖不平的场地行驶，通过性好，适应性强，可带载行走。在装配式结构施工中，特别是单层工业厂房结构安装中，履带式起重机得到广泛的应用。履带式起重机的缺点是稳定性较差、起重臂拆接烦琐、工人劳动强度高、行驶速度慢且履带易损坏路面，因而转移时多用平板拖车装运。履带式起重机操作时应严格按照如下的安全要求：

① 起重机自重大，接地压力高，作业时重心变化大，应在平坦坚实的地面上作业、行走和停放。

② 在起重机作业前，必须检查各安全防护装置以及各指示仪表是否齐全完好，钢丝绳及连接部位应符合规定，燃油、润滑油、液压油、冷却水等应添加充足，各连接件应无松动。

③ 在起重机启动前，应将主离合器分离、各操纵杆放在空挡位置，并应参照内燃机操作安全交底启动内燃机。

④ 内燃机启动后，应检查各仪表指示值，待运转正常再接合主离合器，进行空载运转，并检查各工作机构及制动器，确认正常后方可作业。

⑤ 作业时，俯仰变幅的起重臂的最大仰角不得超过出厂规定，当无资料可查时，不得超过78°，防止起重臂后倾造成重大事故。

⑥ 起重机的变幅机构一般采用蜗杆减速器和自动常闭带式制动器，这种制动器仅能起到辅助作用。如果操作中在起重臂未停稳前立即换挡，由于起重臂下降的惯性超过了辅助制动器的摩擦力，将造成起重臂失控摔坏的事故，所以起重机变幅应缓慢平稳，严禁在起重臂未停稳前变换挡位。起重机荷载达到额定起重量的90%及以上时，严禁下降起重臂。

⑦ 起吊荷载接近满负荷时，其安全系数相应降低，操作中稍有疏忽，就会发生超载，在起吊荷载达到额定起重量的90%及以上时，升降动作应慢速进行，并严禁同时进行两种及以上动作。

⑧ 起吊重物时应先稍离地面试吊，当确认重物已挂牢，起重机的稳定性和制动器可靠性均良好，再继续起吊，以便及时发现和消除不安全因素。在重物升起过程中，操作人员应把脚放在制动踏板上，密切注意起升重物，防止吊钩冒顶。当起重机停止运转而重物仍悬在空中时，即使制动踏板被固定，仍应脚踩在制动踏板上，以便发生险情时可及时控制，保证吊装作业的安全可靠。

⑨ 采用双机抬吊作业时，应选用起重性能相似的起重机。为了使荷载合理分配、双机动作同步，抬吊时应统一指挥，动作应配合协调，单机的起吊荷载不得超过允许荷载的80%。为防止超载，在吊装过程中，两台起重机的吊钩滑轮组应保持垂直状态。

⑩ 当起重机如需负载行走时，由于机身晃动，起重臂随之俯仰，幅度也不断变化，所吊重物也因惯性而摆动(形成斜吊)，因此荷载不得超过允许起重量的70%，行走道路应坚实平整，重物应在起重机正前方向，便于操作员观察和控制，重物离地面不得大于500 mm，并应拴好拉绳，缓慢行驶。严禁长距离带载行驶。

⑪ 起重机行走时，转弯不应过急。当转弯半径过小时，应分次转弯。当路面凹凸不平时，不得转弯。

⑫ 起重机上下坡时，起重机的重心和起重臂的幅度随坡度而变化。因此，起重机上下坡道时应无载行走，上坡时应将起重臂仰角适当放小，下坡时应将起重臂仰角适当放大。严禁下坡空挡滑行。

⑬ 为了减少迎风面、降低起重机受到的风压，作业后起重臂应转至顺风方向，并降至40°～60°；吊钩应提升到接近顶端的位置，并关停内燃机；将各操纵杆放在“空挡”位置，各制动器应加保险固定；操纵室和机棚应关门加锁。

⑭ 起重机转移工地时，应采用平板拖车运送。特殊情况需自行转移时，应卸去配重，拆短起重臂，主动轮应在后面，机身、起重臂、吊钩等必须处于制动位置，并应加保险固定。每行驶 500～1 000 m 时，应对行走机构进行检查和润滑。

⑮ 起重机通过桥梁、水坝、排水沟等构筑物时，必须先查明允许荷载后再通过。必要时，应对构筑物采取加固措施。通过铁路、地下水管、电缆等设施时，应铺设木板保护，并不得在上面转弯。

⑯ 用火车或平板拖车运输起重机时，所用跳板的坡度不得大于 15°；起重机装上车后，应将回转、行走、变幅等机构制动，并采用三角木楔紧履带两端，再牢固绑扎；后部配重用枕木垫实，不得使吊钩悬空摆动。

（2）汽车式起重机

汽车式起重机是在专用汽车底盘上安装起重机构以及支腿、电气系统、液压系统等机构的起重设备。汽车式起重机最大的特点是机动性好，转移方便，支腿及起重臂都采用液压式，可大大减轻工人的劳动强度，因此使用最为广泛。其主要缺点是越野性能不如履带式，工作时须支撑支腿，以增大机械的支承面积，不能负荷行驶，对道路的要求比履带式起重机更严格，不适合在松软或泥泞的场地上工作等。常见的汽车式起重机的起重量为 8～50 t，最大可达 100 t。汽车式起重机因超载或支腿陷落造成翻车事故占汽车式起重机事故的70％以上，因而在使用汽车起重机时应特别重视。汽车式起重机使用应按照以下安全技术要求。

① 汽车式起重机操作应根据其工作特性和起吊工程项目的工作要求制定相应的起吊安全技术方案。

② 用于起重机停放、移动和操作的路面及地面应平整坚实，与沟渠、基坑、洞口、临边等位置应保持符合起吊技术方案及技术标准规定的安全距离。并在起吊作业活动区域设置警示警戒标志。工作时还应注意风力大小，遇有六级及以上大风时，应停止吊装工作。

③ 在建筑施工现场的外电架空线路附近吊装时，起重机的任何部位或被吊物边缘在最大偏斜时与架空线路边线的最小安全距离应符合有关规定，详见相关标准。

④ 两台同时抬吊施工作业时，起重机的性能应相近，且单机荷载不得大于额定起重的80％，并设专人指挥。

⑤ 作业前要认真检查，禁止使用不合格的钢丝绳和起重链。

⑥ 必须按照额定的起重量工作，不能超载和违反该车使用说明书所规定的要求。

⑦ 作业前应将支腿全部伸出，并采用方木或铁板垫实，调整机体水平度，支腿的定位销要锁牢。底盘为弹性悬挂的起重机，放支腿前应先收紧稳定器。在起吊重物前，应对支腿进行检查，查看有无陷落现象。

⑧ 调整支腿作业必须在无荷载时进行，将已伸出的臂杆缩回并转至正前方或正后方，作业中严禁扳动支腿操纵阀。

⑨ 起重机吊装作业时，汽车驾驶室内不得有人，重物不得超越驾驶室上方。

⑩ 起重机前方禁止吊装作业，即吊钩重心在起重作业时不得超过回转中心与前支腿

(左右)接地中心线的连线。

⑪ 作业中变幅应平稳，严禁猛起猛落臂杆。伸缩臂式起重机在伸缩臂杆时，应按规定顺序进行。在伸臂的同时，应相应下放吊钩。当限位器发出警报时应立即停止伸臂。臂杆缩回时，仰角不宜过小。

⑫ 起重机作业时，重物应垂直起吊，而不得侧拉。臂杆吊物回转时动作应缓慢进行，不准突然停转。臂杆仰角必须符合说明书的规定。伸缩式臂杆伸出后，出现前节臂杆的长度大于后节伸出长度时，必须经过调整，消除不正常情况后，方可作业。

⑬ 作业中出现支腿沉陷、起重机倾斜等情况时，应立即放下吊物。经调整、消除不安全因素后，方可继续作业。

⑭ 需短距离带载(使用说明书规定)行走时，途经的道路必须平坦坚实，吊物离地高度不得超过 500 mm，并必须缓慢行驶。严禁带载长距离行驶。

⑮ 作业后，伸缩臂式起重机的臂杆应全部缩回、放妥，并挂好吊钩。桁架式臂杆起重机应将臂杆转至起重机的前方，并降至 40°～60°。各机构的制动器必须制动牢固，操作室和机棚应关门上锁。

⑯ 转移施工场地前，必须收回臂杆、吊钩及支腿。行驶时保持中速，避免紧急制动，通过铁路道口或不平道路时必须减速慢行，下坡时严禁空挡滑行，倒车时必须有人监护，经过地下建筑物时应符合技术方案的要求，行驶时在底盘走台上严禁有人或堆放物件。

⑰ 汽车式起重机除应按规定进行定期的维修保养外，还应每年定期进行运转试验，包括额定荷载、超载试验，检验其机械性能、结构变形及负荷能力，达不到规定时，应减载使用。

(3) 轮胎式起重机

轮胎式起重机是把起重机构安装在加重型轮胎和轮轴组成的特制底盘上的一种全回转式起重机，其上部构造与履带式起重机基本相同，设有动臂、起升机构、变幅机构、平衡重和转台等。下部为支承和行走部分，上、下部之间用回转支承连接。为了保证安装作业时机身的稳定性，起重机设有 4 个可伸缩的支腿。吊重物时，一般应放下支腿，增大支承面，并将机身调平，以保证起重机的稳定。在平坦地面上，可不用支腿进行小起重量吊装以及负荷低速行驶。与汽车式起重机相比，其具有轮距较宽、稳定性好、车身短、转弯半径小等优点，可在 360°范围内工作，一般行驶和起重操作在一室；缺点是行驶时对路面要求较高，行驶速度较汽车式慢，不适于在松软泥泞的地面上工作。轮胎式起重机的使用安全可参照汽车式起重机的安全技术要求。

6.4.3.2 塔式起重机

塔式起重机简称塔机，是现代工业和民用建筑施工中最重要的起重设备之一。塔式起重机可以安装到靠近施工建筑物的位置，并与其连接在一起。塔式起重机的有效工作幅度优越于履带、轮胎式起重机，而且其工作高度可达 100～160 m，在建筑工程施工中，尤其在高层、超高层的工业和民用建筑施工中得到了非常广泛的应用。塔机在施工中主要用于建筑结构和工业设备的安装、吊运建筑材料和建筑构件的垂直运输和施工现场内的短距离水平运输。

(1) 塔式起重机的分类

① 按结构形式分为固定式塔式起重机、移动式塔式起重机以及自升式塔式起重机。固定式塔式起重机是通过连接件将塔身基架固定在地基基础或结构物上进行起重作业的塔式

起重机。移动式塔式起重机是具有运行装置,可以行走的塔式起重机。根据运行装置的不同,又可分为轨道式、轮胎式、汽车式和履带式。自升式塔式起重机是依靠自身的专门装置,增、减塔身标准节或自行整体爬升的塔式起重机。

② 按升高方式的不同可分为附着式和内爬式两种。附着式塔式机重机是按一定间隔距离,通过支撑装置将塔身锚固在建筑物结构上。内爬式塔式起重机是设置在建筑物内部,通过支承锚固在结构物上,使整机能随着建筑物的高度增加而升高。

③ 按回转形式可分为上回转塔式起重机和下回转塔式起重机。上回转塔式起重机是将回转支承设置在塔身上部,可分为塔帽回转式、塔顶回转式、上回转平台式、转柱式等形式,如图 6-5 所示。下回转塔式起重机是将回转支承设置于塔身底部、塔身相对于底架转动,如图 6-6 所示。

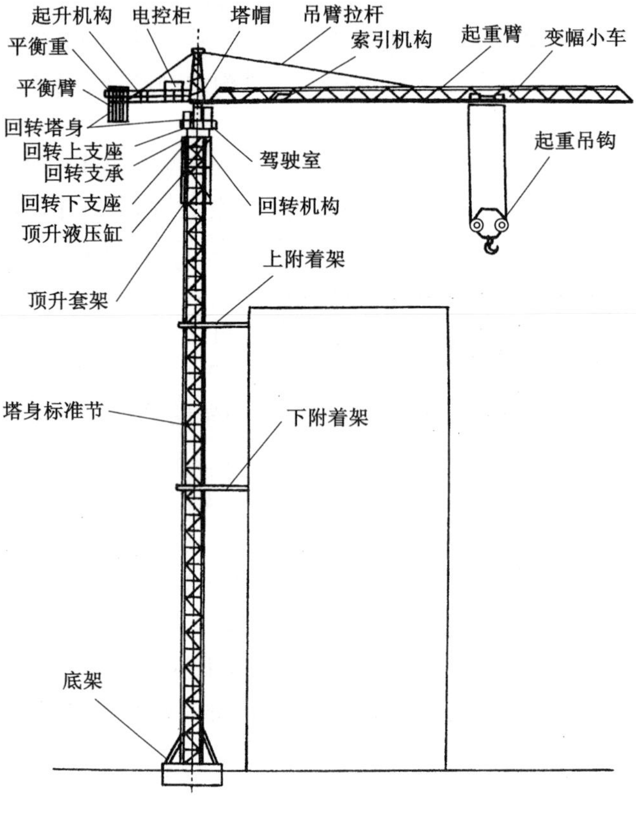

图 6-5　上回转自升式塔式起重机外形结构示意图

④ 按架设方法可分为非自行架设塔式起重机和自行架设塔式起重机。非自行架设塔式起重机是依靠其他起重设备进行组装架设成整机的塔式起重机。自行架设塔式起重机是依靠自身的动力装置和机构能实现运输状态与工作状态相互转换的塔式起重机。

⑤ 按变幅方式可分为小车变幅塔式起重机、动臂变幅塔式起重机以及折臂式塔式起重机。小车变幅塔式起重机是指起重小车沿起重臂运行进行变幅的塔式起重机。动臂变幅塔式起重机是指臂架作俯仰运动进行变幅的塔式起重机。折臂式塔式起重机是根据起重作业的需要,臂架可以弯折的塔式起重机,同时具备动臂变幅和小车变幅的性能。

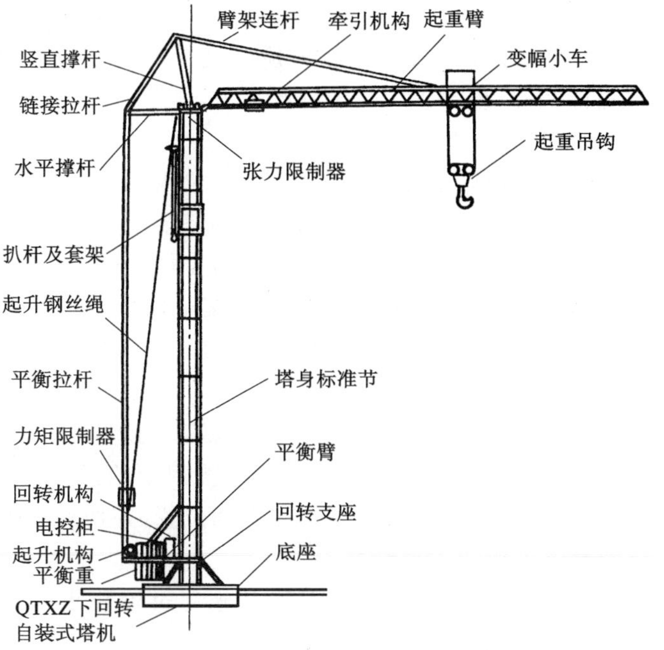

图6-6　下回转自升式塔式起重机外形结构示意图

(2) 塔式起重机安装作业安全技术要点

① 各类垂直运输机械的安装及拆卸，应由具备相应承包资质的企业及专业人员进行。

② 安装作业的程序、辅助设备、索具、工具以及地锚等，均应遵照该起重机的使用说明书中规定执行，并根据现场环境条件制定安全作业方案。

③ 在进行组装或部件安装之前，必须对部件各部分的完好情况、连接情况以及钢丝绳的连接和固定情况、电气线路等进行全面检查，必须符合标准，并满足安装要求。

④ 安装时应按安全要求使用规定的螺栓、销、轴等连接件，螺栓紧固时应符合规定的预紧力，螺栓、销、轴都要有可靠的防松动装置。

⑤ 在安装起重机时，必须将大车行走限位装置和限位器碰块安装牢固可靠，并将各部位的栏杆、平台、护链、扶杆、护圈等安全防护装置装齐。

⑥ 转移工地重新安装的垂直运输机械，在交付使用前，应按有关标准进行试验、检验，对各安全装置的可靠度及灵敏度进行测试，确认符合要求后方可投入运行，试验资料应纳入该设备安全技术档案。

(3) 塔式起重机顶升作业的安全技术要点

① 顶升前必须检查液压顶升系统各部件的连接情况，并调整好顶升套架导向滚轮与塔身的间隙；然后放松电缆，其长度略大于顶升高度，并紧固好电缆卷筒。

② 风力在四级以上时，不得进行顶升作业。如在作业中风力突然加大时，必须立即停止作业，并使上、下塔身连接牢固。

③ 顶升作业中，必须在专人指挥下操作，非作业人员不得登上顶升套架的操作台，操作室内只准一人操作，并应严格听从信号指挥。

④ 顶升作业中，必须使起重臂和平衡臂处于平衡状态，并将回转部分制动住，严禁顶升

时进行回转起重臂及其他作业。

⑤ 顶升作业中,如发现故障,必须立即停止顶升进行检查,待故障排除后方可继续顶升。如短时间内不能排除故障,应将顶升套架降到原位,并及时将各连接螺栓紧固。确认顶升撑脚稳妥就位后,方可进行下一步操作。

⑥ 顶升工作中,随时注意液压系统压力变化情况。如果有异常情况,应及时检查调整,还要有专人用经纬仪测量塔身垂直度变化情况,并做好记录。

⑦ 顶升到规定高度后,必须先将塔身附在建筑物上,方可继续顶升。

⑧ 在拆除回转台与塔身标准节之间的连接螺栓(销子)时,如果出现最后一处螺栓拆装困难,应将其对角方向的螺栓重新插入,再采取其他措施。不得以旋转起重臂动作来松动螺栓(销子)。

⑨ 拆卸过程顶升时,锚固装置决不允许提前拆卸,只有降到附着节时方可拆除。

⑩ 安装和拆卸工作的顶升完毕后,各连接螺栓应按规定的预紧力紧固,顶升套架导向滚轮与塔身吻合良好,液压系统的左右操纵杆应在中间位置,并切断液压顶升机构的电源。

(4) 塔式起重机附着锚固作业的安全技术

① 应根据建筑施工总高度、建筑结构特点以及施工进度要求等情况,确定附着锚固方案。

② 建筑物预埋附着支座处的受力强度,必须经过验算,应能满足塔式起重机在工作或非工作状态下的荷载。布设附着支座处必须加配钢筋,并适当提高混凝土的强度等级。

③ 在装设附着框架和附着杆时,要通过调整附着杆的距离,保证塔身的垂直度。附着框架应尽可能设置在塔身标准节的节点连接处,箍紧塔身,塔架对角处应设斜撑加固。

④ 随塔身的顶升接高而增设的附着装置应及时附着于建筑物。附着装置以上的塔身自由高度一般不得超过 40 m。

⑤ 拆卸塔式起重机时,应随着降落塔身的进程拆除相应的附着装置。严禁在落塔之前先拆除附着装置。附着装置的安装、拆卸、检查及调整均应有专人负责,并遵守高空作业安全操作规程的有关规定。遇有六级及以上大风时,禁止拆除附着装置。

(5) 塔式起重机内爬升作业的安全技术

① 内爬升作业应在白天进行,风力超过五级时,应停止作业。

② 内爬升塔式起重机的固定间隔一般不得小于 3 个楼层。

③ 爬升时,应加强上部楼层与下部楼层之间的联系。遇有故障及异常情况,应立即停机检查,故障未经排除的,不得继续爬升。

④ 爬升过程中,禁止进行起重机的起升、回转、变幅等各项操作。

⑤ 起重机爬升到指定楼层后,应立即拔出塔身底座的支承梁和支腿,并通过爬升框架固定在楼板上;同时要顶紧导向装置或用楔块塞紧,使起重机能承受垂直和水平荷载。

⑥ 凡置有固定爬升框架的楼层,在楼板下面应增设支柱做临时加固。设置起重机底座支承梁的楼层下方两层楼板,也应设置支柱做临时加固。

⑦ 起重机完成内爬作业后,必须检查各固定部位是否牢靠,爬升框架是否固定好,底座支承梁是否紧固,楼板临时支撑是否妥善等,确认无遗留问题存在,方可进行吊装作业。每次爬升完毕后,楼板上遗留下来的开孔,必须立即用钢筋混凝土封闭。

(6)拆除作业中的安全技术

① 塔式起重机的拆除作业必须在白天进行，不得在大风、浓雾、雨天和雪天进行。

② 在拆除作业的全过程，必须保持现场的整洁和秩序。周围不得堆存杂物，以免妨碍作业并影响安全。

③ 对放置起重机金属结构的下方必须垫放枋子，防止损坏结构或造成结构变形。

④ 在拆除起重臂和平衡臂时，要始终保持起重机的平衡，严禁只拆装一个臂就中断作业。

⑤ 在拆除作业过程中，如突然发生停电、机械故障、天气骤变等情况不能继续作业，或者作业时间已到需要停休时，必须使起重机已安装或拆卸的部位达到稳定状态并已锁固牢靠，所有结构件已连接牢固，塔顶的重心线处于塔底支承四边中心处，再经过检查确认妥善后，方可停止作业。

(7) 塔式起重机使用中的安全技术

塔式起重机的使用，应遵照国家和主管部门颁发的安全技术标准、规范和规程，同时也要遵守使用说明书中的有关规定。

① 作业人员应具备的条件：参加起重吊装的作业人员，包括司机、起重工、信号指挥、电焊工等均应属特种作业人员。其中塔机司机应年满18周岁，具有初中以上文化程度，不得患有色盲、听觉障碍，矫正视力不低于5.0(原标准为1.0)，不得患有心脏病、高血压、贫血、癫痫、眩晕、断指等疾病以及妨碍起重作业的生理缺陷。塔机司机经有关部门培训并考核合格后，方可持证上岗。起重吊装高处作业人员应佩戴工具袋，施工过程中使用的工具及零配件应装入工具袋内，不得抛掷物品。

② 使用前检查和日常检查：

a. 对于轨道式塔机，应对轨道基础、轨道情况进行检查，对轨道基础技术状况做出评定，并消除其存在问题。对于固定式塔机，应检查其混凝土基础是否有不均匀的沉降。

b. 起重机的任何部位与输电线路的距离应符合用电防护要求，详见本书第5章。

c. 检查塔机金属结构和外观结构是否正常，各安全装置和指示仪表是否齐全有效，主要部位的连接螺栓是否有松动，钢丝绳磨损情况及各滑轮穿绕是否符合规定。

d. 塔机的接地，电气设备外壳与机体的连接是否符合规范的要求，配电箱和电源开关设置应符合电气设备用电防护要求。

e. 动臂式和尚未附着的自升式塔式起重机，塔身上不得悬挂标语牌等附着物。

f. 塔式起重机作业前，应检查轨道及清理障碍物。应对制动器、钢丝绳及安全装置进行检查，各机构进行空载运转，发现不正常时，应予排除。

g. 送电前，检查各控制器手柄应在零位，并进行空载运转，试验各机构、制动器及安全装置，确认正常方可操作。

③ 使用过程中应注意的事项：

a. 塔机司机要与现场指挥人员配合好，同时司机对任何人发出的紧急停止信号，均应服从。起重机司机开机前，必须鸣铃示警。作业中任何安全装置报警，都应查明原因，不得随意拆除安全装置。

b. 轨道式塔式起重机的供电电缆不得拖地行走。沿塔身垂直悬挂的电缆，应使用不被电缆自重拉伤和磨损的可靠装置悬挂。

c. 不得使用限位装置作为停止运行开关，提升的重物不得自由下落。

d. 严禁斜拉、斜吊和超负荷运转，严禁用吊钩直接挂吊物件，严禁起吊埋在地下等不明重量的物件，严禁用塔机运送人员。

e. 吊运散装物件时，应制作专用吊笼或容器，并应保证在吊运过程中物料不会脱落。吊笼或容器在使用前应按允许承载能力的 2 倍荷载进行试验，使用中应定期进行检查。吊运多根钢管、钢筋等细长材料时，必须确认吊索绑扎牢靠，防止吊运中吊索滑移，物料散落。

f. 施工现场装有 2 台以上塔式起重机时，塔机距离应保证低位的起重机臂架端部与另一台塔身之间至少有 2 m 的距离。高位起重机最低部件与低位起重机最高部件之间垂直距离不得小于 2 m。当不能满足要求时，应采取调整相邻塔式起重机的工作高度、加设行程限位、加装回转限位装置等措施，并制定交叉作业的操作规程。

g. 作业完毕后，将所有工作机构开关转至零位，切断总电源，将塔式起重机停放在轨道中间位置，起重臂应转到顺风方向，并应松开回转制动器，起重小车及平衡重应置于非工作状态。

h. 起重机处于工作状态时，严禁进行保养、维修及人工润滑作业。当需要进行维修作业时，应切断塔式起重机的电源，并在醒目位置挂警示标志。

i. 当风力超过六级时，应停止一切吊装作业。

6.4.4 建筑施工升降机

建筑施工升降机又称为外用电梯、施工电梯、人货两用电梯或附壁式升降机，是一种使用齿轮与齿条或者使用钢丝绳提升方式使吊笼沿导轨升降，用于运送人员和物料的机械。施工升降机为保证使用安全，应当设置必要的安全装置，并要求使用中保持良好的状态，防止意外事故的发生。由于施工升降机结构坚固，拆装方便，不用另设机房，因此被广泛应用于工业、民用高层建筑施工，桥梁、矿井、水塔等构筑物的物料和人员垂直运输。

施工升降机主要由金属结构、驱动机构、安全保护装置和电气控制系统等部分组成。其中金属结构由吊笼、底笼、导轨架、对(配)重、天轮架及小起重机构、附墙架等组成。使用时以电力驱动齿轮或钢丝绳，凭借立柱上固定齿条的反作用力，使吊笼沿立柱导轨作垂直运动。

6.4.4.1 施工升降机分类

根据现行国家标准《施工升降机分类》(GB 10052—1996)的规定，建筑施工升降机按驱动方式可分为齿轮齿条驱动(SC 型)、卷扬机钢丝绳驱动(SS 型)和混合驱动(SH 型)3 种，按导轨架的结构可分为单柱和双柱两种。升降机的基本参数主要包括额定载重量、最大提升高度以及额定起升速度。

一般情况下，SC 型建筑施工升降机多采用单柱式导轨架。SC 型建筑施工升降机按其吊笼数又分单笼和双笼两种。单导轨架双吊笼的 SC 型建筑施工升降机，在导轨架的两侧各装一个吊笼，每个吊笼各有自己的驱动装置，并可独立地上下移动，从而提高运送客货的能力，如图 6-7 所示。

6.4.4.2 施工升降机安装与拆卸的安全技术

(1) 安装前的准备工作

① 必须编制专项施工方案和施工进度计划。

② 必须由具有相应资质和安全生产许可证的企业安排熟练掌握升降机安装操作技术和排除一般故障能力，且具有相应资格证的钳工、电工等作业人员进行拆装作业。

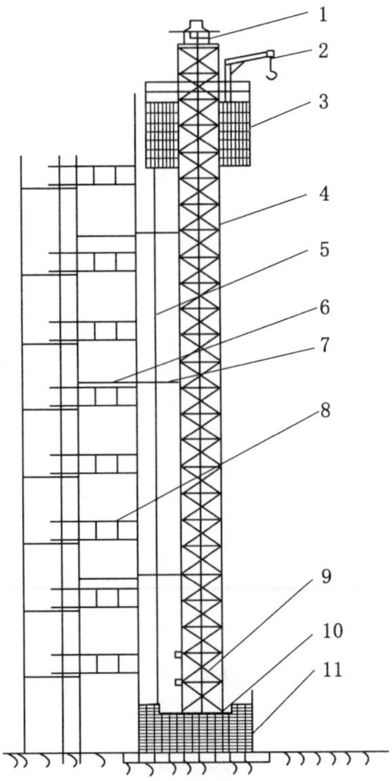

1—天轮架；2—吊杆；3—吊笼；6—导轨架；5—电缆；6—后附墙架；
7—前附墙架；8—护栏；9—配重；10—吊笼；11—基础。

图 6-7　施工升降机整机示意图

③ 安装前，应对作业人员按不同工种和作业内容进行详细的拆装技术和安全交底。安装作业人员必须认真阅读全部随机技术文件，从而清楚了解升降机的型号、主要参数尺寸，搞清安装平面布置图、电气安装接线图等。

④ 安装前，必须核对基础的宽度、平面度、楼层高度、基础深度，并做好记录；核对预埋件的位置和尺寸，确定附墙架等的位置；核对购置的安装工具和必要的设备材料；确定限位开关装置、限速器装置、电缆架、限位碰铁的位置以及限位开关动作是否灵敏可靠；核对电源线位置和容量，确定电源箱位置和极限开关的位置，并做好施工升降机安全接地方案；检查升降机安装作业环境有无影响作业安全的因素。

(2) 安装拆卸安全要点

① 升降机处于安装工况，应按照现行国家标准《施工升降机检验规则》(GB 10053—1996)及说明书的规定，依次进行不少于两节导轨架标准节的接高试验。施工升降机导轨架在接高标准节时，必须同时按说明书规定进行附墙连接，导轨架顶部悬臂部分不得超过说明书规定的高度。

② 按照现行国家标准《施工升降机安全规则》(GB 10055—2007)及说明书的规定，施工升降机应安装限速器、安全钩、制动器、限位开关、笼门联锁装置、停层门或停层栏杆、底层防护栏杆、缓冲装置、地面出入口防护棚等安全防护装置和设施。

③ 操作人员必须按高处作业要求，在安装和拆除时，应戴好安全帽、系好安全带，并将

安全带系在立柱节上。

④ 安装过程中必须由专人负责统一指挥，划出警戒区域，并由专人监控。

⑤ 安装轨架时，应用经纬仪对升降机在两个方向进行测量校准，其垂直度允许偏差为其高度的5/10 000。

⑥ 每个吊笼顶平台作业人数不得超过2人，顶部承载总质量不得超过650 kg。

⑦ 吊杆额定起重量为180 kg，不允许超载，并且只允许用来安装或拆卸升降机零部件，不得做其他用途。

⑧ 凡新安装的施工升降机，应进行额定荷载下的坠落试验，正在使用的施工升降机，按说明书规定的时间(至少3个月)进行一次额定荷载的坠落试验。

⑨ 施工升降机拆卸前，应对各机构、制动器及附件连接进行检查。确认正常时，方可进行拆卸作业。

⑩ 施工升降机吊笼与吊杆不得同时使用，吊笼顶部应装设安全开关。当人员在吊笼顶部作业时，安全开关应处于吊笼不能启动的断路状态。

⑪ 有对重的施工升降机在安装或拆卸过程中，吊笼处于无对重运行时，应严格控制吊笼内荷载及避免超速制动。

⑫ 施工升降机安装或拆卸导轨架作业时，不得与铺设或拆除各层通道作业上下同时进行。

⑬ 当搭设或拆除楼层通道时，吊笼严禁运行。

⑭ 遇有六级及以上大风和雨、雪、雾等恶劣天气时，不得进行安装和拆卸作业。

6.4.4.3 施工升降机的安全使用和维修保养

施工升降机同其他机械设备一样，如果使用得当、维修及时、合理保养，不仅会延长使用寿命，而且能够降低故障率，提高运行效率。

(1) 施工升降机的安全使用

① 收集和整理技术资料，建立健全施工升降机档案，建立施工升降机使用管理制度和维修保养制度。

② 施工升降机司机必须经考核通过，取得资质证后，方可上岗。运行中司机应按指挥信号操作，要随时注意观察吊笼的运行通道有无异常情况，作业运行前应鸣笛示意。司机离机前，必须将吊笼降到底层，并切断电源，锁好电源开关箱。

③ 电梯底笼周围2.5 m范围内，必须设置稳定的防护栏杆。各停靠层的过桥和运输通道应平整牢固，出入口的栏杆应安全可靠，其他周边各处应用栏杆和立网等材料封闭。

④ 施工升降机吊笼进门的明显处必须标明限载重量和允许乘人数量，司机必须经核定后，方可运行。严禁超载运行，并应使荷载均匀分布，不得偏重。

⑤ 施工升降机的防坠安全器，不得任意拆检调整，应按规定的期限，由生产厂或指定的认可单位进行鉴定和检修。

⑥ 升降机应按规定单独安装接地保护和避雷装置。

⑦ 每次使用前应对施工升降机金属结构、导轨接头、吊笼、电源、控制开关在零位、联锁装置等进行检查，并进行空载运行试验及制动器可靠度试验，确保各种安全保护装置和电气设备正常。

⑧ 施工升降机额定荷载试验在每班首次载重运行时，应从最低层开始上升，不得自上

而下运行。当吊笼升高离地面1～2 m时，停机试验制动器的可靠性。

⑨ 升降机运行到最上层或最下层时，严禁用行程限位开关作为停止运行的控制开关。

⑩ 多层施工交叉作业，同时使用施工升降机时，要明确联络信号。

⑪ 遇有大雨、大雪、大雾及六级以上大风等恶劣天气，以及导轨架、电缆等结冰时，必须停止运行，并将梯笼降到底层，切断电源。暴风雨后，应对升降机各有关安全装置进行一次检查，确认正常后，方可运行。

(2) 施工升降机的维修保养

① 检修蜗轮减速机。

② 检查配重钢丝绳的张力，使之受力均匀，相互差值不超过5%。钢丝绳严重磨损，达到钢丝绳报废标准时，要及时更换新绳。

③ 应定期检查齿轮、齿条磨损程度，当齿轮、齿条损坏或超过允许磨损值范围时，应予更换。

④ 检修限速制动器，制动器垫片磨损到一定程度，须进行更换。

⑤ 检修其他部件、部位的润滑。

(3) 施工升降机日常安全检查

① 基础有无沉降变形。

② 导轨架是否垂直，连接是否牢靠，各附墙支撑是否牢固可靠。

③ 小齿轮与导轨架啮合间隙是否合适，工作笼及平衡重运转是否正常。

④ 限速制动器及各种安全装置是否齐全和灵敏可靠。

⑤ 钢丝绳及各种卡具是否符合要求。

⑥ 司机是否持证上岗，是否严格执行了安全操作规程，有无超载现象。

⑦ 各停靠站的安全防护门是否齐全有效。

⑧ 各层与司机的联络信号是否得当。

⑨ 下班后司机是否切断电源和锁好工作笼的笼门等。

6.4.5 物料提升机

物料提升机是建筑施工现场常用的一种输送物料的垂直运输设备，以卷扬机为动力，以底架、立柱及天梁为架体，以钢丝绳为传动，以吊笼(吊篮)为工作装置。在架体上装设滑轮、导轨、导靴、吊笼、安全装置等，与卷扬机配套构成完整的垂直运输体系。物料提升机构造简单，用料品种和数量少，制作容易，价格低，安装拆卸和使用方便，因而广泛应用于建筑施工。

6.4.5.1 物料提升机的分类

(1) 按结构形式分类

物料提升机按结构形式不同可分为龙门架式物料提升机和井架式物料提升机。

① 龙门架式物料提升机是以地面卷扬机为动力，由两根立柱与天梁构成门架式架体、吊篮(吊笼)在两立柱间沿轨道作垂直运动的提升机。

② 井架式物料提升机是以地面卷扬机为动力，由型钢组成井字架体、吊笼(吊篮)在井孔内或架体外侧沿轨道作垂直运动的提升机。

(2) 按架设高度分类

物料提升机按架设高度不同可分为高架物料提升机和低架物料提升机。架设高度在30 m及以下的物料提升机为低架物料提升机。架设高度在30～150 m的物料提升机为高架物料提升机。

6.4.5.2 物料提升机的设计要求

物料提升机结构的设计和计算应符合现行《钢结构设计规范》(GB 50017—2021)、《塔式起重机设计规范》(GB/T 13752—2017)和《龙门架及井架物料提升机安全技术规范》(JGJ 88—2010)等标准的有关要求。物料提升机应有安装设计图、计算书及说明书,并按相关标准进行试验,确认符合要求后,方可投入运行。结构计算应含基础、立柱、天梁、钢丝绳、制动器、电动机、安装抱杆、附墙架等的计算,以及整体抗倾翻稳定性验算。同时,应对其安全防护装置进行设计和选型。物料提升机应包括以下安全防护装置:

① 安全停靠装置、断绳保护装置。

② 楼层口停靠栏杆(门)。

③ 吊篮安全门。

④ 上料口防护门。

⑤ 极限限位器,信号、音响装置。

⑥ 对于高架(30 m 以上)物料提升机,还应具备下极限限位器、缓冲器、超载限制器、通信装置。

6.4.5.3 物料提升机的安装与拆卸

(1) 安装前的准备

① 根据施工现场工作条件及设备情况编制专项施工方案,合理确定安装位置。对作业人员进行技术交底,确定指挥人员,规定安全警戒区域并设监护人员,安装前排除所有作业障碍。

② 做好安装的组织工作,包括安装作业人员的配备,高处作业人员必须具备高处作业的业务素质和身体条件。

③ 按照说明书基础图制作基础。基础养护期应不少于 7 日,基础周边 5 m 内不得挖排水沟。

④ 提升架体实际安装高度不得超过设计所允许的最大高度。

(2) 安装前的检查

① 检查基础的尺寸是否正确,地脚螺栓的长度、结构、规格是否正确,混凝土的养护是否达到规定期,平面度是否达到要求。

② 检查提升卷扬机是否完好,地锚拉力是否达到要求,刹车开、闭是否可靠,电压是否在 380 V(精确至±5%),电动机转向是否符合要求。

③ 检查钢丝绳是否完好,与卷扬机的固定是否可靠,特别要检查计算安装好全部架体达到规定高度时,在全部钢丝绳输出后,钢丝绳长度是否能在卷筒上保持至少 3 圈。

④ 检查各标准节是否完好,导轨、导轨螺栓是否齐全、完好,各种螺栓是否齐全、有效,特别是用于紧固标准节的高强度螺栓数量是否充足,各种滑轮是否齐备、有无破损。

⑤ 检查吊笼是否完整,焊缝是否有裂纹,底盘是否牢固,顶棚是否安全。

⑥ 断绳保护装置、重量限制器等安全防护装置事先进行检查,确保安全、灵敏、可靠无误。

⑦ 检查提升机的架体和缆风绳的位置是否过于靠近或跨越架空输电线路。必须靠近时,应保证最小安全距离,并采取安全防护措施。与架空线路的最小安全距离见表 6-5。

表 6-5　与架空线路的最小安全距离

外电线路电压/kV	≤1	1～10	35～110	110～220	330～500
最小安全距离/m	4	6	8	10	15

(3) 安装与拆卸

井架式物料提升机的安装一般按以下顺序：先将底架按要求就位，随后将第一节标准节安装于标准节底架上、提升抱杆，安装卷扬机，利用卷扬机和抱杆安装标准节，安装导轨架，安装吊笼，穿绕起升钢丝绳，安装安全装置。物料提升机的拆卸按照安装架设的相反程序进行。物料提升机安装与拆卸应符合以下规定：

① 提升机的安装和拆卸工作必须按照施工方案进行，并设专人统一指挥。

② 安装架体时，应先将地梁与基础连接牢固。架体应随安装随固定，每安装两个标准节(一般不大于 8 m)，应采取临时支撑或临时缆风绳固定，并进行初校正。节点采用设计图规定的螺栓连接，不得任意扩孔。

③ 物料提升机采用旋转法整体安装或拆卸时，必须对架体采取加固措施，拆卸时必须待起重机吊点索具垂直拉紧后，方可松开缆风绳或拆除附墙杆件。吊装时，必须将缆风绳与地锚拉紧或附墙杆与墙体连接牢靠后，起重机方可摘钩。

④ 物料提升机的卷扬机应安装在视线良好，远离危险作业的区域。

⑤ 物料提升机的钢丝绳应能在卷筒上整齐排列，其吊篮处于最低工作位置时，卷筒上应留有不少于 3 圈的钢丝绳。

⑥ 组装后应进行验收，并进行空载、动载和超载试验，符合要求后方可投入使用。所谓空载试验，即不加荷载，只将吊篮按施工中各种动作反复进行，并试验限位灵敏程度。动载试验，即按说明书中规定的最大荷载进行动作运行。对于超载试验，一般只在第一次使用前或经大修后按额定荷载的 125%逐渐加载进行。

⑦ 升降机拆除作业前，应检查提升机与建筑物及脚手架的连接情况，提升机有无其他牵拉物，临时附墙架、缆风绳及地锚的设置情况，地梁和基础的连接情况。

⑧ 拆除附墙杆件和缆风绳前，应先设置临时缆风绳或支撑，确保架体自由高度不超过两个标准节(一般不超过 8 m)。

⑨ 拆除龙门架的天梁前，应先分别对两立柱采取稳固措施，保证单柱的稳定。

⑩ 拆除作业中严禁从高处向下抛投物件。

⑪ 安装和拆除作业宜在白天进行，夜间作业应有良好的照明。因故中断作业时，应采取临时稳固措施。

(4) 物料提升机的安全防护

① 物料提升机的支塔必须符合规程要求。高度在 10～15 m 应设一组缆风绳，每增高 10 m 加设一组，每组 4 根，邻近建筑物或脚手架一侧的应采取拉结措施。缆风绳应用直径不小于 12.5 mm 的钢丝绳，并按规定埋设地锚。严禁捆绑在树木、电线杆等物体上，严禁用撬杠调节钢丝绳长度。

② 物料提升机首层进料口一侧应搭设长度不小于 2 m 的防护棚，另外三侧必须采取封闭措施，每层卸料平台应有防护门，两侧应设置防护栏杆及挡脚板。

③ 物料提升机的吊盘出入口均有安全门，两侧必须有安全防护措施。吊盘定位托杠必

须采用定型装置，吊盘运行中不准乘人。

④ 物料提升机的导向滑轮必须单独设置牢固地锚，不得捆绑在脚手架上。导向滑轮至卷扬机卷筒的钢丝绳，凡经通道处应予以遮护。

⑤ 物料提升机的天轮与最高一层上料平台的垂直距离应不小于 6 m，必须设置超高限位装置，使吊盘上升最高位置与天轮间的垂直距离不小于 3 m。

6.4.5.4 物料提升机的安全使用和维修保养

（1）物料提升机的安全使用

① 建立物料提升机的使用管理制度，物料提升机应由专职机构和专职人员进行管理。

② 物料提升机作业时，应设置统一信号指挥。当无可靠联系措施时，司机不得开机，高架提升机应使用通信装置联系或设置摄像显示装置。

③ 每班作业前，应对物料提升机架体、缆风绳、附墙架及各安全防护装置进行检查，并经空载运行试验，确认符合要求后，方可投入使用。

④ 司机在通信联络信号不明时不得开机，作业中不论任何人发出紧急停车信号，司机都应立即执行。司机下班或司机暂时离机，必须将吊篮降至地面，并切断电源、锁好电箱。

⑤ 严禁载人，禁止攀登架体和从架体下面穿越。物料提升机主要是运送物料的，在安全装置可靠的情况下，装卸料人员才能进入到吊篮作业，严禁各类人员乘吊篮升降。

⑥ 物料提升机运行时，物料在吊篮内应均匀分配，不得超载运行和物料超出吊篮外运行。当长料在吊篮中立放时，应采取防滚落措施，散料应装箱或装笼。

⑦ 缆风绳不得随意拆除，凡需临时拆除的，应先行加固，待恢复缆风绳后，方可使用升降机。如果缆风绳改变位置，要重新埋设地锚，待新缆风绳拴好后，原来的缆风绳方可拆除。

⑧ 凡安装断绳保护装置的物料提升机，除在物料提升机重新安装时进行额定荷载下的坠落试验外，对正在使用的物料提升机，应定期（至少 1 个月）进行一次额定荷载的坠落试验。

⑨ 发现安全装置、通信装置失灵时应立即停机修复；作业中不得随意使用极限限位装置。

⑩ 装设摇臂把杆的提升机作业时，吊篮与摇臂把杆不得同时使用。

（2）物料提升机的维修保养

① 应建立物料提升机档案、使用管理制度、维修保养制度。

② 使用中应做好定期检查，主要包括：金属结构有无开焊、锈蚀、永久变形；扣件、螺栓连接的紧固情况；提升机构磨损情况及钢丝绳的完好性；安全防护装置有无缺少、失灵和损坏；缆风绳、地锚、附墙架等有无松动；电气设备的接零接地情况；定期进行断绳保护装置的灵敏度试验。

③ 日常检查应由司机在每班前进行，主要内容有：附墙杆与建筑物连接有无松动，或缆风绳与地锚的连接有无松动；空载提升吊篮做一次上下运行，查看运行是否正常，同时验证各限位器是否灵敏可靠，安全门是否灵敏完好；在额定荷载下，将吊篮提升至离地面 1～2 m 高处停机，检查制动器的可靠性和架体的稳定性；卷扬机各传动部件的连接和紧固情况是否良好；传动机构的磨损，磨绳、滑轮磨偏等问题。

④ 物料提升机使用中应进行经常性的维修保养，且应符合以下要求：

a. 司机应按使用说明书的有关规定，对提升机各润滑部位进行注油润滑。保养设备必须在停机后进行。禁止在设备运行中擦洗、注油等工作；如需重新在卷筒上缠绳时，必须两人操作，一人开机，另一人扶绳，相互配合。

b. 维修和保养提升机架体顶部时，应搭设上人平台，并应符合高处作业安全要求。

c. 架体及轨道发生变形必须及时维修。

6.4.6　起重机械吊装作业

使用起重机机械吊装作业时，应根据建筑工程结构的跨度、吊装高度、构件重量以及作业条件等工作参数选择起重机和吊装方法。

6.4.6.1　起重机械的选择

(1) 结构吊装机具选择原则

起重机具是起重作业中主要的机械设备，如何科学合理地选择和使用好起重机具是提高工作效率、加快工程进度、减轻体力劳动和确保安全生产的重要因素。结构吊装起重机具选择主要考虑以下因素：

① 考虑现场的施工条件(如厂房的高度、跨度、地面的平整情况)周围设施和环境以及有无障碍物等。

② 要考虑施工周期，加快工程进度，提高工作效率，保证工程质量和安全生产的要求。

③ 设备、非标准设备的重量以及形体尺寸、安装高度、精度标准等。

④ 要尽量采用新的吊装、搬运工艺和新机具，大力提高劳动生产率，降低工程成本，提高施工安全保障水平。

⑤ 考虑施工成本要求，尽量利用现场中使用的吊装设备，充分发挥机具的作业能力，减少机具使用的数量和次数，要一机多能，避免重复搬运和起吊作业。

(2) 起重机的选择

在上述原则基础上，合理选择起重机的类型和型号，保证其经济合理性。

① 起重机的类型主要是根据建筑工程起重物的特性，在保障安全施工的前提下，综合考虑其合理性、可行性和经济性。一般情况下，吊装较大的普通单层装配式结构时，宜选择履带式起重机，因履带式起重机对路面要求不太高，变幅、行驶方便，可以负荷行驶。汽车式起重机对路面破坏小，行驶速度较快、方便，适用于吊装位于市区或工程量较小的装配式结构。对于多层装配式结构，由于上层构件安装高度较高，应选择大起重量的履带式起重机或普通塔式起重机。对于高层或超高层装配式结构，则需要选择附着式塔式起重机或内爬升式塔式起重机。

② 在确定起重机的类型以后，要根据构件的尺寸、重量及安装高度来确定起重机型号。所选起重机的 3 个工作参数，即起重量 Q、起重高度 H 和工作幅度或回转半径 R 均应满足结构吊装要求。

起重量 Q 计算，单机吊装起重量按以下公式进行计算：

起重机的起重量必须大于或等于所安装构件的重量与索具重量之和，即：

$$Q \geqslant Q_1 + Q_2 \tag{6-3}$$

式中　Q——起重机的起重量，kN。

Q_1——构件的重量，kN。

Q_2——索具的重量(包括临时加固件重量)，kN。

双机抬吊起重量按以下公式进行计算：

$$K(Q_{主}+Q_{副}) \geqslant Q_1+Q_2 \tag{6-4}$$

式中　$Q_{主}$——主机的起重量，kN。

$Q_{副}$——副机的起重量，kN。

K——起重量降低系数，一般取 0.8。

起重高度 H 计算，起重机的起重高度必须满足所吊装的构件的安装高度要求，即：

$$H \geqslant h_1+h_2+h_3+h_4 \tag{6-5}$$

式中　H——起重机的起重高度(从停机面算起至吊钩)，m；

h_1——安装支座表面的高度(从停机面算起)，m；

h_2——安装间隙，视具体情况而定，但不小于 0.3 m；

h_3——绑扎点至起吊后构件底面的距离，m；

h_4——索具高度(从绑扎点到吊钩中心距离)，m。

起重半径 R 的计算：当起重机可以不受限制地开到吊装位置附近时，对起重机的起重半径没有要求；当起重机受限制不能靠近安装位置去吊装构件时，如图 6-8 所示。具体按下式进行计算：

$$R_{\min}=F+D+0.5b \tag{6-6}$$

式中　F——起重机枢轴中心距回转中心的距离，m；

b——构件宽度，m；

D——起重机枢轴中心距所吊构件边沿的距离，m；

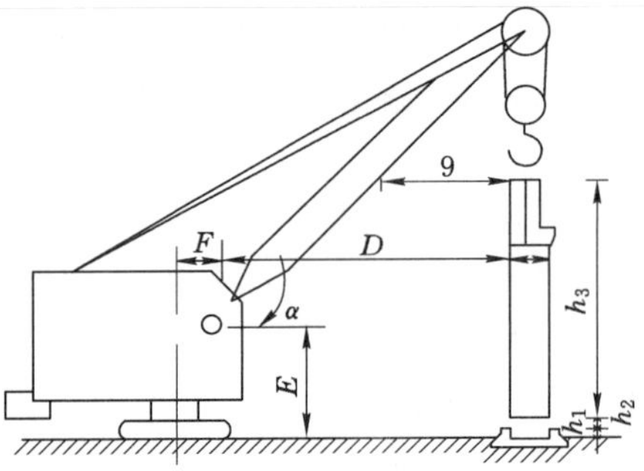

图 6-8　起重半径计算简图

$$D=g+(h_1+h_2+h_3-E)\cot\alpha \tag{6-7}$$

式中　α——起重臂的仰角，一般取 70°～77°；

h_1——杯口的高度，m；

h_2——安装基础面距构底升起时底部的距离，m；

h_3——安装构件的高，m。

起重臂(吊杆)长计算：同一种型号的起重机有几种不同长度的起重臂，应选择起重机起重半径能同时满足 3 个吊装工作参数的起重臂长；起重机吊装单层工业厂房的柱子和屋架时，起重臂一般不跨越其他构件。此时，起重臂长度按下式进行计算：

$$l \geqslant \frac{H+h_0-h}{\sin\alpha} \tag{6-8}$$

式中　l——起重机起重臂长度，mm；

H——起重高度，m；

h_0——起重臂顶至吊钩底面的距离，m；

h——起重臂底铰至停机面距离，m；

α——起重臂仰角，一般取 $70°\sim77°$。

起重机吊装屋面板、屋面支撑等构件时，起重臂需跨越已安装好的屋架或天窗架。此时，对于吊装有天窗架的屋面时，按跨越天窗架吊装中屋面板计算起重臂的长度；吊装平屋面时，需按跨越屋架吊装中屋面板和吊装边屋面板两种情况计算起重臂的长度，取二者中之较大值。具体计算方法包括数解法和图表法两类，详见相关规范。

6.4.6.2　结构吊装方案

结构吊装方案的内容主要包括起重机械的选择、吊装方法和重要构件吊装方法的选择、吊装顺序安排、构件吊装的平面布置等。

（1）吊装方法遵循原则

每一种吊装方法都不可避免的存在技术局限，每一种设备都具有独特的要求，每一次吊装施工的现场环境条件都不同。进行技术可行性论证，就是根据设备特点、现场条件，采用在技术上可行且满足安全性、进度要求以及成本要求的吊装方法。

① 满足安全性。吊装工作要求安全第一，必须结合具体情况，对每一种技术可行的方法进行安全分析和比较，找出不安全因素及其解决办法，并认真分析这些解决办法的可能性，按国家有关法规及规范的要求，编写吊装作业专项安全施工方案。

② 满足进度要求。不同的吊装方法，其施工需要的工期不同，如采用桅杆吊装的工期要比采用移动式起重机吊装的工期长。在实际工程中，吊装工作往往制约着整个工程的进度，必须对不同的吊装方法进行工期分析。

③ 成本分析。以较低的成本完成工程，获取合理利润。需要注意的是，绝不允许为降低成本而采用安全性不好的吊装方法，严禁为降低成本而省略安全措施。

（2）结构吊装常用方法

结构(含设备)吊装一般可以采用机械化、半机械化、机械化与半机械化联合使用、手工操作等4种吊装方法。

① 机械化吊装方法，主要包括使用履带式起重机、汽车起重机、塔式起重机等机械设备吊装，其吊装机械化程度高，甚至能达到95%以上，只有极少部分的工作用手工操作，如挂卸绳扣等操作。采用机械化吊装法，工作方便，速度快，安全可靠，且可减轻作业人员的劳动强度。但它的使用范围有时会受到限制，如移动式起重机械对道路的要求较高。

② 半机械化的吊装方法，主要指使用滑车组、卷扬机、桅杆起重机来进行吊装，其机械化程度相对较低，不能同时在空间完成3个方向的任意移动，大多数只能做到在一个垂直面内任意移动或只能进行垂直移动。这种吊装方法在工具的准备、运输安装和拆卸时需要消耗较多的劳动力，有时甚至占去整个吊装所需劳动量的80%以上，完成吊装工作主要靠手工操作。在工程施工中，由于地理条件和施工环境的影响，大型机械式起重设备无法使用时，可采用这种方法。

③ 机械化和半机械化吊装方法联合使用。在许多场合，由于吊装机械的起重能力不够，必须利用一些半机械化的吊装工作来帮助机械完成吊装工作。例如，需吊装的设备为50 t，而吊车的起重能力只有30 t，这时可以用独脚桅杆或人字桅杆来协助吊车进行安装。

④ 手工吊装方法，是指使用人力绞磨或手摇卷扬机配合独脚桅杆或人字桅杆进行吊装工作，其主要的原动力是人力。工具的准备安装、移动和拆卸以及吊装工作的本身，都是靠手工操作来完成。作业时只是利用一些简单的杠杆、滑车等机械原理来增大力量，以便举起或移动人力所难以移动的物件。手工操作吊装方法，只有在无法采用机械化、半机械化的情况下才使用。

(3) 构件吊点的选择

当采用一个吊点起吊时，吊点必须选择在构件重心以上，使吊点与构件重心的连线和构件的横截面呈垂直；当采用多个吊点起吊时，应使各吊点吊索拉力的合力作用点置于构件的重心以上，使各吊索的汇交点(起重机的吊钩位置)与构件重心的连线和构件的支座面相垂直。

(4) 结构吊装作业顺序

结构吊装顺序是指一个单位吊装工程在平面上的吊装次序。比如，在哪一跨始吊，从何节间始吊，如何划分施工段，其流水作业的顺序如何等。确定吊装顺序时，需要注意以下几点：

① 应考虑土建和设备安装等后续工序的施工顺序，以满足单位工程施工进度的要求。如某一跨度内，土建施工复杂或设备安装复杂，需较长的工作时间，则往往要安排该跨度先吊装，以便让后续工序尽早开工。

② 尽量与土建施工的流水顺序相一致。

③ 满足提高吊装效率和安全生产的要求。

④ 根据吊装工程现场的实际情况，如道路，相邻建筑物、高压线位置等，确定起重机从何处始吊，从何处退场。

(5) 吊装构件的平面布置要点

① 满足吊装顺序的要求。

② 简化机械操作，将构件摆放在适当位置。起吊安装时，起重机的走车、回转和起落吊杆等动作尽量减少。

③ 保证起重机的行驶路线畅通和安全回转。

④ 构件堆放“重近轻远”，将重构件尽量堆放在距起重机停点比较近的地方，轻构件可以堆放在距停点比较远的地方。

⑤ 单机吊装接近满荷载时，应将绑扎重心布置在起重机的安全回转半径内，并应尽量避免起重机带荷行驶。

⑥ 要便于开展工作。例如：检查构件的编号和质量；清除预埋铁件上的水泥砂浆块；对空心板进行堵头；在屋架上、下弦安装或焊接支撑连接件；对屋架进行拼接、穿筋和张拉等。

⑦ 现场预制构件要便于支模、运输及浇筑混凝土，同时便于抽芯、穿筋和张拉等。

(6) 吊装作业“十不吊”原则

吊装作业必须遵守“十不吊”的原则：被吊物重量超过机械性能允许范围；信号不清；吊物下方有人；吊物上站人；埋在地下物体；斜拉斜牵物体；散物捆绑不牢；立式构件；大模板等不用卡环；零碎物无容器；吊装物重量不明等。

6.4.6.3 混凝土构件吊装作业安全要求

对于混凝土柱子、屋架、板类构件、门式刚架、H形框架及异形构件、吊装方案、较大设备选型及吊点选取应分别具体确定。

(1) 混凝土构件吊装作业安全要求

① 混凝土构件运输、吊装时，一般其强度不得低于设计强度的75%，桁架、薄壁等大型构件应达到设计强度的100%。

② 混凝土构件运输、堆放的支承方式应与设计安装位置一致。楼板叠放各层垫木应在同一垂直线上。屋架、梁的放置，除沿长度方向的两侧设置不少于3道撑木外，可将几榀屋架用方木、钢丝绑扎连接成一个稳定的整体。墙板应放置在堆放架上，堆放架的稳定应经计算确定。

③ 采用双机吊装时，应统一指挥相互配合，两台起重机的吊索都应保持与地面呈垂直状态。除应合理分配荷载外，还应统一指挥使两台起重机同步将柱子吊离地面和同步落下就位。

(2) 混凝土柱子吊装作业安全要求

① 当预制柱吊点的位置设计无规定时，应经计算确定，以水平状态(旋转全方位)的柱子各主要危险断面最大正负弯矩的绝对值相等为控制条件确定最优吊点个数和位置。

② 柱子吊装入基础杯口必须将柱脚落底。吊装后及时校正，柱子每侧面不得少于两个楔子固定，且应两人在柱子两侧面同时对打。当采用缆风绳校正时，必须待缆风绳固定后，起重机方可脱钩。

(3) 混凝土大型墙板吊装作业安全要求

① 混凝土大型墙板、框架挂板的运输和吊装不得用钢丝绳兜索起吊，平吊时应有预埋吊环，立吊时应有预留孔。当无吊环和预留孔时，吊索捆绑点距板端不应大于1/5板长，吊索与水平面夹角不应小于60°。吊装时，板两端应设防止撞击的拉绳。

② 大型墙板安装顺序，应从中部一个开间开始，按先内墙板、后外墙板，先横墙板、后纵墙板的顺序逐间封闭。

③ 大型墙板、外墙板在焊接固定后，起重机方可脱钩。内墙板与隔墙板可在采取临时固定措施后脱钩，并应做到一次就位。

④ 大型墙板同一层墙板全部安装后，应立即进行验收，并及时浇筑各墙板之间的立缝及浇筑钢筋混凝土圈梁，待强度达75%后，立即吊装楼板。

(4)混凝土屋架及屋盖吊装安全要求

① 混凝土屋架平卧制作翻身扶直时，应根据屋架跨度确定吊索绑扎形式及加固措施，吊索与水平线夹角不应小于60°，起重机扶直过程中宜一次扶直，而不应有紧急制动。

② 混凝土屋架安装前应在作业节间范围挂好安全平网。作业人员可沿屋架上绑扎的临时木杆上挂牢安全带行走操作，不得无任何防护措施在屋架上弦行走。

③ 混凝土梁、屋架的安装应在柱子杯口二次灌浆固定和柱间支撑安装后进行。

④ 混凝土屋盖安装应按节间进行，将第一节间(包括屋面板、屋架支撑)全部安装好，形成稳定间。屋面板的安装顺序应自两边向跨中对称进行。安装屋架支撑时，应按“先安装垂直支撑，再安装水平支撑；先安装中部水平支撑，再安装两端水平支撑”的原则。

⑤ 混凝土屋盖吊装作业人员上下应有专用走道或梯子，严禁人员随起重机吊装构件上下。屋架支座的垫铁及焊接工作，应站在脚手架或吊篮内进行，严禁站在柱顶或牛腿等处操作。

6.4.6.4 钢构件吊装安全要求

(1)钢构件吊装安全要求

① 钢构件应按吊装顺序分类堆放,进入施工现场的钢构件应按照钢结构安装图的要求进行检查,包括截面规格、连接板、高强螺栓、垫板等均应符合设计要求。

② 钢结构吊装,必须按照专项施工方案的要求搭设高处作业的安全防护设施。严禁作业人员攀爬构件上下和无防护措施的情况下人员在钢构件上作业、行走。

(2)钢柱吊装安全要求

钢柱的吊装应选择绑扎点在重心以上,并对吊索与钢柱绑扎处采取防护措施。当柱脚与基础采用螺栓固定时,应对地脚螺栓采取防护措施,采用垂直吊装法应将钢柱柱脚套入地脚螺栓后,方可拆除地脚螺栓防护。钢柱的校正,必须在起重机不脱钩的条件下进行。

(3)钢梁吊装安全要求

安装钢梁时,可在梁的两端采用挂脚手架,或者搭设落地脚手架。当需要在梁上行走时,应设置临边防护或沿梁一侧设置钢丝绳并拴挂在钢柱上做扶手绳,人员行走时应将安全带扣挂在钢丝绳上。

(4)钢屋架吊装安全要求

钢屋架吊装时,应采取在地面组装并进行临时加固。高处作业的防护设施按吊装工艺的不同,可采用临边防护与挂节间安全平网相结合的方法。在第一节和第二节间的三榀屋架吊装时,待全部钢支撑安装紧固后,方可继续其余节间屋架的安装。

6.5 钢筋机械使用安全

钢筋机械是用于加工钢筋和钢筋骨架的机械,按作业方式可分为钢筋强化机械、钢筋加工机械、钢筋焊接机械、钢筋预应力机械、钢筋焊接机械。钢筋机械作业而发生的安全事故主要包括机械伤害和触电事故。

6.5.1 钢筋强化机械

6.5.1.1 钢筋强化机械的种类

钢筋强化机械主要包括钢筋冷拉机、钢筋冷拔机和钢筋轧扭机等。

(1) 钢筋冷拉机

钢筋冷拉机是对热轧钢筋在常温下进行强力拉伸的机械。冷拉是将钢筋拉伸到超过钢材本身的屈服点,然后放松,以使钢筋获得新的弹性阶段,提高钢筋屈服强度(20%～25%)。通过冷拉不但可使钢筋被拉直、延伸,而且还可以起到除锈和检验钢材的作用。

(2) 钢筋冷拔机

钢筋冷拔机是在强拉力的作用下将钢筋在常温下通过一个比其直径小 0.5～1.0 mm 的孔模(钨合金拔丝模),将钢筋在拉应力和压应力作用下被强行从孔模中拔过去,使钢筋直径缩小,而强度提高 40%～90%,但塑性相应降低,成为低碳冷拔钢丝。

(3) 钢筋轧扭机

钢筋轧扭机是由多台钢筋机械组成的冷轧扭生产线,能连续地将直径 4.5～10 mm 的普通盘圆钢筋进行调直、压扁、扭转、定长、切断、落料等作业,从而完成钢筋轧扭全过程。

6.5.1.2　钢筋强化机械的安全使用要点

(1) 钢筋冷拉机安全使用要点

① 冷拉作业区应在两端地锚外侧用警示标志和围栏设置警戒区,无关人员不得在此停留。操作人员在作业时,必须离开钢筋 2 m 以外。

② 开机前,应对设备各连接部位和安全装置以及冷拉夹具、钢丝绳等进行全面检查,确认符合要求时,方可作业。

③ 冷拉钢筋运行方向的端头应设防护装置,防止在钢筋拉断或夹具失灵时钢筋弹出伤人。

④ 冷拉钢筋时,操作人员应站在冷拉线的侧向,并设联络信号,使操作人员在统一指挥下进行作业。在作业过程中,严禁横向跨越钢丝绳或冷拉线。

⑤ 电气设备、液压元件必须完好,导线绝缘必须良好,接头处要连接牢固,电动机和启动器的外壳必须接地。

(2) 钢筋冷拔机的安全使用要点

① 启动前,应检查并确认机械各连接件牢固,模具无裂纹,轧头和模具的规格配套,然后启动主机空运转,确认一切正常后,方可作业。

② 轧头时,应先使钢筋的一端穿过模具长度达 100～150 mm,再用夹具夹牢。

③ 各卷筒底座下与地基的间隙应小于 75 mm,作为两次灌浆的填充层,底座下的垫铁每组不多于 3 块。在各底座初步校准就位后,将各组垫铁点焊连接,垫铁的平面面积应不小于 100 mm×100 mm。电动机底座下与地基的间隙应不小于 50 mm,作为二次灌浆填充层。

④ 拔丝机运转过程中,严禁任何人在沿线材拉拔方向站立或停留。拔丝卷筒用链条挂料时,操作人员必须离开链条甩动的区域,人手和轧辊应保持 300～500 mm 的距离。出现断丝或钢筋打结乱盘时,应立即停车,待车停稳后方可接料,不允许在机械运转中用手取拔丝筒周围的物品。

(4) 钢丝轧扭机安全使用要点

① 在控制台上的操作人员必须注意力集中,发现钢筋乱盘或打结时,要立即停机,待处理完毕后,方可开机。

② 运转过程中,任何人不得靠近旋转部件。机械周围不准乱堆异物,以防发生意外。

6.5.2　钢筋加工机械

6.5.2.1　钢筋加工机械种类

施工中常用的钢筋加工机械包括钢筋切断机、钢筋调直机、钢筋弯曲机、钢筋镦头机等。

(1) 钢筋切断机

钢筋切断机是将钢筋原材和已矫直的钢筋切断成所需长度的专用机械,钢筋切断机有机械传动式和液压式两种。

(2) 钢筋调直机

钢筋调直机用于将成盘的钢筋和经冷拔的低碳钢丝调直。它具有一机多用功能,能在一次操作中完成钢筋调直、输送、切断,并兼有清除表面氧化皮和污迹的作用。

(3) 钢筋弯曲机

钢筋弯曲机又称为冷弯机,是将经过调直、切断后的钢筋加工成构件中所需要配置的形状，如端部弯钩、梁内弓筋、起弯钢筋等。

(4) 钢筋镦头机

预应力混凝土的钢筋为便于拉伸需要将其两端镦粗，镦头机就是实现钢筋头部镦粗的设备。钢筋镦头机都为冷镦机，按其动力传递的不同方式可分为机械传动和液压传动两种类型。

6.5.2.2 钢筋加工机械的安全使用要点

(1) 钢筋切断机安全使用技术

① 接送料的工作平台应和切刀下部保持水平，工作台的长度应根据待加工材料长度设置。

② 启动前，应检查并确认切刀无裂纹，刀架螺栓紧固，防护罩牢靠，然后用手转动皮带轮，检查齿轮咬合间隙，调整切刀间隙。

③ 启动后，应先空转，机械未达到正常运转时不可切料。切料时，必须使用切刀的中、小部位，紧握钢筋对准刃口迅速投入。送料时应在固定刀片一侧握紧并压住钢筋，以防钢筋末端弹出伤人。严禁用两手分在刀片两边握住钢筋俯身送料。

④ 不得剪切直径及强度超过机械铭牌额定的钢筋和烧红的钢筋。一次切断多根钢筋时，其截面积应在规定范围内。

⑤ 切断短料时，手和切刀之间的距离应保持在 150 mm 以上，如手握端小于 400 mm 时，应采用套管或夹具将钢筋短头压住或夹牢。

⑥ 运转中，严禁用手直接清除切刀附近的断头和杂物。钢筋摆动周围和切刀周围，不得停留非操作人员。

(2) 钢筋调直机安全使用技术

① 在调直块未固定、防护罩未盖好前，不得送料。作业中，严禁打开防护罩及调整间隙。

② 当钢筋送入后，手与拽轮必须保持一定的距离，不得接近。

③ 送料前，应将不直的料头切除，导向筒前应装一根 1 m 长的钢管，钢筋必须先穿过钢管，再送入调直筒前端的导孔内。

(3) 钢筋弯曲机安全使用技术

① 工作台和弯曲机台面应保持水平，作业前应准备好各种芯轴及工具。

② 作业前，应检查并确认芯轴、挡铁轴、转盘等无裂纹和损伤，防护罩坚固可靠，经空载运转正常后，方可作业。

③ 作业时，将需弯钢筋的一端插入在转盘固定销的间隙内，另一端紧靠机身固定销并用手压紧，检查机身固定销确实安放在挡住钢筋的一侧，方可开动。

④ 作业中，严禁更换轴芯、销子和变换角度以及调速等作业，也不得进行清扫和加油。

⑤ 严禁在弯曲钢筋的作业半径内和机身不设固定销的一侧站人。弯曲好的半成品，应堆放整齐，弯钩不得朝上。

6.5.3 钢筋预应力机械

(1) 钢筋预应力机械分类

钢筋预应力机械是在预应力混凝土结构中，用于对钢筋施加张拉力的专用设备，分为机械式、液压式和电热式。常用的是液压式拉伸机，由液压千斤顶、高压油泵及连接二者之间的高压油管组成。

(2) 钢筋预应力机械的安全使用要点

① 作业场地两端外侧应设有防护栏杆和警示标志。

② 液压千斤顶不允许在任何情况下超载和超过行程范围使用。在使用液压千斤顶张拉过程中，应使顶压油缸全部回油；在顶压过程中，张拉油缸应予持荷，以保证恒定的张拉力，待顶压锚固完成时，张拉缸再回油。

③ 高压油泵不宜在超负荷下工作，安全阀应按额定油压调整，严禁任意调整。

④ 高压油泵运转前，应将各油路调节阀松开，然后开动油泵，待空载运转正常后，再紧闭回油阀，逐渐旋拧进油阀杆，增大荷载，并注意压力表指针是否达到要求，油路有无泄漏，确认正常后方可作业。

⑤ 作业中，操作应平稳均匀，张拉时两端不得站人。拉伸机在有压力的情况下，严禁拆卸液压系统的任何零件。

⑥ 在测量钢丝长度时应先停止拉伸，操作人员必须站在侧面操作。

6.6 焊接设备使用安全

焊接是通过加热或加压或者二者兼用，使焊件达到原子结合，从而形成永久性连接的一种加工方法，具有节约材料、工时及成本，连接性能好、气密性、水密性好、使用寿命长等优点。焊接的缺点主要体现在焊接后产生焊接残余应力和焊接变形，焊接缺陷具有隐蔽性，焊接不当时易导致结构的意外破坏等。

在焊接作业中会存在污染和不安全的因素，如产生弧光辐射、有害粉尘、有毒气体、高频电磁场、射线和噪声等污染。焊接时操作人员需要与各种易燃易爆气体、压力容器及电气设备等接触，还可能会遇到高处焊接及水下焊接等危险作业。因此，焊接作业过程中可能会引起火灾、爆炸、触电、烫伤、急性中毒和高处坠落等事故，而且还可能造成操作人员尘肺、慢性中毒、血液疾病、眼疾和皮肤病等职业病，不仅严重地危害着焊接作业人员的安全与健康，而且还可能会造成重大财产损失。

6.6.1 电焊机使用常识及安全要点

电焊机按电源类型分为旋转式直流电焊机、整流式直流焊机和交流电焊机。其中，旋转式直流电焊机是用一台三相电动机带动一台结构特殊的直流发电机。整流式直流电焊机是利用硅整流元件将交流电变为直流电。直流焊机二次线空载电压为50～80 V，工作电压为30 V，焊接电流为45～320 A；焊机功率为12～30 kW，电源电压380 V和220 V。交流电焊机有一个结构特殊的降压变压器，空载电压为60～80 V，工作电压为30 V；功率为20～30 kW，二次线电流为50～450 A；电源电压380 V和220 V。

(1) 焊接场地的安全检查

由于焊接场地不符合安全要求造成火灾、爆炸、触电等事故的情况时有发生，破坏性和危害性很大，因此对焊接切割场地的检查要做到“仔细观察环境，针对各类情况，认真加强防护”。焊接场地检查的内容包括：

① 检查焊接与切割作业场地的设备、工具、材料是否排列整齐。

② 检查焊接场地是否保持必要的通道。

③ 检查所有焊接电缆线是否与气焊胶管互相缠线。

④ 检查作业面积是否足够，工作场地要有良好的自然采光或局部照明。

⑤ 检查焊割场地周围 10 m 范围内，各类可燃易燃物品是否清除干净。

（2）电焊机的用电安全要求

① 电焊机在接入电网时须注意电压应相符，多台电焊机同时使用应分别接在三相电网上，尽量使三相负载平衡。

② 电焊机需要并联使用时，应将一次线并联接入同一相位电路。二次侧也需同相相连，对二次侧空载电压不等的焊机，应经调整相等后才可使用，否则不能并联使用。

③ 焊机二次侧把线和地线要有良好的绝缘特性，柔性好，导电能力要与焊接电流相匹配，宜使用 YHS 型橡胶皮护套铜芯多股软电缆，长度不大于 30 m，操作时电缆不宜成盘状，否则将影响焊接电流。

④ 多台焊机同时使用时，当需拆除某台时，应先断电后在其一侧验电，在确认无电后方可进行拆除工作。

⑤ 所有交、直流电焊机的金属外壳，都必须采取保护接地或接零。接地、接零的电阻值应小于 4 Ω。当焊接的金属设备、容器本身有接地、接零保护时，焊机的二次绕组禁止设有接地或接零。多台焊机的接地、接零线不得串接接入接地体，每台焊机应设独立的接地或接零线，其接点应用螺丝压紧。

⑥ 每台电焊机须设专用断路开关，并有与焊机相匹配的过流保护装置。一次线与电源接点不宜用插销连接，其长度不得大于 5 m，且必须双层绝缘。

⑦ 电焊机二次侧把线和地线需接长使用时，应保证搭接面积，接点处用绝缘胶带包裹好，接点不宜超过两处。严禁使用管道、轨道及建筑物的金属结构或其他金属物体串联起来作为地线使用。

⑧ 电焊机的一次、二次接线端应有防护罩，且一次接线端必须使用绝缘带包裹严密。二次接线端也必须使用线卡子压接牢固。

⑨ 电焊机应放置在干燥和通风的地方（水冷式除外），露天使用时其下方应防潮且高于周围地面，上方应设防雨棚和防砸措施。

⑩ 横跨道路的焊接电缆必须装在铁管内，防止被压破漏电。

（3）手工电弧焊操作安全规定

① 在下雨和下雪时不得进行露天焊接。

② 高处作业时，不准将焊接电缆放在电焊机上，施焊前系好安全带。

③ 在船舱内焊接时，应设法通风或两个人轮换操作。

④ 在容器内焊接时，应使用胶皮绝缘防护用具，并在附近安设一个电源开关，有专人负责看管和监护，同时要听从焊接人员指示，随时通断电源。

⑤ 在焊接时不可将工件拿在手中或用手扶着进行焊接。

⑥ 连续焊接超过 1 h，应检查焊机电缆，如温度达到 80 ℃时，必须切断电源。

（4）埋弧焊安全操作

埋弧焊除要求满足上述用电要求外，还应遵守以下操作要求：

① 接通电源并打开电源开关后，不得触及电缆接头、焊丝、导电嘴、焊丝盘及其支架、送

丝滚轮、齿轮箱、送丝电机支架等。

② 设备放置不用、搬迁或停止操作，应切断电源。

③ 操作人员应穿戴绝缘工作鞋等符合安全要求的防护用品。

④ 当出现焊缝偏离焊道等问题需调整工件及有关辅助设备时，应先切断电源，不得带电作业。

6.6.2　气焊与气割基本原理及安全要点

（1）气焊与气割基本原理

气焊是利用可燃气（如乙炔）与氧气混合燃烧所产生的热量，使焊丝与母材接头处熔化，从而形成焊缝的一种焊接方式。气割则是利用可燃气与氧气混合燃烧所产生的高温，使金属局部熔化，再以高速喷射的氧气流吹去熔融金属，从而将金属分离开的一种加工方法。气焊与气割应用的设备与器具见图 6-9。

① 气焊的优点：气体火焰长度温度可随意调节，焊丝和火焰相互独立，熔池温度易于控制，同时便于观察熔池，有利于焊缝的形成，确保焊接质量。气焊与气割设备和器具比较简单，移动方便，便于无电源场合的焊接。

② 气焊的缺点：温度较低、加热缓慢，在焊接过程中利用气体火焰对工件进行预热和缓冷，故生产效率较低，焊接变形较大，过热区较宽，焊接接头的纤维组织较粗大，力学性能较差。气焊常用于薄板焊接、熔点较低的合金，如铜、铝、铅等的焊接，以及壁厚较薄的钢管焊接，需要预热和缓冷的工具钢及铸铁的焊接或补焊等。

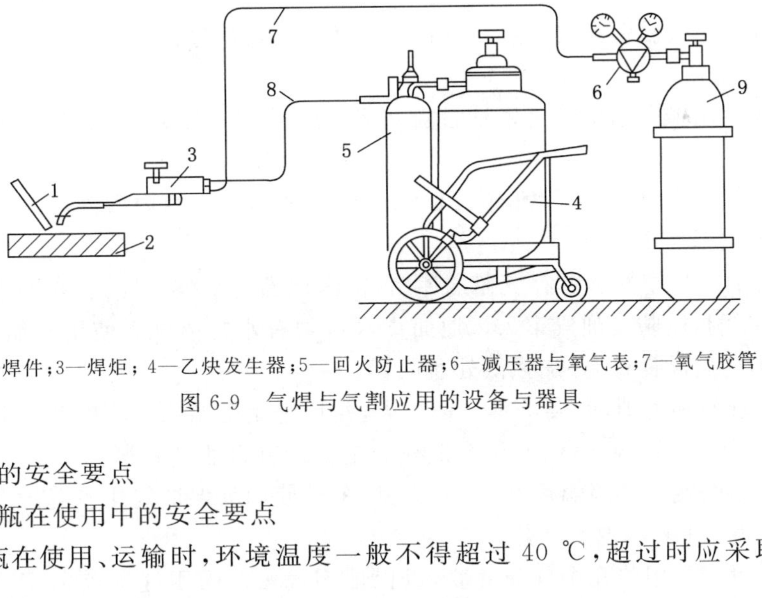

1—焊条；2—焊件；3—焊炬；4—乙炔发生器；5—回火防止器；6—减压器与氧气表；7—氧气胶管；9—氧气瓶。

图 6-9　气焊与气割应用的设备与器具

（2）气焊的安全要点

（1）乙炔瓶在使用中的安全要点

① 乙炔瓶在使用、运输时，环境温度一般不得超过 40 ℃，超过时应采取有效的降温措施。

② 乙炔瓶在使用时必须直立放置，乙炔瓶与明火的距离一般不小于 10 m，不得靠近其他热源和电气设备。乙炔瓶必须装有回火防止器。

③ 在冬季，若乙炔瓶阀冻结，严禁用火烘烤，必要时可用 40 ℃以下的温水解冻。

④ 使用时要注意固定，防止倾倒，严禁卧放使用，禁止敲击、碰撞。

⑤ 乙炔瓶必须装设专用的减压器、回火防止器。开启时，操作者应站在阀口侧后方，动

作要轻缓。

⑥ 使用压力不得超过0.15 MPa，每瓶输气流量不应超过1.5～2.0 m^3/h。瓶内气体严禁用尽，必须留有不低于规定的剩余压力。

⑦ 使用时，严禁铜、银、汞等及其制品与乙炔接触，必须使用铜和金属器具时，合金含铜量应低于70%。

(2) 乙炔瓶储存时的安全要点

① 乙炔瓶储存时，在使用现场，储存量不得超过5瓶。当超过5瓶但不超过20瓶时，应在使用现场用非燃烧体或难燃烧体墙隔成单独的储存间，应有一面靠外墙。超过20瓶，应设置乙炔瓶库。储存量不超过40瓶的乙炔瓶库，可与耐火等级不低于二级的其他厂房毗连建造，其毗连的墙应是无门、窗和洞的防火墙并严禁任何管线穿过。

② 储存间与明火或散发火花地点的距离，不得小于15 m，且不应设在地下室或半地下室内。储存间应有良好的通风、降温等设施，要避免阳光直射，要保证运输道路通畅，在其附近应设有消火栓和干粉灭火器，严禁使用四氯化碳灭火器。

③ 乙炔瓶储存时，一般要保持直立位置，并应有防止倾倒的措施。严禁与氧气瓶、氯气瓶及易燃物品同间储存。储存间应有专人管理，在醒目的地方应设置“乙炔危险”“严禁烟火”的标志。

(3) 石油气瓶在使用中的安全要点

① 运输和储存时，环境温度不得高于60 ℃，严禁受日光暴晒或靠近高温热源，与明火距离不小于10 m。

② 点火时要先点燃引火物，然后开启气阀，切勿颠倒次序。气瓶只许正立使用，严禁卧放、倒置使用。

③ 必须装专用减压器，使用耐油性强的橡胶导管和衬垫。防止因腐蚀作用而引起漏气。

④ 瓶内气体严禁用尽，必须留有0.1 MPa以上的压力。瓶内残液严禁倾倒，防止大量挥发，造成火灾或爆炸事故。

⑤ 使用石油气的车间和贮存气瓶的库房，室内地面应平整，严禁有与外界相通的地沟、电缆沟和管道孔洞，以防石油气窜入。地面集水口须有水封措施。使用石油气的车间和贮存气瓶的库房，应通风良好，并加强低处通风。

⑥ 一旦发现石油气泄漏，要严禁一切明火，并且避免可能的金属碰撞和电气火花，应立即打开门窗，进行自然通风扩散，并注意低洼处是否仍有石油气聚集。

⑦ 石油气瓶的使用环境温度在20 ℃为宜，冬季使用为保证气化速度，气瓶宜放在采暖的车间内，或者用40 ℃的温水加热。

⑧ 使用时可以采用将几个气瓶并联，以保证用气量。因用气量较大，而气化速度不足以满足需要时，可加设汽化器，汽化器中通入热水不得超过45 ℃。

(4) 氧气瓶在使用中的安全要点

① 气焊与气割用的压缩纯氧是强氧化剂，严禁与矿物油、油脂或细微分散的可燃物质接触。

② 操作时严禁用沾有油脂的工具或手套接触瓶阀和减压器，一旦被油脂类污染，应及时用二氯化烷或四氯化碳擦净。

③ 环境温度不得超过 60 ℃，严禁日光暴晒，与明火的距离不小于 10 m，并不得靠近热源和电气设备。

④ 应避免受到剧烈振动和冲击，严禁从高处滑下或在地面上滚动，禁止用起重设备的吊索直接拴在气瓶上。

⑤ 使用前应检查瓶阀、接管螺纹、减压器及胶管是否完好。发现瓶体、瓶阀有问题时，禁止使用，并及时报告。

⑥ 检查气密性时，应用肥皂水，严禁使用明火试验。

⑦ 瓶阀开启时，不得朝向人体，且动作要缓慢。禁止带压拧动瓶阀。减压器与瓶阀连接的螺扣要拧紧，并不少于 4～5 扣。

⑧ 冬季遇有瓶阀冻结或结霜，严禁用力敲击或用明火烘烤，应用温水解冻化霜。

⑨ 气瓶内要始终保持正压，不得将气用尽，瓶内至少应留有 0.3 MPa 以上的压力。

⑩ 使用时要注意固定，防止滚动、倾倒，且不宜平卧使用，应将瓶阀一端垫高或直立。

⑪ 氧气瓶严禁用于通风换气，严禁用于气动工具的动力气源，严禁用于吹扫容器、设备和各种管道。

⑫ 气焊与电焊在同一点作业时，氧气瓶应垫有绝缘物，以防气瓶带电。

⑬ 车辆装运时应妥善固定。汽车装运气瓶应横向码放，不宜直立，必须装有瓶帽和防震圈，以防碰断瓶阀。易燃物品、油脂和带有油污的物品，不得与氧气瓶同车装运。

⑭ 氧气瓶储存处周围 10 m 内，禁止堆放易燃易爆物品和动用明火。同一储存间严禁存放其他可燃气瓶和油脂类物品。氧气瓶应码放整齐，直立放置时，要有护栏和支架，以防倾倒。

(5) 焊炬与割炬在使用中的安全要点

① 焊炬和割炬上装接的可燃气与氧气胶管严禁颠倒位置和混用。目前我国现行标准规定氧气胶管为红色，内径为 8 mm，长度为 30 m，允许工作压力为 1.5 MPa。乙炔胶管为黑色，内径为 10 mm，长度为 30 m，允许工作压力为 0.3 MPa。

② 在易燃易爆生产区域内动火，应按规定办理动火审批手续。

③ 点火前，应先将胶管内和中压乙炔发生器内留存的空气排净，再正式点火使用。当火焰色泽为深黄且燃烧稳定时，说明空气已排净。

④ 点火前，应检查焊炬或割炬的射吸性能。检查方法和操作顺序是：连接氧气胶管，打开乙炔阀门，打开氧气阀门，用手指堵在乙炔进口处。若感到有一定的吸力，表明性能正常，否则为不正常，需要进行检查修理。

⑤ 点火前，应检查焊、割炬的气密性。检查方法是将各阀门和连接点涂抹肥皂水，或者浸入清水中将已接通的氧气和可燃气阀门开启进行观察，若有跑漏现象，需要修好再用。

⑥ 点火时，应先开乙炔阀门，点燃后立即开氧气阀门，这样可防止点火时的回火和鸣爆。点燃的焊、割炬其喷嘴不得与金属物件正面接触，否则易造成回火。发生回火时，应迅速关闭氧气阀门，然后关闭乙炔阀门。而停用时，应先关乙炔阀门，后关氧气阀门。

⑦ 在通风不良的地点或在容器内作业，焊割炬应先在外面点好火。

⑧ 点燃的焊、割炬严禁靠近可燃气瓶、乙炔发生器和氧气瓶，严禁将其随意放在地上或工件上。

⑨ 焊、割炬的喷嘴发生堵塞时，应停止操作。先将其拆下，随后用捅针从内向外疏通。

⑩ 停止使用时，严禁将焊、割炬与气源相通放在工具箱和容器等空气不流通的地方。

(3)气焊气割中毒事故及其防治措施

气焊或气割中会遇到各种不同的有毒气体、蒸气和烟尘，特别是在气焊有色金属时，常常会产生有毒蒸气和烟尘。气焊铅时，会产生铅蒸气，引起铅中毒。气焊黄铜时，会产生锌蒸气，引起锌中毒。气焊铝及铝合金时，要用铝气焊熔剂，会产生氟化物烟尘，也会引起急性中毒。在狭小的作业空间焊接有涂层，如涂漆、塑料或镀铅、锌等焊件时，由于涂层物质在高温作用下蒸发或裂解形成有害、有毒气体。液化石油气和乙炔中有硫化氢、磷化氢，会引起中毒。

为了防止中毒事故，应加强焊割工作场地的通风措施，尤其是狭小的密闭空间。在封闭容器、罐、桶、舱室中焊、割时，应先打开施焊工作物的孔、洞，使内部空气流通，以防焊工中毒。必要时，应由专人监护。

(4)焊接安全管理要点

①焊接操作人员属特殊工种人员，必须经主管部门培训、考核合格，掌握操作技能和有关安全知识，持证上岗作业。

② 电焊作业人员必须戴绝缘手套、穿绝缘鞋和白色工作服，使用护目镜和面罩，高空危险处作业，必须系安全带。施焊前，要检查焊把及线路是否绝缘良好；焊接完毕，要拉闸断电。

③ 焊接作业时，必须配置灭火器材且有专人监护。作业完毕，要留有充分的时间观察，确认无引火点后，方可离去。

④ 焊工在金属容器内、地下、地沟或狭窄、潮湿等处施焊时，要设监护人员。其监护人必须认真负责，坚守工作岗位，且熟知焊接操作规程和应急抢救方法。需要说明的，其电源电压应不高于 12 V。

⑤ 焊接压力容器和管道，必须持有《压力容器焊接操作合格证》。

⑥ 施工现场焊、割作业须执行“用火证制度”，并要切实做到“用火有措施，灭火有准备”。

6.7 木工机械使用安全

木工机械是指在木材加工工艺中，将木材加工成为木制品的机械设备。施工过程中木工机械的事故多为操作不当和缺乏安全装置造成的机械伤害、触电事故以及火灾事故。

6.7.1 木工机械的种类

木工机械按机械的加工性质和使用的刀具种类，大致可分为制材机械、细木工机械和附属机具 3 类。

(1) 制材机械

制材机械包括带锯机、圆锯机、框锯机等。带锯机是将带锯条环绕在锯轮上，使其转动、切削木材的机械。它的锯条的切削运动是单方向连续的，切削速度较快，能锯较大直径的圆木或特大方材，且锯割质量好。由于还可以采用单锯锯割，做到依材下锯，因而制材等级率高，出材率高；同时，由于其锯条较薄，则锯路损失较少，因而大多数制材车间均采用带锯机制。圆锯机构造简单，安装容易，使用方便，效率较高，应用比较广泛。但是，它的锯路高度低、宽度大，出材率低，锯割质量较差，主要由机架、工作台、锯轴、切削刀片、导尺、传动机构和安全装置等组成。

(2) 细木工机械

细木工机械包括刨床、铣床、开榫机、钻孔机、榫槽机、车床、磨光机等。其中，木工刨床用于方材或板材的平面加工，有时也用于成形表面的加工。工件经过刨床加工后，不仅可以得到精确的尺寸和所需要的截面形状，而且可以得到较光滑的表面。根据不同的工艺用途，木工刨床可分为平刨、压刨、双面刨、三面刨、四面刨和刮光机等多种形式。

(3) 附属机具

木工机械的附属机具主要包括锯条开齿机、锯条焊接机、锯条滚压机、压料机、锉锯机、刃磨机等。

6.7.2 木工机械安全使用

木工机械安全操作的一般规定以及建筑施工现场最常用的圆盘锯和平面刨两类木工机械的安全使用技术要点如下：

(1) 木工机械安全操作一般规程

① 木工机械操作人员必须熟练掌握各种机械的构造、性能和操作、维护方法，做到专人使用、专人负责。

② 操作木工机械时，应穿戴好工作服、护目镜等防护用具，扎紧袖口，女同志必须戴好工作帽，头发放入帽内，不允许戴手套、围巾等进行操作。

③ 操作前应检查机械是否完好，电气开关是否良好、熔断丝是否符合规格，并检查锯片是否有断裂现象，装好防护罩。木工机械上的轴、链条、胶带轮、胶带及其他运转部分，都应设置防护罩和防护板。

④ 机械开始工作前必须先试车，各部件运转正常后，方可开始工作。

⑤ 机械运转中如有不正常情况，应立即切断电源，停车检修。

⑥ 更换刨刀、锯片时，必须切断总电源。

⑦ 木工加工区严禁烟火，并配备相应的消防设备。

(2) 圆盘锯的安全使用要点

① 操作前应检查锯片是否平整，锯口要适当，锯片要与主动轴匹配、紧牢，不得有连续缺齿，检查安全防护装置是否齐全有效。具体内容如下：

a. 分料器的厚薄适度，位置合适，锯长料时不产生夹锯。

b. 传动部位必须设置防护罩。锯盘防护罩的位置应固定在锯盘上方，不得在使用中随意转动。

c. 台面应设防护挡板，防止破料时遇节疤和铁钉弹回伤人。

② 设备本身应设按钮开关控制，闸箱距设备距离不大于 3 m，以便在发生故障时能迅速切断电源。

③ 锯盘转动后，应待转速正常时，再进行锯木料作业。所锯木料的厚度以不碰到固定锯盘的压板边缘为限。

④ 操作时，操作者应站在锯片左边的位置，不应与锯片站在同一直线上，以防木料弹出伤人。

⑤ 木料接近到尾端时，要由下手拉料，不要用上手直接推送，推送时使用短木板顶料，防止推空锯伤手。

⑥ 木料较长时，两人配合操作，且下手时必须待木料超过锯片 20 cm 以外，方可接料。接料后不要猛拉，应与送料配合。需要回料时，木料要完全离开锯片后再送回，操作时不能过早过快，防止木料碰锯片。

⑦ 锯线走偏时，应逐渐纠正，不准猛扳。锯片运行时间过长、温度过高时，应用水冷却；直径在 60 cm 以上的锯片在操作时，应喷水冷却。

⑧ 截断木料和锯短料时，要用推棍，不准用手直接进料，进料速度不能过快。下手接料必须用刨钩。锯短料时，料长不得小于锯片直径的 1.5 倍，料高不得大于锯片直径的 1/3，木料长度不足 50 cm 的短料，禁止上锯。

⑨ 需要换锯盘和检查维修时，必须拉闸断电，待完全停止转动后，再进行工作。

⑩ 下料应堆放整齐，台面上以及工作范围内的木屑，应及时清除，不要用手直接擦抹台面。

(3) 电平刨(手压刨)的安全使用要点

① 应明确规定，除专业木工外，其他工种人员不得操作。操作人员衣袖要扎紧，不准戴手套。

② 平刨机在使用前，应有验收手续，设备挂上合格牌，并且必须装设灵敏可靠的安全防护装置。目前各地使用的防护装置不一，但不管何种形式，必须灵敏可靠，经试验认定确实可以起到防护作用方可使用。

③ 防护装置安装后，必须专人负责管理，不能以各种理由拆除。防护装置发生故障时，机械不能继续使用，必须待装置维修试验合格后，方可再用。设备应装按钮开关，不得装扳把开关，防止误开机。闸箱距设备不大于 3 m，便于发生故障时，迅速切断电源。

④ 操作前，应检查刨刀的安装是否符合要求，包括刀片紧固程度，刨刀的角度，刀口出台面高度等。刀片的厚度应均匀、质量应一致，刀架、夹板必须平整贴紧，紧固刀片的螺钉应嵌入槽内不少于 10 mm。

⑤ 使用前，应空转运行，转速正常无故障时，才可进行操作。

⑥ 刨料前要仔细检查木料，有铁钉、灰浆等物要先清除。遇木节、逆茬时，要适当减慢推进速度。

⑦ 刨料时，应双手持料，按料时应使用工具，不要用手直接按料，防止木料移动手按空发生事故。

⑧ 刨木料小面时，手按在木料的上半部，经过刨口时，用力要轻，防止木料歪倒时刨口伤手。

⑨ 在刨较短、较薄的木料时，应用推板推压木料。短于 400 mm 的木料，或者薄且窄的小木料，不得使用手压刨。长度超过 2 m 的木料，应由两个人配合操作，待料推过刨刀 150 mm 后，另一人方可接手。

⑩ 需要调整刨口和检查维修时，必须拉闸切断电源，待完全停止转动后，方可进行。

⑪ 台面上刨花，不要用手直接擦抹，周围刨花应及时清除。

6.8　其他机械的使用安全

除上述主要的建筑施工机械，在施工现场常用的机械还包括机动翻斗车、水泵、装修机械等。

6.8.1　机动翻斗车

机动翻斗车是一种方便灵活的水平运输机械，在建筑施工中常用于运输砂浆、混凝土熟料，以及其他散装物料。机动翻斗车安全使用要点如下：

① 机动翻斗车司机应持有特种作业人员合格证。

② 车上除司机外不得带其他人行驶，严禁料斗内载人。此种车辆一般只有驾驶员座位，如其他人乘车，由于无固定座位，且现场作业路面不好，因此行驶不安全。

③ 行驶前，应检查锁紧装置并将料斗锁牢。

④ 驾驶时，应Ⅰ挡起步，严禁Ⅲ挡起步。下坡时，不得脱挡滑行。

⑤ 翻斗车排成纵队行驶时，前后车应保持 8 m 的距离，在下雨或冰雪的路面上，应加大间距。

⑥ 向坑槽或混凝土料斗内卸料，应保持安全距离，并设置轮胎的防护挡板，防止在槽边自动下溜或卸料时翻车。

⑦ 翻斗车卸料时应先将车停稳，再抬起锁机构手柄进行卸料，禁止在制动的同时进行翻斗卸料，避免造成惯性移位事故。

⑧ 内燃机运转或料斗内有荷载时，严禁在车底下进行任何检修维修作业。

⑨ 用完后要及时冲洗，司机离车必须将内燃机熄灭，并挂挡、拉紧手制动器。

6.8.2　水泵

6.8.2.1　水泵的种类

水泵的种类很多，主要有离心水泵、潜水泵、深井泵、泥浆泵等。建筑施工中主要使用的是离心式水泵。离心式水泵中又以单级单吸式离心水泵为最多。“单级”是指叶轮为一个，“单吸”指进水口为一面。水泵主要由泵座、泵壳、叶轮、轴承盒、进水口、出水口、泵轴、叶轮组成。

6.8.2.2　水泵的安全使用要求

(1) 离心水泵的安全操作要点

① 水泵的安装应牢固、平稳，有防雨、防冻措施。

② 多台水泵并列安装时，间距不小于 80 cm，管径较大的进出水管，必须用支架支撑，转动部分要有防护装置。

③ 电动机轴应与水泵轴同心，螺栓要紧固，管路密封，接口严密，吸水管阀无堵塞，无漏水。

④ 启动时，先将出水阀关闭，启动后再逐渐打开。

⑤ 运行中，若出现漏水、漏气、填料部位发热、机温升高、电流突然增大等不正常现象，应立即停机检修。

⑥ 水泵运行中,不得从机上跨越。

⑦ 升降吸水管时,要站到有防护栏杆的平台上操作。

⑧ 应先关闭出水阀、后停机。

(2) 潜水泵安全操作要点

① 潜水泵宜先装在坚固的篮筐里再放入水中,亦可在水中将泵的四周设立坚固的防护围网。潜水泵应直立于水中,水深不得小于 0.5 m,不得在含泥沙的水中使用。

② 潜水泵放入水中或提出水面时,应切断电源,严禁拉拽电缆或出水管,电缆不得与井壁、池壁相摩擦。

③ 潜水泵应装设保护接零和漏电保护装置,工作时泵周围 30 m 以内水面,不得有人、畜进入。

④ 启动前必须认真检查,水管结扎要牢固,放气、放水、注油等螺塞均应旋紧,叶轮和进水节应无杂物,电缆绝缘良好。

⑤ 接通电源后,应先试运转,应检查并确认旋转方向正确,在水外运转时间不得超过 5 min。

⑥ 应经常观察水位变化,叶轮中心至水面距离应在 0.5～3.0 m,泵体不得陷入污泥或露出水面。

⑦ 新泵或新换密封圈后的水泵,在使用 50 h 后,应旋开放水封口塞,检查水、油的泄漏量。当泄漏量超过 5 mL 时,应进行 0.2 MPa 的气压试验,查出原因,予以排除,以后应每月检查一次。

⑧ 经过修理的油浸式潜水泵,应先经 0.2 MPa 气压试验,检查各部无泄漏现象,然后将规定使用的润滑油加入上、下壳体内。

⑨ 当气温降到 0 ℃以下时,在停止运转后,应从水中提出潜水泵擦干后存放室内。

⑩ 每周应测定一次电动机定子绕组的绝缘电阻,其值应无下降。

(3) 深井泵安全使用要点

① 深井泵应使用在含砂量低于 0.01%的清水源,泵房内设预润水箱,容量应满足一次启动所需的预润水量。

② 新装或经过大修的深井泵,应调整泵壳与叶轮的间隙,叶轮在运转中不得与壳体摩擦。

③ 深井泵在运转前应将清水通入轴与轴承的壳体内进行预润。

④ 启动前必须认真检查,要求底座基础螺栓已紧固,轴向间隙符合要求,调节螺栓的保险螺母已装好,填料压盖已旋紧并经过润滑,电动机轴承已润滑,用手旋转电动机转子和止退机构均应灵活有效。

⑤ 深井泵不得在无水情况下空转,水泵的一、二级叶轮应浸入水位 1 m 以下,运转中应经常观察井中水位的变化情况。

⑥ 运转中发现基础周围有较大振动时,应检查水泵的轴承或电动机填料处磨损情况。当磨损过大而漏水时,应更换新件。

⑦ 已经吸入或排出过含有泥沙的深井泵,在停泵前应用清水冲洗干净。

⑧ 停泵前,应先关闭出水阀,切断电源,锁好开关箱。冬期停用时,应放净泵内积水。

(4) 泥浆泵安全使用要点

① 泥浆泵应安装在稳固的基础架上或地面上，不得松动。

② 启动前，检查各连接部位是否牢固，电动机旋转方向是否正确，离合器是否灵活可靠，管路连接是否牢固，密封是否可靠，底阀是否灵活有效。

③ 启动前，吸水管、底阀及泵体内应注满引水，压力表缓冲器上端应注满油。

④ 启动前，应使活塞重复2次，无阻梗时方可空载启动。启动后，应待运转正常，再逐步增加荷载。

⑤ 运转中，应经常测试泥浆含砂量，不得超过泥浆的10%。

⑥ 有多档速度的泥浆泵，在每班运转中应将几档速度分别运转，运转时间均不得少于30 min。

⑦ 运转中不得变速，当需要变速时，应停泵进行换挡。

⑧ 运转中，当出现异响或水量、压力不正常或有明显高温时，应立即停泵检查。

⑨ 在正常情况下，应在空载时停泵。停泵时间较长时，应全部打开放水孔，并松开缸盖，提起底阀水杆，放尽泵体及管道中的全部泥沙。

⑩ 长期停用时，应清除各部的泥沙、油垢，将曲轴箱内的润滑油放尽，并应采取防锈、防腐措施。

6.8.3 装修机械

装修机械是对建筑物结构的面层进行装饰施工的机械，是提高工程质量、作业效率、减轻劳动强度的机械化施工机具。装修机械的种类较多，按用途划分为灰浆制备机械、灰浆喷涂机械、涂料喷刷机械、地面修整机械等。

6.8.3.1 灰浆制备机械

灰浆制备机械是装修工程的抹灰施工中用于加工抹灰用的原材料和制备灰浆用的机械，主要包括筛沙机、淋灰机、灰浆搅拌机、纸筋灰拌和机等，其中使用量较大的为灰浆搅拌机。

(1) 浆搅拌机种类

灰浆搅拌机是用来搅拌灰浆、砂浆的拌和机械。按搅拌方式划可分为立轴强制搅拌、单卧轴强制搅拌；按卸料方式划可分为活门卸料和倾翻卸料；按移动方式划可分为固定式和移动式。

(2) 灰浆搅拌机的安全使用要点

① 固定式搅拌机应有牢靠的基础，移动式搅拌机应采用方木或撑架固定，并保持水平。

② 作业前应检查传动机构、工作装置、防护装置等是否牢固可靠。检查三角胶带松紧度是否适当。检查确保搅拌片和筒壁间隙在3～5 mm，搅拌机两端保持密封良好。

③ 启动后，应先空运转，检查搅拌叶旋转方向正确后，方可加料加水，进行搅拌作业。另外，加入的沙子应过筛。

④ 运转中，不得将手或木棒等伸进搅拌筒内，或在筒口清理灰浆。

⑤ 作业中，如发生故障不能继续运行时，应立即切断电源，将筒内灰浆倒出，进行检修，排除故障。

⑥ 作业中，应确保固定式搅拌机的上料斗能在轨道上平稳移动，并可停在任意位置。料斗提升时，严禁斗下站人。

⑦ 作业后，应清除机械内外水泥砂浆和积料，用水清洗干净。

6.8.3.2 灰浆喷涂机械

灰浆喷涂机械是指对建筑物的内外墙及顶棚进行喷涂抹灰的机械，包括灰浆输送泵以及输送管道、喷枪、喷枪机械手等辅助设备。灰浆输送泵按结构分为柱塞泵、挤压泵、隔膜泵等。

6.8.3.3 涂料喷刷机械

涂料喷刷机械是对建筑物外墙表面进行喷涂装饰施工的机械，其种类很多，常用的有喷浆泵、高压无气喷涂机等。

(1) 喷浆泵

喷浆泵是主要作用为建筑物饰面喷石灰浆和大白浆的专用机具，具有结构紧凑、性能稳定、操作方便、喷涂均匀等特点。按其结构不同可分为回转式、柱塞式、气压式等，常用的为回转式。

(2) 高压无气喷涂机

高压无气喷涂机是利用高压泵输送的高压涂料经过喷枪的特殊喷嘴，把涂料均匀雾化，实现高压无气喷涂工艺的机具。按其动力源可分为气动、电动、内燃 3 种；按涂料泵构造不同可分为活塞式、柱塞式、隔膜式 3 种。活塞式或柱塞式因直接接触涂料，容易磨损。而隔膜式不直接接触涂料，使用寿命长，适用于喷涂油料及水性涂料，因而成为涂料喷刷的常用机型。

(3) 高压无气喷涂机的使用安全

① 启动前，调压阀、泄压阀应处于开启状态，吸入软管、回路软管接头和压力表、高压软管及喷枪等应连接牢固。

② 使用喷涂燃点在 21 ℃以下的易燃涂料时，必须接好地线，地线的一端接电动机零位置，另一端应接涂料桶或被喷射的金属物体。喷涂机不得与被喷涂物放在同一房间内，周围严禁有明火。

③ 作业前，应先空载运行，然后用水或溶剂进行运转检查，确认正常后方可作业。

④ 喷涂作业中，当喷枪堵塞时，应先将枪关闭，使喷嘴手柄旋转 180°，再打开喷枪用压力排出堵塞物。当堵塞严重时，应停机卸压后，拆下喷嘴，排除堵塞。

⑤ 不得用手指试高压射流，严禁将喷嘴正对他人。喷涂间隙时，应随手关闭喷枪安全装置。

⑥ 高压软管的弯曲半径不得小于 250 mm，也不得在尖锐的物体上挤压高压软管。

⑦ 作业中，当停歇时间较长时，应停机卸压，将喷枪的喷嘴放入溶剂中。

⑧ 作业后，应彻底清洗喷枪，清洗时不得将溶剂喷回小口径的溶剂桶内。

6.8.3.4 地面修整机械

地面修整机械是对混凝土地面进行磨平、抹光的地面修整机械，常用的为水磨石机和地面抹光机。

(1) 水磨石机

根据不同的作业对象和要求，水磨石机的种类如下：

① 单盘旋转式和双盘对转式，主要用于大面积水磨石地面的磨平、抛光作业。

② 小型侧卧式，主要用于墙裙、踢脚、楼梯踏步、浴池等小面积地面的磨平、抛光作业。

③ 立面式主要用于各种混凝土、水磨石的墙壁、墙围的磨光作业。

其中金刚石水磨石机的磨盘是在耐磨材料中加入一定量人造金刚石制成的，由于其磨削质量好而得到普遍使用。

(2) 地面抹光机

地面抹光机主要适用于水泥砂浆和混凝土路面、楼板、屋面板等表面的抹平压光。具体分类如下：

① 按动力源划分，有电动、内燃两种。

② 按抹光装置划分，有单头、双头两种。后者适用范围广，抹光效率高。

(3) 水磨石机的使用安全

① 水磨石机宜在混凝土达到设计强度的 70%～80%时进行磨削作业。

② 作业前，应检查并确认各连接件紧固，当用木槌轻击磨石时，发出无裂缝的清脆声音，方可施工作业。

③ 电缆线应离地架设，不得放在地面上拖动。电缆线应无破损，保护接地良好。

④ 在接通电源和水源后，应手压扶把使磨盘离开地面，再启动电动机，并应检查确认磨盘旋转方向和箭头指示方向一致，待运转正常后，再缓慢放下磨盘，进行作业。

⑤ 作业中，冷却水不得中断，用水量应调至工作面不发干。

⑥ 作业中，当发现磨盘跳动或异响时，应立即提升磨盘，然后关机检查。

⑦ 更换新磨石后，应在废弃水泥制品表面试磨 1～2 h，待金刚石切削刃磨出后再投入使用。

⑧ 作业后，应切断电源，清洗各部位的泥浆，放置在干燥处，防止水淋。

思　考　题

1. 简述施工机械使用过程中的主要危险源。
2. 简述土工机械的种类及安全使用要求。
3. 简述桩工机械的种类及安全使用要求。
4. 简述混凝土搅拌机的安全使用要求。
5. 起重机械有哪些种类，以及如何选择？
6. 简述钢筋预应力机械的安全使用要点。
7. 电焊机的安全使用要点有哪些？
8. 木工机械的安全使用要点有哪些？
9. 简述机动翻斗车的安全使用要点。
10. 简述水泵的安全使用要点。
11. 查阅并学习《建筑工程安全生产管理条例》中对施工机械使用的有关规定。
12. 搜集并分析由于机械造成安全事故及其原因。

第 7 章

地下工程施工安全

地下工程是指建造在土层或岩石层中的各种建筑物和构筑物施工工程。随着科学技术的发展，地下工程施工技术不断进步、完善和成熟，日趋自动化、信息化，工程风险日益减少。但相对于其他行业而言，地下工程中的不确定因素更多，更容易发生重大安全生产事故，而且在地下工程施工过程中，不同的施工方法、不同的地质条件发生事故的概率也不尽相同。因此，地下工程施工期的安全问题成为施工安全研究的重点之一。本章首先介绍地下工程的施工特点，分析地下工程施工的危险因素、常见事故及其诱发因素，然后讲述了地下工程常见的施工方法，最后讲解了地下工程施工时的安全技术措施和管理措施。

7.1 地下工程施工风险分析

7.1.1 地下工程的施工特点

地下工程施工与地面建筑工程施工相比，在很多方面有其自身的特殊属性，主要表现在下列几个方面。

（1）工程地质和水文地质的决定性

由于地下工程整体埋于地下，因此场地的工程地质和水文地质条件对工程施工的成败起着重要的，甚至是决定性的作用。

（2）工程受力的特殊性

地下工程是在处于自然状态下的地质体内进行施工的，在工程施工之前就存在着应力环境，即地应力。因此，施工时是先有荷载、后形成结构的。

（3）工程材料特性的不确定性

地下工程所涉及的工程材料，除支护材料性质可控制外，其余工程围岩均属于难以预测和控制的地质体。由于地质体不仅本身材料性质复杂，而且其内包含大量的断层、节理、夹层等不连续介质，因此施工时在空间和时间上都存在着较大程度的不确定性。

① 在空间上，不同位置围岩的地质条件及力学性质存在着很大的差异。

② 在时间上，围岩的力学特性随时间的发展而发生变化。

(4) 工程荷载的不确定性

地质体不仅会对支护结构产生荷载,同时它本身也是一种承载体。但由于工程材料力学性质的不确定性,因此作用到支护结构上的荷载不仅难以确定,还会随着支护类型、支护时间和施工工艺的不同而变化。

(5) 破坏模式的不确定性

地下工程的破坏模式不仅取决于岩土体结构、地应力、地下水条件等地质环境因素,还与支护结构类型、支护时间以及施工工艺密切相关。因此,其破坏模式难以准确确定。

(6) 地下工程信息的不完备性

地下工程信息只能根据有限的工作面获取,因而所获取的信息是有限的、不充分的、模糊的,甚至有时候是错误的。比如施工段围岩的节理特征、充填物性质以及岩性等的描述难以定量化,只能是定性描述,因而难免存在模糊性。

7.1.2 地下工程施工的危险因素分析

地下工程施工时的危险因素按工程施工的进展过程,以及其他因素的作用或影响,可以分为以下几种:

(1) 施工技术危险因素

主要体现在以下几个方面:新技术、新方法的应用困难或失败,施工工艺的落后,施工技术与方案不合理,施工进度不合理,现场工作不均衡系数大,地下施工技术问题的不确定性,爆破控制不当,地下轴线定位偏差,地下变形超出控制以及质量检测技术失误等。

(2) 环境危险因素

① 自然环境因素,主要包括降雨量、洪水、风速、地下水、地形、地质条件以及一些引起意外事故的危险因素等。

② 人为环境因素,主要包括政治环境、风俗环境等方面的因素。

(3) 设备和材料危险因素

① 设备危险因素,主要包括地下掘进机损坏、刀具磨损过快、施工设备备件短缺、施工设备维修不当,以及设备安装调试失误等。

② 材料危险因素,主要包括原材料、成品或半成品的品种和数量的差错,质量和规格不合格,运输存储不当,施工损耗过快,以及特殊材料或新材料质量的不稳定性等。

(4) 管理危险因素

主要包括施工控制计划不完善、施工控制计划可操作性差、施工控制计划组织机构人员不落实、施工控制信息不畅通、有效控制方法落后等。

(5) 人为危险因素

① 管理人员素质差、承包商和监理工程师不合作等。

② 人员的疏忽、欺骗或不忠实行为、罢工、盗窃、民众骚扰等。

(6) 资料信息危险因素

所有调查、勘察和设计等方面的资料和信息可靠性对于施工皆是危险因素,该部分危险因素是隐含在其他危险因素中的。这种危险因素对整个风险评估系统的准确性和可靠性的影响是十分巨大的,应予以重点考虑。

7.1.3 地下工程施工常见事故及诱发因素

根据已有资料统计分析发现,地下工程的安全事故主要集中在岩土体塌方、触电伤害、火工用品爆炸燃烧、交通工具和施工设备的机械伤害等方面。地下工程施工中一旦发生这些事故，往往造成很大的危害和损失。其中，又以塌方事故发生率最高，危害程度最大，多为群死群伤。

（1）塌方事故

地下工程施工中发生塌方事故的诱发因素是多方面的，主要有以下几种原因：

① 支护强度不够。地下工程的围岩压力是由围岩、超前支护、初期支护、仰拱，以及二衬所围成的拱圈等共同承载的。地下工程支护设计参数是依据围岩压力计算确定的，当爆破开挖施工中的钻爆控制不当时，将造成围岩承载能力降低，或者超前支护、初期支护施工中材料质量欠佳、用量不足，施工不规范等都会降低支护结构的强度，削弱支护的承载力。当支护不足以承受上部围岩压力时，即引发地下塌方事故。

② 开挖方法不当。根据地下工程的围岩级别，确定合理的开挖方法是非常重要的。地下开挖方法主要包括全断面法、台阶法、分部法、导坑法等多种形式，这些方法需要根据地质类型和围岩级别等恰当选用，如果选用不当，将会导致塌方。

③ 违反新奥法施工原则。新奥法施工原则包括：少扰动、早喷锚、勤测量、紧封闭等。若违背新奥法施工原则，如强爆破导致围岩松弛；长进尺导致循环作业时间拉长，喷锚滞后，围岩变形加剧；不及时施作仰拱和二衬，封闭不及时等，都将会增加地下塌方的可能性。

④ 地质灾害。地下工程中因地质灾害所引发的事故也非常多。往往是在施工过程中不清楚不良地质的情况下，没有及时采取有针对性的处理措施，而仍沿用原有的施工方法造成安全事故的发生。不良地质条件主要体现在岩爆、节理发育、岩石走向垂直、岩石间有渗透水、岩层间有泥夹层、出现断层带等。

（2）触电伤害事故

地下工程施工既涉及照明用电，又涉及动力用电，而且施工用电设备较多，所以用电量较大，加之地下工程施工的空间相对狭窄，又存在大量施工人员，各工序间往往存在着交叉作业。同时，不少地下洞内排水系统不完善，洞内污泥浊水导致用电环境恶劣，这些原因导致了触电伤害事故的发生率居高不下。

（3）爆炸物品事故

地下工程施工中钻爆法是主要方法之一，这就决定了整个地下施工需要大量的爆炸物品。爆炸物品从采购、押运、保管、使用都有严格的规定，无论哪个环节出了问题，都会引发重大安全事故。实际上，在地下工程施工过程中，爆炸物品管理经常都会出现不到位的地方，如爆炸物品进出库的数量对不上、雷管和炸药有时会出现一个人领用的情况；爆破作业时，有时会出现施工人员还没有完全撤离至安全地带就起爆了，这些管理和使用不当的行为都会增加安全事故的概率。

（4）交通和机械事故

地下施工过程中，交通事故、机械事故时有发生，主要原因有：操作司机水平不够或精神状态不佳，疲劳驾驶；施工人员进入施工作业的危险区域，如机械运转过程中，施工人员闯入机械回转半径内；管理人员违章指挥，施工人员冒险作业等。

7.2 地下工程的施工方法

地下工程按地层性质的不同，分为土层中的地下工程和岩层中的地下工程。岩层中地下工程的施工，掘进比较困难，一般都采用钻爆法或掘进机进行开挖；土层中的地下工程，在掘进时相对比较容易，常用的施工方法有：明挖法、暗挖法、盾构法、盖挖法、沉管法、顶管法、沉井、非开挖技术等。施工前，要根据地质条件、断面大小、支护方式、工期要求以及施工设备、技术等条件，选定掘进方式。地下工程施工内容主要包括地下工程的基本作业、辅助作业、环境控制和施工管理等。地下工程基本作业主要包括开挖、支护和衬砌3大技术。

7.2.1 钻爆法

钻爆法又称为矿山法，是通过钻孔、装药、爆破等作业进行开挖岩石的方法。这一方法从早期由人工用钎和锤等手动工具凿孔，用火雷管逐个引爆单个药包，发展到用凿岩台车或多臂钻车钻孔，用毫秒爆破、预裂爆破及光面爆破等爆破技术。钻爆法包括传统矿山法和新奥法。

7.2.1.1 矿山法

矿山法一般是指埋置于基岩、用传统钻爆法进行地下开挖的方法，是暗挖中较为常用的一种开挖方法。地下开挖后受爆破影响，造成岩体破裂形成松弛状态，随时都有可能坍落。基于这种松弛荷载理论依据，其施工方法是按分部顺序采取分割式一块一块地开挖，并要求边开挖边支撑以保证安全施工。该方法一般适用于线路埋深较大、地质条件较好的工程。

（1）矿山法的优缺点

① 优点：施工比较灵活，可以很快地开展开挖施工作业；可以开挖各种形状、尺寸、大小的地下洞室；设备和工艺简单，便于掌握；造价较低等。

② 缺点：开挖的地下洞壁不平整，容易造成超挖或欠挖；施工作业区有较大的危险，工作环境恶劣；施工对围岩的扰动范围及破坏程度较大，一方面增加了工作面的危险性，另一方面加大了支护工作量、支撑复杂，木料耗用多；施工作业进度较慢；对周围环境影响较大，在城市人口密集地区不能采用。

（2）矿山法地下开挖施工工序

矿山法地下开挖施工工序包括准备、布眼、钻孔、装药、填塞、爆破、通风、处理悬石和排渣等。

① 施工准备。做好施工前的人力物力准备工作，制定好相应的施工技术方案和安全专项方案。在开挖断面上布置炮眼前，测量出开挖断面的中线，并标上开挖断面的轮廓线。

② 布眼。根据围岩种类、地质情况、预期循环进尺等条件与要求，确定炮眼的数量、位置、深度和倾斜度及装药量。布眼的方式有多种，但其基本原则是尽量增大破碎岩石的临空面，以提高爆破效果。因此，掏槽眼就成为布眼的重点。

掏槽眼是开挖断面中第一排起爆的炮眼，其功能是首先将开挖断面的中央部位岩石爆破掏出，为后面各排爆破提供临空面。掏槽眼的布置原则是：炮眼位置应布于断面的中部或中下部，炮眼方向应尽可能垂直于岩层的层理；炮眼的数量，应视断面的大小而定；周边炮眼常布置在距设计断面轮廓线边缘0.2 m左右的地方；辅助炮眼的布置视具体施工情况而定。靠近轮廓线一般要用光面爆破,以控制轮廓尺寸,避免超挖,提高平整度,尽量减少对围岩的破坏。

③ 钻孔。按开挖断面上标示的布眼位置进行打眼作业。钻孔的方法较多,最早的方法是人工打钻,现在有风钻、钻机、钻车等。目前常用的是钻车,它是一种比较先进的机械化设备,多半是液压电动轮式,小型的只有 1 把钻,大型的可以有 3 把钻,称为多臂台车。

④ 装药和填塞。每个炮眼装药前要用扫眼器将炮孔扫干净,最好使用扫眼漏斗,使吹扫、装药工作平行作业,缩短时间。装药时,掏槽眼装药最多,周边孔装药较少。填塞时,可以用土和黏土的混合物填塞。

⑤ 爆破。为了提高爆破效果,同时减少爆破对周围建筑及对围岩的破坏,一个断面上将炸药分成许多组,逐组爆破。中心掏槽眼附近各组之间可以相隔几毫秒起爆,靠近外边几组可以各相隔 1 s 或 2 s 起爆。常用的起爆方法有火花起爆、电力起爆和导爆管起爆 3 种。火花起爆法是用火雷管和导火索起爆,通过点燃导火索引燃雷管的起爆药卷。电力起爆法是用电雷管和导线连成爆破网络,通过接通电源起爆。导爆管起爆法是通过导爆管传递冲击波从而引爆与其相连的雷管起爆。其中,由于火花起爆存在很多不可确定因素,危险性较大,效率较低,因此逐渐被淘汰。

⑥ 通风。施工通风不仅可以降低凿岩的粉尘,冲淡和排除爆破后产生有害气体,而且还可以补充新鲜空气。通风方式包括压入式、吸出式和混合式。

⑦ 清撬及辅助工作。清撬是在爆破后将已完全松动、但未掉落的石块撬下来。爆破通风后,首先接通照明线路,进行清撬;然后处理哑炮,设置临时支撑。确认工作面无危险隐患后,方可进行其他工作。

⑧ 排渣。地下施工中排渣是关键工序,关系到工作效率和施工进度。排渣设备总体上分装卸设备和运输设备。

7.2.1.2 新奥法

新奥法与传统矿山法有着本质的区别,它是奥地利新的隧道修筑法的简称,简写为 NATM,是 20 世纪 60 年代奥地利人总结前人的地下工程实践经验后提出的一套地下设计、施工新技术。新奥法是应用岩体力学理论,以维护和利用围岩的自承能力为基点,采用锚杆和喷射混凝土为主要支护手段,及时地进行支护,控制围岩的变形和松弛,使围岩成为支护体系的组成部分,并通过对围岩和支护的量测、监控来指导地下工程设计与施工的方法。

(1) 新奥法的优缺点

① 优点:经济、快速、安全、适应性强,开挖之后及时做好支护,可防止岩体较大的松弛破坏,一次支护之后,不断进行现场监测,一旦发现变形过大过快或其他不良征兆,可以及时加固支护;可以有效地控制地表沉降量;施工有较大的灵活性,依照地质条件的变化,能够及时修改支护设计;可以有效地保证防水层的防水效果。

② 缺点:施工要求较高,不仅要有良好的施工组织和管理,也要求技术人员和测量人员都十分熟练;开挖暴露出的地质会立即改变其状态,要求施工地质人员要亲临现场,以便发现问题;需要采用能控制的施工量测技术,往往给施工带来不便;干喷射带来的灰尘以及由于化学药品的损害,必须加强防护,尤其是对眼睛的防护,虽然也可以采用湿喷,但同样条件下,不如干喷能够有效地支护岩体。

(2) 新奥法的基本原理

新奥法的基本观点：将岩体视为连续介质，根据岩体具有黏性、弹性及塑性的力学性质，在洞室开挖时围岩应力重分布而产生松动破坏有一个时间效应的动态特点，适时采用薄壁柔性支护结构，如锚喷支护，与围岩紧密贴合起来共同作用，从而充分利用了围岩的自身承载能力，以达到围岩稳定的目的。而传统的施工方法基本出发点是以松动围岩压力理论为基础，以支撑松动围岩荷载为目标，是被动受力，因而其支撑结构必然需要足够强度的刚性结构。新奥法的基本原理可以归纳为：

① 充分保护围岩，减少对围岩的扰动。开挖施工时，应采取控制爆破措施，尽量减少对围岩的破坏程度。

② 充分发挥围岩的自承能力。根据岩体具有弹、塑性的物理性质，研究围岩的应力、应变状态，施工时将其变形发展控制在允许的范围内，并及时采取支护措施，以保持围岩稳定。

③ 尽快使支护结构闭合。施作的支护结构应与围岩紧密结合，既要具有一定的刚度，以限制围岩变形自由发展，防止围岩松散破坏，又要具有一定的柔性，以适应围岩适当的变形，使作用在支护结构上的变形压力不致过大。

④ 加强监测。根据监测数据指导施工，设置固定的观测系统，检测围岩的位移及其变形速率，并进行必要的反馈分析，正确估计围岩特性及随时间的变化，及时调整开挖及支护方式，以确定施作初期支护的有利时机和是否需要补强支护等措施。

新奥法的基本原理可以简明扼要地概括为“短进尺、弱爆破、紧封闭、早喷锚、勤测量”。

(3) 新奥法施工过程

地下工程新奥法的施工程序可以总结为：开挖、一次支护、二次支护。

① 开挖：新奥法的开挖作业和传统矿山法基本相同，依次包括钻孔、装药、爆破、通风、出渣等。为了充分利用围岩的自身承载能力，开挖应采用光面爆破(控制爆破)或机械开挖，并尽量采用全断面开挖，地质条件较差时可采用分块多次开挖，而且开挖作业应与一次支护作业同时交叉进行。一次开挖长度应根据岩质条件和开挖方式确定，岩质条件好时，长度可以大一些，岩质条件差时，长度可以小一些。

② 一次支护。主要包括一次喷射混凝土、打锚杆、联网、立钢拱架、复喷混凝土等工序。在隧洞开挖后，应尽快喷射一层薄混凝土。完成第一次支护的时间非常重要，一般应在开挖后围岩自稳时间的1/2时间内完成。

③ 二次支护。一次支护后，在围岩变形趋于稳定时，进行第二次支护和封底，即永久性支护，起到提高安全度和使整个支护承载能力增强的作用，二次支护时间可由监测结果确定。

(4) 新奥法的主要技术手段及作用

光面爆破、喷锚支护和现场量测是新奥法施工的3大支柱技术手段。

① 光面爆破。光面爆破是利用岩石的抗拉强度远小于其抗压强度的这一特性，采用微差引爆，并靠周边多个炮眼同时起爆来实现的。其主要特点是：开挖后岩体的周边轮廓面能较好地达到设计要求，超挖、欠挖量少。据统计，光面爆破的超挖量约为8%，而一般爆破为15%～30%，甚至更大；岩面平整，起伏小；对围岩扰动轻微，岩面上不产生明显的延伸较长的爆破裂缝和“振酥”现象。实测资料表明，光面爆破所引起的围岩松动圈的深度为普通爆破的1/2～1/3，对维护围岩的稳定性和原有的围岩抗力具有显著的作用。

② 喷锚支护。为及时有效地控制围岩变形，维护和调动围岩的自承能力，采用与围岩紧密结合的柔性混凝土层和锚杆是一种理想的支护形式。喷锚支护是通过喷射混凝土、锚杆和被支护的岩体之间形成一个联合支护结构。每根锚杆用砂浆与围岩固结，依靠锚杆群体的联合作用以及喷射混凝土的黏结作用，形成一个坚固的承载拱，改变了原来应力降低区内岩体的松散状态，使岩体由施加荷载转化为承担荷载的结构。锚杆一般应穿过松动区，深入到稳定区一定深度，长度一般控制在 2～5 m。喷射混凝土和锚杆施作的时间，应紧跟开挖面，以防止岩体塑性变形增大。根据需要可在喷射混凝土内设置金属网，以增加强度和整体性。喷锚支护一般可采用“喷→锚→喷”的施工顺序进行。

③ 现场量测。现场量测是新奥法的重要内容之一。新奥法的安全性和经济性是通过把量测结果及时反馈到下一阶段的设计和施工中来实现的。因此，快速、准确地进行现场量测和数据处理是成功应用新奥法的关键技术环节。正因为如此，新奥法的临时支护设计应包括详细周密的量测布置，量测应包含变形和应力的量测，以便系统地控制围岩和衬砌的变形和应力。

7.2.2 明挖法

明挖法是软土地下工程施工中最基本、最常用的方法之一，适用于埋深较浅、施工场地比较开阔的地下工程。明挖法施工是先将地表土层挖开一定深度，形成基坑，自基底由下向上的顺序施工，完成隧道主体结构，最后回填基坑或恢复地面的施工方法。明挖法按开挖方式可分为敞口放坡开挖法、支挡开挖法和地下连续墙法等。本节主要介绍一下敞口放坡开挖法和地下连续墙法。

7.2.2.1 明挖法的优缺点

(1) 明挖法的优点

① 适应性强，可以适应任何土体及不同类型的结构形式。

② 施工面宽敞，各项工序可以全面展开，进行平行流水作业，可以安排较多的劳动力同时施工，便于大型、高效的施工机械使用，因而施工速度快。

③ 施工工艺简单，便于操作，工程质量易于保证。

④ 工程造价低。

(2) 明挖法的缺点

① 明挖法对周围环境影响大，常带来尘土、噪声污染，对地面交通、商业活动以及居民生活的影响比暗挖法大。

② 随着埋深的增加，明挖法的工程费用、工期都将增加；当地下水位较高时，降水和地层加固费用也非常高。

③ 破坏生态环境。

④ 劳动强度高，工人施工环境恶劣。

7.2.2.2 敞口放坡开挖法

敞口放坡开挖法也称作敞口基坑法，包括全放坡开挖和半放坡开挖两种。全放坡开挖是指基坑采取放坡开挖不进行坑壁支护，根据地质条件采用相应的边坡坡度，分段开挖至所需位置后再进行结构施工，完成后进行回填；半放坡开挖是在基坑底部设置一定高度的悬臂式桩加强土壁稳定性。此法施工简单，成本较低，但占地面积大，开挖和回填土方量大。

(1) 适用条件

敞口开挖法适用于地势平坦、地面空旷，土质稳定，地下水位较低的场地条件。但由于这种施工方法需要的拆迁量大、土方挖填量大，而且易造成工程区域的交通中断，因此在道路狭窄、交通繁忙的地区是不可行的。在敞口开挖施工中，基坑开挖对于附近建筑物、地下埋设物的影响在施工管理中应充分考虑。

(2) 施工开挖及注意事项

对于放坡开挖，目前常用的方法有人工开挖、小型机械开挖和大型机械开挖。其中，人工开挖效率低，劳动强度大，一般只在土方量小的情况下采用。小型开挖机械一般在施工空间受限而无法采用大型机械的情况下采用。对于大面积的土方开挖，常采用单斗挖土机、铲运机等大型机械，其工作效率高，可以大大节约人力，加快施工速度。但由于机械挖土对土的扰动较大，且不能准确地将基底挖平，容易出现超挖现象，因此要求施工中机械挖土只能挖至基底以上 20～30 cm 的位置，其余土方需采用人工或其他方法挖除。

如果设计没有周全地考虑施工情况，或者设计与施工情况不相符合，而敞口开挖法没有对基坑进行支护，那么施工中很容易造成边坡失稳。因此，在设计与施工过程中应特别注意下列几点：

① 设计时要根据土层的物理力学性质确定基坑边坡的坡度及高度。

② 不要在已开挖的基坑边坡的影响范围内进行动力打入或静力压入的施工活动，如果必须打桩，则应对边坡进行削坡和减载。

③ 不要在基坑边坡堆放过重荷载，若需要在坡顶堆载或行驶车辆时，必须对边坡稳定性进行核算。

④ 施工组织设计应有利于维持基坑边坡稳定，如土方出土宜从已开挖部分向未开挖方向后退，不宜沿已开挖边坡顶部出土。施工时，应采用由上至下的开挖顺序，不得先切除坡脚。

⑤ 注意地表水的合理排放，防止地表水流入基坑或渗入边坡。

⑥ 采用井点等排水措施，降低地下水位。

⑦ 注意现场观测，发现有边坡失稳先兆时，应立即停工，并采取有效措施，提高施工边坡的稳定性。

7.2.2.3 地下连续墙

地下连续墙是在地面上采用一种挖槽机械，沿着深开挖工程的周边轴线，在泥浆护壁条件下，开挖出一条狭长的深槽，清槽后，在槽内吊放钢筋笼，然后用导管法灌筑水下混凝土筑成一个单元槽段，如此逐段进行，在地下筑成一道连续的钢筋混凝土墙壁，作为截水、防渗、承重、挡水结构。

(1) 适用条件

通常情况下，地下连续墙的成本相对较高，因此，对其选用需经过认真的经济技术比较后才可决定采用。以下几种情况宜采用地下连续墙：

① 处于软弱地基的深大基坑，周围又有密集的建筑群或重要的地下管线，对基坑工程周围地面沉降和位移有严格限制的地下工程。

② 受环境条件的限制或由于水文地质和工程地质条件的复杂性，很难采用人工降水的地下工程。

③ 既作为土方开挖时的临时基坑围护结构，又可用作主体结构一部分的地下工程。

（2）地下连续墙主要施工工序

① 施工准备。施工前，应依据地质勘察报告和设计图纸，编制施工平面布置图及施工组织设计，并应按要求准备好施工时所需的设备。

② 修筑导墙。导墙也称为导向墙，一般是用钢筋混凝土浇筑的两道平行墙体。主要作用是控制地下连续墙施工精度，规定沟槽的位置走向，可作为量测挖槽标高、垂直度的基准，维护槽口稳定，避免塌方，储存泥浆，支承钢筋笼、灌注混凝土用的导管、接头管等施工设备的荷载。

③ 槽段开挖，是地下连续墙施工中的重要环节，约占工期的1/2。首先根据土质情况和地下连续墙深度选择成槽机具，并规划好挖槽顺序。地下连续墙是分段施工的，每一段称为一槽段，是一次灌注混凝土的单位。槽宽取决于设计墙厚，一般为 60 cm、80 cm、100 cm。

④ 泥浆护壁。在地下连续墙挖槽过程中，要使用膨润土泥浆进行护壁。泥浆的作用是护壁、携渣、冷却机具和润滑切土等，其中护壁为最重要的功能。泥浆具有一定的密度，在对槽壁有一定的静水压力，而且泥浆能渗入土壁形成一层透水性很低的泥皮，有助于维护土壁的稳定性。

⑤ 槽段连接。地下连续墙每个槽段之间靠接头连接。在单元槽内，土体被挖出后，先在槽段的一端安放接头管，再吊入钢筋笼，浇筑混凝土，最后逐渐将接头管拔出，形成半圆形接头。

⑥ 设置钢筋笼。钢筋笼应在清槽后 3～4 h 内吊装完毕。吊装时，最好按单元段组成整体吊装。

⑦ 灌注混凝土。地下连续墙混凝土是用导管在泥浆中灌注的。浇灌混凝土前要测定槽底残留的土渣厚度，必要时要进行清底。混凝土灌注过程中不得中断，尽量在 4～5 h 内完成。

7.2.3 浅埋暗挖法

遵循新奥法理论，结合国内软弱围岩地层条件，王梦恕院士在 1986 年北京地铁复兴门车站折返线工程施工中提出了浅埋暗挖法。开挖中采用多种辅助施工措施加固围岩，充分利用围岩的自承载能力，开挖后及时支护，封闭成环，使其与围岩共同作用形成联合支护体系，有效地控制围岩过大变形的一种综合施工技术。当时采用浅埋暗挖施工取得了很大的经济效益和社会效益，随后原铁道部等相关部门讨论后确定采用“浅埋暗挖法”这个名称，原建设部将其命名为国家级工法。

7.2.3.1 浅埋暗挖法适用条件

（1）地质条件

浅埋暗挖法适用于不宜明挖施工的土质或软弱无胶结的砂、卵石等第四纪地层，而且对于高水位的类似地层，采取堵水或降水、排水等措施后也适用。

（2）环境条件

对于结构埋置浅、地面建筑物密集、交通运输繁忙、地下管线密布且对地表沉陷要求严格的都市城区，如修建地下铁道、地下停车场、热力与电力管线，这项技术方法更为适用。

（3）结构形状

浅埋暗挖法对断面结构形状适应性也较强，不但可以轻易地做成圆形、马蹄形、矩形、多跨联拱等形状，而且对不同结构断面转化、衔接都较容易。

7.2.3.2　浅埋暗挖法不适用条件

浅埋暗挖法对地层的适应性虽然较广，但大范围的淤泥质软土、粉细砂地层、降水有困难或经济上不合算的地层，不宜采用浅埋暗挖法施工；采用浅埋暗挖法施工要求开挖面具有一定的自稳性，工作面土体的自立时间，应足以进行必要的初期支护作业，否则也不宜采用浅埋暗挖法施工。

7.2.3.3　浅埋暗挖法的特点

① 适用于各种地质条件。

② 不受气候、施工场地的影响。

③ 具有适合各种断面形式和变化断面的高度灵活性。

④ 通过分部开挖和辅助工法，可以有效地控制地表下沉和塌陷。

⑤ 与盾构法比较，简单易行，不需要太多专用设备。

⑥ 灵活方便，在较短的开挖地段使用也较经济。

⑦ 与明挖法比较，可以极大地减轻对地面交通和商业活动的影响，避免大量的拆迁。

⑧ 从综合效益出发，是比较经济的一种方法。

⑨ 施工进度相对较慢。

⑩ 浅埋暗挖法支护主要由人工完成，施工质量人为因素较多，机械化程度不高，质量难以保证，施工过程对人身安全的危险性较大。

7.2.3.4　浅埋暗挖法施工原则

① 管超前：在工作面前方尚未开挖的地层中，沿地下拱部周边打入钢管（管棚），起超前支护作用，开挖后管与管之间的围岩有成拱效应。管棚形成钢支架，对围岩起支撑和抑制变形作用，以便提供能完成初期支护的时间。

② 严注浆：在导管超前支护后，立即进行压注水泥砂浆或其他化学浆液，填充围岩孔隙，使地下周围形成一个具有一定强度的壳体，以增强围岩的自稳能力。

③ 短开挖：指每个开挖循环距离要短，限制一次进尺的长度，这样才能做到开挖和支护时间尽可能短。

④ 强支护：在浅埋的松软地层中施工，初期支护必须十分牢固，应具有较大的刚度，以控制开挖初期的变形。

⑤ 快封闭：指开挖后初期支护要尽早封闭成环，提高初期支护的承载能力。

⑥ 勤测量：对地下施工过程进行经常性的量测，掌握施工动态，及时反馈，指导下一步的开挖工作，是浅埋暗挖法施工成败的关键。

7.2.3.5　浅埋暗挖法支护与新奥法支护的区别

浅埋地下因埋置深度较浅，覆盖厚度薄，一般暗挖法开挖的影响将波及地表。为了避免对地面建筑物及地层内埋设的线路管网的破坏，保护地面自然景观，减少对地上交通的影响，从而更好地适应周围环境的要求，必须严格控制围岩的沉降变形。因此，要求浅埋暗挖法的支护为刚性支护，要求支护承载力大、支护时间要尽可能提前，以控制围岩的变形。而新奥法的支护属于柔性支护，可以允许围岩有一定的变形。

7.2.4　盾构法

盾构法是暗挖法施工中的一种全机械化施工方法，是将盾构机械在地下推进，通过盾构外壳和管片支承四周围岩防止发生向内的坍塌，同时在开挖面前方用切削装置进行土体开挖，通过出土机械运出洞外，靠千斤顶在后部加压顶进，并拼装预制混凝土管片，形成地下结构的一种机械化施工方法。

7.2.4.1 盾构法的优缺点

(1) 盾构法的优点

① 除竖井施工外，施工作业均在地下进行，对附近居民及地面交通影响较小。

② 施工机械化程度高，施工人员少，易于管理，施工安全性好。

③ 地下的施工费用受埋深的影响小。

④ 在土质差、水位高、埋深大的地下施工，盾构法有较高的技术经济优越性。

⑤ 穿越江、河、海道时，不影响航运。

⑥ 施工不受气候条件的影响。

⑦ 施工速度快，精度高。

(2) 盾构法的缺点

① 施工曲线半径过小时，施工较为困难。

② 当覆土较浅时，开挖面稳定较为困难，而在水下施工时，盾构法施工需采取措施保证安全。

③ 盾构法地下一般为圆形断面，其他断面较少，对断面多变的区段适应能力差。

④ 采用全气压法施工时，施工条件差，劳动保护条件要求高。

⑤ 在饱和含水地层中，盾构法施工所用的拼装衬砌对防水的技术要求较高。

⑥ 新型盾构机购置昂贵，对施工区段短的工程不经济。

⑦ 不能完全防止盾构施工地区的地表沉降。

7.2.4.2 盾构法的适用条件

盾构法对所有地层都能适应，并且地层越差越能显示盾构法的优越性；在过江、过河、过群房的施工中盾构法比浅埋暗挖法具有优越性，但在过江(河)时应与沉管法进行综合技术经济比较；盾构覆土厚度在陆地上至少要大于1倍洞径，在江、河中覆土厚度至少要大于2～3倍洞径；盾构地下断面主要为圆形，对多断面的区段适应能力差。如果是单洞则要有足够的线间距，洞与洞及洞与其他建(构)筑物之间所夹土(岩)体加固处理的最小厚度为水平方向1.0 m，竖直方向1.5 m。

7.2.4.3 盾构法施工过程

盾构法施工的内容包括盾构的始发和到达、盾构的掘进、衬砌、压浆和防水等。

(1) 竖井设置

采用盾构法施工时，首先要在地下的始端和终端开挖基坑或建造竖井，用作盾构及其设备的拼装井(室)和拆卸井(室)，特别长的地下，还应设置中间检修工作井(室)。拼装和拆卸用的工作井，其建筑尺寸应根据盾构装拆的施工要求来确定。拼装井的井壁上设有盾构出洞口，井内设有盾构基座和盾构推进的后座。井的宽度一般应比盾构直径大1.6～2.0 m，以满足铆、焊等操作的要求。当采用整体吊装的小盾构时，则井宽可酌量减小。井的长度，除了满足盾构内安装设备的要求外，还要考虑盾构推进出洞时，拆除洞门封板和在盾构后面设置后座以及垂直运输所需的空间。中、小型盾构的拼装井长度，还要照顾设备车架转换的方便。盾构在拼装井内拼装就绪，经运转调试后，就可拆除出洞口封板，盾构推出工作井后即开始地下掘进施工。盾构拆卸井设有盾构进口，井的大小要便于盾构的起吊和拆卸。

(2) 盾构机的始发和到达

盾构机的始发是指利用临时拼装管片等承受反作用力的设备,将盾构机从始发口进入地层,沿所定的线路方向掘进的一系列施工作业。盾构的到达是指在保持围岩稳定的同时,先将盾构沿着所定的线路推进到竖井的到达面,然后从预先准备的开口面将盾构推出,或者是直到到达面的所定位置为止所进行的一连串作业。与正常掘进期间相比,盾构始发和到达环节也是最容易导致风险出现并演变为事故的阶段,此环节必须编制安全措施并认真执行。

(3) 土层开挖

在盾构开挖土层的过程中,为了安全并减少对地层的扰动,一般先将盾构前面的切口贯入土体,然后在切口内进行土层开挖,开挖方式如下:

① 敞开式开挖。该开挖方式适用于地质条件较好、掘进时能保持开挖面稳定的地层。由顶部开始逐层向下开挖,可按每环衬砌的宽度分数次完成。

② 机械切削式开挖。用装有全断面切削大刀盘的机械化盾构开挖土层,大刀盘可分为刀架间无封板的和有封板的两种,分别在土质较好的和较差的条件下使用。在含水不稳定的地层中,可采用泥水加压盾构和土压平衡式盾构进行开挖。

③ 挤压式开挖。使用挤压式盾构的开挖方式,又有全挤压和局部挤压之分。前者由于掘进时不出土或部分出土,对地层有较大的扰动,使地表隆起变形,因此地下位置应尽量避开地下管线和地面建筑物。此种盾构不适用于城市道路和街坊下的施工,仅用于江河、湖底或郊外空旷地区。用局部挤压方式施工时,要根据地表变形情况,严格控制出土量,务必使地层的扰动和地表的变形减少到最低限度。

④ 网格式开挖。使用网格式盾构开挖时,要掌握网格的开孔面积,格子过大会丧失支撑作用,过小会产生对地层的挤压扰动等不利影响。在饱和含水的软塑土层中,这种掘进方式具有出土效率高、劳动强度低、安全性好等优点。

(4) 渣土排运

掘进施工过程中,刀盘前方的土体被切削至土仓内,经过搅拌改良后,由螺旋机输送至放置在盾构机台车上的转渣装置,经过转渣装置水平横向运输后,经过长距离连续带式输送机运输至洞外,最后经过转渣带式输送机运到渣土池。

(5) 推进纠偏

推进过程中,主要采取编组调整千斤顶的推力、调整开挖面压力以及控制盾构推进的纵坡等方法来操纵盾构位置和顶进方向。一般按照测量结果提供的偏离设计轴线的高程和平面位置值,确定下一次推进时若干千斤顶开动及推力的大小,用以纠正方向。此外,调整的方法也随盾构开挖方式有所不同:敞开式开挖可用超挖或欠挖来调整;机械切削开挖可用超挖刀进行局部超挖来纠正;挤压式开挖可用改变进土孔位置和开孔率来调整。

(6) 衬砌拼装

常用液压传动的拼装机进行衬砌(管片或砌块)拼装。拼装方法根据结构受力要求,可分为通缝拼装和错缝拼装。通缝拼装可使管片的纵缝环环对齐,拼装较为方便,容易定位,衬砌圆环的施工应力较小,但环面不平整的误差容易积累。错缝拼装使相邻衬砌圆环的纵缝错开管片长度的1/2～1/3,衬砌整体性好,但环面不平整时容易引起较大的施工应力。衬砌拼装方法按拼装顺序可分为先环后纵和先纵后环两种。先环后纵法是先将管片(砌块)

拼成圆环，然后用盾构千斤顶将衬砌圆环纵向顶紧。先纵后环法是将管片逐块先与上一环管片拼接好，最后封顶成环。这种拼装顺序可轮流缩回和伸出千斤顶活塞杆，防止盾构后退，减少开挖面土体的走动。而先环后纵的拼装顺序，在拼装时须使千斤顶活塞杆全部缩回，极易产生盾构后退，故不宜采用。

(7) 衬砌压注

为了防止地表沉降，必须将盾尾和衬砌之间的空隙及时压注充填。压注后还可改善衬砌受力状态，并增进衬砌的防水效果。压注的方法有二次压注和一次压注。二次压注是在盾构推进一环后，立即用风动压注机通过衬砌上的预留孔，向衬砌背后的空隙内压入豆粒砂，防止地层坍塌；在继续推进数环后，再用压浆泵将水泥类浆体压入砂间空隙，使之凝固。因压注豆粒砂不易密实，压浆也难充满砂间空隙，不能防止地表沉降，已趋于淘汰。一次压注是随着盾构推进，当盾尾和衬砌之间出现空隙时，立即通过预留孔压注水泥砂浆，并保持一定的压力，使之充满空隙。压浆时要对称进行，并尽量避免单点超压注浆，以减少对衬砌的不均匀施工荷载，一旦压浆出现故障，应立即暂停盾构的推进。盾构法施工时，还需要配合进行垂直运输和水平运输，以及配备通风、供电、给水和排水等辅助设施，保证工程质量和施工进度，同时还须准备安全设施与相应的设备。

7.2.5 掘进机法

掘进机法是利用掘进机在岩石地层中暗挖隧道的一种施工方法，简称 TBM(tunnel boring machine)法，是利用回转刀盘并借助推进装置的作用力，从而使得刀盘上的滚刀切割岩面以达到开挖地下的目的。TBM 法目前已成为世界上长大隧道施工最有效、最先进的施工方法之一。掘进机法分为：全断面掘进机的开挖施工；独臂钻的开挖施工；天井钻的开挖施工；带盾构的 TBM 掘进法。

7.2.5.1 TBM 法的优缺点

(1) TBM 法的优点

① 掘进效率高，可以实现连续作业，施工速度快，工期短。特别是在稳定的围岩中长距离施工时，此特征尤其显著。

② 开挖施工质量好，且超挖量少。掘进机开挖的地下内壁光滑，不存在凹凸现象。

③ 对岩石的扰动小，几乎不产生松弛、掉块、崩塌的危险，可减轻支护的工作量，保证了周围围岩的稳定性。

④ 振动和噪声小，对周围的居民和结构物的影响小。

⑤ 施工安全。目前，TBM 法可在防护棚内进行刀具的更换，加之密闭式操纵室和高性能的集尘机的采用，使安全性和作业环境有了较大改善。

(2) TBM 法的缺点

① 掘进机的经济性较差。由于设备设计制造时间长、造价较高，因此工程建设投资高，很难用于短隧道施工。

② 对地质条件的适应性受到一定的限制，对复杂的地质条件，如断层、破碎带、涌水、坚硬岩石等的适应性较差。

③ 开挖断面的大小、形状变更难，在应用上受到一定的限制。

7.2.5.2 TBM 法的适用条件

(1) 工程地质条件

不良的地质条件不仅对TBM法的选择和施工速度有很大的影响，对能否采用TBM法也是决定性的因素。TBM法施工的地质调查主要内容是调查影响TBM法使用的地质条件，如地质的软硬、破碎带的位置及规模，地下水的涌水、膨胀性地质等对TBM法是否适合，以及影响TBM开挖效果的地质因素等。

① 影响选用TBM法的地质因素主要包括：

a. 地下地压。是否存在塑性地压是决定TBM法适用性的重要因素，对于有很大地压作用的围岩，工作面难以自稳，采用TBM法掘进是极为困难的。

b. 涌水状态。涌水地段或反复出现涌水的情况，TBM法的优点会丧失殆尽。

② 影响TBM法效率的地质因素主要包括：

a. 岩石强度和硬度。对于强度和硬度很大的岩石，刀具和刀盘的消耗过大，是不经济的。因此，要进行强度和硬度试验和矿物成分分析，主要是了解矿物中石英等硬物质的含量、粒径等。

b. 岩层的裂隙，对开挖效率影响很大。裂隙适度发育的岩层，即使抗压强度大，也能进行比较有效的开挖。但是，如果裂隙过于发育的岩石，也将影响TBM法的使用效率。

c. 破碎带等恶劣条件。在破碎带、风化带等难以自稳的条件下进行机械开挖，都需采取辅助方法配合施工。

(2) 机械条件

TBM法不仅受到地质条件的约束，还受到开挖直径、开挖机构的约束。一般在硬岩中，使用TBM法进行大直径的开挖是较为困难的。

(3) 开挖长度

掘进机械进入施工状态前，一般要经过运输、组装、调试等过程，这个准备过程一般要1～2个月。当隧道的长度较短时，包括机械购置费在内的成本较高，很不经济。工程实践表明，当地下长度在1 000 m以下时，运行成本急剧增大，到3 000 m左右时，成本基本一定。因此，TBM法适宜的长度最好是在3 000 m以上。

7.2.5.3 TBM的基本构成

(1) 开挖部

TBM开挖部的作用主要是通过挤压和剪切作用破碎岩层进行开挖。主要器具有滚刀、刀盘及其驱动装置。TBM掘进性能，主要与刀具的性能密切相关，因此开发长寿命、大型化的刀具是极为重要的。

(2) 反力支撑部

TBM的反力支撑部主要为支撑靴，它的作用是提供TBM推进和刀盘转动时所需的反力。为提供充分的反力和不损伤地下壁面，应该加大支撑靴的接触面积，以减少接地压力。支撑靴有盾构型支撑靴与敞开式支撑靴两种。

(3) 推进部

TBM的推进部主要使用推进千斤顶。推进时首先扩张支撑靴，固定机体在地下壁上，然后回转刀盘，开动千斤顶前进；推进一个行程后，缩回支撑靴，将支撑靴移到前方，重复前面的操作继续推进。

(4) 排土部

TBM的排土设备一般有带式运输机、喷射泵、螺旋式输送机等。

7.2.6 顶管法

顶管法是地下或地下管道穿越铁路、道路、河流或建筑物等各种障碍物时采用的一种暗挖式施工方法。施工时，通过传力顶铁和导向轨道，用支承于基坑后座上的液压千斤顶将管压入土层中，同时挖除并运走管正面的泥土。当第一节管全部顶入土层后，接着将第二节管接在后面继续顶进，这样将一节节的管子顶入，做好接口，建成涵管。顶管法按挖土方式的不同，可分为机械开挖顶进、挤压顶进、水力机械开挖和人工开挖顶进等。

7.2.6.1 顶管法的优缺点

(1) 顶管法的优点

① 无须挖槽或开挖土方，占地面积少。

② 可避免为疏干和固结土体而采用降低水位等辅助措施。

③ 能在穿越江河、通向湖海等无法降水的特殊环境下施工。

④ 对周围土体的扰动小，不破坏现有的管线、构筑物以及地面建筑物。

⑤ 工作井操作人员不需要进入施工点，施工安全。

⑥ 适应性强，除硬质岩地层以外，其他地质情况几乎都可使用。

⑦ 施工速度快，造价较低。

(2) 顶管法的缺点

① 施工精度较难保证，容易出现项管方向偏移。

② 当顶进长度达到一定距离时，顶力加大，将会使管体或后背损坏。

③ 对于曲线等复杂的线路，施工难度较大。

④ 施工管理要求高、施工作业要求严，否则施工容易出现问题。

7.2.6.2 顶管法基本施工过程

① 先在管道设计路线上施工一定数量的小基坑作为顶管工作井，并且作为一段顶管的起点和终点，工作井的一面或两面侧壁设有圆孔，即预制管的出口与入口。

② 顶管出口孔壁对面侧墙为承压壁，其上方安装液压千斤顶和承压垫板。

③ 千斤顶将带有切口和支护开挖装置的工具管顶出工作井出口孔壁，然后以工具管为先导，将预制管节按设计轴线逐节顶入土层中，直至工具管后第一段管节的前端进入下一步工作井的进口孔壁，这样就施工完一段管道。

④ 继续上述施工过程，一条管线就施工完毕。

7.2.6.3 长距离顶管法的主要关键技术

长距离顶管法从理论上讲是一种顶进距离不受限制的施工方法。随着科学技术的发展，长距离顶管法已取得了良好的效果。其主要关键技术如下：

(1) 方向控制

管道能否按设计轴线顶进，是长距离顶管成败的关键因素之一。顶进方向失去控制会导致管道弯曲，顶力急骤增加，工程无法正常进行。因此，必须有一套能准确控制管段顶进方向的导向机构。

(2) 顶力控制

顶管的顶推力是随着顶进长度的增加而增大的，但因受到液压千斤顶和管道强度的限制，故顶推力不能无限度增大。因此，在管尾推进的普通顶管法，顶进距离应受到限制，而长距离顶管必须解决在管道强度允许范围内施加的顶力问题。目前，可以采用润滑剂减阻和中继环接力技术加以解决。同时，顶力的偏心度控制也相当关键，能否保证顶进中顶力的方向与管道轴线方向一致是控制管道方向的关键所在。

(3) 工具管开挖面的正面稳定问题

正面土体失稳会导致管道受力情况急剧变化，顶进方向失去控制，出现大量涌水等问题，给施工带来许多困难，造成不可估量的损失。因此，在开挖和顶进过程中，尽量使工具管的正面土体保持和接近原始应力状态是防坍塌、防涌水和确保正面土体稳定的关键。

(4) 承压壁的后靠结构及土体的稳定问题

若承压壁的后靠土体产生滑动，不仅引起地面较大的位移，严重影响周围环境，还会影响顶管的正常施工，导致顶管顶进方向失去控制。因此，顶管工作井一般采用沉井结构或钢板桩支护结构，除了验算结构的强度和刚度外，还应确保后靠土体的稳定性，可以采用注浆、增加后靠土体地面超载等方式限制后靠土体的滑动。

7.3 地下工程施工安全措施

由于地下工程的封闭性、复杂性、不确定性等特点，使得其施工安全问题相对于地面建筑更为显著。为适应高标准大规模交通建设需要，应严格按照上述各种施工方法要求进行作业，同时还要尊重客观规律、运用科学管理方法和技术措施切实解决地下工程施工中存在的安全问题。具体实施要点如下：

(1) 安全生产责任的落实

建设、勘察设计、施工、监理等项目参与单位必须严格履行法律、法规和规章制度赋予的安全生产责任。施工单位对地下工程的施工安全负主要的直接责任，必须提高安全生产认识，严格遵守有关安全生产的法律、法规和规章制度，建立安全生产保障体系，落实各项安全生产措施，加强和改进安全生产管理，做好安全应急救援预案，配备应急救援人员、器材、设备。建设、勘察设计、监理单位对地下施工安全承担相应责任，为地下安全施工提供基础资料和安全生产建议，同时督促施工单位严格实施。

(2) 强化施工组织设计

施工单位编制的地下施工组织设计，必须将安全生产、危险源识别评价与控制、应急救援预案等作为重要内容，尤其在编制穿越断层破碎带、岩溶、岩爆、瓦斯、软岩变形等不良地质和膨胀土、富水黄土等特殊岩土专项施工方案时，必须将安全生产保证措施作为重要内容。地下工程施工应按审查批准的施工方案组织实施，确需调整的须经总监理工程师组织设计、施工单位研究后报建设单位批准，重点地下重大施工方案调整须报部委主管部门批准。不良地质、特殊岩土、深埋长大隧道的专项施工方案由项目经理、技术负责人和安全负责人共同组织编制，报施工企业主管领导审查，经总监理工程师审核后实施，并由施工企业专职安全生产管理人员进行现场监督。

(3) 安全教育培训和安全技术交底

所有施工人员必须进行安全教育培训和安全技术交底，特别是机械操作人员、机动车辆驾驶人员和爆破人员、电工、焊工等特种作业人员，必须经劳动部门专业培训和考试并取得合格证后，方准上岗操作。机械操作人员应熟悉所操作机械、车辆的性能、保养及操作方法，运输前要认真检查，保持技术状况良好、装备齐全有效。在地下工程施工实施前，必须向实际操作人员就重大安全问题、技术措施、操作规程等进行安全技术交底。

(4) 建立监管整治制度

重大危险源和易发事故现场的安全管理要建立监管整治制度，对出现的安全隐患必须及时排除，整改要做到“三定”，即定人员、定措施、定时间，建立完整的隐患整改台账和专项纪录。

(5) 安全文明生产及警示标志的设置

在施工期间，在地下洞口的显著位置悬挂安全文明生产、质量管理等标牌标语。在有较大危险因素的施工现场和有关设施、设备上设置明显的安全警示标志。

① 工程简介牌：对工程的主要内容、地质情况、施工方案、工期计划等进行简要介绍。

② 安全质量保证牌：明确安全质量保证措施。

③ 施工场地布置牌：图示施工现场的布置方式，注明施工区域的位置、面积、功能。

④ 创优规划标志牌：明确创优目标及创优措施。

⑤ 安全生产操作规程牌：明确各施工工序的安全生产操作规程。

⑥ 工程责任人标志牌：公示建设单位、设计单位、监理单位、施工单位的责任人。

⑦ 施工进度牌：反映地下掘进、初支、铺底、二衬施工进度。

⑧ 进洞须知牌：明确进洞注意事项。

⑨ 重大危险源提示牌、单元预警牌：提示施工现场存在的主要危险源，并根据对施工单元范围内安全隐患的综合分析，向作业人员提出相应的安全风险超前警示。

(6) 进洞前安全措施

① 进洞前在洞口边的仰坡顶缘安设好安全防护网，防止物体高空坠落伤人。

② 洞口设置污水沉淀池，沉淀池位于地下口一侧，上面设盖板，经常清淤保持洞内排水通畅。洞口两侧设置截排水沟。

③ 地下生活宿舍区每排房子至少配置两只干粉灭火器。

④ 洞口钢筋棚的钢筋加工机具排放整齐，符合钢筋加工流水作业要求，材料分区堆码整齐，上盖下垫，大型机械分类停放，整齐有序。

⑤ 洞口空压机房、配电房禁止堆放杂物。空压机的储气罐，压力表和安全阀须经有关部门检验合格后，方可投入使用。

⑥ 进出地下所有人员必须佩带相应安全防护用品，如安全帽、防尘口罩、安全带等。

(7) 地下洞内安全措施

① 洞内“三管两线”布置。洞内布置的“三管两线”包括高压水管、高压风管、通风管，动力线、照明线。洞内风、水、电管线均悬吊于边墙侧壁上，挂设应做到顺、直，无扭曲和褶皱，吊点间距不大于 5 m，吊点必须牢固。洞内架空线的线间距不得小于 30 cm，且距地面高度不小于 2.5 m。洞内工作面处线路、管路不得任意拖放，必须分开并摆放整齐。

② 洞内通风设置。洞内要保持空气清洁，地下掘进 100 m 以上，必须进行机械通风。轴流式通风机进风管口须设在洞口里程 30 m 以外，送风口距工作面不应大于 15 m。开挖工作面凿岩机风压不应小于 0.5 MPa，供风管前端至开挖面的距离宜保持在 30 m 内；开挖工作面凿岩机的工作水压不应小于 0.3 MPa，洞内水管前端至开挖工作面的距离宜在 50 m 内。

③ 洞内临时用电配备。地下施工供电线路采用220/380 V三相五线系统，动力设备应采用380 V，照明电压作业地段宜为36 V，成洞和未作业地段可采用220 V，不得直接从动力线接照明灯具；瓦斯地段必须采用防爆型灯具；高压分线部位须设置明显危险警示标志，所有配电箱和开关应标注责任人和用途标志；使用混凝土振捣器时，检查振捣器的搬移地点及在间断工作时电源关闭情况，经检查合格后方准使用；洞内必须设置应急照明灯，普通照明按每6～8 m一处布置，近工作30 m内应配备移动式照明灯具。地下施工作业地段必须有足够亮度的照明。

④ 洞内两侧设置临时排水沟，其宽度、深度及坡度应能满足及时排出洞内积水的需要。

⑤ 必须满足文明施工要求，注意保护环境。钻眼作业采用湿式凿岩，爆破后必须进行喷雾、洒水，出渣前应用水淋湿石渣和附近的岩壁。洞内粉尘检测采用专用的地下粉尘检测仪进行经常性检测。洞内道路应保持平整、坚实、干燥状态，不得出现大片积水、泥泞现象，洞内道路应设专人清扫，排除积水。工作面附近每次出渣完要清理干净，不得出现大片浮渣、块石。

⑥ 作业台车安全防护。洞内衬砌台车、开挖台架及洞内车辆前后方必须张贴醒目的反光标志，保障行车安全。在台架下部配置消防器材，便于应急火灾事故。

⑦ 设置逃生设备。在工作面附近布设可手动拆卸的逃生钢管，要求管壁厚不小于10 mm，管径要大于700 mm，每节管长1 500～2 000 mm；钻孔台车应常备拆卸管头的扳手和应急照明工具，并在掌子面附近配备必要的救生药品及食物、水等。当地下进洞100 m时，需铺设一根管径0.12 m长50 m的钢管，若突发事件发生时，可从钢管内输送水、食物等救济物品。

(8) 瓦斯防治措施

① 施工过程中设专职瓦斯检测人员，如瓦斯含量超限，应立即停止作业，撤离施工人员，切断电源，加大通风量。

② 在有瓦斯区段，机电设备采用防爆型。爆破作业只准使用瞬发电雷管及矿用安全炸药，并采用防爆型起爆器起爆。

③ 禁止将火柴、打火机、手电筒及其他易燃品带入洞内。

④ 在有瓦斯地段钻眼时，炮眼方向、间距、深度及数量，必须按规定施钻，禁止钻400 mm以下的浅眼，炮眼抵抗线不得小于300 mm。

(9) 安全用品管理

必须购买质量合格的劳动防护用品，并由项目部统一管理，做到专人专用，任何人不得丢弃、损坏劳动防护用品。

(10) 火工品管理要求

① 作业前检查运输工具是否完好，清除运输工具和车辆内的一切杂物，不得与其他货物混装。

② 装卸作业时，应有专人在现场监督，设置警卫，禁止无关人员在场和车辆靠近。爆破器材运输车距离爆破器材库门不应小于2.5 m。

③ 装卸人员必须经过岗位培训，持证上岗并了解爆破器材的安全常识。

④ 装卸作业应尽量在白天进行，遇有雷电或暴风雨天气时，禁止装卸爆破器材的作业。遇到下雨时，有遮雨棚才能操作。路面有冰雪时，必须铺上防滑物品。

⑤ 库房场所严禁明火，车辆必须熄火、制动，不得进行添加燃油和播放音响等。

⑥ 在同一危险作业区域内，不得同时装卸炸药和雷管等起爆器材。

⑦ 操作时要轻拿轻放，严禁拖拉、撞击、抛掷、脚踩、翻滚、侧置和倒置危险品。

⑧ 装卸作业结束后，作业场所必须清理干净，防止遗留爆破器材，交接人员要做好交接记录。

⑨ 装运爆破器材的车辆应符合以下要求：符合国家有关运输安全的技术要求，车辆要有明显的危险标志。车辆机械电器性能良好，结构可靠，具有防盗、防火、防热、防雨、防潮、防静电等安全措施。冬季运输必须采取防滑措施。禁止用自卸汽车、翻斗车、摩托车、自行车、独轮手推车运载爆破器材。

(10) 人工搬运爆破器材应符合以下要求：在夜间应随身携带完好的矿用蓄电池灯、安全灯。不应一人同时携带雷管和炸药，炸药和雷管应分别放在专用木箱内。领到爆破器材后，应直接送到爆破地点，不应乱丢乱放。不应提前班次领取爆破器材，不应携带爆破器材在人群聚集的地方停留。一人一次运送爆破器材数量不应超过限值，如雷管 5 000 发，炸药 20 kg。

(11) 炸药库的管理：炸药库的火工品收、发台账要做到账目清楚、账务相符；炸药和雷管要分库储存、堆码合理，库房内不得有杂物；禁止无关人员进入库区，禁止在库区吸烟和使用明火；炸药库必须有由两人进行 24 h 值班。

(12) 火工品的领用与退库：库管员发放火工品时，必须是项目部认可并持证的爆破员才可领用，不得向无证人员发放；领用火工品时，必须由爆破员与安全员同时在场按《火工品领取、使用、退库审批单》上的数量进行领取；当天实际使用和未用完的火工品，现场审批人、安全员和爆破员都必须在《火工品领取、使用、退库审批单》上进行数量签认，并及时退库。退库时爆破员与安全员要及时将要退回的火工品交与库房，并办理退库手续，注明退库时间，严禁带回宿舍。

思考题

1. 简述地下工程施工特点。
2. 简述地下工程的危险因素有哪些？
3. 叙述地下施工安全事故的主要类型及原因。
4. 简述常见的地下施工方法。
5. 简述地下施工安全技术措施。
6. 地下工程的危险因素相对于地面建筑有哪些特点？
7. 请搜集近年来地下工程安全事故，并进行事故分析。

第 8 章

拆除工程施工安全

随着经济的高速发展，城市化进程日新月异，很多老旧楼房、陈旧的设施已不适用，需要进行拆除施工。需要拆除的建(构)筑物由最初的砖木结构逐渐发展为组合结构、框架结构、大型综合结构，拆除施工的复杂程度越来越高，存在的安全隐患也很多。为了保证拆除施工的顺利进行，在施工过程中应严格遵守现行《建筑拆除工程安全技术规范》(JGJ 147—2016)中的有关规定，必须采用合理的施工方法和可靠的安全保证措施。本章主要讲述拆除工程中各参与单位需要完成的准备工作，以及拆除工程施工时的安全措施和文明施工要求等内容。

8.1 拆除工程的基础知识

8.1.1 拆除工程施工特点

(1) 工期短、流动性大

一般拆除施工相对于新建工程工作业面不是很大，拆除工程施工速度比新建工程快，特别是采用爆破拆除。因此，拆除施工企业在短期内会从一个工地转移到另一个工地，流动性很大，这样给现场安全管理带来了很大的困难。

(2) 安全隐患多、危险性大

拆除物绝大部分都是年代已久的旧建筑物，拆除委托单位往往很难提供其结构图或设备安全图，给拆除施工单位制定拆除方案带来很多困难。另外，拆除过程中改变了原有结构的力学体系，往往因拆除了某一构件而造成原建筑物的力学平衡体系受破坏，容易导致其他构件倾覆压伤施工人员。

(3) 作业环境恶劣

由于建筑物和构筑物的固定性和体型的庞大，故其拆除施工必将是露天作业，受气候影响比较大，作业环境较差。

(4) 施工人员整体技术水平较差

一般拆除施工企业的作业人员通常由外来务工人员和农民工组成，其文化水平不高，安全意识较低，自我保护能力较弱。

(5) 对周围环境污染大

随着需拆除建(构)筑物规模的不断扩大，拆除施工中形成的混凝土、砖石等废弃物越来越多，产生的噪声污染和粉尘污染也同时增大，特别是针对高耸结构采用的爆破拆除则更为严重。

8.1.2 拆除工程的施工方法

建筑拆除工程的施工方法一般可以分为人工拆除、机械拆除、爆破拆除和静力破碎4类。根据拆除建(构)筑物的高度、面积、结构形式以及建筑材料，选用相应的拆除方法。

(1) 人工拆除

人工拆除是指采用非动力性工具，如钢钎、锤子、风镐、手动导链、钢丝绳等，对建筑物实施解体和破坏的作业方法。人工拆除方法的特点如下：

① 施工人员必须亲临拆除点操作，高空作业多，危险性大。

② 劳动强度大、拆除速度慢，工期长。

③ 受气候影响大。

④ 易于保留部分建筑物。

基于上述特点，采用人工拆除的建筑物有砖木结构、混合结构以及分离拆除或部分保留的拆除项目，一般要求高度不超过 6 m，层数不超过 2 层，面积不大于 1 000 m^2 的建筑物或构筑物。

(2) 机械拆除

机械拆除方法是指以机械设备为主，人工为辅的拆除施工方法。常用的大型机械包括挖掘机、镐头机、重锤机等。机械拆除方法的特点如下：

① 施工人员无须直接接触拆除点，无须高空作业，危险性较小。

② 劳动强度低，拆除速度快，工期短。

③ 作业时扬尘较大，必须采用湿式作业法。

④ 对需要部分保留的建筑物务必先用人工分离后方可拆除。

基于上述特点，采用机械拆除的适用于拆除高度不超过 20 m，层数不超过 6 层楼，面积不大于 5 000 m^2 的砖混结构、钢混结构、钢结构以及各类基础和地下建(构)筑物等。

(3) 爆破拆除

爆破拆除是利用炸药爆炸瞬间产生含有巨大能量的高温高压气体对外做功，来破坏建筑物的主要受力构件，使其失去承载能力，建筑物在自身重力作用下会造成失稳，产生偏斜位移，最后变形倒塌，冲击地面并解体。爆破拆除方法的主要特点如下：

① 施工人员无须进行有损建筑物整体结构和稳定性的操作，人身安全有保障。

② 一次性解体，扬尘、扰民时间较短。

③ 拆除效率高，特别适合于高耸坚固建筑物和构筑物的拆除。

④ 对周边环境要求较高，对邻近交通要道、保护性建筑、公共场所、过路管线必须做特殊防护后，方可实施爆破作业。

爆破拆除适用于拆除砖木结构以外的任何建筑物、构筑物，各类地下、水下构筑物，高度超过 20 m 或层数超过六层、面积大于 5 000 m^2 的建筑物和构筑物，特别对于高耸结构和大体积工程，其拆除效率优势明显。

(4) 静力破碎

静力破碎是利用静力破碎剂固化膨胀产生的静压力来破碎混凝土、岩石等的拆除技术。常用于不宜采用爆破技术拆除的建筑物基础和局部大体积混凝土结构的拆除。

一般操作程序包括钻孔、注入静力破碎剂、固化膨胀、破裂4个步骤。破碎过程一般持续30～120 min。

8.1.3　拆除工程安全事故

(1) 坍塌和倒塌事故

建筑拆除施工过程中发生的坍塌和倒塌事故率最高，事故发生突然，常常会造成严重的人身伤害。常见坍塌事故如下：

① 墙体拆除时在掏挖过程中的突然倒塌。

② 在对墙、柱进行打眼、凿剔、割筋等作业时，楼板或屋盖结构突然坍塌。

③ 大梁和重大构件在拆除过程中因未做控制或突然失控将楼板砸塌，并引起多层连续倒塌。

④ 清运拆除物和垃圾过程中引起倒塌砸压事故。

(2) 高处坠落事故

① 在高处拆除过程中，由于作业面上的人员活动范围受到限制，脚下又常布满拆除下来的建筑材料，稍有不慎，就可能因滑跌、碰撞、闪失而导致高处坠落伤害。

② 在简易、不稳定的架子上作业时，也会发生坠落事故。

③ 建筑物倒塌也会造成作业人员从高处坠落。

(3) 物体打击和冲击伤害事故

拆除过程中如果现场管理不善，出现高处物体坠落的概率就会很大，极易造成物体打击或冲击伤害事故。例如：

① 拆除中的散落物伤及下方人员。

② 拆除中的迸溅物和反弹物伤及处于相应方向和部位的人员。

③ 爆炸飞溅物越出安全设防范围伤及外围施工和围观人员等。

(4) 爆炸伤害事故

① 当起爆网络设计存在严重缺陷时，造成起爆时对作业人员的伤害。

② 作业人员违规或误操作造成爆炸伤害。

③ 违规处理瞎炮造成爆炸伤害。

④ 违规运输、储存、保管炸药和爆破器材引起爆破伤害等。

(5) 火灾事故

① 在拆除现场动用气焊切割钢筋或管道时，引燃现场易燃材料或残存油品、煤气等引起火灾。

② 拆除易燃材料装饰层时，采用高热灯具照明，烧烤易燃材料而引起火灾。

③ 爆破拆除时未清除会受爆破引发的易燃易爆材料，或者未做可靠的安全隔离防护而引发火灾等。

(6) 机械损坏和伤害事故

① 使用性能不符合要求或带病的机械，造成机械设备损坏和伤害事故。

② 在拆除负载不明的情况下，造成机械超载作业产生机械损坏和伤害事故。

③ 机械进入不适合作业的松软、不平、有未予清除的障碍物的地面施工。

④ 在不能保证机械安全作业的地段强行冒险作业。

⑤ 采用不安全方式进行砸击、侧向碰击、推倒、拉倒和拉拽等作业，或者采用不安全吊离、吊下和搬运方式造成机械设备损坏和伤害事故。

(7) 中毒和窒息事故

① 在不明地下空间(室、沟)和管内、器内是否存在有害物质(气体、液体)的情况下，盲目进行拆除作业造成中毒和窒息事故。

② 由爆炸燃烧产生的有毒气体造成中毒和窒息事故。

③ 在湿热密闭空间和无通风措施的情况下造成中暑和窒息事故。

(8) 触电事故

① 拆除过程中挖断有电地下电缆造成触电事故。

② 因临时用电线路漏电、短路造成触电事故。

③ 施工中触及架空高压线造成触电事故。

8.2 拆除工程施工的准备工作

拆除工程的建设单位与施工单位在签订拆除施工合同时，应当签订安全生产管理协议，明确建设单位与施工单位在拆除工程施工中所承担的安全生产管理责任。《建设工程安全生产管理条例》中规定，建设单位、监理单位对拆除工程施工安全负有检查监督责任；施工单位对拆除工程施工的安全管理负有直接责任。

8.2.1 建设单位拆除施工准备工作

(1) 对施工单位资格审查

建设单位应当做好对施工单位的资质审查工作，将拆除工程发包给具有相应资质等级的施工单位。

(2) 向主管部门资料备案

建设单位应在拆除工程开工前15日，将下列资料报送建设工程所在地的县级以上地方人民政府建设行政主管部门或者其他相关部门进行备案。

① 施工单位资质登记证明。

② 拟拆除建(构)筑物以及可能危及毗邻建筑的说明。

③ 拆除施工组织方案及安全专项施工方案。

④ 堆放和清除废弃物的措施。

(3) 向施工单位提供资料

① 拆除工程的有关图纸和资料。

② 拆除工程涉及区域的地上、地下建筑及设施分布情况资料。

(4) 施工场地安全准备

建设单位应负责做好影响拆除工程安全施工的各种管线的切断、拆迁工作。当外侧有架空线路或电缆线路时，应与有关部门联系，采取措施，确认安全后方可施工。

8.2.2　施工单位拆除施工准备工作

施工单位在拆除工程施工前必须全面了解拆除工程的图纸和资料，并进行实地勘察。根据拆除建筑物的特点，编制有针对性、可行性的施工组织设计以及各项安全技术措施。严禁承包方将建筑拆除工程转包。施工单位在拆除工程的准备工作中，还应注意以下几个方面：

（1）组织和劳动力准备

施工单位在拆除工程施工前要成立责、权、利明确的组织管理机构和劳动作业队伍，并依据《中华人民共和国建筑法》为从事拆除作业的人员办理意外伤害保险。

（2）拆除工程的现场准备

① 清除拆除倒塌范围内的物体、设备。

② 疏通运输道路，准备拆除施工中临时用水、电源、设备。

③ 切断被拆建筑物的水、电、煤气、暖气、管道等。

④ 检查周围危旧房，当对周围相邻建筑物安全可能产生危险时，必须进行保护措施，对建筑物内人员进行撤离安置。

⑤ 向周围群众发出安民告示，在拆除危险区设置警戒区标志，设置硬质封闭围挡，围挡高度不应低于 1.8 m，非施工人员不得入内。

（3）机械设备和材料的准备

准备齐全实施拆除工程所需的各种机器工具、起重运输机械、全部爆破器材、爆破材料等，并验收合格。落实存放危险品的临时库房。

（4）拆除工程的技术准备工作

① 学习有关规范和安全技术文件。

② 熟悉被拆除建（构）筑物的竣工图纸，掌握被拆建筑物的结构、水电及设备管道情况。特别要注意，被拆建（构）筑物相对竣工图可能已有变化，所以要求进行现场勘查。

③ 调查周围环境、场地、道路、水电设备和管路以及危房等情况。

④ 根据拆除工程的图纸资料和现场实地勘察情况，编制拆除工程施工组织设计，并报施工单位技术负责人和总监理工程师审批，最后签字确认。

⑤ 制定拆除工程安全事故应急救援预案，建立应急救援组织，配备抢险救援器材。

⑥ 对进场施工人员进行安全教育，考试合格后方可上岗作业。

⑦ 建立安全技术档案，主要包括：拆除工程施工合同及安全管理协议书；拆除工程安全施工组织设计或安全专项方案；拆除工程安全技术交底资料；脚手架及安全防护设施检查验收记录；机械设备租赁合同及安全管理协议书等。

8.3　拆除工程施工安全措施及文明施工

8.3.1　拆除工程施工安全措施

（1）拆除工程的安全技术与管理一般规定

① 施工单位项目经理必须对拆除工程的安全生产负全面领导责任，项目经理部应按有

关规定设专职安全员检查落实各项安全技术措施和管理制度。

② 拆除工程在开工前，应根据工程特点、构造情况、工程量及有关资料，组织专业技术人员编制施工组织设计，经施工单位技术负责人、总监理工程师审核批准后实施。施工过程中，如需变更，应经原审批人批准方可实施。

③ 工程负责人要根据施工组织设计和安全技术规程向参加拆除的工作人员进行详细的技术交底。从业人员应办理相关手续，签订劳动合同，进行安全培训，考试合格后方可上岗作业。

④ 作业人员从事拆除工作时，必须配备相应的劳动保护用品，如安全帽、安全带、防护眼镜、防护手套、防护服等，并应正确使用。

⑤ 拆除工程在施工前，应将电线、瓦斯或煤气管道、上下水管道、供热设备管道等的干线及该建筑物内的支线及时切断或迁移。

⑥ 拆除作业施工应采用专门搭设的脚手架，必须由专业人员搭设。由项目经理组织技术和安全部门的有关人员验收合格后，方可投入使用。安全防护设施验收时，应按照类别逐项检查，并应有验收记录。凡在 2 m 及以上高处作业，而无可靠防护设施时，必须正确使用安全带。

⑦ 在大雨、大雪、浓雾、六级及以上大风等极端天气影响施工安全时，严禁拆除作业。

⑧ 拆除区域周围应设立围栏，挂警告牌，并派专人监护，严禁无关人员逗留。

⑨ 拆除建筑物，应按自上而下的顺序进行，禁止数层同时拆除，严禁立体交叉作业。水平交叉作业时，各工位间应有一定的安全距离。当拆除某一部分时，应防止其他部分的倒塌。

⑩ 拆除过程中，现场临时用电必须按照现行《施工现场临时用电安全技术规范》(JGJ 46—2020)的有关规定执行。夜间施工必须有足够的照明，但施工现场照明不得使用被拆除建筑物中的配电线，而应另外设置专用配电线路。电动机械和工具必须装设漏电保护器，其保护零线的电气连接应符合要求，对产生振动的设备，其保护零线的连接点不应少于两处。手持电动机械严禁超负荷或带故障运转。

⑪ 拆除建筑物的栏杆、楼梯和楼板等，应该和整体程度相配合，不能先行拆除。建筑物的承重支柱和横梁，要等待其所承担的全部结构和荷重拆除后方可拆除。

⑫ 拆除建筑物时，楼板上不许有多人聚集和堆放材料，以免楼盖结构超载发生倒塌。

⑬ 在高处进行拆除作业时，要设置流放槽，以便散碎废料顺槽流下。拆下较大或者沉重的材料，要用吊绳或者起重机械及时吊下及运走，禁止向下抛掷。拆卸下来的各种材料要及时清理，分别堆放在规划指定位置。

⑭ 拆除石棉瓦及轻型结构屋面工程时，严禁施工人员直接踩踏在石棉瓦及其他轻型板上进行工作，必须使用移动板梯，且板梯上端必须挂牢，防止高处坠落。

⑮ 拆除原用于储存有毒有害或易燃易爆气体的管道及容器时，必须查清其残留物的种类、化学性质及残留量，采取相应措施后，方可进行拆除施工。

⑯ 拆除建筑物一般不能采用推倒法，遇有特殊情况必须采用推倒方法时，应遵守以下规定：

a. 砍切墙根的深度不能超过墙厚的 1/3，墙的厚度小于两块半砖时，严禁掏掘。

b. 为防止墙壁向掏掘方向倾倒，掏掘前要支撑牢固。

c. 建筑物推倒前应发出信号，待所有人员远离建筑物高度2倍以上的距离后，方可进行。

d. 在建筑物推倒倒塌范围内有其他建筑物时，严禁采用推倒方法。

⑰ 根据拆除工程施工现场作业环境，应制定相应的消防安全措施，施工现场应设消防车道以保证充足的消防水源，并配备足够的灭火器材。

⑱ 施工过程中，当发生重大险情或生产安全事故时，应及时启动应急救援预案，排除险情、组织抢救、保护事故现场，并向有关部门报告。

（2）人工拆除安全要点

当采用人工拆除方法进行拆除施工时，除应遵循拆除工程一般规定外，还应注意以下安全要点：

① 人工拆除顺序应按照建造的逆程序进行，即先造的后拆、后造的先拆、自上而下、先次后主。

② 作业人员应站在脚手架或稳固的结构上操作，作业面孔洞应封闭。被拆除的构件应有安全的放置场所，严禁在楼板上堆放材料。

③ 拆除建筑物的墙体时，不得采用掏掘推倒的方法。

④ 建筑物的承重梁、柱，应在其所承载的全部构件拆除后，再进行拆除。拆除应分段进行，不得垂直交叉作业。

⑤ 拆除梁或悬挑构件时，在采取有效的下落控制措施后，方可切断两端的支撑。

⑥ 拆除柱子时，应沿柱子底部剔凿出钢筋，使用手动倒链定向牵引，采用气焊切割柱子三面钢筋时，保留牵引方向正面的钢筋。

⑦ 拆除管道及容器时，必须在查清残留物的性质，并采取相应措施确保安全后，方可进行拆除施工。

（3）机械拆除施工安全要点

当采用机械拆除方法进行拆除施工时，除应遵循拆除工程一般规定外，还应遵守以下安全要点：

① 采用机械拆除建筑物时，应自上而下、逐层逐段进行，先拆除非承重结构，再拆除承重结构。拆除框架结构时，必须按楼板、次梁、主梁、柱子的顺序进行拆除施工；拆除桥梁时应先拆除桥面的附属设施及挂件、护栏等。

② 对只进行部分拆除的建筑物，必须先将保留部分加固，再进行分离拆除。

③ 在施工过程中，必须由专门人员负责随时监测被拆除建筑物的结构状态，并应做好记录。当发现有不稳定状态的趋势时，应立即停止作业，采取有效措施，消除隐患，确保施工安全。

④ 机械拆除建筑物时，严禁机械超载作业或任意扩大机械使用范围。供机械设备使用的场地必须稳固并保证足够的承载力，确保不会发生塌陷、倾覆等事故。机械尽量避免在有地下管线处作业，如果不可避免，则必须在地面垫20～30 mm的整块钢板作为走道板，以保证地下管线安全。

⑤ 作业中机械设备不得同时进行“回转”“行走”两个动作，其回转半径内不得有人工作业，机械设备不得带故障运转。

⑥ 作业人员使用机具如风镐、液压锯、水钻、冲击钻等，严禁超负荷使用或带故障运转。

⑦ 拆除吊装作业的起重机司机，必须严格执行操作规程和“十不吊”原则。信号指挥人员必须按照现行国家标准《起重吊运指挥信号》(GB 5082—2019)的规定作业。

⑧ 采用双机抬吊时，每台起重机荷载不得超过允许荷载的 80%，且应对第一吊进行试吊。施工中，必须保持两台起重机同步作业。

⑨ 拆除钢屋架时，必须采用绳索将其拴牢，待起重机吊稳后，方可进行气焊切割作业。吊运过程中，应采用辅助措施使被吊物处于稳定状态。

(4) 爆破拆除的安全要点

爆破拆除属于特殊行业，采用控制爆破方法进行拆除施工必须严格遵守《土方与爆破工程施工与验收规范》(GB 120—2012)关于拆除爆破的规定，应遵循以下要求：

① 爆破拆除工程应根据周围环境条件、拆除对象类别、爆破规模，按照现行国家标准《爆破安全规程》(GB 6722—2014)的规定，分为 A、B、C 三级。不同级别的爆破拆除工程有相应的设计施工。爆破拆除工程的设计方案必须按级别经当地有关部门审核，做出安全评估和审查批准后方可实施。

② 从事爆破拆除工程的施工单位，必须持有所在地有关部门核发的《爆炸物品使用许可证》，承担相应等级及以下级别的爆炸拆除工程。爆破拆除设计人员应具有承担爆破拆除作业范围和相应级别的爆破工程技术人员作业证。从事爆破拆除施工的作业人员应持证上岗。

③ 爆破器材购买时，必须向工程所在地法定部门申请《爆炸物品购买许可证》，到指定的供应点购买。爆破器材严禁赠送、转让、转卖和转借等。

④ 运输爆破器材时，必须向所在地有关部门申请领取《爆破物品运输证》，应按照规定路线运输，并派专人押送。

⑤ 爆破器材临时保管地点，必须经当地有关部门批准。严禁同时保管与爆破器材无关的物品。

⑥ 实施定向爆破须根据工程需要和现场地形地质情况，精心设计，合理布药，准确确定装药量，并分析评价爆破对周围环境的影响，包括基岩破坏范围，附近地面和地下建筑物的振动数值，飞石距离以及空气冲击波等效应，确定的安全距离。同时，按照现行国家标准《安全标志》(GB 2894—1996)的规定，设置相应的警戒线及安全标志，并设专人巡查。

⑦ 爆破拆除工程施工应在工程所在地有关部门领导下成立爆破指挥部，要分工明确，安全责任落实到人。

⑧ 爆破拆除的预拆除，指的是爆破实施前可采用机械和人工方法进行必要部分拆除施工，如拆除非承重墙体或不影响结构稳定的构件。预拆除施工可以减少钻孔和爆破装药量，清除下层障碍物，有利于建筑物塌落破碎解体。

⑨ 爆破拆除应采用电力起爆网路和非电导爆管起爆网路。电力起爆网路的电阻和起爆电源功率，应满足设计要求。非电导爆管起爆应采用复式交叉封闭网路。爆破拆除不得采用导爆索网路或导火索起爆方式。当采用分段起爆时，应采用毫秒雷管起爆。

⑩ 爆破拆除装药前，应对爆破器材进行性能检测。试验爆破和起爆网路模拟试验应在安全场所进行。

⑪ 为保护邻近建筑物和设施的安全，爆破震动强度应符合现行国家标准《爆破安全规程》(CB 6722—2014)的有关规定。建筑物基础爆破拆除时，应限制一次同时使用的药量。

⑫ 爆破拆除建筑施工时，应对爆破部位进行覆盖和遮挡防护，覆盖材料和遮挡设施应选用固定方便、牢固可靠、不易抛撒和折断，并能防止碎块穿透的材料。

⑬ 对烟囱、水塔类构筑物应采用定向爆破拆除，爆破拆除设计应控制构筑物倒塌时的触地振动。必要时，应在倒塌范围铺设缓冲材料或开挖防振沟。

⑭ 对原有蒸汽锅炉和空压机房等高压设备进行爆破时，应将他们的压力降到0.1～0.2 MPa。爆破施工的各道工序要认真细致地操作、检查与处理，杜绝各种不安全事故发生。

(5) 静力破碎的安全要点

采用静力破碎方法进行拆除施工时应遵循以下安全要点：

① 采用具有腐蚀性的静力破碎剂作业时，灌浆人员必须佩戴防护手套和防护眼镜。

② 孔内注入破碎剂后，作业人员应保持安全距离，严禁在注孔区域内行走或停留。

③ 静力破碎剂严禁和其他材料混放，必须单独放置在防潮、防雨的库房内保存，防止遇水后发生化学反应，导致材料膨胀、失效。

④ 在相邻的两孔之间，严禁钻孔与破碎剂注入同步施工。

⑤ 静力破碎剂是弱碱性混合物，人体一旦接触到，应立即使用清水清洗受侵蚀部位的皮肤。

⑥ 静力破碎施工过程，发生异常情况，必须停止作业，待查明原因并采取相应措施确保安全后，方可继续施工。

8.3.2 拆除工程文明施工

(1) 拆除过程中的环境保护

拆除工程施工时，应有防止扬尘和降低噪声的措施，如设专人向被拆除的部位洒水除尘，减少对周围环境的扬尘污染；拆除工程施工现场清运渣土的车辆应在指定地点停放。车辆应封闭或采用布覆盖，出入现场应有专人指挥。拆除完工后，应及时将渣土清运出场，但清运时间应遵守相关规定。

(2) 拆除过程中对管线的保护

对于拆除工程施工现场区域内的各类地下管线，施工单位应在地面上设置明显标志，对水、电、气的检查井，污水井应采取相应的保护措施。

(3) 拆除过程中的用火管理

施工现场应建立健全用火管理制度。施工作业用火时，必须履行动火审批手续，经现场防火负责人审查批准，领取防火证后，方可在指定时间、地点作业。作业时应配备专人监护，作业后必须确认无火源危险后方可离开作业地点。当遇到有易燃可燃物时，严禁明火作业。

(4) 拆除过程中的消防安全措施

施工单位根据拆除工程施工现场的作业环境，制定相应的消防安全措施，落实防火安全责任制，建立义务消防组织，明确负责施工现场的日常防火安全管理工作的责任人。拆除工程的施工现场应设置不小于3.5 m宽的消防车道，并保持通畅。应保障充足的消防水源，现场消防栓控制范围不大于50 m。配备足够的、对口的灭火器材，每个设置点的灭火器数量为2～5套为宜。

思 考 题

1. 简述拆除工程现场的主要危险源。
2. 分析比较不同拆除方法的优缺点。
3. 简述防止拆除建筑物意外坍塌的安全技术措施。
4. 拆除施工前应做哪些准备工作?
5. 查阅爆破物品的运输、保存及使用的相关规定与要求。

第9章 建筑施工现场消防安全

近年来，随着我国城镇建设规模的扩大和城镇化进程的加快，建设工程施工现场的火灾数量不断增加，火灾危害逐渐增大，给国家和人民的生命财产带来了严重损失，造成了重大不良的社会影响。建筑施工现场火灾往往暴露出施工现场消防设施不完善、消防车道不通畅、可燃物大量堆积等客观问题，也反映出施工企业消防意识淡薄，消防安全责任制不落实，用火用电管理不到位等问题。因此，建筑施工现场的消防工作应当是整个建筑施工过程中的防火重点。本章介绍了建筑工程消防的原则、动火区划分、耐火等级划分，防灭火的基本方法，临时灭火设施种类、选取和设置，以及施工现场消防的技术和管理措施。

9.1 建筑工程消防安全基础知识

为了有效地防止建筑施工现场的火灾事故的发生，必须要求施工现场所有作业人员掌握必要的消防安全知识和技能，以便能够做好建筑施工现场的消防工作。

9.1.1 建筑施工现场消防特点及原则

(1) 建筑施工现场消防特点

新建、改建和扩建等各类建设施工现场的火灾风险高，危害大，通常具有如下几方面特点：

① 临时员工多，流动性强，素质参差不齐，消防意识薄弱。

② 施工现场临时建筑和临时设施多，防火标准低，防火措施和设施多为临时性的，缺乏固定消防设施。

③ 施工现场易燃可燃材料多。

④ 施工过程中的动火作业多、露天作业多、立体交叉作业多、违章作业多。

⑤ 现场管理及施工过程受外部环境影响大。

(2) 建筑消防工作的基本原则

我国消防工作的方针是“以防为主，防消结合”。“以防为主”就是要把预防火灾的工作放在首要的位置，要开展防火安全教育，提高人民群众对火灾的警惕性，建立健全防火组织，严密防火制度，进行防火检查，消除火灾隐患。“防消结合”就是在积极做好防火工作的同时，在思想上、组织上、物质上和技术上做好灭火的准备。

针对建设工程施工现场的特点及发生火灾的主要原因，施工现场的防火应针对“用火、用电、用气和扑灭初起火灾”等关键环节，遵循“以人为本、因地制宜、立足自救”的原则，制定并采取安全可靠、经济适用、方便有效的防火措施。施工现场发生火灾时，现场人员应在第一时间拨打报警电话，并以扑灭初起火灾和保护人身安全为主要任务。当人身和财产安全均受到威胁时，应以保护人身安全为首要任务。

(3) 建筑施工消防安全职责

建筑施工企业是防火安全管理的重点单位，要认真贯彻落实“预防为主，防消结合”的消防方针，从思想上、组织上、装备上做好火灾的预防工作。建立防火责任制，将防火安全的责任落实到每个建筑施工现场，每一个现场人员，明确分工，划分区域，不留防火死角，真正落实防火责任。建筑施工企业应当履行下列消防安全职责：

① 制定消防安全制度和消防安全操作规程。

② 建立防火档案，确定消防安全重点部位，并配置消防设施和器材，设置防火标志。

③ 实行定期或者不定期的防火安全检查，必要时实行每月防火巡查，及时消除火灾隐患，并建立检查(巡查)记录。

④ 对职工定期进行消防安全教育培训。

⑤ 制定灭火和应急疏散预案，定期组织消防演练。

9.1.2 建筑工程动火区域划分

根据建筑工程选址位置、施工周围环境、施工现场平面布置、施工工艺及施工部位不同，将动火区域分为一级、二级、三级。

(1) 一级动火区域

一级动火区域也称为禁火区域，凡属下列情况之一的均属此类：

① 在生产或储存易燃易爆危险品场区，进行新建、扩建、改建工程的施工现场。

② 建筑工程周围存在生产或储存易燃易爆危险品的场所，以及在防火安全距离范围内的施工部位。

③ 施工现场内储存易燃易爆危险品的仓库。

④ 施工现场木工作业和半成品加工区。

⑤ 在比较密封的室内、容器内、地下室等场所，进行配制调和易燃易爆液体，以及涂刷油漆作业。

(2) 二级动火区域

① 在禁火区周围进行动火作业的区域。

② 登高焊接或气割的作业区。

③ 砖木结构的临时食堂炉灶处。

(3) 三级动火区域

① 在无易燃易爆危险品处动火作业的区域。

② 施工现场燃煤茶炉处。

③ 冬季燃煤取暖的办公室、宿舍等生活设施。

在一、二级动火区域施工，施工单位必须认真遵守有关消防的法律、法规，严格按照有关规定，建立建全防火安全规章制度。在生产或储存易燃易爆危险品的场区施工，施工单位应当与相关单位建立动火信息通报制度，自觉遵守相关单位消防管理制度，共同防范火灾。施工企业应严格做到动火作业先申请，后作业，不批准，不动火。

9.1.3 建筑构件耐火性及建筑物耐火等级

9.1.3.1 建筑构件的燃烧性和耐火极限

建筑物的耐火程度高低取决于建筑构件材料在火灾高温作用下所发生的物理和化学变化，即建筑材料的燃烧性能。该性能主要由材料表面的着火性和火焰的传播性、发热、发烟、炭化、失重以及毒性生成物的产生等特性来衡量。

（1）建筑构件的燃烧性能

我国将建筑构件的燃烧性能分为以下3类。

① 不燃烧体。不燃烧体也称为非燃烧体，是指在空气中遇到明火或高温作用时不起火、不微燃、不炭化的构件。这类构件是由不燃烧材料构成的，如烧结砖、混凝土、钢结构、石材等。

② 难燃烧体。难燃烧体是指由难燃性材料制成的构件，或者用可燃材料制作而用不燃性材料作为保护层的构件。这类构件在空气中遇明火或在高温作用下难起火、难微燃、难碳化，且当火源移开后，燃烧或微燃立即停止，如阻燃胶合板吊顶、经阻燃处理的木质防火门、木龙骨条抹灰隔墙等。

③ 燃烧体。燃烧体是指由可燃性或易燃性材料制成的构件。这种构件在空气中遇明火或在高温作用时会立即起火或发生微燃，而当火源移开后，仍继续燃烧或微燃，如木柱、木屋架、木梁等木质构件以及纤维吊顶等。

（2）建筑构件的耐火极限

建筑构件的耐火极限是划分建筑耐火等级的基础，也是进行建筑物构造防火设计和火灾后制定建筑物修复方案的依据。在标准耐火实验条件下，建筑构件、配件或结构从受火时起，到失去稳定性、完整性或隔热性时止的这段时间称为耐火极限，单位为h。耐火极限越长，表示建筑构件的耐火性能越强。判断建筑构件达到耐火极限的条件有以下3个：

① 失去稳定性，是指构件在受火过程中失去承载能力和抗变形能力，主要针对承重构件而言，如梁、柱、屋架等。

② 失去绝热性，是指分隔构件，如墙和楼板等，失去隔绝热传导的能力。满足下列两个条件之一，即可认为构件失去了绝热性：一是试件背火面测温点平均温升达140 ℃；二是试件背火面测温点任一点温升达180 ℃。

③ 失去完整性，主要针对分隔构件，如墙体和楼板等，其标志是构件出现穿透性裂缝或孔隙，从而使构件失去阻止火焰和高温气体穿透，或者失去阻止背火面出现火焰的性能。

建筑构件的耐火极限与建筑材料的燃烧性能、构件截面尺寸及构件保护层厚度等因素有关。当建筑构件的耐火极限达不到规范要求时，可采用适当增加构件的截面尺寸，增加钢筋混凝土构件的保护层厚度及在构件表面进行耐火保护层处理等方法来解决。

9.1.3.2 建筑物耐火等级的划分

建筑物的耐火等级的要求与建筑物的使用性质、重要程度、规模大小、层数高低等有关，其目的是使不同用途的建筑物有与之相适应的耐火安全储备，从而同时实现安全性和经济合理性。

《建筑设计防火规范》(GB 50016—2022)规定的厂房(仓库)的耐火等级和其构件的燃烧性能以及耐火极限不应低于表 9-1 的规定,民用建筑的耐火等级和其构件耐火极限不应低于表 9-2 的规定。

表 9-1　不同耐火等级厂房和仓库建筑构件的燃烧性能和耐火极限　　单位:h

构件名称		耐火等级			
		一级	二级	三级	四级
墙	防火墙	不燃性 3.00	不燃性 3.00	不燃性 3.00	不燃性 3.00
	承重墙	不燃性 3.00	不燃性 2.50	不燃性 2.00	不燃性 0.50
	楼梯间和前室的墙 电梯井的墙	不燃性 2.00	不燃性 2.00	不燃性 1.50	难燃性 0.5
	疏散走道两侧的隔墙	不燃性 1.00	不燃性 1.00	不燃性 0.50	难燃性 0.25
	非承重外墙 房间隔墙	不燃性 0.75	不燃性 0.50	难燃性 0.50	难燃性 0.25
柱		不燃性 3.00	不燃性 2.50	不燃性 2.00	难燃性 0.50
梁		不燃性 2.00	不燃性 1.50	不燃性 1.00	难燃性 0.50
楼板		不燃性 1.50	不燃性 1.00	不燃性 0.75	不燃性 0.50
屋顶承重构件		不燃性 1.50	不燃性 1.00	不燃性 0.50	可燃性
疏散楼梯		不燃性 1.50	不燃性 1.00	不燃性 0.75	可燃性
吊顶(包括吊顶搁栅)		不燃性 0.25	不燃性 0.25	不燃性 0.15	可燃性

注:二级耐火等级建筑内采用不燃材料的吊顶,其耐火极限不限。

表 9-2　不同耐火等级建筑相应构件的燃烧性能和耐火极限　　单位:h

构件名称		耐火等级			
		一级	二级	三级	四级
墙	防火墙	不燃性 3.00	不燃性 3.00	不燃性 3.00	不燃性 3.00
	承重墙	不燃性 3.00	不燃性 2.50	不燃性 2.00	难燃性 0.50
	非承重外墙	不燃性 1.00	不燃性 1.00	不燃性 0.50	可燃性
	楼梯间和前室的墙住宅 建筑单元之间的墙和分户墙	不燃性 2.00	不燃性 2.00	不燃性 1.50	难燃性 0.50
	疏散走道两侧的隔墙	不燃性 1.00	不燃性 1.00	不燃性 0.50	难燃性 0.25
	房间隔墙	不燃性 0.75	不燃性 0.50	难燃烧体 0.50	难燃性 0.25
柱		不燃性 3.00	不燃性 2.50	不燃性 2.00	难燃性 0.50
梁		不燃性 2.00	不燃性 1.50	不燃性 1.00	难燃性 0.50
楼板		不燃性 1.50	不燃性 1.00	不燃性 0.50	可燃性
屋顶承重构件		不燃性 1.50	不燃性 1.00	可燃性 0.50	可燃性
疏散楼梯		不燃性 1.50	不燃性 1.00	不燃性 0.50	可燃性
吊顶(包括吊顶搁栅)		不燃性 0.25	难燃性 0.25	难燃性 0.15	可燃性

注:① 除本规范另有规定外,以木柱承重且墙体采用不燃材料的建筑,其耐火等级按四级确定。

② 住宅建筑构件的耐火极限和燃烧性能可按现行国家标准《住宅建筑规范》(GB 50368—2021)的规定执行。

9.1.4 防火灭火基本方法

根据燃烧条件，防火和灭火最根本的原理就是防止燃烧条件的形成和破坏已形成的燃烧条件。

（1）防火方法

① 控制可燃物。对于施工现场容易燃烧的可燃物，进行严格控制和管理，是防止火灾发生的重要措施。

在可能的情况下，用难燃或不燃材料代替易燃材料；对易燃的刨花、木屑、木模板等应及时清理或运到安全的存放点；对煤油、汽油、炸药等危险化学品应存放到专用库房内，严格控制和管理；对易产生可燃气体的地方采取通风措施；采取防火隔离的方法将可燃物分割开来，并保持足够的安全距离。

② 隔绝空气。涉及易燃易爆危险品时，应在密闭设备中进行；对有异常危险化学品，应充入惰性介质保护，隔绝空气加工或储存物质等。

③ 消除或隔离点火源。消除点火源或采取措施将火源与可燃物隔离开来，是防火的基本措施。建筑施工现场到处都是可燃物质，而且不乏助燃的空气，只有消除火源，才能有效地预防火灾的发生。在有可燃物的场所，应该严格管控动火作业，在易产生可燃性气体的场所应采用防爆电器。

（2）灭火方法

① 隔离法。将尚未燃烧的可燃物移走，使其与正在燃烧的可燃物分开，关闭可燃气体或液体管道，断绝可燃物来源等。燃烧区得不到足够的可燃物时，火就会熄灭。

② 窒息法。用不燃物掩盖燃烧物表面，用水蒸气或惰性气体灌注着火的容器，密闭起火的建筑物的孔洞等，都能使燃烧区得不到足够的氧气而熄火。

③ 冷却法。用水等降低燃烧区的温度，当其低于可燃物的燃点时，燃烧就会停止。

9.2 临时灭火设施

为满足建筑施工现场灭火救援要求，应设置必要的通信报警设备、灭火器、消防给水系统等临时消防设施。对于火灾烟气危险性更大的地下工程，施工作业场所还应当配备一定的防毒面具。

灭火设施应满足“三同时”的基本要求，即施工现场临时灭火设施应与主体工程同时设计、同时施工、同时投入生产和使用。考虑到建筑结构的钢筋混凝土具有较好的耐火性，因而房屋建筑工程中，临时灭火设施的设置与在建钢筋混凝土主体结构施工进度允许有一定的差距，但差距不应超过3层。可以合理利用已具备使用条件的在建工程永久性消防设施作为施工现场的临时灭火设施，但必须满足临时施工使用要求。

9.2.1 灭火器

灭火器是扑救初起火灾的重要消防器材，轻便灵活，操作简单，可以有效地扑救各类工业与民用建筑的初起火灾，减少火灾损失，保障人身和财产安全。

建筑施工现场应正确地选择灭火器的类型，确定灭火器的配置规格与数量，合理地定位及设置灭火器，保证足够的灭火能力，并注意定期检查和维护灭火器。

9.2.1.1 灭火器选配

施工现场既可能发生固体火灾，也可能发生液体、气体或电气火灾，灭火器的类型应与配备场所可能发生的火灾类型相匹配。因此，在选配灭火器时，应尽量选用能扑灭多类火灾的灭火器。

(1) 二氧化碳灭火器

二氧化碳灭火器灭火不留痕迹，并且有一定电绝缘性，适用于扑救600 V以下的带电设备、精密仪器、图书档案等场所的火灾。

但是，由于二氧化碳与含金属钾、钠、镁和铝等物质化合时，能被这些金属夺取其中的氧而继续燃烧，因此二氧化碳灭火器不能扑救含上述金属物质的火灾。虽然二氧化碳有一些渗透能力，但难以扑救某些能够在惰性介质中燃烧的物质(如硝酸纤维)和物质内部的阴燃。

(2) 七氟丙烷灭火器

七氟丙烷(HFC-227ea、FM-200)是无色、无味、不导电、无二次污染的气体，具有清洁、低毒、电绝缘性好，灭火效率高的特点，特别是它对臭氧层无破坏，在大气中的残留时间比较短。其环保性能明显优于卤代烷，是目前研究开发比较成功的一种洁净气体灭火剂，被认为是替代卤代烷1301、1211的最理想的产品之一。

(3) 干粉灭火器

干粉灭火器的适用范围由干粉灭火剂种类决定，可以分为以下几种：

① BC干粉灭火器充入的是BC类干粉，适合易燃可燃液体、气体及带电设备的初期火灾，但是不建议扑灭固体类物质火灾。若配电房、厨房、机房等类易发生可燃液体、气体火灾与带电火灾的场所，适合用BC干粉灭火器。

② ABC干粉灭火器适合扑救固体、液体、气体火灾，可以用于各类公共场合、宾馆、饭店、汽车、轮船等，但不能用于轻金属材料火灾。

(4) 清水灭火器

清水灭火器主要以冷水冷却和窒息作用进行灭火，主要用于扑救固体物质火灾，如木材、棉麻、纺织品等的初起火灾，但不能用于扑救带电设备火灾，以及可燃液体和轻金属火灾。

9.2.1.2 灭火器配置场所

可燃材料存放、加工及使用场所，动火作业场所，易燃易爆危险品存放及使用场所，如厨房操作间、锅炉房、发电机房、变配电房、设备用房、办公用房、宿舍等临时用房等具有火灾危险的场所均应配置相应数量和类型的灭火器。

9.2.1.3 灭火器最低配置标准

灭火器的最低配置标准见表9-3。

表 9-3 灭火器的最低配置标准

项目	固体物质火灾		液体或可熔化固体物质火灾、气体火灾	
	单具灭火器最小灭火级别	单位灭火级别最大保护面积(m^2/A)	单具灭火器最小灭火级别	单位灭火级别最大保护面积(m^2/B)
易燃易爆危险品存放及使用场所	3A	50	89B	0.5
固定动火作业场	3A	50	89B	0.5
临时动火作业点	2A	50	55B	0.5
可燃材料存放、加工及使用场所	2A	75	55B	1.0
厨房操作间、锅炉房	2A	75	55B	1.0
自备发电机房	2A	75	55B	1.0
变配电房	2A	75	55B	1.0
办公用房、宿舍	1A	100	—	—

注:① A表示灭火器扑灭A类火灾的灭火级别的一个单位值,3A组合表示该灭火器能扑灭3A等级(定量)的A类火灾模型火(定性);

② B表示该灭火器扑灭B类火灾的灭火级别的一个单位值,即灭火器扑灭B类火灾效能的基本单位。

9.2.1.4 灭火器配置位置与数量

灭火器的配置位置和数量需要根据配置场所的火灾种类和危险等级,综合考虑灭火器的最低配置标准,灭火器的设置点个数,灭火器类型、规格与保护面积等因素计算确定,并且每个场所的灭火器数量不应少于两具。为了简化计算,灭火器的配置数量可以按照计算单元进行计算,每一个计算单元就是一个计算区域。计算单元的最小需配灭火级别按下式计算:

$$Q = K\frac{S}{U} \tag{9-1}$$

式中 Q——计算单元的最小需配灭火级别(A类或B类);

S——计算单元的保护面积,m^2;

U——A类或B类火灾场所单位灭火级别最大保护面积,m^2/A或m^2/B;

K——修正系数,其取值见表9-4。

表 9-4 修正系数

计算单元	K
未设室内消火栓系统和灭火系统	1.0
设有室内消火栓系统	0.9
设有灭火系统	0.7
设有室内消火栓系统和灭火系统	0.5

表 9-4(续)

计算单元	K
可燃材料露天堆场	0.3
甲、乙、丙类液体储罐区	
可燃气体储罐区	

注：地下建筑场所需要增配 30%，即增配系数为 1.3 K。

灭火器设置点的位置和数量应根据灭火器的最大保护距离确定，并应保证场所内所有点均在灭火器的保护范围内。如果计算单元中集中设置的灭火器不能满足灭火器的最大保护距离的要求，在计算单元中就需要设置多个灭火器放置点。灭火器的最大保护距离如表 9-5 所列。

表 9-5　灭火器的最大保护距离　　单位：m

灭火器配置场所	固体物质火灾	液体或可熔化固体物质火灾、气体类火灾
易燃易爆危险品存放及使用场所	15	9
固定动火作业场	15	9
临时动火作业点	10	6
可燃材料存放、加工及使用场所	20	12
厨房操作间、锅炉房	20	12
发电机房、变配电房	20	12
办公用房、宿舍等	25	—

计算单元中每个灭火器设置点的最小需配灭火级别按下式计算：

$$Q_e = \frac{Q}{N} \tag{9-2}$$

式中　Q_e——计算单元中每个灭火器设置点的最小需配灭火级别(A 或 B)；

N——计算单元中灭火器设置点的个数。

每个灭火器点灭火器配置数量 n 按下式计算：

$$n = \frac{Q_e}{q} \tag{9-3}$$

式中　q——单具灭火器的最小灭火级别(A 类或 B 类)；

为了保证扑灭初起火灾的最低灭火力量，灭火器最小需配灭火级别和最少需配数量的计算值应进位取整，并且满足每个设置场所的灭火器数量不少于两具。最小需配灭火级别计算值是该计算单元扑救初起火灾所需灭火器的灭火级别最低值。如果实配灭火器的灭火级别合计值不能正好等于最小需配灭火级别的计算值，那么就应使其大于或等于最小需配灭火级别。

9.2.2　临时消防给水系统

临时消防给水系统是指设置在建筑施工现场的消防给水工程设施，其任务就是通过消防管网和消火栓为室内外提供消防用水，是消防工程的重要组成部分。临时消防给水系统一般由消防水源、消防水泵、供水管网、室内外消火栓和水泵接合器等组成。施工现场的蓄水池、消火栓泵、室内消防竖管及水泵接合器等消防给水设施，应设置醒目标志，并保证使用时满足各种消防用水设备对水量、水压和水质的基本要求。

(1) 室外消防给水系统

室外消防给水系统通过室外消火栓为消防车等消防设备提供室外灭火救援用水，室外消防给水系统设计主要包括系统设置场所、用水量计算、供水管网和消火栓布置等内容。

① 临时用房建筑面积之和大于1 000 m^2 或在建工程单体体积大于10 000 m^3 时，应设置临时室外消防给水系统。当施工现场处于市政消火栓150 m保护范围内，且市政消火栓的数量满足室外消防用水量要求时，可不设置临时室外消防给水系统。

② 考虑到施工现场临时用房和在建工程同时着火的可能性小，因而施工现场按照同一时间只发生一起火灾计算，临时室外消防用水量按临时用房和在建工程的临时室外消防用水量的较大者确定。临时用房和在建工程的临时室外消防用水量计算如表9-6和表9-7所列。

表9-6 临时用房的临时室外消防用水量

临时用房的建筑面积之和	火灾延续时间	消火栓用水量	每支水枪最小流量
1 000 m^2<面积≤5 000 m^2	1 h	10 L/s	5 L/s
面积>5 000 m^2		15 L/s	5 L/s

表9-7 在建工程的临时室外消防用水量

在建工程(单体)体积	火灾延续时间	消火栓用水量	每支水枪最小流量
10 000 m^3<体积≤30 000 m^3	1 h	15 L/s	5 L/s
体积>30 000 m^3	2 h	20 L/s	5 L/s

③ 在建工程、临时用房、可燃材料堆场及其加工场是施工现场的重点防火区域，室外供水管网和消防栓的布置应以保护现场重点防火区域为基本要求，并力求做到对施工现场供水全覆盖。施工现场临时室外消防给水系统管网布置要求如下：

a. 给水管网宜布置成环状。临时室外消防给水干管的管径，应依据施工现场临时消防用水量和干管内水流计算速度进行计算确定，且不应小于 $DN100$。

b. 室外消火栓应沿在建工程、临时用房及可燃材料堆场及其加工场的外边线不小于5 m范围内均匀布置。消火栓的布置间距不应大于120 m，最大保护半径不应大于150 m。

(2) 室内消防给水系统

室内消火栓灭火系统是在建筑物内设置的将室外水源经过加压输送到室内扑灭建筑火灾的固定灭火设备。室内消防给水系统设计主要包括系统设置场所、用水量计算以及供水管网、消火栓和水泵接合器布置等内容。

① 建筑高度大于24 m或单体体积超过30 000 m^3 的在建工程，应设置临时室内消防给水系统。由于临时用房单体一般不大，室外消防给水系统可满足消防要求，一般不考虑设置室内消防给水系统。在建工程的临时，室内消防用水量计取标准见表9-8。

表 9-8 在建工程的临时室内消防用水量

建筑高度或在建工程体积(单体)	火灾延续时间	消火栓用水量	每支水枪最小流量
24 m<建筑高度≤50 m 或 30 000 m^3<体积≤50 000 m^3	1 h	10 L/s	5 L/s
建筑高度>50 m 或体积>50 000 m^3	1 h	15 L/s	5 L/s

② 消防竖管是在建工程室内消防给水的干管,消防竖管的设置位置应便于消防人员操作,其数量不应少于两根。消防竖管在检修或接长时,应按先后顺序依次进行,确保有一根消防竖管正常工作。当建筑结构封顶时,应将两条消防竖管连接成环。当单层建筑面积较大时,水平管网也应设置成环状。消防竖管的管径应根据在建工程临时消防用水量、竖管内水流计算速度进行计算确定,且不应小于 *DN*100。

③ 水泵接合器是连接消防车向室内消防给水系统加压供水的装置,当发生火灾时,消防车的水泵可迅速方便地通过水泵接合器的接口与建筑物内的消防设备相连接,并送水加压,有效地解决了建筑物发生火灾后,消防车灭火困难或室内消火栓系统得不到充足的压力水源而无法灭火的情况。消防水泵接合器应设置在室外便于消防车取水的部位,与室外消火栓或消防水池取水口的距离宜为 15～40 m。

④ 室内消火栓是室内灭火取水的终端接口,设置临时室内消防给水系统的在建工程,各结构层均应设置室内消火栓接口及消防软管接口,并配置消防水带、水枪及软管。结合施工现场特点,综合考虑初起火灾的扑救及管理性和经济性要求,消防水带和水枪可设置在在建工程结构施工完毕的每层楼梯处,按层集中管理,且每个设置点不少于两套。室内消火栓接口及消防软管接口应满足下列要求:消火栓接口及软管接口应设置在位置明显且易于操作的部位。消火栓接口的前端应设置截止阀。消火栓接口或软管接口的间距,多层建筑不大于 50 m,高层建筑不大于 30 m。

⑤ 临时消防给水系统的给水压力应满足消防水枪充实水柱长度不小于 10 m 的要求。给水压力不能满足要求时,应设置不少于两台消火栓泵,互为备用。消火栓泵宜设置自动启动装置。

⑥ 消防水源的给水压力及水量一般难以满足在建高层建筑的灭火需求,可在其底层或首层设置蓄水池并配备加压水泵。对于建筑高度超过 100 m 的在建工程,还需要在适当楼层上增设临时中转水池和加压水泵,进行分段加压,分段给水。中转水池的有效容积不应少于 10 m^3,上、下两个中转水池的高差不宜超过 100 m。

⑦ 火灾发生时,为避免施工现场消火栓泵因电力中断而无法运行,导致消防用水难以保证,施工现场的消火栓泵应采用专用消防配电线路。该线路应自施工现场总配电箱的总断路器上端接入,且应保持不间断供电。

9.2.3 安全疏散设施

建筑施工过程发生火灾时,为了避免建筑内部人员和施工人员因烟气中毒、火烧及建筑构件倒塌破坏而受到伤害,必须使人员尽快疏散,建筑物内的重要物资也要尽快抢救出来,以减少财产损失。同时,消防人员也需要迅速接近起火部位,因此需要完善的安全疏散设施。

安全疏散设计和管理应根据临时建筑和在建工程的使用性质、规模、火灾危险性、容纳人数等因素，合理布置疏散走道、疏散楼梯、疏散门、疏散指示标志、事故广播、防排烟设施及应急照明等疏散设施，为人员的安全疏散创造有利条件。

(1) 临时建筑安全疏散要求

① 安全疏散出口原则上应分散布置，满足双向疏散的要求。当临时建筑层数为3层或每层建筑面积大于200 m^2 时，应设置至少两部疏散楼梯，房间疏散门至疏散楼梯的最大距离不应大于25 m。单面布置的用房，疏散走道的净宽度不应小于1.0 m，双面布置的用房，疏散走道的净宽度不应小于1.5 m。疏散楼梯的净宽度不应小于疏散走道的净宽度。

② 疏散路线应短捷通畅，房间内任一点至最近疏散门的距离不应大于15 m，房门的净宽度不应小于0.8 m，房间建筑面积超过50 m^2 时，房门的净宽度不应小于1.2 m。

发电机房、变配电房、厨房操作间、锅炉房等辅助用房以及易燃易爆危险品库房的可燃物多，火灾荷载大，要求人员迅速撤离，因此这些辅助用房和库房内任一点至最近疏散门的距离不大于10 m，房门的净宽度不小于0.8 m。

③ 会议室、文化娱乐室、培训室、餐厅等人员较为密集的房间，安全疏散任务重，因而应将其设置在临时用房的第一层，其房间门应朝疏散方向开启，以便于人员紧急疏散，防止因拥挤而影响疏散效率。

(2) 在建工程安全疏散要求

在建工程火灾常发生在施工作业期间，由于作业场所通道不完善并且现场杂乱，疏散困难，因此保证临时疏散通道畅通是安全疏散的关键。在建工程的疏散通道应与在建工程结构施工保持同步设置并与作业场所相通；同时，考虑到经济性和安全性，疏散通道应尽可能利用在建工程结构已完成的水平结构、楼梯。为使人员迅速、有序、安全撤离火场，避免疏散过程中发生人员拥挤、踩踏、疏散通道垮塌等次生灾害，疏散通道应具备与疏散要求相匹配的通行能力、承载能力和耐火性能。具体要求如下：

① 临时疏散通道应采用不燃、难燃材料建造，耐火极限不应低于0.5 h。

② 设置在地面上的临时疏散通道，其净宽度不应小于1.5 m；利用在建工程施工完毕的水平结构、楼梯作临时疏散通道时，其净宽度不宜小于1.0 m；用于疏散的爬梯及设置在脚手架上的临时疏散通道，其净宽度不应小于0.6 m。

③ 当临时疏散通道为坡道且坡度大于25°时，应修建台阶踏步或设置防滑条。临时疏散通道不宜采用爬梯，确实需要采用爬梯时，应有可靠的固定措施。

④ 当临时疏散通道的侧面为临空面时，应沿临空面设置高度不小于1.2 m的防护栏杆。

⑤ 当临时疏散通道设置在脚手架上时，脚手架应采用不燃材料搭设，其耐火性能不应低于疏散通道要求。进行脚手架刚度、强度、稳定性验算时，应考虑人员疏散荷载。

(3) 应急照明与疏散指示标志

为了能够使施工人员明确疏散路径，建筑施工现场应在醒目位置设置安全疏散示意图，作业场所和疏散通道内应设置使用鲜明箭头指明疏散路线和疏散方向的疏散指示标志。

在发生火灾时，为了保证现场人员的安全疏散以及消防扑救人员的正常工作，自备发电机房和变、配电房等火灾时仍需坚持工作的场所，无自然采光的作业场所及疏散通道，以及100 m以上在建工程的室内疏散通道，必须设置应急照明，保证作业和疏散过程中的照度。

作业场所应急照明的照度不应低于正常工作所需照度的90%，疏散通道的照度值不应小于0.5 lx。临时消防应急照明灯具宜选用自备电源的应急照明灯具，自备电源的连续供电时间不应小于60 min。

9.3 施工现场消防措施

由于建筑施工中经常需要明火作业，加之经常使用易燃易爆危险品和材料，火灾事故时有发生，因此在施工过程中必须加强施工现场的防火技术措施和管理措施，消除事故隐患。一旦发生火灾，应及时合理进行初期扑救，最大限度地减少人员伤亡和财产损失。

9.3.1 施工现场消防技术措施

根据国家及行业消防安全法规和技术标准，制定本单位的消防安全技术规程，严格安全技术交底和培训制度，不断提高全体员工的消防安全意识和技能。根据本单位的实际情况，尽可能地采用先进的消防安全技术和工艺，避免火灾事故的发生。

(1) 安全防火距离要求

施工现场要明确划分出禁火作业区、仓库区和生活区，各区域之间应保证有一定的安全防火间距，具体要求如下：

① 禁火作业区距离生活区不小于15 m，距离其他区域不小于25 m。

② 易燃可燃材料堆料场及仓库距离修建的建筑物和其他区域不小于20 m。

③ 易燃的废品集中场地距离在建建筑物和其他区域不小于30 m。

④ 防火间距内，不应堆放易燃可燃材料。

(2) 照明及架空线路要求

施工现场的道路，应有足够的夜间照明设备。高压架空线路下，不得搭设临时性建筑物或堆放可燃材料。

(3) 消防水源要求

建筑工地要设有足够的消防水源，对有消防给水管道设计的工程，应在建筑施工时，先敷设好室外消防给水管道与消火栓。冬期施工应对消防水池、消火栓和灭火器等做好防冻工作。

(4) 消防通道要求

施工现场必须设立消防通道，其宽度不小于3.5 m，并且在工程施工的任何阶段都必须保持畅通。施工现场的消防水源，应有保证消防车能驶入的环形道路，如果不可能修建出环形通道时，应在水源(池)一边铺砌停车和回车空地。

(5) 作业棚和临时生活设施的规划和搭建要求

① 临时生活设施应尽可能搭建在距离在建建筑物20 m以外的区域，并且不能搭设在高压架空线路的下面，距离高压架空线路的水平距离不应小于6 m。

② 临时宿舍与厨房、锅炉房、变电所和汽车库之间的防火距离，应不小于15 m。

③ 临时宿舍等生活设施，距离铁路的中心线以及少量易燃品储藏室的间距不小于30 m。

④ 临时宿舍距火灾危险性大的生产场所不得小于30 m。

⑤ 为储存大量的易燃物品、油料、炸药等所修建的临时仓库，与永久工程或临时宿舍之间的防火间距应根据所储存危险物质的种类和数量按照有关规定确定。

⑥ 在独立场地上修建的成批临时宿舍，应当分组布置，每组最多不超过两幢，组与组之间的防火距离，在城市市区不小于 20 m，在村镇不小于 10 m。临时宿舍简易楼房的层高应当控制在两层以内，每层应当设置两个安全通道。

⑦ 生产工棚包括仓库，无论有无用火作业或取暖设备，室内最低高度一般不应低于 2.8 m，其门的宽度应大于 1.2 m，并且要双扇向外开启。

(6) 施工现场灭火器的配备

施工现场灭火器的配备应在要求必须配备的场所按照相关规定确定配备种类、数量、位置。

① 大型临时设施总平面超过 1 200 m^2 的，应当按照消防要求配备灭火器，并根据防火对象、部位，设立一定数量，且容积不少于 4 m^3 的消防水池，并配备不少于 4 套的取水桶，消防锹、消防钩。同时，要具有一定数量的消防沙池等设施，并留有消防车道。

② 一般临时设施区域，每 100 m^2 面积的配电室、动力室、食堂、宿舍等重点防火场所，应当配备两个 10 L 灭火器。临时性简易住宅楼每层至少配备两个以上灭火器，人员密集的临时住宅楼还应配备推车式干粉或泡沫灭火器。

③ 临时木工间、油漆间、机具间等，每 25 m^2 应配备一个种类合适的灭火器；油库、危险品仓库、易燃堆料场应配备足够数量和相应类型的灭火器。

9.3.2 施工现场消防安全管理措施

(1) 施工现场消防安全管理制度

消防安全管理制度是从管理方面实现施工现场的“火灾预防”。施工单位应针对施工现场可能导致火灾发生的施工作业及其他活动，制定消防安全管理制度，并严格按照制度约束来要求所属人员遵照执行。消防安全管理制度应包括下列主要内容：可燃物及易燃易爆危险品管理制度；用火、用电、用气管理制度；临时消防设施管理制度；消防安全检查等级制度；消防安全教育与培训制度；应急预案演练制度；消防安全工作考评及奖惩制度；消防安全档案管理制度。

(2) 动火证管理

在施工现场禁火区域内施工，应当教育施工人员严格遵守消防安全管理规定，动火作业前必须申请办理《动火证》，这是消防安全管理的一项重要制度。《动火证》的管理由安全生产管理部门负责，由工程项目部负责人审批。动火作业没经过审批的，一律不得实施动火作业。《动火证》上必须注明动火地点、动火时间、动火人、现场监护人、批准人和防火措施。

(3) 建立安全消防责任制

建筑施工过程中应当建立消防安全责任制，按照“谁主管，谁负责”的原则明确相应的主管人员的消防职责和责任，并将消防工作纳入施工组织设计和施工管理计划，使防火与生产密切结合，以保证有效地贯彻防火措施。各现场施工单位（包括土建、安装、装修单位）在各自的范围内具体负责，通过层层签订消防安全责任合同，明确施工期间各单位应承担的消防安全责任及应实施的安全措施。

(4) 消防安全教育培训

消防安全教育培训的对象为全体施工人员，内容应侧重增强施工人员的消防法制观念，提高防火安全意识和扑灭初起火灾、自我防护的能力。消防安全负责人应该有计划、有步骤地针对全体员工开展经常性的消防安全教育和培训，其主要内容应包括下列要点：消防法律、法规；本岗位的火灾危险性、施工现场消防安全管理制度和操作规程、防火技术方案、灭火及应急疏散预案的主要内容；施工现场临时消防设施的性能及使用、维护方法；扑灭初起火灾及自救逃生的知识和技能；报火警、接警的程序和方法。

(5) 防火措施安全交底

工程项目部必须将制定的防火安全措施、防火重地和易燃易爆危险场所的施工作业要求向相关作业人员、班组进行书面安全交底，并要求培训人员签字确认。交底主要内容应针对具有火灾危险的具体作业场所或工序，向作业人员传授如何预防火灾、扑灭初起火灾、自救逃生等方面的知识、技能，具体包括下列内容：施工过程中可能发生火灾的部位或环节。施工过程应采取的防火措施及应配备的临时消防设施。初起火灾的扑救方法及注意事项。逃生方法及路线。

(6) 消防安全检查

施工现场的消防安全负责人应当定期组织消防安全管理人员对施工现场的消防安全进行检查，特别是重点防火部位的检查，并及时纠正违章操作行为，及时发现火灾隐患并采取防范、整改措施。施工现场的重点防火部位主要包括：施工现场的临时发电机房、变配电室、易燃易爆危险品存放库房和使用场所，可燃材料堆场及其加工场所，员工宿舍等。

施工现场消防安全检查应有不同侧重，检查内容可依据当时当地的气候条件、社会环境和生产任务适当调整。如工程开工前，施工单位应对现场消防管理制度的制订、防火技术方案、现场灭火及应急疏散预案的编制、消防安全教育与培训、消防设施的设置与配备情况进行检查；施工过程中，施工单位应对施工现场消防制度执行情况每月组织一次检查。此外，施工单位应在每年“五一”“十一”“春节”等节日，或者在冬季、夏季等风干物燥的特殊时段到来时，根据实际情况组织相应的专项检查或季节性检查。消防安全检查应包括下列主要内容：可燃物及易燃易爆危险品的管理制度是否落实；动火作业的防火措施是否落实；用火、用电、用气是否存在违章操作，电、气焊及保温施工是否执行操作规程；临时消防设施是否完好有效；临时消防车道及临时疏散设施是否畅通，应急照明与疏散指示标志是否完好。

(7) 消防安全管理档案

施工现场相关单位应记录并保存好施工现场消防安全管理的相关文件，建立现场消防安全管理档案，主要包括以下文件和记录：

① 施工单位组建施工现场防火安全管理机构及聘任现场消防安全管理人员的文件。

② 施工现场消防安全管理制度及其审批记录。

③ 施工现场防火技术方案及其审批记录。

④ 施工现场灭火及应急疏散预案及其审批记录。

⑤ 施工现场消防安全教育和培训记录。

⑥ 施工现场消防安全技术交底记录。

⑦ 施工现场消防设备、设施、器材验收记录，及其台账及更换、增减记录。

⑧ 施工现场灭火和应急疏散演练记录。

⑨ 施工现场防火安全检查和隐患整改记录。

⑩ 施工现场火灾事故记录及火灾事故调查、处理报告。

⑪ 施工现场消防工作考评和奖惩记录。

(8) 灭火应急预案及演练

根据国家及行业的相关要求,建筑施工单位应当制定火灾扑救及应急疏散的应急救援预案,包括下列主要内容:应急灭火处置机构及各级人员职责。报警、接警处置程序和通信联络方式。扑救初起火灾的程序和措施。应急疏散及救援的程序和措施。

施工单位应依据预案内容,定期开展灭火救援及应急疏散的演练,一般要求每半年进行一次,实在有困难的每年不得少于一次。应急演练应该包括下面主要内容:应急组织机构的运行,包括灭火行动组、通信联络组、疏散引导组、救护组等;报警和接警处置演练;应急疏散的程序和措施;扑救初起火灾的程序和措施;通信联络、现场急救的措施和方法。

(9) 其他安全管理措施

施工过程中,应加强施工现场的安全保卫工作。建筑工地周边应当按要求设立围挡,较大的工程要设专职保卫人员,禁止非工地人员进入施工现场。

施工现场应按照文明施工的要求进行布置,各类材料都要码放成垛,整齐堆放。

9.3.3 相关工种作业的消防安全要求

建筑工程施工现场需要多工种配合和立体交叉混合作业。每个作业人员对火灾事故的防范都有不可推卸的责任,特别是接触火源的工作人员。

9.3.3.1 电焊工

施工现场的电焊工在进行电、气焊作业时必须注意以下几个方面的问题:

(1) 气焊设备的防火防爆要求

① 乙炔瓶应安装回火防止器,防止氧气倒回发生事故。

② 乙炔瓶应放置在距离明火至少 10 m 以外的地方,严禁倒放。

③ 在焊、割作业时,乙炔瓶和氧气瓶的距离不得小于 5 m,不得放置在高压线下面或在太阳下曝晒。

④ 每天操作前都必须认真检查。尤其是冬期施工完毕后,要及时将乙炔瓶和氧气瓶送回到存放处,采取一定的防冻措施,以免结冻。如果冻结,严禁用明火烘烤。

⑤ 在点火前要检查焊炬是否正常,其方法是检查焊炬的吸力,若开了氧气而乙炔管毫无吸力,则焊炬不能使用,必须及时修复。

⑥ 作业时应根据金属材料的材质、形状,确定焊炬与金属的距离,不要距离太近,以防喷嘴太热,引起焊炬内自燃回火。

(2) 电焊设备防火防爆要求

① 电焊机是电弧焊工艺的主要设备,各种电焊机都应该在规定的电压下使用。

② 旋转式直流电焊机应配备足够容量的磁力启动开关,不得使用闸刀开关直接启动。

③ 电焊机应有良好的隔离防护装置,电焊机的绝缘电阻不得小于 1 MΩ。

④ 电焊机的接线柱、接线孔等应装在绝缘板上,并有防护罩保护。

⑤ 电焊机应放置在避雨干燥的地方,不准与易燃易爆危险品或容器混放在一起。

⑥ 室内焊接时,电焊机的位置、线路敷设和操作地点的选择应符合防火安全要求,作业前必须进行检查。

⑦ 焊接导线要有足够的截面,严禁将焊接导线搭在氧气瓶、乙炔瓶、发生器、煤气、液化气等易燃易爆设备上,电焊导线中间不应有接头,如果必须设有接头,其接头处要离易燃易

爆危险品 10 m 以外。

(3) 电、气焊作业前准备

① 施工电、气焊作业前应认真了解作业环境，确定出动火的危险区域，并设立明显标志，危险区域内的一切易燃易爆危险品都必须移走。对不能移走的可燃物，要采取可靠的防护措施。

② 大风季节，要注意风力的大小和风向变化，防止风力把火星吹到附近的易燃物上，必要时应派人监护。

③ 旧建筑维修中使用电、气焊作业前，必须仔细检查焊割部位的墙体、楼板构造和隐蔽部位，不清楚绝不能施工。

(4) 施工现场的焊、割作业

① 施工现场的焊、割作业必须符合防火要求，严格执行“十不烧”的规定。

② 对于可燃的墙体和楼板以及存在的孔洞裂缝，导热的金属等要采取可靠的措施，防止火星落入埋下火种，或者金属导热造成火灾。

③ 室内装饰工程必须开始施工前完成电、气焊施工。

9.3.3.2 建筑木工

建筑施工现场木工作业时必须注意以下几个方面的问题：

① 建筑工地的木工作业场所要严禁动用明火，工人吸烟要到休息室。工作场地和个人工具箱内严禁存放油料和易燃易爆危险品。

② 经常对工作间内的电气设备及线路进行检查，发现短路、电气打火和线路绝缘老化破损等情况应及时找电工维修。电锯、电刨等木工设备在作业时，注意勿使刨花、锯末等物将电机盖上。

③ 使用炉子熬制木胶应在单独房间里进行，用后要立即熄火。

④ 木工作业要严格执行建筑安全操作规程。完工后，必须清理干净剩下的木料，并堆放整齐。锯末、刨花等废料要堆放在指定的地点，且不得在施工现场存放时间过长，防止自燃起火。

⑤ 施工现场支模作业严禁吸烟，严禁在支模作业面的上方进行焊接动火，支模作业区域应按照有关规定配备消防灭火器材，明确消防责任人。

9.3.3.3 建筑电工

建筑施工现场电工作业时必须注意以下几个方面的安全操作要点：

(1) 预防短路造成火灾的措施

建筑工地临时线路都必须使用符合要求的导线，导线与导线、导线与墙壁和顶棚之间应有符合规定的间距。线路上要安装合适的熔体和漏电断路器。

(2) 预防过负荷造成火灾的措施

根据负荷合理选用导线截面，不得随意在线路上接入过多负载。要定期检查线路负荷增减情况，按实际情况去掉过多的电气设备或另增线路，或者根据生产程序和需要，采取先控制后使用的方法，将用电时间错开。

(3) 预防电火花和电弧产生的措施

裸导线间或导体与接地体间应保持足够的安全距离。导线连接要牢固，防止布线过松。经常检查导线的绝缘电阻，保持绝缘体的强度和完整性。熔断器或开关应装在不燃的基座上并用不燃箱盒保护，不能带电安装和修理电气设备。

(4) 进行室内装饰时安装电气线路的注意事项

① 顶棚内的电气线路穿线必须为镀锌钢管，施工安装时必须焊接固定在顶棚内。顶棚用金属软管穿线时，要有保护接地，或者穿4根导线，其中一根做接地处理，防止金属外皮产生感应电而引起火灾。

② 凡电器接头都必须用焊锡或接线端子连接，必须满足规范的相应安装要求。

③ 由于装饰电气闭路特别多，这些回路均为单相，都要连接在三相四线制的电源中，要求三相电路都必须平衡，各个回路容量皆应相等，否则火灾危险性较大。因此，在电源回路安装完毕后，根据施工规程要求把各回路的负荷电流表进行测试和调整，使线路三相保持平衡。

9.3.3.4 油漆工

油漆作业所使用的材料都是易燃易爆的化学材料。因此，无论油漆的作业场地或临时存放的库房，都要严禁动用明火。室内作业时，一定要有良好的通风条件，照明电气设备必须使用防爆灯头，禁止穿钉子鞋出入现场，严禁吸烟，周围的动火作业要离10 m以外。

9.3.3.5 防水施工

冷底子油是防水工程中使用的主要防水材料。它是由汽油或柴油配制而成的，其性能与汽油、柴油基本相似，即挥发性强、闪点低，所以在配制、运输或施工时，遇到明火即有起火或爆炸的危险。尤其室内作业，如果通风不好，使其挥发到空气中的含量达到极限，将十分危险。配制冷底子油时，禁止用铁棒搅拌，以防碰出火星。要严格掌握沥青温度，当发现冒出大量蓝烟时，应立即停止加入。凡是配制、储存、涂刷冷底子油的地点，都要严禁烟火，绝对不允许在附近进行电、气焊或其他动火作业。

9.3.4 特殊施工场所的消防要求

9.3.4.1 地下建筑消防要求

① 地下建筑施工应当标明安全通道，并保证通道畅通，不得堆放障碍物。

② 地下建筑室内不得储存易燃易爆危险品和材料，不得作为木工或钢筋加工点，不得在空气不畅通的室内熬制或配制用于防腐、防水、装饰所用的危险化学品。

③ 在进行防火、防腐作业时，地下室内应采取一定的通风措施，保证空气流通。

④ 照明电线路不得有接头或裸露部分，照明灯具应当使用防爆灯具，施工人员严禁吸烟和动火。

⑤ 地下建筑进行装饰装修时，不得同时进行水暖和电气安装的焊割作业。

⑥ 地下建筑室内施工时，施工人员应当严格遵守安全操作规程，易引发火灾的特殊作业应设专人监护，并配备气体检测仪和消防器具，必要时应当采取强制通风措施。

9.3.4.2 高层建筑消防

高层建筑一般是指建筑高度大于27 m的住宅建筑和建筑高度大于24 m的非单层厂房、仓库和其他民用建筑。这类建筑具有火灾因素多、火势蔓延快、蔓延途径多、外围脚手架和防护物易垮塌、扑救难度大、疏散困难、火灾损失严重等特点。热流是火灾蔓延的主要形式，火风压和烟囱效应是使火灾蔓延的动力，500 ℃以上的高温热烟是火灾蔓延的条件。

扑救高层建筑火灾往往遇到较大困难是因为在建高层建筑施工现场通道狭窄，受到场地的制约，房屋、棚屋之间以建筑材料之间缺乏必要的防火间距，甚至有些材料堆放堵塞了消防通道，消防车难于接近起火点，而且内部情况复杂，救火工作困难。当形成大面积火灾时，其消防用水量显然不足，需要利用消防车向高处供水，建筑物内如果没有安装消防电梯，消防人员因攀登高楼体力不够，不能及时到达火灾层进行扑救，消防器材也不能随时补充，均会影响扑救。

（1）高层建筑施工防火注意事项

① 高层建筑消防管理的主要措施如下：做好安全疏散的准备工作，按要求进行防火分隔；设置自动报警设施；设置火灾事故照明和防火警示及疏散标志等。

② 楼层内不得堆放易燃易爆危险品。在易燃处施工的人员不得吸烟和随便焚烧废弃物。

③ 高层建筑施工现场以及建筑物毗邻处，应按照有关消防规定预留或设置消防水源和消防通道。

④ 施工脚手架内的作业层应畅通，并搭设不少于两处与主体建筑内相衔接的通道口。已建成的建筑物楼梯不得封堵。

⑤ 建筑施工脚手架外挂的密目式安全网，必须符合阻燃标准。

⑥ 建筑物施工高度达 25 层或高度 75 m 以上时，脚手架内置的脚手板应采用钢制脚手板，作业层内立面应采用钢网进行围挡，严禁用竹木材料进行围挡。

⑦ 30 m 以上的高层建筑施工，应当设置加压水泵和消防水源管道，管道的立管直径不小于 50 mm。每层应设出水口，建筑物纵向长度超过 60 m，每层应设两处出水管口，每处配备长度不小于 30 m 的消防水管，能够使两处的消防水管水流覆盖到建筑物的任意部位。

⑧ 高层焊接作业要根据作业高度、风力、风力传递的次数，确定出火灾危险区域将区域内的易燃易爆危险品移到安全地方，无法移动的要采取切实的防护措施。高层焊接作业应当办理动火证，动火区域应当配备灭火器材，并设专人监护，发现火情，立即停止作业，采取应急措施，及时扑灭火源。遇到大雾天气和六级及以上强风时，应当停止焊接作业。

⑨ 高层建筑施工临时用电线路应使用绝缘良好的橡胶电缆，严禁将线路绑在脚手架上。施工用电机具和照明灯具的电气连接处应当绝缘良好，保证用电安全。

（2）高层建筑火灾的自救及互救逃生

火灾发生时，现场温度非常高，而且烟雾会挡住人的视线，被救人员应当有良好的心理素质，不要惊慌，不盲目行动，应选择下列正确的逃生方法：

① 利用各楼层的消防器材，如干粉、泡沫灭火器或水枪扑灭初起火灾。

② 互相帮助，对老、弱以及受惊吓的人和不熟悉环境的人要引导疏散，帮助共同逃生。

③ 发生火灾时，要积极行动，不能坐以待毙，要充分利用身边的各种有利于逃生的东西。在火灾中，切忌采用跳楼等错误的逃生方法。

9.3.4.3 现场仓库防火要求

建筑施工现场由于其自身施工的特点和需要，往往设置一些仓库和料场，而这些仓库和料场中经常存放一些施工需要的易燃易爆危险品和材料，如果储存不当，极易造成火灾事故。

（1）易燃易爆危险品仓库的设置

① 易燃易爆危险品仓库的设置应当充分考虑到现场及其周围环境的影响，尽量远离居民区、商场等居住建筑和公共建筑。确实无法满足时，应当采取可靠的安全措施。

② 库房内、外按 500 m^2 的区域分段设立防火墙，将建筑平面划分为若干个防火单元，以便失火后能阻止火势的扩散。

③ 仓库应设在水源充足，消防车能驶到的地方。同时，根据季节风向的变化，应设在下风方向。

④ 易燃仓库堆料场与其他建筑物、铁路、道路、高压线的防火间距应按《建筑设计防火规范》(GB 50016—2022)的有关规定执行。

⑤ 仓库应设两个以上的大门，大门应向外开启。

⑥ 固体易燃物品应与易燃易爆的液体分间存放，不得在一个仓库内混合储存不同性质的物品。

(2) 易燃易爆材料的存储一般要求

① 易燃仓库堆料场物品应当分类、分堆、分组和分垛存放，每个堆垛面积要求：木材(板材)不得大于 300 m^3；稻草不得大于 150 m^3；锯末不得大于 200 m^3；堆垛与堆垛之间应留有 3 m 宽的消防通道。

② 易燃露天仓库的四周，应有宽度不小于 6 m 的平坦道路作为消防通道，通道上禁止堆放障碍物。

③ 有明火的生产辅助区和生活用房与易燃堆垛之间，至少应保持 30 m 的防火间距。有飞火的烟囱应布置在仓库的下风地带。

④ 储存的稻草、锯末、煤炭等物品的堆垛应保持良好通风，并随时注意堆垛内的温湿度变化。发现温度超过 38 ℃或水分过低时，应及时采取降温加湿措施，防止其自燃起火。

⑤ 在建建筑物内不得存放易燃易爆危险品，尤其是不得将木工加工区设在其内。

⑥ 仓库保管员应当熟悉储存物品的分类、性质、保管等业务知识和防火安全制度，掌握消防器材的操作使用和维护保养方法，做好本岗位的防火工作。

(3) 易燃仓库的用电管理

① 仓库或堆料场所内一般应使用地下电缆，如果有困难需设置架空电力线路，架空电力线与露天易燃物堆垛的最小水平距离不应小于电线杆高度的 1.5 倍。库房内设置的配电线路需穿金属管或用非燃硬塑料管保护。

② 仓库或堆料场所严禁使用碘钨灯和超过 60 W 以上的白炽灯等高温照明灯具。当使用日光灯等低温照明灯具时，应当对镇流器采取隔热、散热等防火保护措施。照明灯具与易燃堆垛间至少保持 1 m 的距离，安装的开关箱、接线盒应距离堆垛外缘不小于 1.5 m，不准乱拉临时电气线路。

③ 库房内不准设置移动式照明灯具，照明灯具下方不准堆放物品，其垂点下方与储存物品水平间距离不得小于 0.5 m。

④ 库区的每个库房应当在库房外单独安装开关箱，保管人员离库时，必须拉闸断电。禁止使用不合格的电气保险装置。

⑤ 储存大量易燃物品的仓库场地应设置独立的避雷装置。

⑥ 库房内不准使用电炉、电烙铁、电熨斗等电热器具和电视机、电冰箱等家用电器。

(4) 常用易燃易爆材料储存要求

① 石灰储存要求。生石灰能与水发生化学反应，产生大量热和体积膨胀，足以引燃燃点较低的材料。因此，存储石灰的房间不宜用可燃材料搭设。石灰表面不得存放易燃材料，

并且要有良好的通风条件。

② 亚硝酸钠储存要求。亚硝酸钠作为钢筋混凝土阻锈剂而广泛使用在建筑工程中。这种化学材料与硫、磷及有机物混合时，经摩擦、撞击有引起燃烧或爆炸的危险。存储使用时，严禁与硫、磷、木炭等易燃物质混放、混运。应与有机物及还原剂分库存放，库房要干燥通风。搬运时，要轻拿轻放，远离高温与明火，灭火剂应使用雾状水和沙子。

③ 油漆、稀释剂储存要求。建筑工程施工使用的稀释剂都是挥发性强、闪点低的一级易燃易爆化学材料，如汽油、松香水等。油漆和稀释剂必须设库存放，容器必须加盖。油漆工在休息室内不得存放油漆和稀释剂，刷油漆时刷子上残留的稀释剂不能放在休息室内，也不能存放在库内，应及时妥善处理掉。

④ 碳化钙(电石)储存要求。电石本身不会燃烧，但遇水或受潮会迅速分解出乙炔体。在装箱搬运、开箱使用时要严格遵守以下要求：

a. 严禁雨天运输电石，途中遇雨或必须在雨中运输时应采取可靠的防雨措施。搬运电石时，发现桶盖密封不严，要在室外开盖放气后，再将盖盖严搬运。要轻搬轻放，严禁用滑板或在地上滚动、碰撞或敲打电石桶。

b. 电石桶不得放在潮湿的地方，库房必须是耐火建筑，有良好的通风条件，库房周围10 m内严禁明火。库内不准设气、水管道，以防室内潮湿。库内照明设备应用防爆灯，开关采用封闭式并安装在库房外。

c. 严禁用铁工具开启电石桶，应用铜制工具开启，开启时人应站在侧面。

d. 空电石桶未经处理，不许接触明火。小颗粒精粉末电石要随时处理，集中倒在指定坑内，而且要远离明火，坑上不准加盖，上面不许有架空线路。

e. 电石不要与易燃易爆物质混合存放在一个库内。禁止穿带钉子的鞋进入库内，以防摩擦产生火花。

9.3.4.5 常用的防腐蚀材料储存要求

环氧树脂、呋喃树脂、酚醛树脂、乙二胺等都是建筑工程常用的树脂类防腐材料，也都是易燃液体材料，还都具有燃点和闪点低、易挥发的特性。它们遇火种、高温、氧化剂都有引起燃烧爆炸的危险。其与氨水、盐酸、氟化氢、硝酸、硫酸等反应强烈，有爆炸的危险。因此，在储存、使用、运输时，都要注意远离火种，严禁吸烟，温度不能过高，防止阳光直射。应与氧化剂、酸类分库存放，库内要保持阴凉通风。搬运时要轻拿轻放，防止包装破坏外流。

思考题

1. 简要叙述燃烧的基本条件以及防火和灭火的基本方法？
2. 列举施工现场的主要可燃物种类，不同类型可燃物管理要点有哪些？
3. 施工现场动火管理应满足哪些要求？
4. 简述安全出口和疏散通道的布置要求？
5. 施工现场起火的条件是什么？你实习的工地是否存在火灾隐患，应当采取什么措施加以防范。

第 10 章 季节性施工安全措施与职业卫生健康

我国南方许多省市处于多雨地区，每年有长达 1～3 个月的雨期；长江中下游流域的梅雨期间，也有长达一个月的时间阴雨连绵，并伴有多云、多雾、多雷暴天气。东南沿海地区受海洋暖湿气流影响，春夏之交雨水频繁，并伴有台风、暴雨和潮汛，某些地区雷暴季节的雷电活动频繁。我国东北、华北、西北以及青藏高原等地区，每年冬季有长达 3～6 个月的寒冷期。这些季节的不良天气，给工程建设进度和质量带来了一系列的问题，也是生产安全事故多发时期。因此，应当按照作业条件针对不同季节的施工特点，制定相应的安全技术措施，做好相关安全防护，防止事故发生。

建筑施工过程中既存在工艺产生的危害因素，自然环境、施工环境产生的危害因素，也存在高处作业、密闭空间作业、高温作业、低温作业、高原(低气压)作业等产生的危害，而且劳动强度大、劳动时间长。施工现场往往同时存在粉尘、噪声、放射性物质和其他有毒有害物质等，而且涉及建设、施工、监理、勘察、设计、设备供应等多单位多个环节，因此造成建筑行业的职业病危害因素种类繁多、复杂，几乎涵盖所有类型的职业病危害因素，防护难度较大。

10.1 雨期施工安全措施

由于大雨、大风、雷电等恶劣天气具有突然性，因此应认真编制好雨期施工的安全技术措施，做好雨期施工的防雨、防风、防雷击，组织好排水等准备工作。同时，注意做好防止触电和坑槽坍塌，沿河流域的工地做好防涝准备，傍山的施工现场做好防洪、防滑坡塌方措施，脚手架、塔机等应做好防强风措施。

降雨量大小对施工影响程度不同，应当区别对待。降雨量是用积水的高度来表示的，即假定所下的雨水既不流到别处，又不蒸发，也不渗到土壤里，其所积累的高度。一天雨量的多少称为降水强度。按照降水强度的大小划分为小雨、中雨、大雨、暴雨等 6 个等级。降雨等级见表 10-1。

表 10-1 降雨等级表

降雨等级	现象描述	降雨量范围/mm	
		一天总量	半天总量
小 雨	雨能使地面潮湿，但不泥泞	1～10(含 10)	0.2～5.0(含 5.0)
中 雨	雨降到屋面上有淅淅声，凹地积水	10～25(含 25)	5.1～15.0(含 15.0)
大 雨	降雨如倾盆，落地四溅，平地积水	25～50(含 50)	15.1～30.0(含 30.0)
暴 雨	降雨比大雨还猛，造成山洪暴发	50～100(含 100)	30.1～70.0(含 70.0)
大暴雨	降雨比暴雨还大或时间长，能造成洪涝灾害	100～200(含 200)	70.1～140.0(含 140.0)
特大暴雨	降雨比大暴雨还大，能造成洪涝灾害	＞200	＞140

10.1.1 雨期施工的准备工作

(1) 合理组织施工

根据雨期施工的特点，将不宜在雨期施工的工程提早或延后安排，对必须在雨期施工的工程应该制定有效的措施。晴天抓紧室外作业，雨天安排室内工作。遇到大雨、大雾、雷击和六级以上大风等恶劣天气，应当停止进行露天高空作业、起重吊装和打桩等露天施工。

(2) 施工现场排水

① 根据施工总平面图、排水总平面图，利用自然地形确定排水方向，按规定坡度挖好排水沟，并设专人负责，及时疏浚排水系统，确保施工工地排水畅通。

② 应严格按防汛要求，设置连续、通畅的排水设施和其他应急设施，防止泥浆、污水、废水外流或堵塞下水道和排水河沟。

③ 若施工现场临近高地，应在高地的边缘挖好截水沟，防止洪水冲入现场。

④ 雨期前应做好傍山的施工现场边缘的危石处理，防止滑坡、塌方威胁工地。

(3) 雨期运输道路防护

① 临时道路应起拱 5‰。道路两侧须做宽 300 mm、深 200 mm 的排水沟。

② 对路基易受冲刷部分，应铺石块、焦渣、砾石等渗水防滑材料，或者设涵管排泄，保证路基的稳固。

③ 雨期应指定专人负责维修路面，对路面不平或积水处应及时修补。

④ 施工场地内的主要道路应当硬化处理。

(4) 临时设施及其他施工准备工作

① 施工现场的大型临时设施，选址要合理，避开滑坡、泥石流、山洪、坍塌等灾害多发地段。在雨期前应整修加固完毕，保证不漏、不塌、不倒，周围不积水，严防水冲入设施内。大风和大雨后，应当检查临时设施地基和主体结构情况，发现问题及时处理。

② 雨期前应清除沟边多余的弃土，减轻坡顶压力。

③ 雨后应及时对坑槽沟边坡和固壁支撑结构进行检查。对于深基坑，应当派专人进行认真测量，观察边坡情况。如果发现边坡有裂缝、疏松，支撑结构折断、移动等危险征兆，应当立即采取加固措施。

④ 雨期施工中遇到气候突变，发生暴雨、水位暴涨、山洪暴发或因下雨发生坡道打滑等情况时，应当停止土石方机械作业施工。

⑤ 雷雨天气不得露天进行电力爆破土石方，当中途遇到雷电时，应当迅速将雷管的脚线和电线主线两端连成短路。

⑥ 大风大雨后，应当先检查起重机械设备的基础、塔身的垂直度、缆风绳和附着结构，以及安全保险装置，并先试吊，确认无异常后方可施工作业。轨道式塔机，还应对轨道基础进行全面检查，检查轨距偏差、轨顶倾斜度、轨道基础沉降、钢轨不直度和轨道通过性能等。

⑦ 落地式钢管脚手架底应当高出自然地坪 50 mm，并夯实整平，留一定的散水坡度，在周围设置排水措施，防止雨水浸泡脚手架基础。

⑧ 大风、大雨后，要组织人员检查脚手架和安全网是否牢固，如脚手架有倾斜、下沉、松扣、崩扣以及安全网脱落、开绳等现象，要及时进行加固处理。

10.1.2　雨期施工的用电安全与防雷

① 各种露天使用的电气设备应选择地势较高而干燥的位置放置。

② 机电设备应当有可靠的防雨措施，其中电焊机应加防护雨罩。

③ 雨期前应检查照明和动力线有无混线、漏电，电杆有无腐蚀，埋设是否牢靠等，防止触电事故发生。

④ 雨期要检查现场电气设备的接零、接地保护措施是否牢靠，漏电保护装置是否灵敏，电线绝缘接头是否良好。

⑤ 在雨期前和大风、大雨后，要组织人员检查防雷电装置与设施。防雷装置的设置范围和构成及操作要求如前面章节所述。

10.2　冬期施工安全措施

根据当地多年气象资料统计，当室外日平均气温连续 5 日低于 5 ℃，即进入冬期施工。当室外日平均气温连续 5 日高于 5 ℃时，即解除冬期施工。在我国北方寒冷地区的冬期施工中，由于长时间的持续低温、强风、降雪和冰冻，天气干燥，施工条件较其他季节更为艰难，加之在严寒环境中作业人员穿戴较多，手脚不灵活，对工程进度、工程质量和施工安全造成严重不良影响。因此，必须采取附加或特殊的措施防滑、防冻，生活办公场所应当采取措施防火和防煤气中毒等，从而保证工程施工顺利进行。

10.2.1　冬期施工的准备工作

应该在冬期施工前两个月进行冬期施工战略性安排。冬期施工前一个月编制好冬期施工技术措施方案，做好冬期施工材料、专用设备、能源等施工准备工作，搞好相关人员技术培训和技术交底工作。

(1) 编制冬期施工组织设计

冬期施工组织设计，一般应在入冬前编审完毕，主要内容应包括：

① 确定冬期施工的方法、工程进度计划、技术供应计划、施工劳动力供应计划、能源供应计划、劳动防护用品供应计划以及防火安全措施。

② 冬期施工的总平面布置图包括：临时建筑、交通、电力、能源管线布置等。

③ 冬期施工各项安全技术经济指标和节能措施。

(2) 冬期施工安全教育培训

应根据冬期施工的特点,调整好机构和人员,并制定好岗位责任制,加强安全生产管理。主要应当加强负责测温的冬期施工技术检验机构和负责保温的热源管理机构,并充实相应的人员。安排气象预报人员,了解近期、中长期天气,防止寒流突袭。对测温人员、保温人员、能源工(锅炉和电热运行人员)、管理人员组织专门的技术业务培训,学习相关安全知识,明确岗位责任,经考核合格方可上岗。

(3) 冬期施工物资准备

冬季施工应计划提前准备的物资主要包括混凝土外加剂、保温材料、测温计、劳保用品、现场管理和技术管理的表格和记录本、燃料及防冻油料、电热物资等。

(4) 冬期施工施工现场的准备

① 场地要在土方冻结前完成平整工作,道路应畅通,并有防止路面结冰的具体措施。

② 提前组织有关机具、外加剂、保温材料等实物进场,并妥善保存。

③ 施工现场的排水系统应采取防冻措施,并设专人管理,排水系统应畅通。

④ 搭设加热用的锅炉房、搅拌站,敷设管道,对锅炉房进行试压,对各种加热材料、设备进行检查,确保安全可靠。蒸汽管道应保温良好,保证管路系统不被冻坏。

⑤ 按照冬期施工组织设计规划落实职工宿舍、办公室等临时设施的取暖措施。

10.2.2 冬期土方工程施工安全措施

(1) 爆破法破碎冻土安全事项

① 爆破施工要离建筑物 50 m 以外,距高压电线 200 m 以外。

② 爆破工作应在专业人员指挥下,由受过爆破知识和安全知识培训的人员担任。

③ 爆破之前应有技术安全措施,并经主管部门批准。

④ 施工现场应设立警告标志、信号、警戒哨和指挥站等防卫危险区的设施。爆破后最少要经过 20 min 才可以前往检查。

⑤ 遇有瞎炮,严禁掏挖或在原炮眼内重装炸药,应该在距离原炮眼 60 cm 以外的地方另行打眼爆破。

⑥ 硝酸甘油类炸药在低温环境下凝固成固体,当受到振动时,极易发生爆炸,酿成严重事故,因此,冬期施工不得使用硝酸甘油类炸药。

(2) 人工破碎冻土安全事项

① 注意及时去掉楔头打出的飞刺,以免飞出伤人。

② 掌铁楔的人与掌锤的人不能面对面施工,而应当互呈 90°。

(3) 机械挖掘施工安全措施

① 发动机和水箱应采取防冻措施。

② 注意行进和移动过程的防滑,在坡道和冰雪路面应当缓慢行驶,上坡时不得换挡,下坡时不得空挡滑行,冰雪路面行驶不得急刹车。

③ 在边坡附近使用、移动机械应注意边坡可承受的荷载,防止边坡坍塌。

(4) 针热法融解冻土的安全事项

冬期施工现场采用针热法融解冻土时,主要应当防止管道和外溢的蒸汽、热水烫伤作业人员。

(5) 电热法融解冻土的安全事项

冬期施工现场在电热法融解冻土进行前，必须有周密的安全措施。

① 工作地点要设置危险标志，通电时严禁靠近。

② 电源要通过有计量器、电流和电压表、保险开关的配电盘。

③ 应由电气专业人员担任通电工作，进入警戒区内工作时，必须先切断电源，通电前工作人员应退出警戒区，再行通电。

④ 夜间施工应有足够的照明。

⑤ 当对含有金属夹杂物或金属矿石的冻结土时，禁止采用电热法。

(6) 烘烤法融解冻土防火安全措施

冬期施工现场采用烘烤法融解冻土时，会出现明火，由于冬天风大、干燥，易引起火灾。因此，应注意防火安全措施。

① 施工作业现场周围不得有可燃物。

② 制定严格的安全生产责任制，在施工地点安排专人值班，务必做到有明火，人就不能离岗。

③ 现场要准备一些沙子或其他灭火物品，以备不时之需。

(7) 春融期间在冻土地基上施工

① 春融期间开工前，必须进行工程地质勘察，以取得地形、地貌、地物等水文地质资料，确定地基的冻结深度和土的融沉类别。

② 对有坑洼、沟槽、地物等特殊地貌的建筑场地应加点测定。

③ 开工后，对坑槽沟边坡和护壁支撑结构应当随时进行检查，深基坑应当派专人进行测量、观察边坡情况，如果发现边坡有裂缝、疏松、支撑结构折断、走动、变形等危险征兆，应当立即采取安全加固措施。

10.2.3　冬季主体施工安全

(1) 防滑措施

脚手架、马道要有防滑措施，及时清理积雪，外脚手架要经常检查加固。

(2) 防止煤气中毒

施工现场使用的锅炉、火炕等用焦炭时，应有通风条件，防止煤气中毒。

(3) 防止亚硝酸钠中毒

亚硝酸钠是冬期施工常用的防冻剂、阻锈剂，人体摄入 10 mg 亚硝酸钠即可导致死亡。由于外观、味道、溶解性等许多特征与食盐极为相似，很容易误作为食盐食用，导致中毒事故。要采取措施，加强使用管理，以防误食。具体措施如下：

① 使用前应当召开培训会，让有关人员学会辨认亚硝酸钠(亚硝酸钠为微黄或无色，食盐为纯白)。

② 工地应当挂牌，明示亚硝酸钠为有毒物质。

③ 设专人保管和配制，建立严格的出入库手续和配制使用程序。

(4) 检查吊装设备安全保险装置

风雪过后，应当检查吊装设备的安全保险装置，并先试吊，确认无异常方可进行施工作业。

(5) 缆风绳地锚要求

井字架、龙门架、塔机等设施的缆风绳地锚应当埋置在冻土层以下，防止春季冻土融化时，地锚锚固作用降低，地锚拔出，造成架体倒塌事故。

(6) 塔机路轨要求

塔机路轨不得铺设在冻胀性土层上，防止土壤冻胀或春季融化造成路基起伏不平，影响塔机的使用，甚至发生安全事故。

10.2.4 冬期施工防火要求

冬期施工现场使用明火较多，如果管理不善，将很容易发生火灾，因此必须加强用火管理。

(1) 用火证制度

施工现场临时用火，要建立用火证制度，由工地安全负责人审批。用火证当日有效，用后收回。

(2) 看火人的主要职责

施工现场明火操作地点要有专人看管，看火人的主要职责包括以下内容：

① 注意清除火源附近的易燃易爆危险品。不易清除时，可用水浇湿或用阻燃物覆盖。

② 检查高层建筑物脚手架上的用火，焊接作业要有石棉防护，或用接火盘接住火花。

③ 检查消防器材的配置和工作状态情况，并落实消防器材的保温防冻措施。

④ 检查木工棚、库房、喷漆车间、油漆配料车间等场所，要求不得用火炉取暖，周围15 m内不得有明火作业。

⑤ 施工作业完毕后，对用火地点详细检查，确保无死灰复燃，方可撤离岗位。

(3)供暖锅炉房的防火要求

① 锅炉房的耐火等级应不低于二级。

② 锅炉房宜建造在施工现场的下风方向，远离在建工程、易燃可燃建筑、露天可燃材料堆场、料库等。

③ 锅炉房的门应向外开启。锅炉正面与墙的距离应不小于3 m，锅炉与锅炉之间的距离应不小于1 m。

④ 锅炉房应有适当通风和采光，锅炉上的安全设备应有良好照明。

⑤ 锅炉烟道和烟囱与可燃构件应保持一定的距离，金属烟囱距可燃结构不小于1 m，与已做防火保护层的可燃结构不小于0.7 m。砖砌的烟囱和烟道其内表面距可燃结构不小于0.5 m，其外表面不小于0.1 m。

⑥ 未采取消烟除尘措施的锅炉，其烟囱应设防火星帽。

(4) 司炉工的防火要求

① 严格执行值班检查制度，锅炉开着火以后，司炉人员不准离开工作岗位，值班时间绝不允许睡觉或做无关的事。

② 司炉人员应记录锅炉运行情况，下班时须向下一班做好交接班。

③ 司炉人员应当将炉灰倒在指定地点(不能带余火倒灰)，随时观察水温及水位，点火时禁止使用易燃、可燃液体。

(5) 炉火安装与使用的防火要求

加热法施工与采暖应尽量用暖气，如果要用火炉，必须事先提出安装方案和防火措施，经消防保卫部门同意后方能开火。但在油漆、喷漆、油漆调料间，木工房、料库，或者使用高分子装修材料的装修阶段，禁止使用火炉采暖。

① 炉火安装要求：

a. 各种金属与砖砌火炉，必须完整良好，不得有裂缝。

b. 各种金属火炉与可燃、易燃材料的距离不得小于 1 m，已做保护层的火炉距可燃物的距离不得小于 0.7 m。

c. 各种砖砌火炉壁厚不得小于 0.3 m。

d. 在没有烟囱的火炉上方不得有可燃物，必要时须架设铁板等非燃材料隔热，其隔热板应比炉顶外围的每一边都多出 0.15 m 以上。

e. 在木地板上安装火炉，必须设置炉盘，有脚的火炉炉盘厚度不得小于 120 mm，无脚的火炉炉盘厚度不得小于 180 mm。

f. 炉盘应伸出炉门前 0.5 m，伸出炉后左右各 0.15 m。各种火炉应根据需要设置高出炉身的火挡。

g. 火炉的金属烟囱一节插入另一节的尺寸不得小于烟囱的半径，衔接地方要牢固。各种金属烟囱与板壁、支柱、模板等可燃物的距离不得小于 0.3 m，距已做保护层的可燃物不得小于 0.15 m。各种小型加热火炉的金属烟囱穿过板壁、窗户、挡风墙、暖棚等必须设铁板，从烟囱周边到铁板的尺寸，不得小于 0.05 m。

h. 各种火炉的炉身、烟囱和烟囱出口等部分与电源线和电气设备应保持 0.5 m 以上的安全距离。

② 炉火使用和管理的防火要求：

a. 炉火必须由受过安全消防常识教育的专人看守，每人看管火炉的数量不应过多。

b. 移动各种加热火炉时，必须先将火熄灭后方准移动。

c. 掏出的炉灰必须随时用水浇灭后倒在指定地点。

d. 禁止用易燃可燃液体点火。

e. 填的煤不应过多，以不超出炉口上沿为宜，防止热煤掉出引起可燃物起火。

f. 不准在火炉上熬炼油料、烘烤易燃物品。

(6) 易燃、可燃材料的安全管理

① 合理安排施工工序及进度计划网络图，一般将用火作业安排在前，保温材料安排在后。

② 使用可燃材料进行保温的工程，必须设专人进行监护、巡逻检查。管理人员的数量应根据使用可燃材料的数量、保温的面积而定。

③ 保温材料定位以后，禁止一切用火、用电作业，特别禁止下层进行保温作业，而上层同时进行用火、用电作业。

④ 保温材料使用完以后，要随时进行清理，集中进行存放保管。

⑤ 照明线路、照明灯具应远离可燃的保温材料。

(7) 冬期消防器材的保温防冻

① 室外消火栓。冬期施工现场应尽量安装地下消火栓，在入冬前应进行一次试水，加少量润滑油，消火栓用草帘、锯末等覆盖，做好保温工作，以免冻结。冬天下雪时，应及时扫除消火栓上的积雪，以免雪化后将消火栓井盖冻住。高层临时消防水管应进行保温或将水放空，消防水泵应考虑采暖措施，以免冻结。

② 消防水池。入冬前，应做好消防水池的保温工作，随时进行检查，发现冻结时应进行

破冻处理。一般方法是在水池上盖上木板，木板上再盖上不小于 40～50 cm 厚的稻草、锯末等。

③ 轻便消防器材。入冬前，应将泡沫灭火器、清水灭火器等放入有采暖的地方，并套上保温套。

10.3 夏季施工的卫生保健安全措施

凡生产环境温度高于 35°或热辐射强度超过 1.5 J/(cm^2 · min)以及气温在 30°以上、相对湿度在 80%以上的作业，称为高温作业。对于建筑施工，在夏季主要要防止高温中暑。中暑可分为热射病、热痉挛和日射病，在临床上往往难以严格区别，而且常以混合式出现，统称为中暑。

10.3.1 中暑分级

(1) 先兆中暑

在高温作业一定时间后，出现大量出汗、口渴、头昏、耳鸣、胸闷、心悸、恶心、软弱无力等症状，体温正常或略有升高(不超过 37.5 ℃)，这就有发生中暑的可能性。此时如能及时离开高温环境，经短时间的休息后，症状可以消失。

(2) 轻度中暑

除先兆中暑症状外，如有以下症候群之一，称为轻度中暑：人的体温在 38 ℃以上，有面色潮红、皮肤灼热等现象。有呼吸、循环衰竭的症状，如面色苍白、恶心、呕吐、大量出汗、皮肤湿冷、血压下降、脉搏快而微弱等。轻度中暑经治疗，一般在 4～5 h 内可恢复。

(3) 重度中暑

除有轻度中暑症状外，还出现昏倒或痉挛、皮肤干燥无汗，体温在 40 ℃以上。

10.3.2 防暑降温措施

炎热地区夏季施工应有防暑降温措施，防止中暑。防暑降温应采取综合性措施，如以下所示：

(1) 组织措施

合理安排作息时间，实行工间休息制度，早晚干活，中午延长休息时间等。

(2) 技术措施

改革工艺，减少与热源接触的机会，疏散、隔离热源。

(3) 通风降温

施工现场和宿舍应保持通风，干燥，可采用自然通风、机械通风和遮阳等措施。

(4) 卫生保健措施

供给含盐饮料，补充高温作业工人因大量出汗而损失的水分和盐分。施工现场应供给符合卫生标准的饮用水，不得多人共用一个饮水器皿。生活办公设施要有专人管理，定期清扫、消毒，保持室内整齐清洁卫生，有防蚊蝇措施。

建筑施工过程中既存在工艺产生的危害因素，自然环境、施工环境产生的危害因素，也存在高处作业、密闭空间作业、高温作业、低温作业、高原(低气压)作业等产生的危害，而且劳动强度大、劳动时间长。施工现场往往同时存在粉尘、噪声、放射性物质和其他有毒有害物质等，而且涉及建设、施工、监理、勘察、设计、设备供应等多单位多个环节，因此造成建筑行业的职业病危害因素种类繁多、复杂，几乎涵盖所有类型的职业病危害因素，防护难度较大。相对其他行业，建筑业职业病发病的病例居全国各行业的前三位，实际接触职业危害的作业人员占全国总接触职业危害人数的 30% 以上。而目前建筑施工企业职业卫生健康安全管理水平还较低，安全意识普遍薄弱，缺乏基本的防护条件，政府监管难度较大。本章首先介绍了建筑行业职业病的类别及其危害因素的辨别，然后重点讲述了建筑行业职业危害控制的技术措施和管理措施。

10.4　建筑行业职业危害类别

10.4.1　职业病类型

建筑行业能够引起职业病的工种及工序较多，一般职业病的类型包括职业中毒、尘肺、物理性职业病、职业性皮肤病、职业性眼病、职业性鼻喉病、职业性肺癌和其他职业病。

(1) 职业中毒

在建筑施工过程中一般包括下列中毒危害因素：

① 由含铅汽油、蓄电池、油漆等物质引起的铅及其化合物中毒。

② 由仪表制作和使用引起的汞及其化合物中毒。

③ 由电焊、钢铁冶炼及熔融引起的锰及其化合物中毒。

④ 由磷及其化合物引起的磷中毒。

⑤ 由砷及其化合物引起的砷中毒。

⑥ 由晒图引起的氨中毒。

⑦ 由接触硝酸、炸药引起的硝酸盐中毒。

⑧ 由煤气管道维修及冬季取暖不当引起的一氧化碳中毒。

⑨ 由接触煤烟引起的二氧化碳中毒。

⑩ 由钢材酸洗、硫酸除锈、电镀等引起的二氧化硫中毒。

⑪ 由下水道引起的硫化氢中毒。

⑫ 由油漆、喷漆、烤漆、浸漆等引起的苯中毒、甲苯中毒以及二甲苯中毒。

⑬ 由粘接塑料、制管、焊接、玻纤瓦、热补胎等引起的聚氯乙烯中毒。

⑭ 由接触含苯的氨基及化合物引起的苯中毒。

⑮ 由爆破、装炸药引起的三硝基甲苯中毒。

(2) 尘肺

尘肺是指操作人员在含粉尘浓度较高的场所作业时，吸入肺部的粉尘达到一定数量后，会使肺部组织发生纤维化病变，致使肺部组织丧失正常的呼吸功能而导致的疾病。在建筑施工中，一般有以下尘肺类型：

① 矽肺。吸入含有游离二氧化硅(又称为“矽”)的粉尘而引起的尘肺称为矽肺。建筑行业中与二氧化硅接触的作业主要有隧道施工、凿岩、爆破、出渣、水泥的储运和使用、铺工现场的砂石装卸、石料加工、玻璃打磨等。

② 硅酸盐肺。吸入含有硅酸盐粉尘而引起的尘肺称为硅酸盐肺，如石棉肺、滑石肺、水泥肺、云母肺等，均属于硅酸盐肺。建筑行业中接触较多的是水泥尘和石棉尘。接触石棉尘不仅容易发生硅酸盐肺，而且还可能致癌。

③ 焊工尘肺。电焊烟尘的成分比较复杂，主要成分是铁、硅、锰。其中，主要毒物是锰、硅等。毒性虽然不大，但其尘粒极细(5 μm 以下)，在空中停留时间较长，容易吸入肺内。特别是在密闭容器及通风除尘差的地方作业，会对焊工的健康造成很大的危害。

④ 混合性尘肺。吸入含有游离二氧化硅粉尘和其他粉尘而引起的尘肺，称为混合性尘肺。

⑤ 其他尘肺。吸入其他粉尘而引起的尘肺称为其他尘肺，如金属尘肺、木屑尘肺均属其他尘肺。吸入铬、砷等金属粉尘，还可能引起呼吸系统肿瘤。

(3) 物理性职业病

物理性职业病是指由于物理性因素而引起的职业病，包括下列类型：

① 在夏季露天作业，或在锅炉房内作业，由高温引起的中暑。

② 由于潜水作业、沉箱作业引起的减压病。

③ 由于振动棒、风铆、电钻等引起的局部振动病等。

(4) 职业性皮肤病

职业性皮肤病是指由于操作人员接触对人体皮肤有害的物质，而引起的皮肤性疾病，主要包括：

① 由于接触油漆、酸碱介质等引起的接触性皮炎。

② 由于接触沥青、煤焦油引起的光敏性皮炎。

③ 由于长期接触紫外线引起的电光性皮炎。

④ 由于沥青熬制引起的皮肤黑变病。

⑤ 由于接触有毒物质引起的痤疮。

⑥ 由于接触酸、碱、盐引起的皮肤溃疡等。

(5) 职业性眼病

职业性眼病是指在施工操作时由于外界的原因，引起的眼部疾病，一般包括：

① 由于酸、碱、油漆等化学物质引起的眼部烧伤。

② 由于电焊的紫外线引起的电光性眼炎。

③ 由于接触放射性物质或激光引起的职业性白内障等。

(6) 职业性癌症

① 由于接触石棉及石棉制品所引起的肺癌、皮肤癌。

② 由于接触苯及含苯的油漆所引起的白血病(血癌)。

③ 由于电镀作业或铬酸所引起的肺癌等。

(7) 职业性耳鼻疾病

① 由于长期接触噪声引起的职业性耳聋。

② 由于电镀作业引起的鼻喉疾病等。

(8) 其他职业病

① 由于熬制沥青或接触强酸、强碱等引起的化学灼伤。

② 由于接触易过敏的油漆、苯及其化合物等引起的职业性哮喘。

③ 由于接触油漆、树脂等引起的职业性病态反应性肺泡炎等。

10.4.2　职业病危害因素的识别

（1）施工前识别

① 施工企业应在施工前进行施工现场卫生状况调查，明确施工现场是否存在排污管道、历史化学废弃物填埋、垃圾填埋和放射性污染物质等情况。

② 项目经理部在施工前应根据施工工艺、施工现场的自然条件对不同施工阶段存在的职业病危害因素进行识别，列出职业病危害因素清单。职业病危害因素的识别范围必须覆盖施工过程中所有活动，包括：常规和非常规（如特殊季节的施工和临时性作业）活动可能产生的职业病危害因素；所有进入施工现场人员，包括供货方、访问者等可能产生的职业病危害因素；所有自有的、租赁的、借用的物料、设备和设施可能产生的职业病危害因素。

（2）施工过程识别

项目经理部应委托有资质的职业卫生服务机构根据职业病危害因素的种类、浓度（强度）、接触人数、频度及时间，以及职业病危害防护措施和发生职业病的危险程度，对不同施工阶段、不同岗位的职业病危害因素进行识别、检测和评价，确定重点职业病危害因素和关键控制点。当施工设备、材料、工艺或操作发生改变时，或者法律及其职业卫生要求变更，并可能引起职业病危害因素的种类、性质、浓度（或强度）发生变化时，项目经理部应重新组织进行职业病危害因素的识别、检测和评价。

（3）造成职业危害的主要工种

建筑行业中受到职业病危害的工种相当广泛，现将危害类型、主要危害、次要危害及危害的主要工种列于表 10-2。

表 10-2　建筑业存在职业危害的主要工种

<table>
<tr><th>危害类型</th><th>主要危害</th><th>次要危害</th><th>危害的主要工种</th></tr>
<tr><td rowspan="9">粉尘</td><td rowspan="2">矽尘</td><td>岩石尘、泥沙尘、噪声、振动、三硝基甲苯、高温等</td><td>砂石工、碎石工、碎砖工、掘进工、风钻工、爆破工、出渣工、筑炉工、砌筑工等</td></tr>
<tr><td>高温、锰、磷、铅、三氧化硫等</td><td>铸造工、喷砂工、清砂工、浇铸工、玻璃打磨工等</td></tr>
<tr><td>石棉尘</td><td>矿渣棉、玻纤尘等</td><td>安装保温工、石棉瓦拆除工等</td></tr>
<tr><td rowspan="2">水泥尘</td><td>振动、噪声等</td><td>混凝土砂浆搅拌机工、水泥上料工、搬运工、料库工等</td></tr>
<tr><td>苯、甲苯、二甲苯、环氧树脂</td><td>油漆工、粉刷工、试验工等</td></tr>
<tr><td>金属尘</td><td>噪声、金刚砂尘等</td><td>砂轮碾磨工、钳工、金属除锈工、钢窗制作工、钢模板工等</td></tr>
<tr><td>木屑尘</td><td>噪声及其他粉尘</td><td>制材工、刨工、木工等</td></tr>
<tr><td>其他粉尘</td><td>噪声</td><td>生石灰过筛工、河沙运料上料工等</td></tr>
<tr><td>铅</td><td>铅尘、铅烟、铅蒸气等</td><td>硫酸、环氧树脂、乙二胺甲苯等</td><td>充电工、焊工、退火工、灌铅工、油漆工、喷漆工、电缆头制作工等</td></tr>
<tr><td>四乙铅</td><td>四乙铅</td><td>汽油</td><td>驾驶员、汽车修理工、油库工等</td></tr>
</table>

表 10-2(续)

危害类型	主要危害	次要危害	危害的主要工种
苯、甲苯、二甲苯		环氧树脂、乙二胺、铅等	油漆工、喷漆工、环氧树脂涂刷工、油库工、烤漆工、焊接工、冷沥青涂刷工等
高分子化合物	聚氯乙烯	铅及化合物、环氧树脂、乙二胺等	粘接塑料、制管、焊接、玻璃瓦、热补胎等
锰	锰尘、锰烟	红外线、紫外线	电焊工、气焊工、对焊工、点焊工、自动保护焊、惰性气体保护焊、冶炼工等
铬氰化合物	六价铬、锌、酸、碱	铅	电镀工、镀锌工等
胺			制冷安装、冻结法施工、晒图工等
汞	汞及其化合物		仪表安装工、仪表监测工等
硫氧化合物	二氧化硫		硫酸酸洗工、电镀工、冲电工、钢筋除锈工、冶炼工等
氮氧化合物	二氧化氮	硝酸及硝酸盐	管道工、电焊工、爆破工、试验工等
一氧化碳	一氧化碳	二氧化碳	煤气管道修理工、冬季施工暖棚、冶炼、铸造等
辐射	非电离辐射	紫外线、红外线、可见光、激光、射频辐射等	电焊工、气焊工、不锈钢焊接工、电焊配合工、木材烘烤工、医院同位素工作人员等
	电离辐射	X 射线，γ 射线，α 射线，超声波等	金属和非金属探伤试验工、氩弧焊工、放射科工作人员等
噪声		振动、粉尘	离心制管机、混凝土振动棒、混凝土平板振动器、气锤、铆枪、打桩机、打夯机、风钻、发电机、空压机、碎石机、砂轮机、推土机、剪板机、电锤、带锯、圆锯、平刨、压刨、模板工、钢窗校平工等
振动	全身振动	噪声	锻工、打桩工、打桩机司机、推土机司机、汽车司机、小翻斗车司机、吊车司机、打夯机司机、挖掘机司机、铲运机司机、离心制管工等
	局部振动	噪声	风钻工、风铲工、电钻工、混凝土振动棒、混凝土平板振动器、手提式砂轮机、钢膜校平、钢窗校平工、铆枪等

10.5 建筑行业职业危害控制措施

10.5.1 建筑行业职业病危害的基本控制措施

根据《中华人民共和国职业病防治法》的规定：“职业病防治工作坚持预防为主、防治结合的方针。建立用人单位负责、行政机关监管、行业自律、职工参与和社会监督的机制，实行分类管理、综合治理。”在此方针指导下，依据《建筑行业职业病危害预防控制规范》(GBZ/T 211—2008)的有关规定，各建筑企业应根据施工现场存在的职业病危害的特点，采取以下职业病危害防护措施：

① 选择不产生或少产生职业病危害的建筑材料、施工设备和施工工艺。

② 积极推广、应用有利于职业病防治和保护劳动者健康的新技术、新工艺、新材料，限制使用或淘汰职业病危害严重的技术、工艺、材料。

③ 对施工中所使用的材料，向施工人员提供相关的有害因素、可能产生的危害后果、安全使用注意事项、职业病防护以及应急救治措施等信息。

④ 配备有效的职业病危害防护设施，使工作场所职业病危害因素的浓度(强度)符合相关规范的要求。

⑤ 在建工程的职业病防护设施所需费用纳入建设项目工程预算，并与工程同时设计，同时施工，同时投入使用。

⑥ 配备选型正确，维护得当的个人防护用品。建立健全个人防护用品的采购、验收、保管、发放、使用、更换、报废等管理制度，并建立发放台账。

⑦ 对职业病防护设备、应急救援设施和个人职业病防护用品，进行经常性的维护、检修，定期检测其性能和效果，确保其处于正常状态，使用期间不得擅自拆除或停止使用。

⑧ 一旦发现职工工作场所职业病危害因素不符合国家职业卫生标准和卫生要求时，应立即采取相应的治理措施。职业病危害因素经治理后，符合国家职业卫生标准和卫生要求，方可重新作业。

⑨ 制定合理的劳动制度，加强施工过程中职业卫生管理和教育培训。与职工订立劳动合同时，将工作过程中可能产生的职业病危害及其后果、职业病防护措施和待遇等如实告知，并在劳动合同中写明，不隐瞒或欺骗。按“三级教育”的原则对职工进行上岗前的职业卫生培训和在岗期间的定期职业卫生培训，普及职业卫生知识，督促职工遵守有关职业病防治的法律、法规、规章和操作规程，指导职工正确使用职业病防护设备和个人职业病防护用品。

⑩ 对接触具有职业病危害作业的职工，公司按照有关规定组织上岗前、在岗期间和离岗位时的职业健康检查，并将检查结果如实告知职工。依法为职工交纳工伤社会保险。

⑪ 为可能产生急性健康损害的施工现场设置检测报警装置、警示标志、紧急撤离通道和泄险区。各建筑企业在施工现场醒目位置设置公告栏，公布工作场所存在职业病危害因素，有关职业病防治的规章制度、操作规程、职业病危害事故应急救援措施等。在可能发生急性职业损伤的有毒、有害工作场所设置警示标志，在施工现场配置急救用品、冲洗设备、应急撤离通道。

10.5.2　建筑行业职业病危害的具体控制技术措施

(1) 粉尘危害与防护措施

尘肺的发病率主要取决于作业场所的粉尘浓度和粉尘颗粒大小。粉尘浓度越高、尘粒越小，危害就越大，发病率就越高。对人体危害最大的是直径 5 μm 以下的细微尘粒，因其可长时间悬浮在空气中，所以最容易被作业人员吸入肺部而患职业性尘肺病，对其应采取必要的防护措施。具体内容如下：

① 技术革新。淘汰粉尘危害严重的施工工艺、施工设备和工具，而采取不产生或少产生粉尘的。

② 采用无危害或危害较小的建筑材料。

③ 采用机械化、自动化或密闭隔离操作，如挖土机、推土机、刮土机、铺路机、压路机等施工机械的驾驶室或操作室密闭隔离，并在进风口设置滤尘装置。

④ 采取湿式作业。如凿岩作业中采用湿式凿岩机。爆破采用水封爆破。喷射混凝土采用湿喷。钻孔采用湿式钻孔。隧道爆破作业后立即喷雾洒水。平整场地时，配备洒水车，定时喷水作业。拆除作业时采用湿法拆除、装卸和运输含有石棉的建筑材料。

⑤ 设置局部防尘设施和净化排放装置，如焊枪配置带有排风罩的小型烟尘净化器，凿岩机、钻孔机等配置捕尘器。

⑥ 劳动者作业时应在上风向操作。

⑦ 建筑物拆除和翻修作业时，在接触石棉的施工区域设置警示标志，禁止无关人员进入。

⑧ 根据粉尘的种类和浓度为劳动者配备合适的呼吸防护用品，并定期更换。呼吸防护用品的配备应符合规范要求，如在建筑物拆除作业中，可能接触到石棉水泥板或石棉绝缘等含有石棉的物质，应为作业人员配备正压呼吸器、防护板。在罐内焊接作业时，操作人员应佩戴送风头盔或送风口罩。安装玻璃棉、消音及保温材料时，作业人员必须佩戴防尘口罩。

⑨ 粉尘接触人员特别是石棉粉尘接触人员应做好戒烟、控烟教育。

⑩ 棉尘的防护按照《石棉作业职业卫生管理规范》(GBZ/T 193—2007)执行，石棉代用品的防护按照《使用人造矿物纤维绝热棉职业病危害防护规程》(GBZ/T 198—2007)执行。

(2) 噪声危害与防护

噪声不仅伤害人的听觉系统，造成职业性耳聋、爆炸性耳聋，严重者可造成耳膜出血，甚至造成神经系统及自主神经功能紊乱、肠胃功能紊乱等。噪声危害的主要防护措施如下：

① 尽量选用低噪声施工设备和施工工艺代替高噪声的，例如：使用低噪声的混凝土振动棒、风机、电动空压机、电锯等；以液压代替锻压，焊接代替铆接；以液压和电气钻代替风钻和手提钻；物料运输中避免大落差和直接冲击。

② 对高噪声施工设备采取隔声、消声、隔振降噪等措施，尽量将噪声源与劳动者隔开。例如：为气动机械、混凝土破碎机以及施工设备的排风系统（如压缩空气排放管、内燃发动机废气排放管）安装消音器；机器运行时，应关闭机盖（罩）；相对固定的高噪声设施（如混凝土搅拌站）设置隔声控制室。

③ 尽可能减少高噪声设备作业点的密度。

④ 噪声超过 85 dB(A)的施工场所，应为劳动者配备有足够衰减值、佩戴舒适的护耳器，并应减少噪声作业。

(3) 高温危害与防护

高温作业对人体功能的影响，主要体现在：体温和皮肤温度升高，使人体的水盐代谢、循环系统、消化系统、神经系统、泌尿系统产生改变，造成中暑等病症。高温危害的主要防护措施如下：

① 夏季高温时，应合理调整作息时间，尽量避开高温时段进行室外高温作业。尽可能缩短工作时间，严格控制加班时间，保证施工人员有充足的休息和睡眠时间。

② 尽量降低劳动者的劳动强度，采取轮流作业方式，增加工间休息次数和休息时间。

③ 当气温高于 37 ℃时，一般应当停止施工作业。

④ 各种机械和运输车辆的操作室和驾驶室应设置空调。

⑤ 在罐、釜等容器内作业时，应采取措施，保证良好的通风和降温。

⑥ 在施工现场附近设置工间休息室和浴室，休息室内设置空调或电扇。

⑦ 夏季高温时节，为施工人员提供含盐清凉饮料（盐的含量为 0.1%～0.2%），饮料水温应低于 15 ℃。

⑧ 高温作业的劳动者应当定期进行职业健康检查，发现有职业禁忌者应及时调离高温作业岗位。

（4）振动危害与防护

振动危害分为局部症状和全身症状。局部症状主要是手指麻木、胀痛、无力、双手震颤，手腕关节骨质变形，指端坏死等。全身症状主要表现在脚部周围神经和血管的改变，肌肉触痛，以及头痛、头晕、腹痛、呕吐、平衡失调及内分泌障碍等。振动危害的主要防护措施如下：

① 应加强施工工艺、设备和工具的更新、改造。采用自动、半自动操作装置，减少手及肢体直接接触振动体。采用液压、焊接、粘接等代替风动工具及铆接；采用化学法除锈代替除锈机除锈等。

② 风动工具的金属部件改用塑料或橡胶材料，或加用各种衬垫物，减少因撞击而产生的振动。提高工具把手的温度，改进压缩空气进出口位置，避免手部受冷风吹袭。

③ 手持振动工具，如风动凿岩机、混凝土破碎机、混凝土振动棒、风钻、喷砂机、电钻、钻孔机、铆钉机、铆打机等，应安装防振手柄，作业人员应佩戴防振手套。挖土机、推土机、刮土机、铺路机、压路机等驾驶室应设置减振装置。

④ 减少手持振动工具的重量，改善手持工具的作业体位，防止强迫体位，以减轻肌肉负荷和静力紧张。避免手臂上举姿势的振动作业。

⑤ 采取轮流作业方式，减少劳动者接触振动的时间，增加工间休息次数和休息时间。冬季还应注意保暖防寒。

（5）化学毒物危害与防护

在施工生产过程中，毒物进入人体主要是经过呼吸道、皮肤以及消化道 3 种途径。经呼吸道进入是生产中产生的毒物进入人体的主要途径，因为整个呼吸道都能吸收毒物，尤其肺泡的吸收能力最大。而肺泡壁表面为含碳酸的液体所湿润，并有丰富的微血管，所以肺泡对毒物的吸收极其迅速。经皮肤吸收毒物有 3 种：通过表皮屏障、通过毛囊、极少通过汗腺导管进入人体。经消化道进入这种途径较少见，大多是不遵守卫生制度所引起的，如施工人员在有毒的环境里进食或用污染的手取食物，或者由于误食所致。化学毒物危害的主要防护措施如下：

① 优先选用无毒的建筑材料，并尽量用无毒材料替代有毒材料、低毒材料替代高毒材料。如尽可能选用无毒水性涂料，用锌钡白、钛钡白替代油漆中的铅白，用铁红替代防锈漆中的铅丹等。以低毒的低锰焊条替代毒性较大的高锰焊条。不得使用国家明令禁止使用或者不符合国家标准的有毒化学品，禁止使用含苯的涂料、稀释剂和溶剂。

② 尽可能采用可降低工作场所化学毒物浓度的施工工艺和施工技术，使工作场所的化学毒物浓度符合现行《工作场所有害因素职业接触限值 第 1 部分：化学有害因素》（GBZ 2.1—2019）的要求，如涂料施工时用粉刷或辊刷替代喷涂。在高毒作业场所尽可能使用机械化、自动化或密闭隔离操作，使劳动者不接触或少接触高毒物品。

③ 设置有效通风装置。在使用有机溶剂、稀料、涂料或挥发性化学物质时，应当设置全面通风或局部通风设施。电焊作业时，设置局部通风防尘装置。所有挖方工程、竖井、地下工程、隧道等密闭空间作业，应当设置通风设施，以保证足够的新风量。

④ 使用有毒化学品时，劳动者应正确使用施工工具，在作业点的上风向施工。分装和配制油漆、防腐、防水材料等挥发性有毒材料时，尽可能采用露天作业，并注意现场通风。工作完毕后，将有机溶剂、容器及时加盖封严，防止有机溶剂的挥发。使用过的有机溶剂和其他化学品应进行回收处理，防止乱丢乱弃。

⑤ 使用有毒物品的工作场所应设置黄色区域警示线、警示标志和中文警示说明。警示说明中应载明产生职业中毒危害的种类、后果、预防以及应急救援措施等内容。使用高毒物品的工作场所应当设置红色区域警示线、警示标志和中文警示说明，并设置通信报警设备，设置应急撤离通道和必要的泄险区。

⑥ 存在有毒化学品的施工现场附近应设置盥洗设备，配备个人专用更衣箱。使用高毒物品的工作场所还应设置淋浴间，其工作服、工作鞋帽必须存放在高毒作业区域内。接触经皮肤吸收及刺激性、腐蚀性作用危险性大的毒物，应配备有效的防护服、防护手套和防护眼镜，并在工作岗位附近设置应急洗眼器和沐浴器。

⑦ 接触挥发性有毒化学品的劳动者，应当配备有效的防毒口罩(防毒面具)。

⑧ 拆除使用过防虫、防蛀、防腐、防潮等化学物(如有机氯 666、汞等)的旧建筑物时，应采取有效的个人防护措施。

⑨ 应对接触有毒化学品的劳动者进行职业卫生教育培训，使劳动者了解所接触化学品的毒性、危害后果，以及防护措施。从事高毒物品作业的劳动者应当经培训考核合格后，方可上岗作业。

⑩ 劳动者应严格遵守职业卫生管理制度和安全生产操作规程，严禁在有毒有害工作场所进食和吸烟，饭前班后应及时洗手和更换衣服。

⑪ 项目经理部应定期对工作场所的重点化学毒物进行检测、评价，并将结果存入施工企业职业卫生档案，向劳动者公布，同时上报施工现场所在地县级卫生行政部门备案。

⑫ 不得安排未成年工和孕期、哺乳期的女职工从事接触有毒化学品的作业。

(6) 紫外线危害与防护

在建筑施工中常用 X 射线和 γ 射线进行工业探伤、焊缝质量检查拍照等。放射性伤害主要是可使接受者出现造血障碍、白细胞减少、代谢机能失调、内分泌障碍、再生能力消失、内脏器官变性、女职工生产畸形婴儿等症状。具体防护措施如下：

① 采用自动或半自动焊接设备，尽量避免劳动者直接接触辐射源，加大与辐射源的距离。

② 产生紫外线的施工现场，应当使用不透明或半透明的挡板将该区域与其他施工区域分隔，禁止无关人员进入操作区域，避免紫外线对其他人员的伤害。

③ 电焊工必须佩戴专用的面罩、防护眼镜，以及有效的防护服和手套。

④ 高原作业时，使用玻璃或塑料护目镜、风镜，穿长裤长袖衣服。

(7) 电离辐射危害与防护

在接触电离辐射的工作中，如防护措施不当，违反操作规程，人体受照射的剂量超过一定限度，则可能发生伤害作用。在电辐射作用下，机体的反应程度取决于电离辐射的种类、剂量、照射条件及机体的敏感性。电离辐射可引起放射病，它是机体的全身性反应，几乎所有器官、系统均发生病理改变，但其中以神经系统、造血器官和消化系统的损伤最为明显。电离辐射对机体的损伤可分为急性放射性损伤和慢性放射性损伤。短时间内接受一定剂量的照射，可引起机体的急性损伤，如核事故和放射治疗病人。而较长时间内分散接受一定剂量的照射，可引起慢性放射性损伤，如皮肤损伤、造血障碍，白细胞减少、生育力受损等。另外，辐射还可以致癌和引起胎儿的死亡和畸形。主要防护措施如下：

① 不选用放射性水平超过国家标准限值的建筑材料，尽可能避免使用具有放射源或射线装置的施工工艺。

② 综合采取时间防护、距离防护、位置防护和屏蔽防护等措施，合理设置电离辐射工作场所，并尽可能安排在固定的房间或围墙内，使受照射的人数和受照射的可能性均保持在可合理达到的尽量低水平。

③ 按照现行《电离辐射防护与辐射源安全基本标准》(GB 18871—2002)的有关要求进行防护。将电离辐射工作场所划分为控制区和监督区，进行分区管理。在控制区的出入口或边界上设置醒目的电离辐射警告标志，在监督区边界上设置警戒绳、警灯、警铃和警告牌。必要时应设专人警戒。进行野外电离辐射作业时，应建立作业票制度，并尽可能安排在夜间进行。

④ 进行电离辐射作业时，劳动者必须佩戴个人剂量计，并佩戴剂量报警仪。

⑤ 电离辐射作业的劳动者经过必要的专业知识和放射防护知识培训，考核合格后持证上岗。

⑥ 施工企业应建立电离辐射防护责任制，建立严格的操作规程、安全防护措施和应急救援预案，并采取自主管理、委托管理与监督管理相结合的综合管理措施。严格执行放射源的运输、保管、交接和保养维修制度，做好放射源和射线装置的使用情况登记工作。

⑦ 隧道、地下工程施工场所存在氡及其子体危害或其他放射性物质危害，应加强通风和防止内照射的个人防护措施。

⑧ 工作场所的电离辐射水平应当符合国家有关职业卫生标准。当劳动者受照射水平可能达到或超过国家标准时，应当进行放射作业危害评价，安排合适的工作时间和选择有效的个人防护用品。

(8) 高气压危害与防护

高气压条件下，工作常见的职业危害主要是减压病，它是由于在高气压下工作一定时间后，在转向正常气压时，由于减压过速所导致的职业病。减压病一般在数小时内发病。一般减压越快，症状出现得越早，自然病情也就会越严重。高气压作业的职业危害主要表现在循环系统，这是由于原高压状态下溶于组织和血液中的氮气溶出，气泡压迫组织、血管，血管内形成气栓。当产生大量气栓时，会出现淋巴系统受累以及心血管功能障碍，主要表现为脉搏细微、血压下降、皮肤黏膜发绀、心前区紧压感、四肢发凉，局部水肿，甚至会出现呼吸困难、剧咳、胸痛、咯血、发绀等肺梗死症状。此外皮肤奇痒无比也是高气压作业的职业危害的早期表现形式，且伴有蚁行感、灼热、出汗。重者还会出现皮下气肿和大理石斑纹。主要防护措施如下：

① 应采用避免高气压作业的施工工艺和施工技术，如水下施工时采用管柱钻孔法替代潜涵作业，水上打桩替代沉箱作业等。

② 水下劳动者应严格遵守潜水作业制度、减压规程和其他高气压施工安全操作规定。

(9) 高原作业和低气压危害与防护

对于适应了一定的气压环境的人体来说，气压过低会造成一定的身体不适，出现头晕，恶心等症状。若是低压伴随缺氧则会造成呼吸困难，严重时会引发高原反应。具体防护措施如下：

① 根据劳动者的身体状况确定劳动定额和劳动强度。初入高原的劳动者在身体适应期内应当降低劳动强度，并视适应情况逐步调整劳动量。

② 劳动者应注意保暖，预防呼吸道感染、冻伤、雪盲等。

③ 进行上岗前职业健康检查，凡有中枢神经系统器质性疾病、器质性心脏病、高血压、慢性阻塞性肺病、慢性间质性肺病、伴肺功能损害的疾病、贫血、红细胞增多症等高原作业禁忌证的人员均不宜进入高原作业。

(10) 低温危害与防护

在极冷的环境下，很短时间内便会使人身体组织冻痛、冻伤和冻僵。冷金属与皮肤接触时所产生的粘皮伤害，这种情况一般发生在−10 ℃以下的低温环境中。有时温度虽未低到足以引起冻痛和冻伤的程度，但是由于长时间低温暴露，使人体热损失过多，深部体温(口温、肛温)下降到生理可耐限度以下，从而产生低温的不舒适症状，出现呼吸急促、心率加快、头痛、瞌睡、身体麻木等生理反应，还会出现感觉迟钝、动作反应不灵活、注意力不集中、不稳定，以及否定的情绪体验等心理反应。具体防护措施如下：

① 避免或减少采用低温作业或冷水作业的施工工艺和技术。

② 低温作业应当采取自动化、机械化工艺技术，尽可能减少低温作业时间。

③ 低温作业时尽可能避免使用振动工具。

④ 做好防寒保暖措施，在施工现场附近设置取暖室、休息室等。劳动者应当配备防寒服、手套、鞋等个人防护用品。

(11) 高处作业防护措施

① 重视气象信息，遇有大风、大雪、大雨、暴雨、大雾等恶劣天气时，禁止进行露天高处作业。

② 劳动者应进行严格的上岗前职业健康检查，有高血压、恐高症、癫痫、晕厥史、梅尼埃病、心脏病及心电图明显异常(心律失常)、四肢骨关节及运动功能障碍等职业禁忌证的劳动者禁止从事高处作业。

③ 妇女禁忌从事脚手架的组装和拆除作业，月经期间禁忌从事现行《高处作业分级标准》(GB/T 3608—2008)规定的第Ⅱ级(含Ⅱ级)以上的作业，怀孕期间禁忌从事高处作业。

(12) 生物有害因素危害与防护

生产原料和生产环境中存在的对职业人群健康有害的致病微生物、寄生虫、昆虫等以及所产生的生物活性物质统称为生物有害因素。例如，附着于动物皮毛上的炭疽杆菌、布氏杆菌、蜱媒森林脑炎病毒、支原体、衣原体、钩端螺旋体、滋生于霉变蔗渣和草尘上的真菌或真菌孢子类致病微生物及其毒性产物。某些动物、植物产生的刺激性、毒性或变态反应性生物活性物质，如鳞片、粉末、毛发、粪便、毒性分泌物，酶或蛋白质和花粉等。禽畜血吸虫尾蚴、钩蚴、蚕丝、蚕蛹、蚕茧、桑毛虫等。他们对职业人群的健康损害，除引起法定职业性传染病，如炭疽病、布氏杆菌病、森林脑炎外，也是构成哮喘、外源性过敏性肺泡炎和职业性皮肤病等法定职业病的致病因素之一。生物有害因素的具体防护措施如下：

① 施工企业在施工前应当进行施工场所是否为疫源地、疫区、污染区的识别，尽可能避免在上述地区施工。

② 劳动者进入疫源地、疫区作业时，应当接种相应的疫苗。

③ 在呼吸道传染病疫区、污染区作业时，应当采取有效的消毒措施，劳动者应当配备防护口罩、防护面罩。

④ 在虫媒传染病疫区作业时，应当采取有效的杀灭或驱赶病媒措施，劳动者应当配备有效的防护服、防护帽，宿舍配备有效的防虫媒进入的门帘、窗纱和蚊帐等。

⑤ 在疫水传染病疫区作业时，劳动者应当避免接触疫水作业，并配备有效的防护服、防护鞋和防护手套等防护用具。

⑥ 在消化道传染病疫区作业时，应采取“五管一灭一消毒”措施，即管传染源、管水、管食品、管粪便、管垃圾，消灭病媒，对饮用水、工作场所和生活环境消毒。

⑦ 加强健康教育，使劳动者掌握传染病防治的相关知识，提高卫生防病意识。

⑧ 根据施工现场具体情况，配备必要的传染病防治人员。

10.5.3　建筑施工企业职业病危害的控制管理措施

根据《建筑行业职业病危害预防控制规范》(GBZ/T 211—2008)的有关规定，建筑施工企业职业病危害预防控制的主要管理措施包括以下要点：

(1) 职业卫生管理机构和责任制

项目经理部应建立职业卫生管理机构和责任制，项目经理为职业卫生管理第一责任人，施工经理为直接责任人，施工队长、班组长是兼职职业卫生管理人员，负责本施工队、本班组的职业卫生管理工作。实行总承包和分包的施工项目，职业病危害防治的内容应当在分包合同中列明，由总承包单位统一负责施工现场的职业卫生管理，检查督促分包单位落实职业病危害防治措施。任何单位不得将产生职业病危害的作业转包给不具备职业病防护条件的单位和个人。不具备职业病防护条件的单位和个人不得接受产生职业病危害的作业任务。项目经理部应根据项目的职业病危害特点，制定相应的职业卫生管理制度和操作规程。这些制度与规程同样适用于分包施工队或临时工的施工活动。

(2) 专职卫生管理人员配备要求

项目经理部应根据施工规模配备专职卫生管理人员，具体规定如下：

① 建筑工程、装修工程按照建筑面积配备专职卫生管理人员：10 000 m^2 及以下的工程至少配备 1 人；10 000～50 000 m^2 的工程至少配备 2 人；50 000 m^2 以上的工程至少配备 3 人。

② 土木工程、线路管道、设备安装应按照总造价配备专职卫生管理人员：5 000 万元以下的工程至少配备 1 人；5 000 万～1 亿元的工程至少配备 2 人；1 亿元以上的工程至少配备 3 人。

③ 分包单位应根据作业人数配备专职或兼职职业卫生管理人员：50 人以下的配备 1 人；50～200 人的配备 2 人；200 人以下的根据所承担工程职业病危害因素的实际情况增配，但不少于施工总人数的 0.5%。

(3) 职业卫生培训和考核制度

项目经理部应建立健全职业卫生培训和考核制度。项目经理部负责人、专职和兼职职业卫生管理人员应经过职业卫生相关法律法规和专业知识培训，具备与施工项目相适应的职业卫生知识和管理能力。项目经理部应组织对施工人员进行上岗前和在岗期间的定期职业卫生相关知识培训、考核，确保施工人员具备必要的职业卫生知识，能正确使用职业病防护设施和个人防护用品。培训考核不合格者不能上岗作业。

(4) 职业健康监护制度

项目经理部应建立、健全职业健康监护制度。职业健康监护工作应符合现行《职业健康监护技术规范》(GBZ 188—2014)的要求，主要包括职业健康检查和职业健康监护档案管理等内容。职业健康检查包括上岗前、在岗期间、离岗时和离岗后医学随访以及应急健康检查。职业健康检查应由省级以上卫生行政部门批准的职业健康检查机构进行。项目结束时，项目经理部应将施工人员的健康监护档案移交给项目总承包单位，由其长期保管。

(5) 健康危害警示标志

项目经理部应在施工现场入口处的醒目位置设置公告栏，在施工岗位设置警示标志和说明，使进入施工现场的相关人员知悉施工现场存在的职业病危害因素及其对人体健康的危害后果和防护措施。警示标志的设置应符合现行《工作场所职业病危害警示标志》(GBZ 158—2019)的要求。

(6) 高毒物品防护管理措施

施工现场使用高毒物品的用人单位应配备专职或兼职职业卫生医师和护士。对高毒作业场所每月至少进行一次毒物浓度检测，每半年至少进行一次控制效果评价。不具备该条件的单位，应与依法已取得资质的职业卫生技术服务机构签订合同，由其提供职业卫生检测和评价服务。

(7) 职业病资料管理

项目经理部应向施工工地有关行政主管部门申报施工项目的职业病危害，做好职业病和职业病危害事故的记录、报告和档案移交等工作。

(8) 职业病监理管理要求

项目监理部应对施工企业的职业卫生管理机构、职业卫生管理制度及其落实情况、职业病危害防护设施、个人防护用品的使用情况进行监督管理，做好记录并存档。

思 考 题

1. 简述粉尘危害与防护措施。

2. 简述建筑企业职业安全健康管理体系的建立程序和工作重点。

3. 炎热的夏季，在室内、室外作业的人员极易脱水、中暑，谈一谈施工管理人员，应该从哪几个方面做好防暑降温的工作。

4. 噪声危害是最常见最难预防的一种，高考期间施工单位都是如何采取相应的技术措施加以解决的。

5. 建筑企业为什么要建立职业安全健康管理体系？

第 11 章

建筑施工现场安全管理及信息化建设

在建设工程项目安全管理中，建设单位、施工单位、勘察设计单位、监理单位、材料、设备供应商等其他相关单位，都是建设工程实施过程中的参与主体，是工程项目的相关利益主体，更是建设工程安全管理的责任主体，都有相应的权利、责任和义务。这些利益主体不应该是各自独立的，仅存在相互矛盾和制约关系，而应该是相互协调、相互支持、相互适应、相互促进的合作关系。在建设项目的实施过程中，这些利益主体与政府各级安全监管部门共同担负保障建设工程安全生产健康有序进行的责任。

建筑信息化发展战略是从粗放式管理向精细化管理的过渡，是降低建造成本，提高建筑质量和运行效率，延长建筑生命周期的最佳路径。本章将结合有关法律法规的具体要求，对施工单位、建设单位、分包商、勘察设计单位、监理单位、政府部门及其他有关单位的安全管理责任、内容、要点等进行阐述，同时对双重预防机制和信息化管理进行详细介绍。

11.1 施工单位安全管理

11.1.1 施工单位安全责任

11.1.1.1 施工单位负责人安全责任

（1）主要负责人安全责任

建筑施工单位主要负责人，包括法定代表人、股份有限公司的董事长、全面负责日常生产经营活动的总经理以及非法人单位正职领导。

《建筑工程安全生产管理条例》第二十一条第一款明确规定：施工单位主要负责人依法对本单位的安全生产工作全面负责。施工单位的主要负责人应当领导并组织建立健全安全生产责任制度和安全生产教育培训制度，制定安全生产规章制度和操作规程，对所承担的建设工程进行定期专项安全检查，并做好安全检查记录。要保证本单位安全生产条件所需要的资金投入，对列入建设工程概算的安全保障资金应当用于施工安全防护用具及设施的采购和更新、安全施工措施的落实、安全生产条件的改善，专款专用不得挪作他用。

（2）项目负责人安全责任

《建筑工程安全生产管理条例》第二十一条第二款明确规定：施工单位的项目负责人应当由取得相应执业资格的人员担任，对建设工程项目的安全施工负责，落实安全生产责任制度、安全生产规章制度和操作规程，确保安全生产费用的有效使用，并根据工程的特点组织制定安全施工措施，消除安全事故隐患，及时、如实报告生产安全事故。

（3）专职安全生产管理人员安全职责

《建筑工程安全生产管理条例》第二十三条明确规定：专职安全生产管理人员负责对安全生产进行现场监督检查。发现安全事故隐患，应当及时向项目负责人和安全生产管理机构报告；对于违章指挥、违章操作的，应当立即制止。

（4）施工单位管理人员考核任职制度

《建筑工程安全生产管理条例》第三十六条明确规定：施工单位的主要负责人、项目负责人、专职安全生产管理人员应当经建设行政主管部门或者其他有关部门考核合格后方可任职。

施工单位应当对管理人员和作业人员每年至少进行一次安全生产教育培训，其教育培训情况记入个人工作档案。安全生产教育培训考核不合格的人员，不得上岗。

11.1.1.2 总承包单位与分包单位的安全责任

《建筑工程安全生产管理条例》第二十四条明确规定：建设工程实行施工总承包的，由总承包单位对施工现场的安全生产负总责。

总承包单位应当自行完成建设工程主体结构的施工，不得将其进行转包和分包。总承包单位可以依法将建设工程除主体结构外的一些专项工程分包给其他单位的，分包合同中应当明确各自的安全生产方面的权利、责任和义务。总承包单位对分包工程的安全生产承担连带责任。如果发生安全事故，由总包单位负责上报事故。

分包单位应当服从总承包单位的安全生产管理，若分包单位不服从管理，而导致生产安全事故的，由分包单位承担主要责任。

11.1.2 施工单位安全管理主要内容

11.1.2.1 安全生产管理的主要任务

① 贯彻落实国家安全生产法规，落实“安全第一、预防为主、综合治理”的安全生产方针。

② 制定安全生产的各种规程、规定和制度，并认真贯彻实施。

③ 制定并落实各级安全生产责任制。

④ 积极采取各项安全生产技术措施，保障职工有一个安全、可靠的作业条件，减少和杜绝各类事故。

⑤ 采取各种劳动卫生措施，不断改善劳动条件和环境，防止和消除职业病及职业危害，做好女工和未成年工的特殊保护，保障劳动者的身心健康。

⑥ 定期对所有职工，特别是企业各级领导、特种作业人员等进行安全教育，强化安全意识。

⑦ 及时完成各类事故的调查、处理和上报。

⑧ 推动安全生产目标管理，推广和应用现代化安全管理技术与方法，深化企业安全管理制度。

11.1.2.2　安全生产管理原则

① 坚持管生产必须同时管安全的原则。

② 生产部门对安全生产工作要坚持“五同时”原则，即在生产工作中同时进行计划、布置、检查、总结、评比等安全工作。

③ 坚持“三同时”原则，即职业安全卫生技术措施及设施应与主体工程同时设计、同时施工、同时投入使用，确保项目投产后符合职业安全卫生要求，保障劳动者在生产过程中的安全与健康。

④ 坚持“四不放过”原则，即对发生的事故原因分析不清不放过。事故责任者和群众没有受到教育不放过。没有落实防范措施不放过。事故的责任者没有受到处理不放过。

11.1.2.3　安全生产管理目标

建筑施工企业应依据相关的法律、法规、标准、规范和其他规定，以及企业的总体发展目标，制定企业的年度安全生产管理目标。主要内容包括：

① 事故控制目标：企业职工（含项目部管理的所有从业人员）伤亡事故、火灾事故、机械、设备事故的控制目标。

② 绿色文明施工目标：根据企业生产经营状况，制定绿色文明施工工地达标和创优目标。

③ 基础管理工作目标：企业安全生产基础管理工作目标。

安全生产管理目标确定后，企业应根据安全责任将目标进行分解，企业各职能部门、项目部根据企业安全管理目标的要求制定自身管理目标和措施，共同保证施工过程中的安全生产管理目标实现。

11.1.2.4　安全生产组织保障体系

(1) 安全生产委员会

建筑施工企业应设立安全生产决策机构，即安全生产委员会，人员组成应包括：企业法定代表人或实际负责人；分管安全生产副总经理；总工程师；企业主管安全生产、技术、财务、物资、劳务、人事、消防保卫、行政卫生、工会等部门的负责人；其他相关人员。安全生产委员会的主要职责是组织制定企业安全生产中长期规划，领导企业安全生产管理工作，审议、决策重大安全事项。

(2) 企业专职安全生产管理人员的配备

建筑施工企业应设置负责安全生产管理工作的安全生产管理机构，配备满足下列要求的足额专职安全生产管理人员，并应根据企业经营规模、设备管理和生产需要予以增加：

① 建筑施工总承包资质序列企业：特级资质不少于 6 人；一级资质不少于 4 人；二级和二级以下资质企业不少于 3 人。

② 建筑施工专业承包资质序列企业：一级资质不少于 3 人。二级和二级以下资质企业不少于 2 人。

③ 建筑施工劳务分包资质序列企业：不少于 2 人。

④ 建筑施工企业的分公司、区域公司等较大的分支机构应依据实际生产情况配备不少于 2 人的专职安全生产管理人员。

(3) 项目安全生产管理人员的配备

① 建筑工程、装修工程按照建筑面积配备：1 万平方米以下的工程不少于 1 人；1 万平方

米以上,5 万平方米以下的工程不少于 2 人;5 万平方米及以上的工程不少于 3 人,且按专业配备专职安全生产管理人员。

② 土木工程、线路管道、设备安装工程按照工程合同价配备:5 000 万元以下的工程不少于 1 人;5 000 万及以上,1 亿元以下的工程不少于 2 人;1 亿元及以上的工程不少于 3 人,且按专业配备专职安全生产管理人员。

③劳务分包单位施工人员在 50 人以下的,应当配备 1 名专职安全生产管理人员。50～200 人的,应当配备 2 名专职安全生产管理人员。200 人及以上的,应当配备 3 名及以上专职安全生产管理人员,并根据所承担的分部分项工程施工实际情况增加,不得少于工程施工人员总人数的 5%。

11.1.2.5 安全生产管理制度

建筑施工企业除建立安全生产责任制度外,还应建立包括安全生产资金保障制度、安全生产教育培训制度、安全检查制度、生产安全事故报告处理制度、安全技术管理制度、设备设施管理制度、应急救援制度,重大危险源管理制度、安全生产奖罚制度、防护用品使用管理制度等安全管理制度。同时,在国家、地方出台新的安全生产规定和要求或自身管理情况发生变化时,建筑施工企业应定期评审及时优化完善各项安全生产管理制度。

(1) 安全目标管理制度

建筑施工单位要制定总的安全目标,如伤亡事故控制目标、安全达标、文明施工目标等,以便于制定年、月达标计划,进行目标分解到人,责任落实,考核到人。

(2) 安全生产责任制度

安全生产责任制度作为保障安全生产的重要组织手段,施工单位应明确规定各级领导、各职能部门和各类人员在施工生产活动中应负的安全职责,把"管生产必须管安全"的原则从制度上落实下来。

(3) 安全教育培训制度

建筑施工单位的从业人员必须定期接受安全培训教育,坚持先培训、后上岗的制度。实行总承包的工程项目,总包单位负责统一管理分包单位从业人员的安全教育培训工作,分包单位要服从总包单位的统一管理。

(4) 安全检查制度

建筑施工单位必须建立完善的安全检查制度。施工单位进行安全检查应配备必要的设备和器具,确定检查负责人和检查人员,并明确检查内容及要求。安全检查人员应对检查结果进行分析,找出安全隐患部位,分析原因并制定相应整改防范措施。施工单位项目经理部应编写安全检查报告。

(5) 生产安全事故报告制度

施工单位必须建立健全生产安全事故报告制度,防止事故扩大,减少伤害和损失,吸取教训,制定措施,防止同类事故的再次发生。

(6) 三类人员考核任职制度和特种人员持证上岗制度

施工单位应建立健全"三类人员"考核任职制度和特种人员持证上岗制度。施工单位"三类人员"是指施工单位的主要负责人、项目负责人和专职安全生产管理人员。要求通过培训考核,使"三类人员"在安全法规、安全管理和安全技术等方面具备相应的理论知识和实践能力,经考核通过后方可任职上岗。

(7) 安全技术管理制度

施工单位安全技术管理的主要内容是:危险源控制、施工组织设计(方案)、专项安全技术方案编制、安全技术交底、安全技术标准规范和操作规程、安全设备和工艺的选用等。

施工单位在编制建设工程施工组织设计或施工方案的同时,还必须编制安全技术专项方案,主要包括:防火、防毒、防爆、防洪、防尘、防雷击、防触电、防坍塌、防物体打击、防机械伤害、防溜车、防高空坠落、防交通事故、防寒、防暑、防疫、防环境污染等方面的技术管理措施。

(8) 设备安全管理制度

施工单位应当根据国家、地方建设行政主管部门有关机械设备管理规定,建立健全设备安全管理制度。设备安全管理制度应包括施工机械设备及应急救援装置等的安装拆卸、验收、检测、使用、保养和维修、改造和报废等各项设备管理制度。制度中应明确相应的管理要求、职责权限、工作程序、监督检查、考核方法等内容的具体规定和要求。

(9) 安全设施和防护管理制度

根据《建设工程安全生产管理条例》第二十八条规定:“施工单位应当在施工现场危险部位,设置明显的安全警示标志。”安全警示标志包括安全色和安全标志,进入工地的人员通过安全色和安全标志能提高对危险点的保护警觉,以防发生事故。施工单位应建立施工现场正确使用安全警示标志和安全色的相应规定,在规定中应明确使用部位、内容的相应管理要求、职责权限、监督检查、考核方法等内容的具体规定和要求。

(10) 消防安全责任制度

施工单位建立健全消防安全责任制度,其重点内容是:

① 建立消防安全责任制度,并确定消防安全责任人。

② 建立各项消防安全管理制度和操作规程。

③ 设置消防通道、消防水源,配备消防设施和灭火器材。

④ 施工现场入口处设置明显消防安全标志。

11.1.2.6　对分包方安全管理

建筑施工总包单位在选择分包单位时,应严格审查分包单位的《安全生产许可证》、管理人员的《安全生产考核合格证书》和《特种作业操作证书》;在与分包单位签订工程承包合同时,应签订安全生产管理协议,并在协议中明确安全生产目标的落实、安全生产管理机构及专(兼)职安全员的配置、安全技术措施费用的落实、安全教育、特殊工种的管理、现场防护要求及事故处理等方面双方的权利、责任与义务。在施工过程中,建筑施工总包单位应对分包单位的安全施工情况进行监督检查,建立监督检查记录。

11.1.2.7　施工现场危险源辨识及预案制定

① 建筑施工项目部应成立由项目经理任组长的危险源辨识评价小组,在工程开工前对施工现场的主要和关键工序中的危险因素进行辨识,对重大危险源应当登记建档,进行定期检测、评估、监控,登记建档应当包括重大危险源的名称、地点、性质和可能造成的危害等内容。

② 建筑施工项目应当根据建设工程施工的特点、范围,对施工现场易发生重大事故的部位、环节进行监控,制定施工现场生产安全事故应急救援预案。实行施工总承包的,由总承包单位统一组织编制建设工程生产安全事故应急救援预案,工程总承包单位和分包单位

按照应急救援预案，各自建立应急救援组织或者配备应急救援人员，配备救援器材、设备，并定期组织演练。

11.1.2.8 安全生产资金保障制度

建筑施工企业应建立安全生产资金费用管理制度，明确安全费用使用管理的程序、职责及权限。

（1）安全生产费计提依据

建筑施工企业安全生产费用以建筑安装工程造价为计提依据，各工程类别安全费用提取标准如下：

① 房屋建筑工程、矿山工程为工程造价的 2.0%。

② 电力工程、水利水电工程、铁路工程为工程造价 1.5%。

③ 市政公用工程、冶炼工程、机电安装工程、化工石油工程、港口与航道工程、公路工程、通信工程为工程造价 1.0%。

（2）安全生产费使用范围

① 完善、改造和维护安全防护设备、设施的支出。

② 配备必要的应急救援器材、设备和现场作业人员安全防护物品的支出。

③ 安全生产检查与评价的支出。

④ 重大危险源、重大事故隐患的评估、整改、监控的支出。

⑤ 安全技能培训及进行应急救援演练的支出。

⑥ 其他与安全生产直接相关的支出。

11.1.2.9 安全技术管理

建筑施工企业应明确施工组织设计、专项施工方案、安全技术方案（措施）的编制、审核和审批程序，加强安全技术管理工作。

（1）施工组织设计及专项施工方案

施工组织设计必须包含针对工程特点、施工工艺、作业条件以及施工人员等情况制订明确具体的防护措施和安全作业注意事项。对危险性较大的分部分项工程，由施工企业技术部门编制安全专项施工方案，并组织本单位施工技术、安全、质量等部门的专业技术人员进行审核。经审核合格的，由施工企业技术负责人签字确认。实行施工总承包的项目，专项方案应当由总承包单位技术负责人及相关专业承包单位技术负责人签字。安全专项施工方案应包括工程概况、编制依据、施工计划、施工工艺技术、施工安全保证措施、劳动力计划、计算书及相关图纸等内容。

超过一定规模的危险性较大的分部分项工程的安全专项方案，应当由施工企业组织召开专家论证会。实行施工总承包的由施工总承包单位组织召开专家论证会。经过批准的施工组织设计、专项施工方案、安全技术方案（措施），不得随意变更修改。确因客观原因需修改时，应重新履行原审核、审批的程序。专项方案经论证后需做重大修改的，应当按照论证报告修改，并重新组织专家进行论证。超过一定规模的危险性较大的分部分项工程主要包括：

① 深基坑工程。深度超过 5 m（含 5 m）的基坑（槽）的土方开挖、支护、降水工程；开挖深度虽未超过 5 m，但地质条件、周围环境和地下管线复杂，或影响毗邻建（构）筑物安全的基坑（槽）的土方开挖、支护、降水工程。

② 模板工程及支撑体系。工具式模板工程：包括滑模、爬模、飞模工程；混凝土模板支撑工程中搭设高度在 8 m 及以上，搭设跨度在 18 m 及以上，施工总荷载 15 kN/m^2 及以上，集中线荷载 20 kN/m^2 及以上的工程；用于钢结构安装等承重满堂支撑体系，承受单点集中荷载 700 kg 以上的模板支撑工程。

③ 起重吊装及安装拆卸工程。采用非常规起重设备、方法，且单件起吊重力 100 kN 及以上的起重吊装工程；起吊重力 300 kN 及以上的起重设备安装工程；高度 200 m 及以上内爬起重设备的拆除工程。

④ 脚手架工程。搭设高度在 50 m 及以上落地式钢管脚手架工程；提升高度 150 m 及以上的附着式整体和分片提升脚手架工程；架体高度 20 m 及以上的悬挑式脚手架工程。

⑤ 拆除、爆破工程。采用爆破拆除的工程；码头、桥梁、高架、烟囱、水塔或拆除中容易引起有毒有害气(液)体或粉尘扩散、易燃易爆事故发生的特殊建(构)筑物的拆除工程；可能影响行人、交通、电力设施、通信设施或其他建(构)筑物安全的拆除工程；文物保护建筑、优秀历史建筑或历史文化风貌区控制范围的拆除工程。

⑥ 其他特殊工程。施工高度 50 m 及以上的建筑幕墙安装工程；跨度大于 36 m 及以上的钢结构安装工程；跨度大于 60 m 及以上的网架和索膜结构安装工程；开挖深度超过 16 m 的人工挖孔桩工程；地下暗挖工程、顶管工程、水下作业工程；采用新技术、新工艺、新材料、新设备及其他尚无相关技术标准的危险性较大的分部分项工程。

(2) 安全技术交底与验收

建筑施工企业应明确规定各级安全技术交底的程序、内容及形式，根据技术方案(措施)分级编制和审批权限的设置，相关层级的技术负责人和方案编制人员，对施工作业人员进行安全技术交底，并组织和参与安全技术方案实施的验收和检查。

(3) 技术工艺的淘汰与创新

建筑施工企业应及时收集国家各相关部门发布的有关危及施工安全的工艺、禁止使用及淘汰的设备、材料的名录，及时下发到施工现场，严格按要求执行。积极进行技术改造创新，尽量采用安全新技术、新工艺以及新材料。

11.1.2.10　设备设施安全管理

建筑施工企业应建立包括塔式起重机、流动式超重机、施工升降机、物料提升机、门式起重机、高处作业吊篮，以及应急救援设备、器材等设备设施的安全管理制度，明确设备采购、租赁、安装和拆卸、验收、检测、使用、设备保养和维修、改造和报废等管理的要求，以及操作人员的培训考核、职责权限、工作程序，并建立设备管理档案等。主要内容包括：

① 设备、设施装备的清单，包括设备登记备案编号、维修保养情况、日常检查情况等。

② 设备、设施的验收记录以及第三方检测报告。

11.1.2.11　职业病防治与劳动防护用品管理

建筑施工企业应当为劳动者创造符合国家职业卫生标准和卫生要求的工作环境和条件，并采取措施保障劳动者获得职业卫生保护。

① 建筑施工项目部应当向作业人员书面告知危险岗位的操作规程和违章操作的危害，并提供相应的安全防护服装和用具。作业人员应当遵守安全施工的强制性标准、规章制度和操作规程，正确使用安全防护用具和设备。

② 建筑施工项目部采购或租赁的安全防护用具和设备、施工机具及配件，应当具有生

产(制造)许可证、产品合格证,并在进入施工现场前进行查验。

③ 施工现场的安全防护用具和设备、施工机具及配件必须由专人管理,定期进行检查、维修和保养,建立相应的资料档案,并按照国家有关规定及时报废。

④ 建筑施工项目部应当建立、健全职业病防治责任制,加强对职业病防治的管理,提高职业病防治水平,对本单位产生的职业病危害承担责任。

⑤ 建筑施工项目的职业病防护设施所需费用应当纳入建设项目工程预算,并与主体工程同时设计,同时施工,同时投入生产和使用。职业病危害严重的建设项目的防护设施设计,应当经卫生行政部门进行卫生审查,符合国家职业卫生标准和要求的,方可进行施工。

⑥ 建筑施工项目部应当采取下列职业病防治管理措施:

a. 设置或者指定职业卫生管理机构或者组织,配备专职或者兼职的职业卫生专业人员负责本单位的职业病防治工作。

b. 制定职业病防治计划和实施方案。

c. 编制职业病危害事故应急救援预案。

d. 建立健全职业卫生管理制度和操作规程。

e. 建立健全职业卫生档案和劳动者健康监护档案。

f. 建立健全工作场所职业病危害因素监测及评价制度。

⑦ 任何单位和个人不得生产、经营、进口和使用国家明令禁止使用的可能产生职业病危害的设备或者材料。

⑧ 建筑施工项目的负责人应当接受职业卫生培训,遵守职业病防治法律、法规,依法组织本单位的职业病防治工作。

⑨ 建筑施工项目部应当对劳动者进行上岗前的职业卫生培训和在岗期间的定期职业卫生培训,普及职业卫生知识,督促劳动者遵守职业病防治法律、法规、规章和操作规程,指导劳动者正确使用职业病防护设备和个人使用的防护用品。

⑩ 劳动者应当学习和掌握相关的职业卫生知识,遵守职业病防治法律、法规、规章和操作规程,正确使用、维护职业病防护设备和个人使用的职业病防护用品,发现职业病危害事故隐患应当及时报告。劳动者不履行规定义务的,用人单位应当对其进行批评教育。

⑪ 对从事接触职业病危害作业的劳动者,用人单位应当按照国务院卫生行政部门的规定组织上岗前、在岗期间和离岗时的职业健康检查,并将检查结果如实告知劳动者。职业健康检查费用由建筑施工项目承担。

⑫ 建筑施工项目部不得安排未经上岗前职业健康检查的劳动者从事接触有职业病危害的作业;不得安排有职业禁忌的劳动者从事其所禁忌的作业;对在职业健康检查中发现有与所从事的职业相关的健康损害的劳动者,应当将其调离原工作岗位,并妥善安置;对未进行离岗前职业健康检查的劳动者不得解除或者终止与其订立的劳动合同。

11.1.2.12 企业安全管理档案

建筑施工企业在安全生产管理过程中要按规定做好记录,留存相关资料,并及时归档。企业安全生产管理档案主要内容包括:

① 施工企业安全生产许可证。

② 企业安全生产责任制和考核记录。

③ 企业安全生产管理规章制度。

④ 企业安全生产委员会、企业安全生产管理机构设置以及人员配备的文件及活动记录。

⑤ 企业安全操作规程。

⑥ 企业“三类人员”，即企业主要负责人、项目经理、安全管理人员的安全资格资料。

⑦ 企业安全生产费用投入、使用档案。

⑧ 企业安全生产教育、培训记录。

⑨ 企业安全生产检查资料。

⑩ 企业安全生产事故应急救援预案及演练记录。

⑪ 企业安全生产事故档案。

⑫ 企业机械设备管理资料。

⑬ 企业危险源辨识、评价和控制的相关资料。

⑭ 专项施工方案审批及专家论证资料。

⑮ 工伤保险或意外伤害保险交纳资料。

11.2　工程监理单位安全管理

监理单位是受建设单位（项目法人）的委托，依据国家批准的工程项目建设文件、有关工程建设的法律、法规和工程建设监理合同及其他工程建设合同，对承建单位的工程建设实施过程的施工质量、建设工期和资金使用等方面实施监控的一种专业化服务单位。监理单位是建筑市场的主体之一，提供的是一种高智能的有偿咨询服务。

11.2.1　工程监理单位安全责任

监理单位要做到对工程建设过程中各个环节的控制，而施工安全是其中非常重要的一项。随着工程监理制度在我国建筑行业的日益深化，监理单位在工程建设中成为安全管理的重要责任主体之一，因此监理单位要保证安全生产管理工作的公平、公正和客观性。《建设工程安全生产管理条例》第十四条明确规定：

① 工程监理单位和监理工程师应当按照法律、法规和工程建设强制性标准实施监督管理，并对建设工程安全生产承担监理责任。

② 工程监理单位应当审查施工组织设计中的安全技术措施和专项施工方案是否符合工程建设强制性标准。若在实践中存在合同条款高于强制性标准的情况，监理单位就不仅仅审查其是否违法，还要审查其是否违约。

③ 工程监理单位在实施监理过程中，发现存在安全事故隐患时，应当要求施工单位及时整改；情况严重的，应当要求施工单位暂时停止施工，并及时报告建设单位。施工单位拒不整改或者不停止施工的，工程监理单位应当及时向有关主管部门报告。

为了保证建设工程项目的顺利实施，监理单位需要进行大量的协调工作。在项目管理的各种功能中，协调对于监理单位尤其重要。协调工作影响到建设过程的各个阶段的各个参与主体。没有协调，就会出现混乱。同时，协调和安全绩效之间有着密切的关系。有专家学者对国外50个1000万～40亿美元的工程项目进行调查后得出，当监理单位的协调能力被评价为很强时，承包商、分包商的安全记录就会很好。

11.2.2 工程监理单位安全管理内容

施工阶段的安全监理是一个由对投入的资源和条件进行安全生产监督管理，进而对施工生产全过程及各环节安全生产进行系统监督、检查与控制等管理过程。按建设工程形成过程的时间阶段划分，建设工程施工安全监理可以分为施工准备阶段安全监理和施工过程阶段的安全监理。这两个环节的安全监理流程如图 11-1 所示。

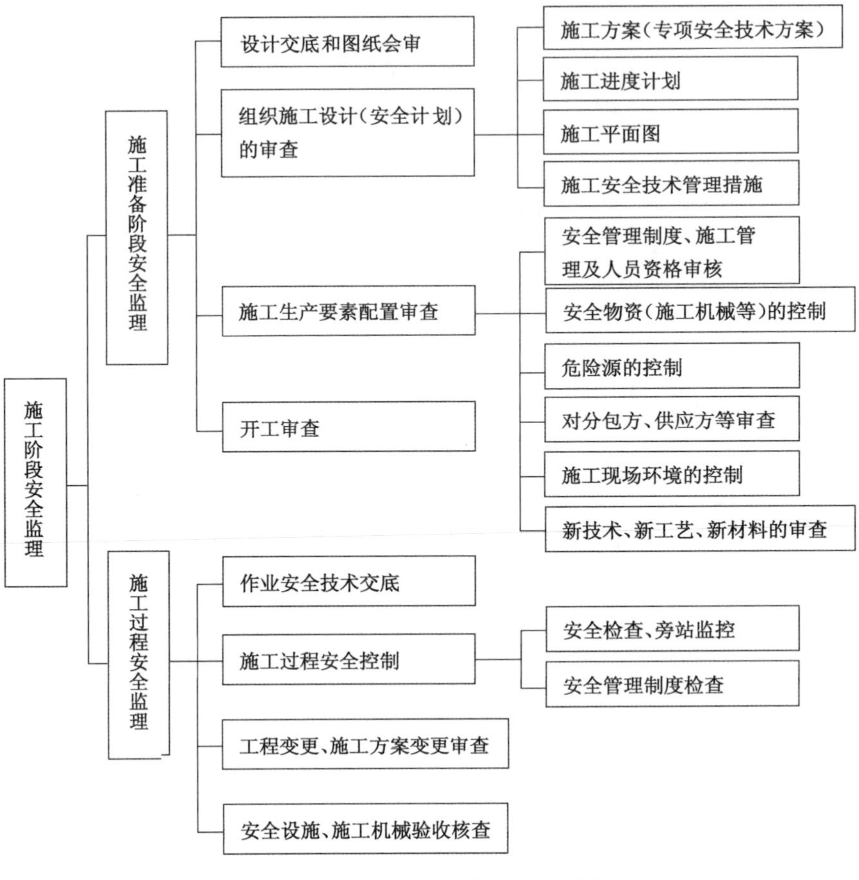

图 11-1 施工阶段安全监理流程

11.2.2.1 施工准备阶段安全监理

施工准备阶段的安全监理指在各工程对象正式施工活动开始前，对各项准备工作及影响施工安全生产的各因素进行监督管理，其控制重点是做好施工准备工作，这是确保建设工程施工安全的先决条件。

（1）安全监理的前期准备工作

① 组建项目监理机构。项目监理机构的规模应根据建设工程委托安全监理合同规定的服务内容、工程规模、结构类型、技术复杂程度、建设工期、工程环境等因素确定。项目监理机构组成人员一般不应少于 3 人，并应满足安全监理各专业的需要。

总监理工程师在项目监理过程中应保持稳定，必须调整时，应征得建设单位同意；项目监理机构人员也宜保持稳定，但可根据工程进展的需要进行适当调整.并书面通知建设单位和施工承包单位。

② 安全监理工作准备会。项目监理机构建立后应及时召开安全监理工作准备会。会议由工程监理单位负责人主持,宣读总监理工程师授权书,介绍工程的概况和建设单位对安全监理的工作要求。由总监理工程师组织监理人员学习监理人员岗位责任制和监理工作人员守则,明确项目监理机构中各监理人员的职务分工及岗位职责。

③ 监理设施与设备的准备。按现行的《建设工程监理规范》(GB 50319—2021)的规定,建设单位应提供委托监理合同约定的满足监理工作需要的办公、交通、通信以及生活设施,项目监理机构应妥善保管与使用,并在项目监理工作完成后归还建设单位。项目监理机构也可根据委托监理合同的约定,配备满足工作需要的上述设施。项目监理部应配备满足监理工作需要的常规建设工程安全检查测试工具,总监理工程师应指定专人管理。

④ 熟悉施工图纸和设计说明文件。施工图纸和设计说明文件是实施建设工程安全监理工作的重要依据之一。总监理工程师应及时组织各专业监理工程师熟悉施工图纸和设计说明文件,预先了解工程特点及安全要求,及早发现和解决图纸中的矛盾和缺陷,并做好记录。监理单位应将施工图纸中所发现的问题以书面形式汇总,报建设单位提交给设计单位,必要时应提出合理的建议,并与有关各方协商研究,统一意见。

⑤ 熟悉和分析监理合同及其他建设工程合同。为发挥合同管理的作用,有效地进行建设工程安全监理,总监理工程师应组织监理人员在工程建设施工前对建设工程合同文件,包括施工合同、监理合同、勘察设计合同、材料设备供应合同等进行全面的了解、熟悉、分析。合同管理是项目监理机构的一项核心工作,总监理工程师应指定专人负责本工程项目的合同管理工作。

⑥ 编制安全监理规划及安全监理实施细则。安全监理规划的编制应由项目总监理工程师负责,组织项目监理机构人员在监理合同签订及收到施工合同、设计文件后,14 日内编制完成,并经工程监理单位技术负责人审核批准后,在第一次工地会议前,报送建设单位及有关部门。

⑦ 制定安全监理程序。监理工程师在对建设工程施工安全进行严格控制时,要严格按照工程施工工艺流程、作业活动程序等制定一套科学的安全监理程序,及相应的检查、验收方法。在施工过程中,监理人员应对建设工程施工项目做详尽的记录。

⑧ 施工承包单位资格的核查。监理工程师对施工承包单位资格的审核,主要包括施工承包单位的资质以及安全生产许可证等。

(2) 施工组织设计(安全计划)的审查

① 施工组织设计与安全计划施工组织设计是施工单位进行施工的依据,包括施工方法、工序流程、进度安排、施工管理及安全、劳动保护、消防、环保对策等。在我国现行的施工管理规定中,要求施工单位在施工前对建设工程项目进行施工组织设计,以此作为施工准备和施工全过程的指导性文件。为确保建设工程施工安全,施工单位在施工组织设计中应加入安全目标、安全管理措施,以及安全技术措施等安全计划的内容。

② 审查施工组织设计(专项施工方案)的原则:

a. 施工组织设计(专项施工方案)的编制、审核和审批应符合规定的程序。

b. 施工组织设计(专项施工方案)应符合国家的技术规范,充分考虑施工承包合同规定的条件、施工现场条件及法规条件的要求,突出“安全第一、预防为主、综合治理”的原则。

c. 施工组织设计(专项施工方案)要有针对性,充分掌握本工程的特点及难点,对施工条件充分分析。

d. 施工组织设计（专项施工方案）要有可操作性，切实可行，有能力执行并保证施工安全。

e. 施工组织设计采用的安全技术方案、安全技术措施要求成熟可行，并尽量采用先进适用方案与技术。

f. 安全管理体系、安全保证措施要求健全、切实可行。

g. 劳动保护、环保、消防和文明施工措施要求符合相关规定，并切实可行。

③ 专项施工方案审查要点：

a. 土方工程的审查要点主要包括：施工现场地下管线、地下工程的防护措施；施工现场毗邻建筑物、构筑物、地下管线等的防护措施；场区的排水、防洪措施；土方开挖顺序和方法；基坑支护设计及施工详图、计算书；基坑四周的安全防护；基坑边荷载限定；基坑支护变形监测方案；基坑设计与施工方案的审批等。

b. 脚手架的审查要点主要包括：脚手架设计方案及计算书；脚手架施工方案；脚手架验收方案；脚手架使用安全措施；脚手架拆除方案；脚手架施工方案的审批等。

c. 模板施工的审查要点主要包括：模板支撑设计计算书的荷载取值、计算方法；模板设计的支撑系统及支撑模板的楼、地面强度要求；模板设计图中细部构造的大样图、材料规格、尺寸、连接件等；模板设计中安全措施；模板施工方案的审批等。

d. 塔式起重机的审查要点主要包括：塔机的基础方案中对地基与基础的要求；塔机使用中的检查、维修管理；塔机驾驶员的从业资格；塔机使用中班前检查制度；起重机的安全使用制度；塔机安装拆除的安全措施；塔机施工方案的审批等。

e. 临时用电的审查要点主要包括：负荷计算；电源的进线、总配电箱的装设位置和线路走向；导线截面和电气设备的类型规格；电气平面图、接线系统图；是否采用 TN-S 接零保护系统；是否实行"一机一闸一漏一箱"；是否"三级配电两级保护"；照明用电措施；临时用电方案的审批等。

（4）现场施工准备的安全监理

① 设计交底与施工图纸的现场核对。在施工阶段，施工图纸和设计说明文件是进行施工的依据。因此，总监理工程师应组织监理人员认真参加由建设单位主持的设计交底工作，以便能透彻地了解设计思想、原则及质量要求等。同时，认真做好施工图纸的审核、校对工作，对于审图过程中发现的问题，应及时以书面形式报告建设单位。

② 施工平面布置的控制。为了保证施工承包单位能够安全顺利地施工，监理工程师应督促建设单位按照合同约定并结合施工需要，事先划定并提供给施工承包单位可以使用的施工现场范围。当在现场的某一区域内需要不同的施工单位同时或先后施工使用，就应根据施工总进度计划的安排，规定各自占用的时间和先后顺序，并在施工总平面图中详细注明各工作区的位置及占用顺序，从而减少相互影响，保证安全施工。

③ 安全物资采购和进场验证的控制。监理工程师应对材料、设备和防护用品等安全物资核查其质量合格证明、质量检验报告等，并进行外观检查和规格检查，按规定抽样复试，并形成记录。

④ 施工机械、设备进场的控制

监理工程师应核查所需的施工机械设备是否按已批准的施工组织设计准备妥当，所准备的施工机械设备是否都完好可用。对于与批准的施工组织设计中所列施工机械不一致，或机械设备的类型、规格、性能不能保证施工安全的，应及时维护修理或进行更换，不准带隐患设备进场使用。

⑤ 分包单位资格的审查确认。监理工程师应对分包单位的资质证书和安全生产许可证等进行严格审查。

⑥ 施工现场环境的控制：

a. 施工作业环境的控制，即对施工作业时的水、电、气、热、施工照明、安全防护设备、道路交通条件和施工场地空间条件等进行严格管理与控制。

b. 施工安全管理环境的控制，即对施工承包单位的安全管理体系和安全自检系统是否处于良好的状态；安全管理制度、安全管理机构和人员配备等方面是否完善和明确；安全生产责任制是否落实等，进行严格管理与控制。

c. 现场自然环境因素的控制，即监理工程师应检查施工承包单位对于未来施工期间的自然环境因素可能出现对施工作业安全的不利影响时，是否已有充分认识不利的自然环境因素，并已做好充足的准备和采取了有效措施与对策，以保证建设工程施工安全。

⑦ 危险源的控制。监理工程师应监督检查施工承包单位是否根据本企业的施工技术与管理水平，依据建设工程项目的类型、特征、规模等情况，识别出危险源，并对所有危险源进行评价。将其中导致事故发生的可能性较大，且事故发生会造成严重后果的危险源定义为重大危险源。同时检查施工承包单位是否建立管理档案，其内容包括危险源识别、评价结果和清单。针对重大危险源可能出现伤害的范围、性质和时效性，施工承包单位应制定消除或控制的措施，且纳入安全管理制度、安全教育培训、安全操作规程及安全技术措施中。

⑧ 严把开工关。监理工程师应在开工前检查施工承包单位的施工人员、施工机械设备、安全物资、场地、水电供应、施工通道及安全管理措施等是否处于正常状态，现场各项施工准备工作是否完成，总监理工程师对所有检查项目确认合格后，方可发布书面的开工指令。

(5) 安全管理制度的控制

监理工程师应检查并督促施工单位建立健全安全目标管理制度、安全生产责任制度、安全生产资金保障制度、安全教育培训制度、安全检查制度、生产安全事故报告制度、安全技术管理制度、设备安全管理制度、安全设施和防护管理制度、消防安全责任制度，以及安全生产管理机构"三类人员"考核任职制度、特种人员持证上岗制度等。

(6) 施工准备阶段安全监理的手段

① 审核技术文件、报告和报表。审核技术文件、报告和报表是监理工程师对建设工程施工安全进行全面监督、检查和控制的重要手段，其具体内容如下：

a. 审查进入施工现场的分包单位的资质证明文件和安全生产许可证证明文件。

b. 审批施工单位的开工申请书，检查、核实与控制其施工准备的安全工作。

c. 审查施工单位提交的施工组织设计(安全计划)、专项施工方案或施工计划，确保工程施工安全有可靠的技术保障措施。

d. 审批施工单位提交的有关原材料、半成品和构配件质量证明文件，确保工程质量和安全有可靠的物质保障。

e. 核查施工单位提交的有关安全物资的检验、试验报告，确保施工安全有足够的物资保障。

f. 审核有关应用新技术、新工艺、新材料、新结构等的技术鉴定书，审核其应用申请报告，确保新技术应用的安全实施。

② 工程合约化管理。监理工程师应协助建设单位与施工总承包单位签订安全生产合同或协议书，通过制定相互监督执行的合约管理可以使双方严格执行安全生产、劳动保护、环保、消防等的法律法规，强化安全生产管理。

监理工程师还应检查督促总承包单位与分包签订安全生产合同或协议书，通过制定相互监督执行的合约，可以使双方严格执行安全生产、劳动保护等法律法规，强化安全生产管理，落实安全生产责任制，依法从严治理施工现场，确保项目施工人员的安全与健康，促使施工生产的顺利进行。

11.2.2.2 施工过程安全监理

现场施工作业和管理活动不仅是施工过程的体现，还将直接影响到施工安全，因此监理工程师对施工过程的安全监理工作应体现在对施工作业和管理活动的控制上。为确保建设工程施工安全，监理工程师要对整个施工过程要按事前、事中及事后进行全过程、全方位的控制。针对一个具体作业和管理，监理工程师也要按事前、事中及事后进行控制。

(1) 作业活动准备状态的控制

① 审查施工现场劳动组织和作业人员的资格：

a. 监理工程师审查从事作业活动的操作者数量是否满足作业活动的需要，相应工种配置能保证作业合理有序地进行；作业活动的直接负责人(包括技术负责人)，专职安全生产管理人员、施工员，与作业活动有关的监控人员等必须在岗；相关制度要健全，如管理层及作业层各类人员的岗位职责；作业活动现场的安全、劳动保护、消防、环保规定；紧急情况的应急处理规定等。同时，要有相应措施及手段以保证制度、规定的落实和执行。

b. 监理工程师要对施工现场管理和作业人员的执业资格、上岗资格和任职能力进行检查、核对证书，审查对象主要包括项目负责人、安全生产管理人员、项目管理人员，垂直运输机械作业人员、安装拆卸工、爆破作业人员、起重信号工、登高架设作业人员等特种作业人员，木工、混凝土工、钢筋工等一般施工人员。要求对应岗位或工种的证书专业相符合且有效，才能上岗。

② 检查施工单位对从业人员的安全教育培训。监理工程师要检查施工单位落实安全教育培训制度，定期检查考核的实施情况和实际效果。特别要监督检查施工单位对新进工人的“三级安全教育”、变换工种安全教育、转场安全教育、特种作业安全教育、班前安全活动交底、周一安全活动、季节性施工安全教育、节假日安全教育等。

③ 作业安全技术交底的控制。安全技术交底是施工单位指导作业人员安全施工的技术措施，是建设工程安全技术方案或措施的具体落实，是取得施工安全的重要条件之一。因此，监理工程师应监督检查施工单位做好安全技术交底。

④ 对分包单位的监控。正式开始施工前，监理工程师要检查督促施工总承包单位对分包单位在施工过程中涉及的危险源予以识别、评价和控制，并将相关的文件和要求事先通知分包单位，以确保分包单位能遵守施工总承包单位的施工组织设计(或安全生产保证计划)的相关要求。

监理工程师要检查督促施工总承包单位项目负责人及时组织有关人员向分包单位负责

人及分包队伍的有关人员进行安全教育和技术交底。交底内容以总分包合同为依据，包括施工技术文件、安全管理体系的有关文件、安全生产规章制度和文明施工管理要求等。交底应为书面形式，一式两份，双方负责人和有关人员签字，并保留交底记录，确保作业前对全体分包从业人员均完成安全教育培训。

（2）作业活动运行过程的控制

① 监理工程师要根据已识别的重大危险源，确定与之相关并需要进行严格监控的重点部位、作业过程和活动，如深基坑施工、地下暗挖施工、高大模板施工、起重机械安装和拆除、整体式提升脚手架升降、大型构件吊装等。

根据监控对象，明确监控内容、监控方式、监控记录、监控结果反馈等要求，应安排熟悉相应操作过程和操作规程的监理员，对施工单位作业人员的违章行为及时制止，发现安全事故隐患应立即要求施工单位暂停施工，并报监理工程师。

② 安全防护设施的全程监控：

a. 脚手架搭设和拆除的监控。监理工程师应监督施工单位按脚手架施工方案的要求进行脚手架的搭设，并分步、分阶段进行检查、验收，合格后做好记录，上报监理工程师核查验收，经核查合格后，施工单位方可投入使用。使用过程中，要求施工单位落实专人负责检查、维护工作；

b. 洞口、临边、高处作业等安全防护设施的搭设拆除和使用维护的监控。监理工程师应对洞口、临边、高处作业所采取的安全防护设施，如通道防护栅、电梯井内隔离网、楼层周边和预留洞口的防护设施、基坑临边的防护设施、悬空或攀登作业的防护设施的搭设、拆除进行严格监控。为了能够及时排除动态施工中人的不安全行为和物的不安全状态，防患于未然，监理工程师要对安全防护设施、设备在日常运行和使用中易发生事故的主要环节、部位进行动态检查，以保持设备、设施持续完好有效，并做好检查记录。

③ 施工现场危险部位安全警示标志的检查。监理工程师应每周一次对施工现场入口处、起重设备、临时用电设施、脚手架、出入通道口、楼梯口、电梯井口、孔洞口、桥梁口、隧道口、基坑边沿、爆破物及危险气体和液体存放处等危险部位设置的安全警示标志进行检查，做好检查记录。安全警示标志必须符合现行《安全标志》(GB 2894—2008)和《安全标志使用导则》(GB 16719—2008)的相关规定。各种安全警示标志设置后，未经施工单位项目负责人批准，不得擅自移动或拆除。

④ 施工机具和设施使用维护管理的控制。监理工程师应每周一次对施工机具、施工设施的使用、维护、保养等进行检查，做好检查记录。

⑤ 施工现场临时用电的控制。监理工程师应每周一次对施工现场临时用电进行检查，做好检查记录。施工现场临时用电设备在组装完毕，投入使用前，监理工程师应按现行《施工现场临时用电安全技术规范》(JGJ 46—2020)的相关规定，对变配电装置、架空线路或电缆干线的敷设、分配电箱等用电设备进行检查，对不符合要求的必须整改，待复查合格后，填写验收记录。使用中，施工单位专职电工负责日常检查、维护和保养。

⑥ 个体劳动防护用品使用的控制。监理工程师应按危险源及有关劳动防护用品发放标准，对现场管理人员和操作人员安全帽、安全带、护目镜等劳动防护用具和安全防护服装进行每周一次的检查与监督，并做好检查记录。严禁不符合劳动防护用品佩戴标准的人员进入作业场所。

⑦ 安全物资的控制监理工程师要检查施工单位是否对进场安全物资进行了验证、检测。为了防止安全物资的混用、错用，要求施工单位对安全物资品牌、规格、型号和验收状态作出识别标志。

⑧安全检测工具性能、精度的控制。监理工程师应检查、督促施工单位配备安全检测工具。在施工过程中，对国家明令实施强制检定的安全检测工具，监理工程师应要求施工单位必须按规定进行检定，同时施工单位也要加强对其他安全检测工具的检定、校正管理工作。施工单位的安全检测工具应每年检定、校正一次，并应有书面记录。

⑨ 施工现场消防安全的控制。按防火要求，监理工程应对施工现场木工车间、油漆仓库、氧气与乙炔瓶仓库、电焊间等有火灾隐患的场所严格检查。

⑩ 施工现场环境卫生安全的控制。监理工程师应对施工现场环境卫生安全进行定期检查、监督，做好检查记录。施工单位应按施工组织设计的施工平面布置方案将办公、生活区与施工作业区分开设置，并保持安全距离。办公、生活区的选址应当符合安全性要求，保证办公用房、生活用房不会因滑坡、泥石流等地质灾害而受到破坏，造成人员伤亡或财产损失。

⑪ 文明施工控制。监理工程师应按照施工现场文明施工要求，严禁施工单位将施工废水直接排入城市排水设施和河流；处于城区夜间施工时应控制施工噪声，除浇捣混凝土必须连续施工外，应减少不必要的夜间施工；建筑垃圾分类集中堆放并及时清运；土方车辆出场前应全面密闭覆盖并冲洗，从而减少遗撒与污染；禁止将有毒有害废弃物用作土方回填，以免污染地下水和环境；现场周围及沿街设置文明、安全、可靠的防护隔离设施等。

⑫ 安全自检与互检工作的监控。监理工程师应监督施工单位建立自检体系，并确保其运行有效。自检体系主要包括：施工作业人员在作业结束后必须自检；不同工序交接、转换必须由相关人员交接检查；施工单位专职安全生产管理人员的专检。

⑬ 安全记录资料的监控。安全记录是为了证明施工现场满足安全要求的程度或为安全计划实施的有效性提供客观证据的文件，还可为有追溯要求的各类检查、验收和采取纠正措施及预防措施等提供依据。因此，监理工程师应严格监控施工单位的安全记录资料。

⑭ 对分包单位的监控。施工过程中，监理工程师要检查、督促施工总承包单位对分包单位落实专门机构或专人进行控制管理和监督检查。在分包单位施工的过程中，对涉及危险源的活动、人员、设施、设备的状况，进行控制管理和监督检查，确保分包单位认真落实各项规定的要求。同时，对分包队伍施工全过程中的安全生产、文明施工情况进行指导检查、监督管理，与分包单位沟通信息，及时处理发现的问题，必要时可按合同约定中止合同，做好必要的记录。

⑮ 供应单位的控制。监理工程师要检查督促施工总承包单位对供应单位在服务过程中涉及的危险源予以识别、评价和控制，并将策划结果的文件和要求事先通知供应单位，以确保其遵守施工总承包单位施工组织设计的相关要求。

⑯ 大型起重机械设备拆装单位的监控。监理工程师对大型起重机械设备拆装单位的监控主要内容：

a. 安装拆除过程的监控。按《建设工程安全生产管理条例》规定，要求设备安装单位在安装完毕后，应当进行自检，出具自检合格证明，并向施工单位进行安全使用说明。施工总承包单位必须参与施工起重机械设备安装或拆卸过程的监控和管理。

b. 安装后检验、检测的监控。起重机械设备安装完毕后，除了安装单位的自查、自检以外，施工总承包单位应按照各级建设行政主管部门的要求，委托相应的检测机构对已安装的起重机械设备实施检测，经检测合格后，再报监理工程师核查，经核查合格后方可投入使用。

（3）作业活动结果的控制

安全设施搭设和施工机械安装完成后，施工单位必须进行自检，验收合格后，需经行业检测机构检测的还必须报检测机构进行检测，检测合格后，再填报《安全设施（施工机械）验收核查表》向监理工程师申请核查。监理工程师必须严格遵照国家标准、规范、规程的规定，以及专项施工方案和安全技术措施的设计要求，严格把关，并办理书面签字手续，同意施工单位投入使用。

监理工程师应做好各安全设施、施工机械安全技术交底及验收情况的统计、汇总工作，填写检查汇总表。

（4）施工过程安全监理的手段

① 审核技术文件、报告和报表。对技术文件、报告和报表的审核，是监理工程师对建设工程施工安全进行全面监督、检查和控制的重要手段，审核内容主要有：有关技术证明文件；专项施工方案有关安全物资的检验报告；反映工序施工安全的图表；设计变更、修改图纸和技术核定书；有关应用新工艺、新材料、新技术、新结构的技术鉴定书；有关工序检查与验收资料；有关安全设施、施工机械验收核查资料；有关安全隐患、安全事故等安全问题的处理报告；审核与签署现场有关安全技术签证、文件等。

② 施工现场安全检查和监督。施工中作业和管理活动的监督、检查与控制，主要是监督、检查在作业和管理活动过程中，人员、施工机械设备、材料、施工方法、施工工艺、施工操作以及施工环境条件等是否处于良好的状态，是否符合保证工程施工安全的要求，若发现有问题应及时纠正和加以控制；对工程施工安全有重大影响的工序、工程部位、作业活动，监理工程师还应在施工过程中安排监理员进行现场监控；对安全记录资料的检查，确保各项安全管理制度的有效落实。

施工现场安全检查的类型主要包括：日常安全检查；定期安全检查，如每周例行安全检查，每月安全检查，每季度安全检查等；专业性安全检查，如基坑支护安全检查，临边与洞口安全检查，脚手架安全检查等；季节性及节后检查等。

监理工程师应根据安全检查的形式和内容，明确检查参与部门及专业人员，并进行分工，确定具体的检查项目及标准和检查评分方法。应编制相应的安全检查评分表，按检查评分表的规定逐项对照评分，并做好具体的记录，特别是不安全的因素和扣分原因。

③ 现场安全检查的方式：

a. 旁站，是指在关键部位或关键工序的施工过程中，监理人员在现场进行的监督活动。在施工阶段，许多建设工程安全事故隐患是由于现场施工或操作不当、不符合标准、规范、规程等违章操作或违章指挥所造成的。监理人员的现场旁站监督和检查，可以及时发现存在的安全问题并得到控制，从而保证施工安全。需要旁站的工程部位、工艺或作业活动，应根据每个建设工程的特点、重大危险源部位、施工单位安全管理水平等决定。一般而言，深基础工程、地下暗挖工程、起重吊装工程、起重机械安装拆卸施工等高危作业应进行旁站监控。

b. 巡视，是监理人员对正在施工的部位及工序现场进行的定期或不定期的监督活动。巡视不限于某一部位或工艺过程，其检查范围为施工现场所有生产活动。

c. 平行检验，是监理人员利用一定的检查或检测手段，在施工承包单位自检的基础上，按照一定的比例独立进行检查或检测的活动。平行检验在安全技术复核及复验工作中采用较多，是监理人员对安全设施、施工机械等进行安全验收核查，作出独立判断的重要依据之一。

④ 安全隐患的处理。监理工程师对安全隐患处理应符合下列规定：

a. 监理工程师对安全隐患应区别"通病""顽症"、首次出现、不可抗力等类型，要求施工单位有针对性的修订和完善安全整改措施。

b. 监理工程师应对检查出的安全事故隐患立即发出安全隐患整改通知单。施工单位应对安全隐患原因进行分析，制定纠正和预防措施。安全事故整改措施须经监理工程师确认后方可实施。

c. 监理工程师对检查出的违章指挥和违章作业行为应立即向责任人当场指出，立即纠正。

⑤ 工程例会和安全专题会议：

a. 工地例会是施工过程中，参加建设工程各方进行沟通，解决分歧，达成共识，作出决定的主要渠道。因此，利用工地例会，监理工程师分析施工过程的安全状况，指出存在的安全问题，提出整改措施，要求施工单位限期整改完成。

b. 针对某些专门安全问题，监理工程师还应组织专题会议，集中解决较重大或普遍存在的安全问题。

⑥ 规定安全监理工作程序。规定监理方必须遵守的安全监理工作程序，按规定的程序进行工作，这也是进行安全监理的必要手段。

⑦ 安全生产奖惩制。执行安全生产协议书中的安全生产奖惩制，确保施工过程中的安全，促使施工生产顺利进行。

11.3 建设单位及其他有关单位施工安全管理

11.3.1 建设单位的安全管理

建设单位也称为业主单位或项目业主，是指建设工程项目的投资主体，是建设项目管理的主体和项目法人。建设单位就是建筑市场中的买方，其通过提供建设项目所需要的资金，购买建筑产品或者服务，从而实现项目建设目标，即工期、成本、质量以及安全等四大目标。

11.3.1.1 建设单位在安全管理中的作用

建设单位在建设工程项目中扮演着重要角色，没有其积极参与管理和控制，项目就不可能实现既定的生产目标，而且建设安全工作也很难得到保证。建设单位的安全意识在项目实施过程中发挥着极其重要的作用。我国 2004 年 2 月正式实施的《建设工程安全生产管理条例》用一个独立的章节（第二章），对建设单位在建设项目安全管理中应担负的责任进行了具体规定，可将其内容概括为"七个应当""一个保证""三个不得"。

(1) 建设单位的"七个应当"

① 建设单位在开工前，应当向施工单位提供施工现场及毗邻区域内供水、排水、供电、供气、供热、通信、广播电视等地下管线资料，气象和水文观测资料，相邻建筑物和构筑物、地

下工程的有关资料。

② 建设单位在编制工程概算时，应当确定建设工程安全作业环境及安全施工措施所需安全保障费用。

③ 建设单位在申请领取施工许可证时，应当提供建设工程有关安全施工措施的资料。

④ 依法批准开工报告的建设工程，建设单位应当自开工报告批准之日起 15 日内，将保证安全施工的措施报送建设工程所在地的县级以上地方人民政府建设行政主管部门或者其他有关部门备案。

⑤ 建设单位应当将拆除工程发包给具有相应资质等级的施工单位。

⑥ 建设单位应当在拆除工程施工 15 日前，将下列资料报送建设工程所在地的县级以上地方人民政府建设行政主管部门或者其他有关部门备案：施工单位资质等级证明；拟拆除建筑物、构筑物及可能危及毗邻建筑的说明；拆除施工组织方案；堆放、清除废弃物的措施。

⑦ 实施爆破作业的，应当遵守国家有关民用爆炸物品管理的规定。

（2）建设单位的“一个保证”

建设单位应保证向施工单位提供的资料真实、准确、完整。

（3）建设单位的“三个不得”

① 建设单位不得对勘察、设计、施工、工程监理等单位提出不符合建设工程安全生产法律、法规和强制性标准规定的要求。

② 建设单位不得压缩合同约定的工期。

③ 建设单位不得明示或者暗示施工单位购买、租赁、使用不符合安全施工要求的安全防护用具、机械设备、施工机具及配件、消防设施和器材。

11.3.1.2　建设单位不同阶段的安全管理

（1）招投标阶段选择承包商

由于承包商在建设工程项目安全中的重要作用，将承包商的选择范围限定在过去一阶段安全记录良好的建筑公司是合理、审慎的，这也是保证项目成功的基础和根本。选择有着良好安全记录的承包商主要从伤害事故率、损失率、重大事故、职业健康与安全监控记录、项目安全计划、主要管理人员的安全记录等方面进行综合考虑，以便选出理想的承包商。

（2）项目实施阶段的安全管理

为了提高建设工程项目的安全绩效，建设单位还必须在项目实施阶段积极参与安全管理，主要包括：参与安全计划、制订安全目标、监督安全绩效、为安全工作提供资金支持、项目的事故报告、调查程序、安全培训和新员工安全教育等工作。

11.3.2　勘察、设计单位的安全管理

建设工程项目的施工是一个复杂的人机工程，因此需要不同工种和技术相配合共同完成。以往对工程项目安全管理的改进一直是以承包单位为核心进行的，工程勘察、设计单位在安全方面的责任较少提及，但是研究表明建设项目的勘察、设计工作对项目安全实施有很大的影响。

工程勘察和设计工作要严格执行国家有关法律、法规和工程建设强制性标准。现行的相关法律、法规除了《中华人民共和国建筑法》《中华人民共和国安全生产法》《建设工程质量管理条例》《建设工程安全生产管理条例》外，还包括与勘察设计工作密切相关的《建设工程勘察设计管理条例》和《建设工程勘察设计企业资质管理规定》等。在房屋建筑方面的强制

性标准包括建筑设计、建筑防火、建筑设备、勘察和地基基础、结构设计、房屋抗震设计、结构鉴定和加固以及施工质量和安全 8 个方面的相关规定，必须严格执行，不得违反。

（1）勘察单位安全责任要点

① 勘察单位应当按照法律、法规和工程建设强制性标准进行勘察，提供的勘察文件资料应当真实、准确，满足建设工程安全生产的需要，以保证后续工作的安全。

② 勘察单位在勘察作业时，应当严格执行操作规程，采取措施保证各类管线、设施和周边建筑物、构筑物的安全。

（2）设计单位安全责任要点

《建设工程安全生产管理条例》第十三条和《中华人民共和国建筑法》第三十七条都明确规定了设计单位安全责任，主要体现在下列要点：

① 设计单位应当按照法律、法规和工程建设强制性标准进行设计，防止因设计不合理导致生产安全事故的发生。

② 设计单位应当考虑施工安全操作和防护的需要，对涉及施工安全的重点部位和环节在设计文件中注明，并对防范生产安全事故提出指导意见。

③ 采用新结构、新材料、新工艺或特殊结构的建设工程，设计单位应当在设计中提出保障施工作业人员安全和预防生产安全事故的措施建议。

（3）设计单位安全设计建议

设计人员在设计时应当考虑建筑施工人员的安全问题。因此，建立安全的设计观念和知识体系尤为重要，设计人员必须学习使用通过设计决策帮助改善建筑安全的各种方式。设计人员的安全设计观念应体现在设计中提出相应的施工安全建议，例如：

① 以最小的可行深度设计管沟。

② 在施工前设计并建造永久性的楼梯和人行道，以尽量减少临时脚手架的使用。

③ 重新布置、断开或者掩埋高架的电路传输线路，以便为起重机提供安全的通路及工作半径。

④ 将顶棚和地板的预留孔洞集中在一起，以减少开凿数量。

⑤ 建造工业项目时应尽量使用预制构件，以减少工人高坠和物体打击的可能性。

⑥ 设计柱的时候在楼板平面以上 1.2 m 处设预埋件，以支撑防护栏杆，并且为安全带提供连接节点，以降低成本及减少危险。

⑦ 对于复杂或者少见的设计，设计人员提供或者让承包商提交施工顺序计划，以便通过事先计划施工工作，使建筑工人的安全状况得以改善。

11.3.3 分包单位的安全管理

在项目施工中，分包单位的安全管理，往往是整个安全工作的薄弱环节，如专业分包商或劳务分包商单纯地追求经济效益或者缩短工期，忽视了安全生产的重要性；工程总承包单位与专业分包商或劳务分包商之间无安全管理协议，双方安全管理责任不明确等，都容易造成安全事故。

《中华人民共和国建筑法》第二十九条规定：建筑工程总承包单位可以将承包工程中的部分工程发包给具有相应资质条件的分包单位。但是，除总承包合同中已约定的分包外，必须经建设单位认可。

《建设工程安全生产管理条例》中涉及分包单位的安全管理的相关规定共有 4 条，主要从安全生产责任、意外伤害保险、应急救援预案和安全事故上报 4 个方面做了有关规定。

(1) 安全生产责任

建设工程项目实行施工总承包的，由总承包单位对施工现场的安全生产负总责。总承包单位依法将建设工程分包给其他单位的，分包合同中应当明确各自的安全生产方面的权利、责任和义务。总承包单位和分包单位对分包工程的安全生产承担连带责任。分包单位应当服从总承包单位的安全生产管理，如果分包单位不服从管理导致生产安全事故的，由分包单位承担主要责任。

(2) 意外伤害保险

建设工程项目实行施工总承包的，由总承包单位为施工现场从事危险作业的人员办理意外伤害保险并支付意外伤害保险费。意外伤害保险期限自建设工程开工之日起至竣工验收合格止。

(3) 应急救援预案

建设工程项目实行施工总承包的，由总承包单位统一组织编制建设工程生产安全事故应急救援预案。工程总承包单位和分包单位按照应急救援预案要求，各自建立应急救援组织、配备应急救援人员和救援器材、设备等，并定期组织演练。

(4) 安全事故上报

建设工程项目实行施工总承包的，在工程建设中发生生产安全事故时，分包单位应及时汇报给总承包单位，由总承包单位按照国家有关伤亡事故报告和调查处理的规定，及时、如实地向负责安全生产监督管理的部门、建设行政主管部门或者其他有关部门报告。当特种设备发生安全事故的，还应当同时向特种设备安全监督管理部门报告。

此外，在制定施工安全管理计划时，实行总承包的项目，分包项目安全计划应纳入总包项目安全计划，分包人应服从总承包人的管理。在施工安全技术措施的审批管理中，分包单位编制的施工安全技术措施，在完成报批手续后报总包项目经理部的技术部门备案。施工安全技术交底时，首先由总承包公司的总工程师（大型或特大型工程项目）或者项目经理部的技术负责对其管辖的施工人员进行详细的安全技术措施交底。

11.3.4　施工设备供应、安装和检测单位安全管理

为工程提供机械设备和配件的设备供应单位、出租机械设备和施工机具的设备租赁单位、施工机具和设施设备的安装拆卸单位与检验检测机构等单位在确保建设工程生产安全方面均承担着重要的安全责任。《建设工程安全生产管理条例》第十五至第十八条分别对这类单位的安全责任作出明确规定，主要有以下几项：

(1) 机械设备和构件供应单位的安全责任

《建设工程安全生产管理条例》第十五条明确规定：为建设工程提供机械设备和配件的单位，应当按照安全施工的要求配备齐全有效的保险、限位等安全设施和装置。

(2) 出租机械设备和施工机具单位的安全责任

《建设工程安全生产管理条例》第十六条明确规定：出租的机械设备和施工机具及配件，应当具有生产（制造）许可证、产品合格证，并应当对出租的机械设备和施工机具及配件的安全性能进行检测，在签订租赁协议时，应当出具检测合格证明。禁止出租检测不合格的机械设备和施工机具及配件。

(3) 自升式架设设施安装拆卸单位安全责任

《建设工程安全生产管理条例》第十七条明确规定:在施工现场安装、拆卸施工起重机械和整体提升脚手架、模板等自升式架设设施,必须由具有相应资质的单位承担。

安装、拆卸施工起重机械和整体提升脚手架、模板等自升式架设设施,应当编制拆装方案、制定安全施工措施,并由专业技术人员现场监督。

施工起重机械和整体提升脚手架、模板等自升式架设设施安装完毕后,安装单位应当自检,出具自检合格证明,并向施工单位进行安全使用说明,办理验收手续并签字。

(4) 施工起重机械和自升式架设设施的安全管理

① 安装拆卸。施工起重机械和自升式架设设施等的安装、拆卸属于特殊专业,具有高度危险性,容易造成重大伤亡事故。因此,在施工现场安装、拆卸施工起重机械和整体提升脚手架、模板等自升式架设设施,必须由具有相应资质的单位承担,应当编制拆装方案、制定安全施工措施,并由专业技术人员现场监督。当安装完毕后,安装单位应当自检,出具自检合格证明,并向施工单位进行安全使用说明,办理验收手续并签字。

② 检验检测。施工起重机械和整体提升脚手架、模板等自升式架设设施的使用达到国家规定的检验检测期限的,必须经具有专业资质的检验检测机构检测。经检测不合格的,不得继续使用。检验检测机构对检测合格的施工起重机械和整体提升脚手架、模板等自升式架设设施,应当出具安全合格证明文件,并对检测结果负责。

另外,国务院《特种设备安全监察条例》对从事施工机械定期检验、监督检验的检验检测机构和检验检测人员的资格管理、工作要求、检验检测程序等也作出相关规定。同时,要求设备检验检测机构在检验检测过程中若发现严重安全事故隐患,应及时告知施工单位,并立即向特种设备安全监督管理部门报告。

11.4 建设行政主管部门安全生产监督管理

由于建设工程有多行业领域介入,类别复杂、参与主体多元、生产与交易活动交织等特点,《建设工程安全生产管理条例》中对政府监督管理的规定采用综合管理和部门管理相结合的机制。目前我国建设工程生产安全的监督管理共有 4 个层次:一是国务院安全生产主管部门对建设行政主管部门监督管理工作的监督管理;二是建设行政主管部门对建设工程各有关单位生产安全工作的监督管理;三是建设工程各有关单位的上级主管部门对下级单位安全生产工作的监督管理;四是工程监理单位对施工单位生产安全工作的监督管理。

11.4.1 管理权限设置

① 国务院负责安全生产监督管理的部门依照《中华人民共和国安全生产法》的规定,对全国建设工程安全生产工作实施综合监督管理。县级以上地方人民政府负责安全生产监督管理的部门依照《中华人民共和国安全生产法》的规定,对本行政区域内建设工程安全生产工作实施综合监督管理。

② 国务院建设行政主管部门对全国的建设工程安全生产实施监督管理。国务院铁路、交通、水利等有关部门按照国务院规定的职责分工,负责有关专业建设工程安全生产的监督管理。县级以上地方人民政府建设行政主管部门对本行政区域内的建设工程安全生产实施监督管理。县级以上地方人民政府交通、水利等有关部门在各自的职责范围内,负责本行政

区域内的专业建设工程安全生产的监督管理。

③ 建设行政主管部门和其他有关部门应当将相关资料的主要内容抄送同级负责安全生产监督管理的部门。建设行政主管部门或者其他有关部门可以将施工现场的监督检查委托给建设工程安全监督机构具体实施。

11.4.2　履行职责的权力

（1）审核发放施工许可证

建设行政主管部门在审核发放施工许可证时，应当对建设工程是否有安全施工措施进行审查，对没有安全施工措施的，不得颁发施工许可证。建设行政主管部门或者其他有关部门对建设工程是否有安全施工措施进行审查时，不得收取费用。

（2）安全监督检查

县级以上人民政府负有建设工程安全生产监督管理职责的部门在各自的职责范围内履行安全监督检查职责时，有权采取下列措施：

① 要求被检查单位提供有关建设工程安全生产的文件和资料。

② 进入被检查单位施工现场进行检查。

③ 纠正施工中违反安全生产要求的行为。

④ 对检查中发现的安全事故隐患，责令立即排除。重大安全事故隐患排除前或者排除过程中无法保证安全的，可责令作业人员从危险区域内撤出或者暂停施工。

（3）安全生产事故处理

县级以上地方各级人民政府建设行政主管部门应当及时受理对建设工程生产安全事故及隐患的检举、控告和投诉。接到生产安全事故报告的部门应按照国家有关规定，如实上报。县级以上地方各级人民政府建设行政主管部门应当根据本级人民政府的要求，制定本行政区域内建设工程特大生产安全事故应急救援预案，建立应急救援体系。

（4）制定安全管理办法及标准

此外，国务院建设行政主管部门应会同其他有关部门制定专职安全生产管理人员的配备办法；制定并公布对严重危及施工安全的工艺、设备、材料实行淘汰制度的具体目录；制定达到一定规模的危险性较大的建设工程标准。

总之，政府建设主管部门应该对建设工程安全生产情况严格监督检查，依法及时对不安全因素进行纠正和处置，提高安全管理实效，全面实现“安全第一、预防为主、综合治理”的安全方针，保证建设工程的健康顺利进行，促进我国建设工程安全形势的全面好转。

11.4.3　建设工程安全生产管理制度

建设行政主管部门实施建设工程安全生产管理制度，主要包括：“三类人员”考核任职制度、依法批准开工报告的建设工程和拆除工程备案制度、特种作业人员持证上岗制度、施工起重机械使用登记制度、政府安全监督检查制度、危及施工安全工艺、设备、材料淘汰制度、安全生产事故报告制度、安全生产许可制度、施工许可制度、施工企业资质管理制度、意外伤害保险制度、群防群治制度等。

（1）“三类人员”考核任职制度

施工单位的主要负责人、项目负责人、专职安全生产管理人员应经建设行政主管部门考核合格后方可任职，考核内容主要是安全生产知识和安全生产管理能力，对不具备者取消其任职资格。

（2）依法批准开工报告的建设工程和拆除工程备案制度

建设单位应当自开工报告批准之日起 15 日内，将保证安全施工的措施报送建设工程所在地的县级以上地方人民政府建设行政主管部门或者其他有关部门备案。

建设单位应当在拆除工程施工 15 日前，将施工单位资质等级证明，拟拆除建筑物、构筑物及可能危及毗邻建筑的说明，拆除施工组织方案，以及堆放、清除废弃物的措施报送建设工程所在地的县级以上地方人民政府建设行政主管部门或其他有关部门备案。

（3）特种作业人员持证上岗制度

垂直运输机械作业人员、起重机械安装拆卸工、爆破作业人员、起重信号工、登高架设作业人员等特种作业人员，必须按照国家有关规定经过专门的安全作业培训，并取得特种作业操作资格证书后，方可上岗。

（4）施工起重机械使用登记制度

施工单位应当自施工起重机械和整体提升脚手架、模板等自升式架设设施验收合格之日起 30 日内，向建设工程所在地的县级以上地方人民政府建设行政主管部门或者其他有关部门登记。登记标志应当设置于或者附着于该设备的显著位置。

（5）政府安全监督检查制度

县级以上人民政府负有建设工程安全生产监督管理职责的部门在各自的职责范围内履行安全监督检查职责时，有权纠正施工中违反安全生产要求的行为，责令立即排除检查中发现的安全事故隐患，对重大隐患可以责令暂停施工。建设行政主管部门或者其他有关部门可以将施工现场的安全监督检查委托给建设工程安全监督机构具体实施。

（6）危及施工安全工艺、设备、材料淘汰制度

国家对严重危及施工安全的工艺、设备、材料实行淘汰制度。具体目录由国务院建设行政部门会同国务院其他有关部门制定并公布。

（7）安全生产事故报告制度

在施工现场发生生产安全事故，要及时、如实向当地安全生产监督部门和建设行政管理部门报告。实行总承包的由总包单位负责上报。施工单位应按《特别重大事故调查程序暂行规定》《企业职工伤亡事故报告和处理规定》《工程重大事故报告和调查程序规定》的规定进行报告。

（8）安全生产许可制度

根据《安全生产许可证条例》和《建筑施工企业安全生产许可证管理规定》规定，国家对建筑施工企业实行安全生产许可制度。建筑施工企业未取得安全生产许可证的，不得从事建筑施工活动。国务院建设主管部门负责中央管理的建筑企业安全生产许可证的颁发和管理。省、自治区、直辖市人民政府建设主管部门负责本行政区域内前述规定以外的建筑施工企业安全生产许可证的颁发和管理，并接受国务院建设主管部门的指导和监督。

（9）施工许可制度

《中华人民共和国建筑法》明确了建设行政主管部门审核发放施工许可证时，对建设工程是否有安全施工措施进行审查把关。没有安全施工措施的，不得颁发施工许可证。

（10）施工企业资质管理制度

《中华人民共和国建筑法》明确了施工企业资质管理制度，《建设工程安全生产管理条

例》进一步明确规定安全生产条件作为施工企业资质的必要条件，把好安全生产的准入关。

（11）意外伤害保险制度

《中华人民共和国建筑法》明确了意外伤害保险制度，《建设工程安全生产管理条例》进一步明确了意外伤害保险制度。意外伤害保险是法定的强制性保险，由施工单位作为投保人与保险公司订立保险合同，支付保险费，以本单位从事危险作业的人员作为被保险人，当被保险人在施工作业中发生意外伤害事故时，由保险公司依照合同约定向被保险人或者受益人支付保险金。该项保险是施工单位必须办理的，以维护施工现场从事危险作业人员的利益。

（12）群防群治制度

《中华人民共和国建筑法》明确了对建设工程安全生产管理实行群防群治制度。在建设工程安全生产中，应充分发挥广大职工和工会组织的积极性，加强群众性的监督检查，发挥新闻媒体、社会团体等对安全生产的监督，以预防和减少生产中的伤亡事故。

11.5 双重预防机制

11.5.1 双重预防机制的定义

双重预防机制包括安全风险分级管控和隐患排查治理。安全风险分级管控是指日常工作中的风险管理，包括危险源辨识、风险评价分级、风险管控，即辨识风险点有哪些危险物质及能量，在什么情况下可能发生什么事故，全面排查风险点的现有管控措施是否完好，运用风险评价准则对风险点的风险进行评价分级，再由不同层级的人员对风险进行管控，保证风险点的安全管控措施完好。隐患排查治理是对风险点的管控措施通过隐患排查等方式进行全面管控，及时发现风险点管控措施潜在的隐患，及时对隐患进行治理。风险分级管控与隐患排查治理关系如图 11-2 所示。

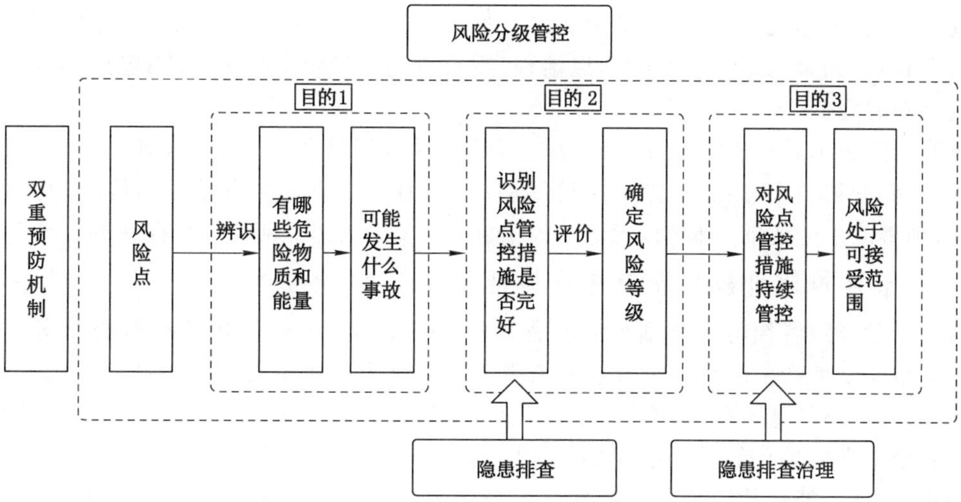

图 11-2　风险分级管控与隐患排查治理关系图

“双重预防”中第一重“预防”是将风险管控好，不让风险管控措施出现隐患；第二重“预防”是对风险管控措施出现的隐患及时发现及时治理，预防事故的发生。

双重预防机制包括3个过程，同时这3个过程也是双重预防机制的3个具体目的。

第一个过程，第一个目的——“辨识”。辨识风险点有哪些危险物质和能量，辨识这些根源在什么情况可能会导致什么事故。

第二个过程，第二个目的——“评价分级”。利用风险评价准则，评价风险点导致各类事故的可能性与严重程度，对风险进行评价分级。

第三个过程，第三个目的——“管控”。对风险的管控，将风险管控在可接受的范围内。

在“评价分级”的过程中，包含了隐患排查的过程，即对风险点的现有管控措施进行全面排查，包括措施是否齐全、是否处于良好状态，如果风险现有管控措施有缺失或缺陷，即存在了隐患，可能会构成较大或重大风险，影响风险分级结果。在风险分级管控的过程中，包含了对第二个过程发现隐患的治理及对风险点现有管控措施的全面、持续的隐患排查，及时发现隐患及时治理，保证风险随时处于可接受的范围内。

11.5.2 风险分级管控与隐患排查治理的关系

二者是相辅相成、相互促进的关系。安全风险分级管控是隐患排查治理的前提和基础，通过强化安全风险分级管控，从源头上消除、降低或控制相关风险，进而降低事故发生的可能性和后果的严重性。隐患排查治理是安全风险分级管控的强化与深入，通过隐患排查治理工作，查找风险管控措施的失效、缺陷或不足，采取措施予以整改，同时，分析、验证各类危险有害因素辨识评估的完整性和准确性，进而完善风险分级管控措施，减少或杜绝事故发生的可能性。

安全风险分级管控和隐患排查治理共同构建起预防事故发生的双重机制，构成两道保护屏障，有效遏制重特大事故的发生。

11.5.3 风险与隐患的关系

风险与隐患不是相对独立的关系，而是相互依存的动态关系。风险点的管控措施缺失或出现了缺陷，则形成了隐患，风险度相应会提高(发生事故的可能性及事故的严重程度分值均会升高)。如果隐患不能及时得以治理，则很可能会导致事故的发生；隐患得以治理，则风险度会随之降低。

风险与隐患不是递进和取代关系，风险管控不好，可能会出现隐患，但此时风险非但没有消失，反而变得更大，隐患不能及时得以治理，则很可能会发生事故。即从危险物质和能量存在，到事故发生的前一瞬间，无论管控措施是否存在隐患，风险都是存在的。

11.5.4 双重预防机制与安全生产标准化的关系

安全风险分级管控与隐患排查治理是安全生产标准化的两个重要或核心要素，即双重预防机制是安全生产标准化的重要或核心要素。双重预防机制与安全生产标准化不是并列的关系，二者也不是毫不相关的两项工作，双重预防机制更不是一项全新的工作。双重预防机制是安全生产标准化的重要组成部分、是重要或核心要素。双重预防机制包含于安全生产标准化，更不可能代替安全生产标准化。安全生产标准化是企业做好安全生产工作最基础、最全面的一个工具，双重预防机制则重点强调要做好安全生产标准化中的两个核心要素，风险分级管控和隐患排查治理对这两个要素进行了再细化、再严格、再科学的要求。

因此，要科学地推行双重预防机制，不需要企业抛开安全生产标准化再重新开展双重预防机制的重复性工作，而是需要把原来安全生产标准化中的风险管理和隐患排查治理工作按要求再进一步细化、规范化。切不可人为地将工作复杂化、机械化、教条化，而导致企业做了大量工作而没有取得应有的效果，使工作流于形式。

11.5.5　建筑施工双重预防体系建设

(1) 目的意义

为深入贯彻习近平总书记关于安全生产重要指示批示精神，推进建筑施工风险分级管控和隐患排查治理体系（以下简称双重预防体系）建设，提升建筑施工安全生产标准化水平，强化施工现场安全管控能力，防范遏制各类生产安全事故。

(2) 组织机构

建筑施工企业、项目部应分级建立健全双重预防体系建设组织机构，全面负责双重预防体系建设、运行、监督、考核，明确从主要负责人到作业人员等各层级、各岗位工作职责。

企业应建立由主要负责人任组长，生产、安全、技术负责人任副组长的双重预防体系建设领导小组，并以正式文件印发。

项目部应建立由项目负责人任组长，项目生产、安全、技术及分包负责人任副组长的双重预防体系工作小组。

(3) 管理制度

建筑施工企业应建立健全风险分级管控、隐患排查治理、教育培训、考核奖惩、文件管理等双重预防体系建设管理制度，并以正式文件印发。风险分级管控制度应包含风险点确定、危险源辨识、风险评价、控制措施确定、控制措施评估、风险告知、风险分级管控、管控效果验证等关键活动。

隐患排查治理制度应包含对隐患的分类与分级、编制隐患排查清单、制定隐患排查计划、实施隐患排查、隐患治理、治理效果验证等关键活动。

教育培训制度应包含计划编制、组织实施等内容，明确培训目标、内容、方式等。

考核奖惩制度应包含考核标准、频次、形式及奖惩，考核结果应与被考核人员的薪酬挂钩。

文件管理制度应包含资料的分类建档、收集整理、审核归档等工作，做到一企一册、一项目一册。

(4) 实施方案

建筑施工企业、项目部应结合实际情况，分别制定双重预防体系建设实施方案，以指导、推进企业和项目部双重预防体系建设工作。

企业和项目实施方案应包含工作目标、组织机构、人员职责、教育培训、工作流程、过程控制、绩效评估、记录控制、文件管理及持续改进等内容。项目实施方案应在工程项目开工前编制。

11.5.6　风险分级管控

安全生产风险分级管控体系建设主要由风险点确定、危险源辨识、风险评价、控制措施确定、重大及较大风险控制措施评估、风险告知、风险分级管控、效果验证等关键环节组成。

(1) 风险点确定

① 风险点划分。风险点指风险伴随的设施、部位、场所和区域，以及在设施、部位、场所和区域实施的伴随风险的作业活动，或以上两者的组合，分为设备设施类风险点和作业活动类风险点。

建筑施工企业、项目部应遵循“大小适中、便于分类、功能独立、易于管理、范围清晰”的原则划分风险点。

② 风险点排查。建筑施工企业、项目部应采取查阅档案资料、现场调研、实地踏勘、座谈询问等方法，对办公区、生活区、作业区、周边环境、施工过程等存在的风险点进行全面排查。

③ 风险点清单。建筑施工企业、项目部应根据风险点排查情况，分别编制设备设施类风险点清单、作业活动类风险点清单，并适时进行调整。

④ 危险源辨识。危险源是指可能导致人身伤害和(或)健康损害和(或)财产损失的根源、状态或行为，和(或)其组合。

建筑施工企业、项目部应采用直接判断法、工作危害分析法、安全检查表法及工程分析法等方法，根据风险点清单进行危险源辨识，确认可能导致的事故类型，编制危险源清单。

(2) 风险评价

风险评价是指对危险源导致的风险进行分析、评估、分级，对现有控制措施的充分性加以考虑，以及对风险是否可接受予以确定的过程。

建筑施工企业、项目部可采用专家直接判定法、风险评价表法、安全检查列表法、水平对比法、作业条件危险性分析法及故障类型和影响分析等评价方法(优先采用专家直接判定法)，根据危险源清单进行风险评价，确定风险等级，编制安全生产风险评价清单。

根据危险源的风险程度，依次划分为重大风险(一级风险)、较大风险(二级风险)、一般风险(三级风险)、低风险(四级风险)4 个等级，分别用“红”“橙”“黄”“蓝”4 种颜色表示。

(3) 控制措施确定

建筑施工企业、项目部应根据风险等级，结合管理能力和管理水平，制定技术管理、工程管理、教育培训、个体防护和应急处置等措施，编制《安全生产风险分级管控清单》。

(4) 重大及较大风险管控措施评估

建筑施工企业、项目部应当在重大风险、较大风险控制措施实施前，或在重大风险及较大风险控制措施的可行性、安全性及可靠性出现偏差时，由企业主要负责人、项目负责人组织相关人员对风险控制措施的可行性、安全性和可靠性进行评估，编制《重大及较大风险控制措施评审记录》。

(5) 风险告知

建筑施工企业、项目部应根据安全生产风险分级管控要求，在施工现场采用安全生产风险公示牌(一级风险、二级风险)、安全生产风险标识牌(一级风险、二级风险)、岗位安全生产风险告知卡、安全警示标志、安全技术交底及安全信息技术等形式，对工程项目、工作岗位上所存在的风险及应急处置措施等内容，向所有从业人员(包括承包方人员和访问者等)进行告知，并应在入场教育培训、班前安全活动及日常考试、考核等管理活动中加以强化。

(6) 风险分级管控

建筑施工企业应根据“风险越高，管控层级越高”“上一级管控的风险，下一级必须落实管控措施”的原则，确定风险管控层级，落实风险管控措施。

建筑施工企业的风险管控层级分为 4 级，即企业层级、项目部层级、施工班组（专业分包、劳务分包单位等）层级和作业人员层级。

建筑施工企业、项目部应在风险等级发生变化，并随时可能导致发生事故时，对该风险提级管控。

（7）效果验证

建筑施工企业、项目部应定期对风险分级管控效果进行验证，至少在每项重大风险、较大风险实施完成后组织进行一次，填写《风险分级管控效果验证记录》。

11.5.7　隐患排查治理

隐患排查治理体系建设主要由隐患分类与分级、编制隐患排查清单、制定隐患排查计划、隐患排查、隐患治理、隐患排查治理效果验证等关键环节组成。

（1）隐患分类与分级

隐患是指可能导致事故发生或导致事故后果扩大的人的不安全行为、物的危险状态、环境不安全因素和管理的缺陷。

建筑施工企业、项目部应在安全生产风险分级管控的基础上，对工程项目开展全面的隐患排查治理工作，应把存在重大风险和较大风险的施工部位、施工工序、施工工艺、施工工法等环节及其对风险的管控措施作为隐患排查治理的重点。

事故隐患按类别分为基础管理类隐患和生产现场类隐患，按级别分为一般事故隐患和重大事故隐患。

（2）编制隐患排查清单

建筑施工企业、项目部应在实施隐患排查治理前，结合《安全生产风险分级管控清单》，针对不同的隐患排查类型，对隐患进行排查，形成《生产安全事故隐患排查清单》。

（3）制定隐患排查计划

建筑施工企业、项目部应依据编制的隐患排查清单，突出不同隐患排查类型时的隐患排查重点，制定隐患排查计划，明确隐患排查类型、范围、频次、要求、排查人员等。

（4）隐患排查

建筑施工企业、项目部、施工班组、作业人员应依据生产安全事故隐患排查清单和隐患排查计划组织开展隐患排查，其中建筑施工企业、项目部应在隐患排查结束后形成排查记录，并以召开会议、图片展示、隐患整改通知书等形式，将排查出的隐患名称、存在位置、隐患状态、隐患等级、治理期限及治理措施、治理要求等信息告知受检单位或人员。

（5）隐患治理

隐患治理按照分级治理、分类实施的原则，保证整改措施、整改责任、整改资金、整改时限和整改预案“五到位”。

隐患治理工作应包含隐患整改通知书签发、隐患整改、隐患整改情况反馈、隐患整改验收等环节。

一般事故隐患由项目部、施工班组（包括劳务分包单位、专业分包等）负责人或者相关作业人员组织整改。

（6）隐患排查治理效果验证

隐患整改结束后，隐患整改通知书签收单位负责人应向隐患整改通知书签发部门负责人提交隐患整改报告书，隐患整改通知书签发部门负责人应在接到《隐患整改报告书》后，及时安排人员对隐患整改效果进行复查验证，实现闭环管理。

11.5.8 持续改进

建筑施工企业每年应至少组织一次对双重预防体系运行情况的评审工作，形成《安全生产风险分级管控和隐患排查治理体系建设评审记录》。项目部应根据工程项目的进度情况，至少在地基基础工程、主体结构工程及装饰装修工程阶段，分别组织开展一次双重体系运行评审工作，形成《安全生产风险分级管控和隐患排查治理体系建设评审记录》。

各级城乡建设主管部门按照规定对建筑施工企业、项目部开展双重预防体系运行评价。

11.6 建筑工程管理信息化建设

建筑工程项目具有持续周期长、相关单位多、涉及行业广、参与人员杂等特点，造成了工程项目信息量大、类型多样、节点分散、来源宽泛、不确定因素多等管理难点。而我国目前的建筑工程信息管理主要还停留在纸质文件、表格、图纸、单据等载体上，主要由各专业技术人员手工进行信息的分类、整理、查阅、传递、共享等，整个过程既费时又费力，同时还可能产生很多错误，严重影响了工程的质量、进度、成本和安全目标的实现。随着建筑工程项目的增多和施工难度的加大，各单位内部、各单位之间、各部门之间的信息交流程度会越来越深入，越来越广泛，产生的信息量会越来越大，信息交流也会越来越频繁，依靠以前传统的信息交流手段已经无法满足现代化建设的要求，必须及时、有效地提高建筑企业信息化管理的程度和水平，从而提高建筑业生产效率，提升建筑业行业管理和工程项目管理的水平和能力。

11.6.1 建筑工程管理信息化的概念

建设工程管理信息是指在整个建设工程项目生命周期内产生的，反映和控制工程管理活动的所有组织、管理、经济、技术信息，其形式为各种数字、文字、声音、图像等。随着工程项目的进展，项目信息的数量呈现出加速递增的趋势。在大型工程项目中，完全用手工对工程项目中的海量信息进行管理是十分困难的，目前的大型工程项目一般都采用信息技术对项目信息进行管理。从计算机辅助信息管理的角度，工程项目的信息可以分为两大类：一是结构化的信息，一般是指数据信息，如投资数据和进度数据等。在工程项目中，这些数据的管理和利用都十分方便。二是非结构化或半结构化的信息，如工程文档、工程照片以及声音、图像等多媒体数据，一般将对这一类信息的管理称为内容管理。由于非结构化或半结构化的信息占工程项目信息的80%以上，内容管理在工程信息管理中占有十分重要的地位。建设工程管理信息主要包括：

① 建设单位、设计单位、施工承包单位、建设监理单位、材料供应单位以及其他各组织与部门的管理信息。

② 可行性研究、设计、招标投标、施工及保修等项目的各阶段的各个环节的管理信息。

③ 建筑、结构、给水排水、暖通、强弱电等各个专业的信息。

④ 质量控制、投资控制、进度控制、合同管理等项目管理各个方面的信息。

建设工程管理信息来源的广泛，往往给信息的处理工作造成较大的困难，如何完整、准确、及时地收集项目信息以及合理地处理项目信息显得十分重要，它直接影响到建设工程管理人员判断和决策的正确性和及时性。工程建设的参与各方都视信息的提供者将大量的信息存储在自己的信息系统中的现象为“信息孤岛”，它的存在已经成为利用信息技术对建设工程管理信息进行集成化管理的障碍。建设工程项目的信息和其他应用环境中的信息一样，都有一个完整的信息生命周期，加上建设工程项目实施过程中大量不确定因素的存在，建设工程项目的信息始终处在动态变化之中，以设计图纸为例，在一个建设工程项目中存在不同设计深度和不同版本的设计图纸。这也说明了在项目实施过程中，对项目信息进行动态的控制和管理的必要性。建设项目的不同参与方对信息有不同的应用要求，同一信息也可能有不同的信息处理和应用要求，因此对项目信息进行组织和管理时应充分考虑到对信息的应用要求，这体现在对信息的分类、编码等工作上。

11.6.2　建筑工程管理信息化的产生与发展

随着建筑行业的高速发展，建筑项目规模日趋扩大，设计施工难度也越来越大，因此对建设工程信息管理提出了更高的要求，主要包括以下几个方面。

① 工程管理的新发展对信息的正确性、及时性、针对性提出了更高的要求，工程项目信息的收集、传递、存储、处理、运用等工作都需要利用信息技术。

② 信息的无障碍交流要求信息在整个项目生命期的不同阶段之间、在不同组织，特别是业主、设计方、承包方、项目管理方等不同职能部门之间实现无障碍的沟通和交流。

③ 建设项目的各个参与方、社会的各方面对项目信息都有各自的需求，要打破“信息孤岛”现象，实现项目信息的共享，并充分满足各自的个性化需求。

以社会信息化、行业（建筑业）信息化、（建筑）企业信息化潮流为大背景，在自我完善和发展的推动下，建设工程管理信息化的概念应运而生。建筑工程管理信息化的定义为：运用计算机信息技术等手段，优化和完善建筑行业的生产方式和技术水平，以提高建筑工程的作业效率和管理水平，帮助其管理部门实现计划、组织、协调、控制的有效性和正确性。信息化建设为建筑施工企业转型升级提供了方向。

1997 年，在英国牛津大学的“国际建筑论坛”上，与会的全世界三十多位专家一致认为，建筑业在过去 5 年的变革大于前 50 年，主要表现在信息革命给建筑业带来了翻天覆地的变化。在全球建筑业的范围内，利用信息技术所带来的巨大冲击对工程管理的思想、组织、方法和手段进行持续的改进、变革和创新已成为提高业主满意度、增强企业核心竞争能力的主要手段。

据 1999 年英国有关报告指出，英国建筑业在 5 年内，通过更好地运用信息技术、新的方法、加强培训等可节省约 30％的建筑成本。而由于网站的使用，英国建筑市场每年可以节约大量资金，同时施工工期缩短 15％。美国的招标网站（www. Bidcom. com）和建造网（www. Bulidnet. com）都宣称通过将建筑市场带入互联网将可以节约 30％～35％的项目成本。目前世界各国都在建筑业信息化方面进行深入地研究开发与工程实践，虽然以信息化带动工业化将需要投资，但可以提高产品档次和质量、改善生产环境、降低能源和原材料消耗，显著增加经济效益。

20 世纪 80 年代以来，国内外建设项目规模不断扩大，科技含量不断增加，研究、开发、建设、运行逐渐相结合，建设项目越来越需要全过程的控制。建设项目管理模式和管理理念也在不断发展变革，工程管理越来越呈现出信息化、集成化和虚拟化的特点。但是总体上，我国建筑行业的信息技术和资源的开发和应用效率还较低，使得与其他产业相比较存在较大的信息化差异,即“数字鸿沟”。为此,原建设部在《2004—2010年全国建筑业信息化发展规划纲要》中提出了建筑业信息化发展的指导思想:高度重视信息技术与传统建筑业的结合,发挥建设行政主管部门统筹规划,政策导向的指导作用,坚持“总体规划、分步实施、效益驱动、重点突破”的方针,立足国情、重点发展基于互联网的协同建造应用系统和建筑企业信息化的关键技术,推动标准化建设,全面提高信息化总体应用水平,实现建筑业跨越式发展。

2011年8月18日住房和城乡建设部发布的《建筑业发展“十二五”规划》中提出:“全面提高行业信息化水平,加强引导,统筹规划,分类指导,重点推进建筑企业管理与核心业务信息化建设和专项信息技术的应用。建立涵盖设计、施工全过程的信息化标准体系,加快关键信息化标准的编制,促进行业信息共享。运用信息技术加强项目过程管理、企业集约化管理、协同工作,提高项目管理、设计、制造、工程咨询服务等方面的信息化技术应用水平,促进行业管理的技术进步。”

11.6.3 建筑工程管理信息化的意义

将信息技术运用到建筑工程管理过程中去,有着多方面的实践意义。无论对于建筑工程管理部门,还是对于建筑工程企业,或者是对于建筑工程项目来讲,都发挥着越来越重要的作用。

① 建筑工程管理信息化是战略规划的重要工具。传统建筑工程管理,往往需要消耗大量的人力物力去整理数据信息,并在此基础上制定战略规划,不具备时效性的同时,也造成了极大的资源浪费。但是在建筑工程信息化系统的帮助下,可以更好地收集整理到各个方面的信息,为企业开展战略部署打下扎实的基础,这对于企业的未来发展和进步来讲,显得尤为重要。

② 建筑工程管理信息化是调整工作流程的方法,在建筑工程管理过程中,以信息化技术运用为基础,可以更好地开展工作流程的调整,使得工作流程更加标准化,更加规范化,这对于企业发展来讲,将使得其各项资源得以优化配置,是实现企业现代化发展的重要途径。

③ 建筑工程管理信息化是规避企业风险的途径,无论是建筑材料采购管理,还是建筑施工安全管理工作,都有着比较明显的风险性,以传统模式去进行管理,总会出现各种信息失误造成的风险问题。因此,积极将信息技术运用到上述管理工作中去,有利于各个项目有序进行,使得风险控制在合理的范围内。这对于促进建筑企业经济效益的提高有着重要意义。

④ 建筑工程管理信息化符合现代化施工管理需求,建筑工程项目施工中,各个主体需要参与施工设计、计量支付、工程验收等环节,涉及大量的文件审批流转,而旧式纸质文件传递信息的形式需要花费大量的人力资源进行外出工作,沟通渠道不畅会影响到下一环节的文件审批工作。通过构建信息化管理系统,能够实现网上办公与审批文件的操作,建筑施工各项流程不受时间与地点的限制,能够进行集约化施工管理,不仅节约大量人力、物力资源,还能提高建筑施工生产效率。

⑤ 建筑工程管理信息化方便行业监管的需要,建筑工程施工操作项目多,涉及面广,少量的监管人员难以顾及施工各个点面,在信息化的管理系统中,监管队伍能够通过系统完成监管职能,及时掌握施工操作进度以及施工监管负责人到位情况,通过远程监管预警形式,加强对施工责任主体监管力度,降低施工事故发生率。

11.6.4 建筑工程管理信息化的实施

(1) 明确信息化建设目标

信息化建设的目标就是在国家强烈促进发展的背景下，实现各个施工单位的信息化交流，建立网络信息资源共享平台，降低成本，提高效益，增强竞争力。有一个明确的核心目标为指引，会使得建筑工程管理信息化的建设发展有条不紊，各部门相互配合，充分调动每个工作人员的积极性。

(2) 企业内部组建整体信息化管理数据库

建筑企业在进行信息化管理时，首先要以本项目全体部门为目标单元，设立涵盖所有部门的信息化管理数据库，实现各专业部门的信息数据模块化、单元化，做到每单位部门都能在本单元模块内输入、修改数据信息。将关系密切的部门信息整合、分类管理，做到重点突出、有主有次，实现整个信息化数据库管理统一、部门联动、更新一致、读取方便、一人输入多人可查的信息化管理平台。

(3) 企业外部搭建多方位信息交流平台

建筑工程项目的完成，涉及建设单位、设计单位、勘察单位、施工单位、监理单位、材料供应单位、设备厂方、设备安装单位、装饰单位等，以及规划、监察、城建、国土、质检等政府管理部门。这些单位之间根据参与工程项目的程度都会产生大量多种类的信息交流，如果只依靠原有的纸质文件传递不仅费时，而且难以做到资源共享，这样就需要在各单位企业外部设立相互的信息交流、资源共享平台，实现建筑工程项目的信息化管理。

(4) 建立信息动态更新模式

建筑工程是一个复杂的综合性工程，整个实施的过程是一个动态变化的过程，这个变化的过程产生大量的动态数据。这些动态数据需要及时有效的更新，以方便其他参建单位根据变化调整自身的施工方案。因此，必须以数据动态更新化管理为前提条件，信息化管理平台设置动态数据更新系统，及时根据工程实际情况调整项目数据信息，使各相关单位及时掌握相关信息的更新，通过数据的动态更新来完善信息化管理平台的准确性和及时性。

(5) 信息化管理平台应突出重点

建筑工程项目建立信息化管理平台的主要目的是服务于工程实施，实现保证质量安全、节约造价、缩短施工工期3大目标。因此，建筑工程项目信息化管理平台的建立，首先应突出3大目标为主要模块，其他相关的内容为辅助模块，既要做到重点突出，又要保证内容全面。

(6) 完善管理制度

由于网络信息技术更新换代太快，因此要求及时创新科技手段以及管理模式，在建筑工程管理信息化的发展进程中，完善信息化管理的各项制度，是促进管理信息化建设顺利完成的根本保证。是否有一个完善的管理制度来统筹制约建筑工程的规划及施工，很大程度上决定了建筑项目工程的质量及其实用价值。

(7) 推进企业信息化管理特征性化

不同的建筑企业应建立自己特征性信息化管理模式和制度。因为企业不同，其实际形势和发展状况是截然不同的，每个企业都应因地制宜地，按照当地的法律政策，不断地推进信息化管理建设，完善信息化管理的相关制度，建立适于自己企业特点的管理信息化体系，不能盲目跟风和随大流，全然不顾自己的性质和生产特点。

(8) 健全建筑工程管理信息化人才体系

建筑工程管理信息化工作的开展,需要专业化的人才去开展各项工作。因此,必须严格控制建筑工程管理信息员的准入机制,保证其综合素质在符合相关建筑工程管理工作需求的基础上,将其纳入建筑工程管理信息化人才队伍中。积极开展建筑工程管理信息化人才的在职培训,实现其综合素质的提高,培养良好的职业素养,使得其越来越符合建筑工程管理的需求。同时,给予建筑工程管理信息化人才合理的待遇,建立健全相应的绩效考核和薪酬管理制度体系,以此激发员工的工作积极性。

11.7 基于建筑信息模型(BIM)的工程管理

CAD 技术将建筑师、工程师们从手工绘图推向计算机辅助制图,实现了工程设计领域的第一次信息革命。但是此信息技术对产业链的支撑作用是断点的,各个领域和环节之间没有关联,从整个产业整体来看,信息化的综合应用明显不足。随着人们逐渐意识到与建筑工程项目有关的信息对整个建筑全寿命周期的影响至关重要,新一轮的信息革命迫在眉睫,以帮助衔接产业链中的各个环节,快速处理与建筑工程有关的各种信息,合理安排工期,控制生产成本,尽量消灭建筑项目中由于规划和设计不当,甚至是错误所造成的工程损失、工期延误以及安全事故。建筑信息模型(building information modeling,BIM)技术是可以实现沟通各个环节的重要技术,目前已经在全球范围内得到业界的广泛认可。BIM 可以帮助实现建筑信息集成,从建筑的设计、施工运营,直至建筑全寿命周期的终结,各种信息可以整合于一个多维模型信息数据库中,设计团队、施工单位、设施运营部门和业主等各方人员可以基于 BIM 进行协同工作,有效提高工作效率、节省资源、降低成本。

11.7.1 BIM 的基本概念

11.7.1.1 BIM 的定义

受到 1973 年全球石油危机的影响,美国全行业需要考虑提高行业效益的问题。1975 年"BIM 之父"Chunk Eastman 教授在其研究的课题"Building Description System"中提出"a computer-based description of a building",以便于实现建筑工程的可视化和量化分析,提高工程建设效率。从此诞生了 BIM 理念,即 BIM。它是以三维图形为主,面向对象的计算机辅助设计,以建筑过程的数字展示方式实现数字信息交流及合作,美国建筑师学会进一步定义建筑信息模型为一种"结合工程专案信息数据库的模型技术"。

与传统模式相比,BIM 的优势明显,基于 BIM 技术的三维数字设计和"可视化"的多维数字建筑模型,可以为建筑师、结构工程师、水暖电工程师、施工承包商、设备与材料供应商、开发商及最终用户等各环节参与人员提供设计计算、施工模拟、技术分析、运营管理等方面的可视化科学协作平台。近几年,基于 BIM 的建设项目工程管理主要用于项目规划、设计阶段的方案评审、火灾模拟、应急疏散能耗分析、施工阶段的进度、成本、质量安全控制以及运营阶段的设施管理。在项目不同阶段,不同利益相关方通过在 BIM 中插入、提取、更新和修改信息,以支持和反映其各自职责的协同作业。建筑工程及与之相关的工作都可以从这个建筑工程信息库(图 11-3)中提取各自需要的信息,以便在早期设计阶段就发现后期真正施工阶段所会出现的各种问题并提前处理,为后期施工活动打下坚固的基础。在后期施工时能作为施工的实际指导，也能作为可行性指导，以提供合理的施工方案以及人员、材料使用的合理配置，从而在最大范围内实现资源合理运用，不断提高效率和减少风险。

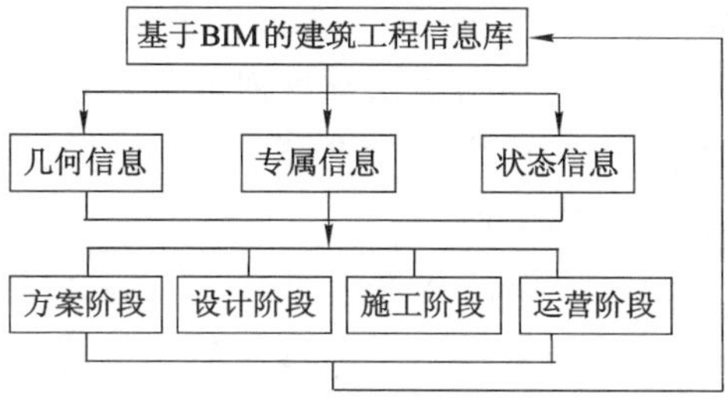

图 11-3 基于 BIM 的数据信息库

11.7.1.2 BIM 的基本特点

BIM 用数字化的建筑组件表示真实世界中用来建造建筑物的构件，对于传统电脑辅助设计用矢量图形表示物体的设计方法来说，这是个基本的改变。BIM 的基本特点如下：

（1）可视化

传统的施工图纸，只是各个构件的信息在图纸上采用线条绘制表达，但是其实际的构造形式对于建筑项目其他参与人员只能依靠想象了。一般简单的构造，这种想象容易实现，但是现在建筑形式各异，复杂节点越来越多，这种想象就很难实现，而且容易出现偏差。而 BIM 提供了可视化的思路，将线条式的构件形成三维的立体实物图形展示出来。这种思路与建筑设计使用的效果图不同。效果图是分包给专业的制作团队进行识读设计制作出的线条式信息，并不是通过构件的信息自动生成的，缺少了同构件之间的互动性和反馈性。而 BIM 的可视化是一种能够在构件之间形成互动性和反馈性的可视。在 BIM 中，由于整个过程都是可视化的，因而可视化的结果不仅可以用来进行效果图的展示及报表的生成，更重要的是实现了项目设计、建造、运营过程中的沟通、讨论、决策都在可视化的状态下进行。这种可视化的运用在建筑行业中的作用是非常大的。

（2）协调性

所有建设项目参与单位在项目实施时都需要相互协调配合进行工作，然而目前传统的建设项目实施中往往是在各种碰撞问题出现后才进行协调工作来解决问题。而 BIM 的协调性服务可在建筑物建造前期对各专业的碰撞问题进行协调，生成协调数据，提供解决方案。BIM 的协调作用还可以解决，例如：电梯井布置与其他设计布置及净空要求之协调；防火分区与其他设计布置之协调；地下排水布置与其他设计布置之协调等。

（3）模拟性

BIM 不仅能模拟设计出建筑物的实体三维模型，还可以模拟建筑实施操作的全过程。在设计阶段，BIM 可以对设计上需要进行模拟的项目进行模拟实验，如节能模拟、紧急疏散模拟、日照模拟、热能传导模拟等。在招投标和施工阶段可以进行 4D 模拟，即三维几何维度和项目的发展时间、材料等信息维度，也就是根据施工的组织设计模拟实际施工过程，从而确定合理的施工方案，同时可以实现成本控制。后期运营阶段可以模拟日常紧急情况的演习模拟，如地震人员逃生模拟及消防人员疏散模拟等。

（4）优化性

在整个设计、施工、运营的过程是一个需要不断优化的过程。这种优化效果受信息、复杂程度和时间的约束。没有准确的信息做不出合理的优化结果，BIM 提供了建筑物实际的信息，不仅包括几何信息、物理信息、规则信息，还提供了建筑物变化以后的实际存在。复杂程度高到一定程度，参与人员本身的能力无法掌握所有的信息，必须借助一定的科学技术和设备的帮助。BIM 及与其配套的各种优化工具提供了对复杂项目进行优化的技术支持。目前基于 BIM 的优化可以做下面的工作：

① 项目方案优化。将项目方案设计和投资回报分析结合起来，设计变化对投资回报的影响可以实时计算出来，这样业主对设计方案的选择就不会主要停留在对项目形式的评价上，而可使业主知道哪种项目设计方案更有利于自身的需求。

② 特殊项目的设计优化。在裙楼、幕墙、屋顶、大空间等处多存在大量的异型设计，这些内容看起来占整个建筑的工程量比例不大，但是占投资和工作量的比例往往很大，而且通常也是施工难度比较大、问题比较多的地方。对这些内容的设计施工方案进行优化，可以带来显著的工期和造价改进。

(5) 可出图性

相对于传统的二维设计图纸，以及一些特殊构件加工的图，BIM 通过对建筑物进行可视化展示、协调、模拟、优化以后，可以帮助业主出如下图纸：

① 经过碰撞检查和设计修改，消除了相应错误以后的综合管线图，柱、梁节点图等。

② 综合结构留洞图，预埋套管图等。

③ 碰撞检查纠错报告和建议改进方案。

BIM 目前在国外很多国家已经有比较成熟的标准或制度，当其能够满足国内建筑市场的特色需求和相应规范规定后，将会给国内建筑业带来一次巨大变革。

11.7.1.3 BIM 应用的意义

建设工程实施中建立以 BIM 应用为载体的项目管理信息化，不仅可以提升项目生产效率、提高建筑质量、缩短工期、降低建造成本，还可以加强安全保障。具体体现在：

(1) 提高方案策划与设计的展现力

建好的 BIM 可以作为二次渲染开发的模型基础，大大提高了三维渲染效果图的精度与效率，也可以以三维动画的效果，给业主更为真实和直观的视觉感受，展现力更强，提升中标概率。

(2) 工程量快速精确计算

BIM 数据库的创建，通过建立多维(5D)关联数据库，可以准确、快速地计算工程量，提升施工预算的精度与效率。由于 BIM 数据库的数据精度达到构件级，可以快速提供项目各构件所需的几何尺寸、材料、成本等数据信息，能够自动、精确地计算工程实物量，从而有效地提升施工管理效率。

(3) 精确计划减少浪费

施工企业精细化管理很难实现的根本原因在于海量的工程数据，资源计划无法快速准确获取信息支持。而 BIM 可以让相关管理部门快速、准确、直观地获得工程基础数据，为施工企业制定精确的劳动力、材料和资金计划提供有效支撑，大大减少了资源、物流和仓储环节的浪费，为实现限额领料、消耗控制提供技术支撑。

(4) 提高成本风险管控

建设工程项目管理的基础和依据就是各项工程数据信息。及时、准确地获取相关工程数据是项目管理的核心竞争力。BIM数据库可以实现任意时间和空间点上的工程基础信息的快速获取，通过与合同、计划及实际施工的消耗量、分项单价、分项合价等数据的对比分析，可以有效了解项目运营盈亏，消耗量有无超标，进货分包单价有无失控等问题。BIM中的工程量数据信息可以根据时空维度、构件类型等进行汇总、拆分、对比分析等，保证工程基础数据及时、准确地提供，为决策者制定工程造价项目群管理、进度款管理等方面的决策提供依据，并且项目基础数据可以在各管理部门进行协同和共享，从而实现对项目成本风险的有效管控。

(5) 虚拟施工有效协同

BIM的三维可视化再加上时间维度的功能，可以在施工前进行建设项目虚拟施工，及时直观快速地将施工计划展现出来，特别是对于那些施工工艺复杂、安全隐患较大的环节和部位可以提前虚拟演练，甚至作为模拟试验。同时，基于BIM平台进行相关单位的有效协同管理，使得设计单位、施工单位、监理单位以及业主都能对工程项目的各种问题和情况了如指掌。这样通过BIM技术结合施工方案、施工模拟和现场视频监测，可以大大促进施工进度，减少建筑质量问题和安全问题。

(6) 碰撞检查减少返工

BIM最直观的特点在于三维可视化，利用BIM的三维技术在前期可以进行碰撞检查，优化工程设计，减少在建筑施工阶段可能存在的错误和返工损失，同时还可以优化空间，优化管线排布方案等。而且施工人员可以利用碰撞优化后的三维施工方案，进行施工交底、施工模拟，提高施工质量，同时也提高了与业主、监理等相关单位的沟通能力。

11.7.1.4 BIM在项目全寿命周期的应用

通过以下BIM的其他典型应用可进一步深化理解，BIM不仅应用于设计领域，还可应用于项目全寿命周期的工程管理等其他领域。

(1) BIM的维护

根据建设项目实施进度建立和维护BIM，实质是使用BIM平台汇总各项目团队所有的建筑工程信息，消除信息孤岛，并且将得到的信息结合三维模型进行整理和储存，在项目实施全过程中各相关利益方随时共享。

由于BIM的用途决定了BIM细节的精度，同时仅靠一个BIM工具并不能完成所有的工作，所以目前主要采用“分布式”BIM的方法，建立符合工程项目现有条件和使用用途的BIM。这些模型根据需要包括：设计模型、施工模型、进度模型、费用模型、制造模型、操作模型等。BIM“分布式”模型还体现在这些模型往往由相关的设计单位、施工单位或者运营单位根据各自工作范围单独建立，最后通过统一的标准合成。这将增加对BIM建模标准、版本管理、数据安全的管理难度，有时候业主也会委托独立的BIM服务商统一规划、维护和管理整个工程项目的BIM应用，如图11-4所示，以确保BIM信息的准确、时效和安全。

(2) 项目决策阶段的策划

项目策划是在项目建设总体目标确定后，根据定量分析得出设计依据的过程。相对于根据经验确定设计内容及依据（设计任务书）的传统方法，项目决策阶段的策划利用对建设目标所处社会环境、自然环境及相关因素的逻辑数理分析，研究项目任务书对设计的合理导向，制定和论证建筑设计依据，科学地确定设计的内容，并寻找达到这一目标的科学方法。

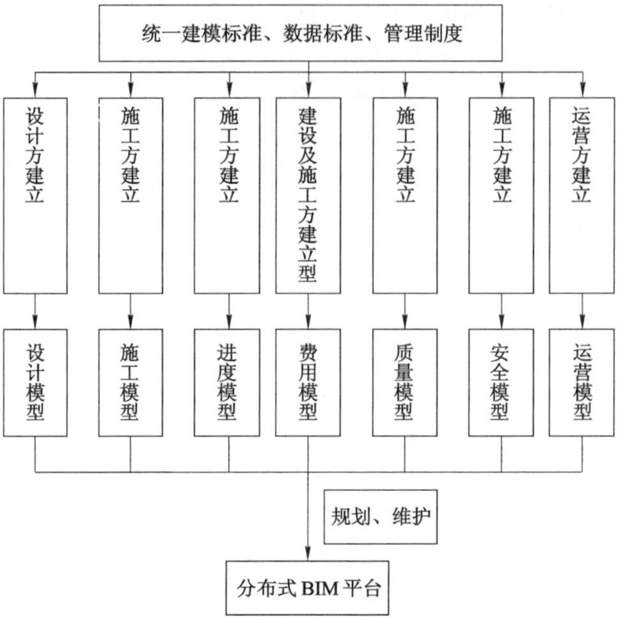

图 11-4 分布式 BIM 的建立

在这一过程中，除了需要运用建筑设计的原理，借鉴过去的经验和遵守规范，更重要的是要以实际调查为基础，用计算机等现代化手段对目标进行研究。BIM 技术能够帮助项目团队在建筑规划阶段，通过对空间进行分析来充分考虑复杂空间的标准和法规，从而节省时间，提供对团队更多增值活动的可能。特别是在与业主讨论需求、选择以及分析最佳方案时，能借助相关分析数据，做出关键性的决定。BIM 在项目决策阶段的策划的应用成果还会帮助建筑师在建筑设计阶段随时查看初步设计是否符合业主的要求，是否满足项目策划阶段提出的设计依据，通过 BIM 连贯的信息传递或追溯，大大减少施工图设计阶段发现不合理而需要修改设计的巨大浪费。

(3) 方案论证

在方案论证阶段，投资方可以使用 BIM 来评估设计方案的布局、视野、照明、安全、人体工程学、声学、色彩及规范的遵守情况。BIM 甚至可以做到建筑局部的细节推敲，迅速分析设计和施工中可能需要应对的问题。方案论证阶段还可以借助 BIM 提供方便的、低成本的不同解决方案，供项目投资方进行选择，通过数据对比和模拟分析，找出不同解决方案的优缺点，帮助项目投资方迅速评估建筑投资方案的资金成本和时间成本。

设计师可通过 BIM 评估所设计的空间，可以获得较高的互动效应，以便从使用者和业主获得积极的反馈。设计的实时修改往往基于最终用户的反馈，在 BIM 平台下，项目各参与方关注的焦点问题比较容易得到直观地展现，并迅速达成共识，相应的决策时间也会比以往减少。

(4) 可视化设计

对于设计师而言，大量的设计工作是要基于传统 CAD 平台，使用平、立、剖等三视图的方式表达和展现自己的设计成果。这种由于工具原因造成的信息割裂，在遇到项目复杂、工期紧的情况下，非常容易出错。3D max 和 Sketch up 这些三维可视化设计软件的出现有力地弥补了业主及最终用户因缺乏对传统建筑图纸的理解能力而造成的和设计师之间的“交流鸿沟”，但由于这些软件设计理念和功能上的局限，使得这样的三维可视化展现不论用于前期方案推敲，还是用于阶段性的效果展现，与真正的设计方案之间都存在相当大的差距。BIM 的出现使得设计师不仅拥有了三维可视化的设计工具，所见即所得。更重要的是，通过工具的提升，使设计师能使用三维的思考方式来完成建筑设计，同时也使业主及最终用户真正摆脱了技术壁垒的限制，随时知道自己的投资能获得什么样的建筑实体。

（5）协同设计

协同设计是一种新兴的设计方式，它可以使分布在不同地理位置的不同专业的设计人员通过网络的协同展开设计工作。协同设计是在建筑业环境发生深刻变化、建筑的传统设计方式必须得到改变的背景下出现的，也是数字化建筑设计技术与快速发展的网络技术相结合的产物。

现有的协同设计主要是基于 CAD 平台，它并不能充分实现专业间的信息交流，这是因为 CAD 的通用文件格式仅仅是对图形的描述，无法加载附加信息，导致专业间的数据不具有关联性。BIM 技术为协同设计提供底层数据信息支撑，而不再是简单的文件参照，大幅提升协同设计的技术含量。借助 BIM 的技术优势，协同的范畴也从单纯的设计阶段扩展到项目全寿命周期，需要规划、设计、施工、运营等各方的集体参与，因此具备了更广泛的意义，从而带来综合效益的大幅提升。

（6）性能化分析

利用计算机进行建筑物理性能化分析始于 20 世纪 60 年代，甚至更早，就已形成成熟的理论支持，开发出丰富的工具软件。但在计算机辅助设计（CAD）时代，无论什么样的分析软件都必须通过手工的方式输入相关数据才能开展分析计算，而操作和使用这些软件不仅需要专业技术人员经过培训才能完成，同时由于设计方案的调整，造成原本就耗时耗力的数据录入工作需要经常性的重复录入或校核，导致建筑物理性能化分析通常被安排在设计的最终阶段，成为一种象征性的工作，使建筑设计与性能化分析计算之间严重脱节。

利用 BIM 技术，建筑师在设计过程中创建的虚拟建筑模型已经包含了大量的设计信息（几何信息、材料性能、构件属性等），只要将模型导入相关的性能化分析软件，就可以得到相应的分析结果，原本需要专业人士花费大量时间输入大量专业数据的过程，如今可以自动完成，这大大降低了性能化分析的周期，提高了设计质量，同时也使设计方能够为业主提供更专业的技能和服务。

（7）管线综合布置

随着建筑物规模和使用功能复杂程度的增加，无论设计单位还是施工企业甚至是业主，对暖通、给排水、机电等管线综合布置的要求愈加强烈。在 CAD 时代，设计单位主要由建筑或者机电专业牵头，将所有图纸打印成硫酸纸图，然后各专业将图纸叠在一起进行管线综合布置，由于二维图纸的信息缺失以及缺失直观的交流平台，导致管线综合成为施工前最薄弱的技术环节之一。利用 BIM 技术，通过搭建各专业的 BIM 模型，设计师能够在虚拟的三维环境下方便地发现设计中的碰撞冲突，从而大大提高了管线综合的设计能力和工作效率。这不仅能及时排除施工环节中可能遇到的碰撞和冲突，显著减少由此产生的变更申请单，有利于提高施工现场的生产效率，降低由于施工协调造成的成本增长和工期延误。

（8）施工现场配合

BIM 不仅集成了建筑物的完整信息，同时还提供了一个三维的交流环境。与传统模式下项目参与各方在现场的图纸堆中寻找有效信息后再进行交流相比，效率大大提高。BIM 逐渐成为一个便于施工现场各方交流的沟通平台，可以让项目参与各方人员方便地协调设计和施工的相关问题，论证项目的可施工性，及时排除风险隐患，减少由此产生的变更，从而缩短施工时间，降低由于设计协调造成的成本增加，提高施工现场生产效率。

(9) 竣工模型交付

建筑作为一个系统，当完成建造过程准备投入使用时，首先需要对建筑进行必要的检验检测，以确保它可以按照当初的设计进入正常运营。在项目完成后的移交环节，设施管理部门需要得到的不只是常规的设计图纸、竣工图纸、变更资料等，还需要能正确反映真实的设备状态、安装使用情况等与运营维护相关的文档和资料。

BIM 能将建筑物空间信息和设备参数信息有机地整合起来，从而为业主提供完整的建筑物全局信息。通过 BIM 与施工过程记录信息的关联，甚至能够实现包括隐蔽工程资料在内的竣工信息集成，不仅为后续的设施管理带来便利，还可以为未来进行的维修、改造、扩建过程提供有效的历史信息。

(10) 维护计划

在建筑物使用寿命期间，建筑物结构设施（如墙、楼板、屋顶等）和设备设施（如电气设备、给排水管道等）都需要维护。一个成功的维护方案将提高建筑物性能，降低能耗和修理费用，进而降低总体维护成本。BIM 模型结合运营维护管理系统可以充分发挥空间定位和数据记录的优势，合理制订维护计划，分配专人专项维护工作，以降低建筑物在使用过程中出现突发状况的概率。对一些重要设备还可以跟踪维护工作的历史记录，以便对设备的使用状态提前做出判断。

(11) 资产管理

一套有序的资产管理系统将有效提升资产管理水平，但由于建筑施工和运营的信息割裂，使得这些资产信息需要在运营初期依赖大量的人工操作来录入，而且很容易出现数据错误。BIM 中包含的大量建筑信息能够顺利导入资产管理系统，大大减少了管理系统初始化在数据准备方面的时间及人力投入。此外由于传统的资产管理系统本身无法准确定位资产的位置，而通过 BIM 结合相关软件的资产标签芯片，可以使资产在建筑物中的定位及相关参数信息一目了然，快速查询。

(12) 空间管理

空间管理是业主为节省空间成本、有效利用空间、为最终用户提供良好工作生活环境而对建筑空间所做的管理。BIM 不仅可以用于有效管理建筑设施及资产等资源，也可以帮助管理团队记录空间的使用情况，处理最终用户要求空间变更的请求，分析现有空间的使用情况，合理分配建筑物空间，确保空间资源的最大利用率。

(13) 建筑系统分析

建筑系统分析是对照业主使用需求及设计规定来衡量建筑物性能的过程，包括机械系统如何操作和建筑物能耗分析、内外部气流模拟、照明分析、人流分析等涉及建筑物性能的分析评估。BIM 结合专业的建筑物系统分析软件避免了重复建立模型和采集系统参数。通过 BIM 可以验证建筑物是否按照特定的设计规定和可持续标准建造，最终确定、修改系统参数，甚至系统改造计划，以提高整个建筑的性能。

(14) 灾害应急模拟

利用 BIM 及相应灾害分析模拟软件，可以在灾害发生前，模拟灾害发生的过程，分析灾害发生的原因，制定避免灾害发生的措施以及发生灾害后人员疏散、救援的应急预案。

当灾害发生后，BIM 模型可以提供救援人员紧急状况点的完整信息，这将有效提高突发状况应对措施。此外，楼宇自动化系统能及时获取建筑物及设备的状态信息，通过 BIM 和楼宇自动化系统的结合，使得 BIM 模型能清晰地呈现出建筑物内部紧急状况的位置，甚至到紧急状况点最合适的路线，救援人员可以由此作出正确的现场处置，提高应急行动的成效。

11.7.2 基于 BIM 的虚拟施工

基于 BIM 技术的虚拟施工兴起是顺应当前建筑业的生产现状及发展需求的，特别是对于那些技术难度较大、工艺复杂、交叉作业多，构件尺寸变化多的建设项目更为适用。在《2011—2025 建筑业信息化发展纲要》中，BIM 技术被列为“十二五”期间在建筑业推广应用的重要信息技术，要求尽快推进 BIM 技术从设计阶段向施工阶段及运营阶段的应用延伸。建筑虚拟施工是以工程项目施工图纸为蓝图，以施工技术与组织方案为蓝本，应用 BIM、虚拟现实等技术，预先在计算机上对将要进行施工的建筑的建造过程进行全尺寸、全方位、全过程的三维数字化模拟，并把属性、时间、技术参数、管理要求等信息维度附加到数字化模型中，形成完整的多维施工模型，真实展现建筑施工步骤，避免建筑设计中“错、漏、碰、缺”现象的发生，能够使设备材料进场，劳动力配置，机械排班等各项工作的安排变得更为合理、有效、经济。而且在施工过程中还可将 BIM 与数码设备结合起来，实现数字化的实时监控模式。当监控施工现场的人员发现问题，及时上传管理系统，报告现场问题，更加有效地实现数字化管理施工现场。因此，BIM 技术作为一种新一代创新性的计算机辅助设计工具成为推动建筑业信息化水平的最大动力和技术保障。

11.7.2.1 基于 BIM 的施工进度控制

基于 BIM 的工程管理有利于建设项目的费用控制和进度控制，它为建设项目的增值服务。随着 BIM 的发展，已产生将空间信息和时间信息整合在一个可视的多维(3D+时间、成本、管理等信息……)模型中的软件产品，并被应用于工程建设实践，如图 11-5。

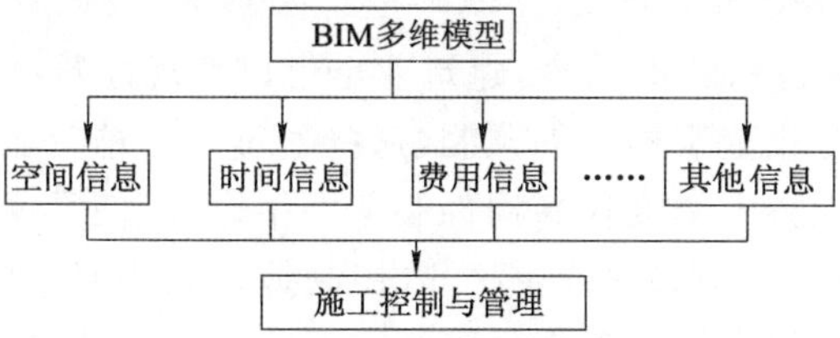

图 11-5 基于 BIM 的多维模型(nD)

随着建筑工程规模不断扩大，复杂程度不断提高，项目管理的任务也日趋繁重。传统的横道图难以清晰描述施工进度以及各种复杂关系，难以准确表达工程施工的动态变化，将 BIM 与施工进度计划相整合，可视的 nD 模型可以直观、精确地反映整个建筑的施工过程。nD 施工模拟技术可以在项目建造过程中用于合理制定施工计划、科学地掌握施工进度，优化使用施工资源，以及合理地进行场地布置，对整个工程进度、资源和质量进行统一管理和控制，以缩短工期、降低成本、提高质量。此外，借助 nD 模型，施工企业在工程项目投标中将获得竞标优势。BIM 可以协助评标专家从 nD 模型中很快了解投标单位对投标项目主要施工过程的控制方法、施工安排和总体计划等是否合理，从而对投标单位的施工经验和实力作出有效的评估。

11.7.2.2 基于 BIM 施工组织模拟

施工组织是对施工活动实行科学管理的重要手段。它决定了各阶段的施工准备工作内容，协调施工过程中各施工单位、各施工工种以及各项资源之间的相互关系。通过 BIM 可以对项目的重点或难点部分进行可建性模拟，按月、日、时进行施工方案的分析和优化。对于一些重要的施工环节或采用新施工工艺的关键部位、施工现场平面布置等施工指导措施进行模拟和分析，以提高计划的可执行性。也可以利用 BIM 技术结合施工组织计划进行预演，以提高复杂建筑体系的可施工性。借助 BIM 对施工组织的模拟，项目管理方能够非常直观地了解整个建筑安装工程的时间节点和关键工序情况，并清晰地把握在施工过程中的难点和要点，施工方也可以进一步对施工方案进行优化和改善，以提高施工效率和施工方案的安全性。

11.7.2.3 基于 BIM 的施工成本控制

在 CAD 时代，由于 CAD 无法存储可以让计算机自动计算构件的必要信息，需要依靠人工根据图纸或者 CAD 文件进行工程量计算和分析，或者使用专门的造价计算软件根据图纸或者 CAD 文件重新进行建模后由计算机进行计算。前者不仅需要消耗大量的人力，而且较容易出现手工计算带来的差错，而后者同样需要不断地根据调整后的设计方案及时更新模型，如果滞后，得到的工程量数据也往往失效。而 BIM 包含工程信息的数据库，可以真实地提供费用控制需要的工程量信息，借助这些信息，计算机可以快速对各种构件进行分析，大大减少了烦琐的人工操作和潜在错误，容易实现工程量信息与设计方案的完全一致。通过 BIM 获得准确的工程量可以用于前期设计过程中的费用估算、在业主预算范围内不同设计方案的探索或者不同设计方案建造成本的比较，以及施工开始前的工程量计算和施工完成后的工程量复核。由于可视的 5D 模型集成了空间信息、时间信息和费用信息，能够动态地反映工程进展的资金需求量，可用于比较不同进度方案的资金需求计划，有利于资金和工程费用控制。

通过 BIM 与数字化建造系统的结合，建筑业也可以实现建筑施工流程的自动化。通过数字化建造，可以自动地完成建筑构件的预制，这些通过工厂精密机械技术制造出来的构件不仅降低了建造误差，并且将大幅度提高构件制造的生产率，使得整个建造的工期缩短并且容易掌控。BIM 模型直接用于制造环节还可以在制造商与设计人员之间形成一种自然的反馈循环，即在建筑设计流程中提前考虑尽可能多地实现数字化建造。同样地，与参与竞标的制造商共享构件模型，这有助于缩短招标周期，便于制造商根据设计要求的构件用量编制更为统一的投标文件；另外，标准化构件之间的协调有助于减少现场发生的问题，降低了不断上升的建筑安装成本。

11.7.2.4 基于 BIM 的施工安全管理

近年来，随着建筑规模的不断扩大，建筑复杂程度的不断提高，安全生产事故率也有增大的趋势，仅靠传统的安全管理方式很难进一步提高建筑生产安全水平。因此，保证施工安全的关键是在施工作业前能够正确地识别所有可能导致安全事故发生的危险因素，并且有针对性地制定相应的安全防范措施。充分利用BIM的数字化、空间化、定量化、全面化、可操作化、持久化等特点,结合相关信息技术,可以使项目参与者在施工前先进行三维交互式建设施工全过程模拟。在结构清晰、易于使用、通用和项目特有信息兼顾的模拟平台上,项目参与者可以更为准确地辨识潜在的安全隐患,还可以更为直观地分析评估现场施工条件和风险,制定更为合理的安全防范措施,从而改善和提高决策水平。与此同时,利用BIM技术在施工过程中还可以动态识别现场安全隐患,及时调整施工方案。基于BIM的安全管理体系主要包括下列内容:

(1) 危害因素识别及危险区域划分

BIM系统中包含了建筑各构件的信息及施工进度计划,而进度计划包含了一切活动的信息,形成4D模型,可以非常有效地识别潜在的施工现场危害因素。在动态施工模拟的过程中,根据危险源辨识结果,在工程的不同阶段利用可视化模型对区域的危险程度进行划分管理,并将相应评价结果(包括影响区域和影响程度)反馈到模型界面,以"红、橙、黄、绿"4种颜色来描述区域危险程度以指导施工,并指定每种安全等级下禁止的施工活动,这样可以有效地减少由于危险区域不明确导致安全事故发生。例如,在施工过程中,针对每级挖土规定出相应级别的影响区域及禁止进行的工序和行为,如不可堆载、不可站人、不可停放机械等。

(2) 施工空间冲突管理

在施工现场的有限空间里集中了大量的机械、设施、材料和人员,由于建筑工程的复杂性,在相同的工作空间内经常会发生不同工种之间的工作冲突,造成安全事故频发,因此提前预测并合理安排施工活动所占据的空间,有效地运用工地资源和工作空间,这些对缩短工期、减少成本浪费、减少安全事故都具有非常重要的意义。BIM技术可以实现静态检查设计冲突、动态模拟各工序随进度变化的空间需求和边界范围,还可以很好地实现施工空间冲突管理与控制,减少物体打击、机械伤害等事故的发生。

(3) 制定安全措施

在基于BIM技术的集成化安全管理系统中,可以自动的提出安全措施,以用来保护作业活动或是避免已识别危害的发生,这些措施是从SOPS(safe operating procedures)中提取出来的。SOPS是由安全人员根据安全专项方案,通过BIM安全管理平台独立制定,并可以根据施工现场变化和需要持续动态更新。

(4) 安全监控

以虚拟施工模型为核心,结合现有的视频智能监控技术,施工单位、监理、建设单位以及政府部门都可以进行可视化施工组织管理及监控。在实时监控中,通过对比实际完成的安全作业活动与需要完成的安全作业活动可以得到安全执行的情况,并据此进一步调整建筑的施工计划,使其更能够有效满足安全施工需要。

(5) 基于BIM的数字化安全交底与培训

BIM提供的信息不仅可以帮助施工管理者解决项目实施中可能出现的问题,而且由于BIM具有信息完备性和可视化的特点,将其作为数字化安全培训的数据库。施工人员在这种多维数字模拟环境中认识、学习、掌握,特种工序施工方法、现场用电安全培训以及建筑项目中大型机械操作规程等,实现不同于传统方式的数字化安全技术交底与培训,可以提高安全培训的效果和效率,减少因培训低效而产生的不必要的时间成本和资金成本,对于一些规模大、工艺复杂的项目施工效果更为显著。

总而言之，施工前通过这种可视化方式可对施工人员进行形象直观的安全技术交底，在施工过程中利用实时监控系统进行现场管理，通过安全评价系统，发现问题及时处理，调整相应安全措施计划，以确保施工过程中尽量减少安全事故。

思考题

1. 建设工程施工现场安全生产管理的内容有哪些？
2. 施工准备阶段和施工过程阶段安全监理内容有哪些？
3. 分包单位的安全管理应注意哪些内容？
4. 建设行政主管部门应履行的职责有哪些？
5. 如何协调好各项目参与单位之间的生产安全管理？

第 12 章

建筑施工事故处理及案例分析

建筑施工事故是指在建筑工程实施过程中突然发生的安全生产事故。随着经济发展和建筑规模的日益扩大,不仅要做好建筑施工事故的防范工作,尽量减少和消除安全事故隐患,而且一旦安全事故发生要做好事故调查、分析和处理工作,尽可能减少事故损失,防止事故损失扩大化,同时积累事故防范经验。本章主要讲述了建筑施工安全事故处理的依据与程序、事故的调查分析,事故报告的内容,以及建筑施工安全事故案例分析。

12.1 建筑施工安全事故处理依据与程序

事故调查处理是在掌握一定的安全科学知识的基础上,依据国家的有关法律法规、方针政策,综合运用安全科学、统计学、物理、化学、工程技术以及其他自然科学的理论和技术,通过逻辑推理、分析判断、模拟实验等手段来科学地调查和分析伤亡事故原因。事故调查处理的目的是澄清事故的真相,查明人身伤亡和经济损失情况,调查事故的直接原因和间接原因,明确事故的责任,落实相应的安全措施。

12.1.1 建筑施工安全事故处理依据

进行建筑施工安全事故处理的主要依据有 4 个方面:安全事故的实况资料;具有法律效力的建设工程合同;有关的技术文件、档案;相关的建设工程法律法规、标准及规范等。前 3 种是与特定的建设工程密切相关的具有特定性质的依据。第 4 种法规性依据,是具有很高法律性、权威性、约束性、通用性和普遍性的依据,因而它在工程安全事故的处理事务中,也具有极其重要的作用。

12.1.1.1 安全事故的实况资料

① 施工单位的安全事故调查报告。安全事故发生后,施工单位有责任对发生的安全事故进行周密的调查、掌握情况,并在此基础上写出调查报告,提交总监理工程师,建设单位和政府有关管理部门在调查报告中就与安全事故有关的实际情况做详尽的说明。

② 监理单位现场调查的资料。其内容大致与施工单位调查报告中有关内容相似,可用来与施工单位所提供的情况对照、核实。

12.1.1.2 有关技术文件和档案

(1) 与设计有关的技术文件

施工图纸和技术说明等设计文件是建设工程的重要依据。在处理安全事故中,其作用一方面就是可以对照设计文件,核查施工安全是否完全符合设计的规定和要求;另一方面是可以根据所发生的安全事故情况,核查设计中是否存在问题或缺陷,是否为导致安全事故的一个原因。

(2) 有关的技术文件与资料档案

① 施工组织设计或专项施工方案、施工计划等。

② 施工记录、施工日志等。根据它们可以查对发生安全事故的工程施工时的情况,例如:施工时的气温、降雨、风速等有关的自然条件;施工人员的情况;施工工艺与操作过程的情况;使用的材料情况;施工场地、工作面、交通等情况;地质及水文地质情况等。借助这些资料可以追溯和探寻事故的原因。

③ 有关建筑材料、施工机具及设备等的质量证明资料。例如,材料批次、出厂日期、出厂合格证或检验报告、施工单位抽检或试验报告等。

④ 有关安全防护用具、材料、设备等物资的质量证明资料。

⑤ 其他有关资料。

上述各类技术资料对于分析安全事故原因,判断其发展变化趋势,推断事故影响及严重程度,考虑处理措施等都是不可缺少的,起着重要的作用。

12.1.1.3 有关合同及合同文件

所涉及的合同文件主要包括:工程承包合同;设计委托合同;设备、器材与材料供应合同;设备租赁合同;分包合同;监理合同等。通过分析这些合同文件可以确定在施工过程中有关各方是否按照合同有关条款实施其作业活动,从而分析产生事故的可能原因。

12.1.1.4 相关的建设工程法律、法规、标准和规范

(1) 建筑市场管理方面的法律法规

主要法律、法规包括:《中华人民共和国建筑法》《中华人民共和国合同法》《中华人民共和国招标投标法》《工程建设项目招标范围和规模标准的规定》《中华人民共和国安全生产法》《建设工程安全生产管理条例》《安全生产许可证条例》和《建筑施工企业安全生产许可证管理规定》等。这些都是为了维护建筑市场的正常秩序和良好环境、充分发挥竞争机制、保证建设工程安全和质量所制定的法律、法规及规章。

(2) 施工现场管理方面的法律、法规

以《中华人民共和国建筑法》和《中华人民共和国安全生产法》为基础。建设部在1989年发布了《工程建设重大事故报告和调查程序的规定》,在1991年发布了《建筑安全生产监督管理规定》和《建设工程施工现场管理规定》;特别《建设工程安全生产管理条例》的颁布,全面系统地对与建设工程有关的安全责任和管理问题做了明确的规定,可操作性强,不但对建设工程安全生产管理具有指导作用,而且是全面保证工程施工安全和处理工程安全事故的重要依据。

(3) 建筑业资质、安全生产许可证和从业人员资格管理

主要规章包括:《建设工程勘察设计企业资质管理规定》《建筑业企业资质管理规定》《工程监理企业资质管理规定》等。这类部门规章制度涉及的主要内容包括:勘察、设计、施工、

监理等单位的等级划分；明确各级企业应具备的条件；确定各级企业所能承担的任务范围；以及其等级评定的申请、审查、批准、升降管理等方面。

其中，《中华人民共和国安全法》《建设工程安全生产管理条例》《安全生产许可证条例》《建筑施工企业安全生产许可证管理规定》等法律、法规和规章制度明确规定了建筑企业必须取得安全生产许可证，方能从事建筑施工活动。

《中华人民共和国建筑法》规定，对注册建筑师、注册结构工程师和注册监理工程师等有关人员实行资格认证制度。《中华人民共和国注册建筑师条例》《注册结构工程师执业资格制度暂行规定》《监理工程师考试和注册试行办法》以及有关注册建造师的规定等，这类法规主要涉及建筑活动的从业者应具有相应的执业资格、注册等级划分、考试和注册办法、执业范围以及权利、义务及管理等。

另外，《建设工程安全生产管理条例》和《建筑施工企业主要负责人、项目负责人和专职安全生产管理人员安全生产考核管理暂行规定》明确了建筑施工企业主要负责人、项目负责人和专职安全生产管理人员必须进行考核任职制，即企业主要负责人、项目负责人和专职安全生产管理人员应具备安全生产知识和安全生产管理能力，经考核合格方能任职。同时，《特种作业人员安全技术培训考核管理办法》的实施，规定了施工单位特种作业人员的安全技术培训、考核、发证管理及持证上岗等内容，而《建设工程安全生产管理条例》进一步明确了对特种作业人员的管理规定。

（4）相关标准和规范

《工程建设标准强制性条文》《实施工程建设强制性标准监督规定》的实施为《建设工程安全生产管理条例》提供了技术法规支持，是参与建设活动各方执行工程建设强制性标准和政府实施监督的依据，也是保证建设工程施工安全的必要条件，是分析处理工程安全事故，判定责任方的重要依据。一切工程建设的勘察、设计、施工、安装、验收都应按现行标准进行，不符合现行强制性标准的勘察报告和设计图纸不得审批，不符合强制性标准的材料、半成品、设备不得进场，不符合强制性标准的工程安全和质量，必须整改、处理。

12.2.2 建筑施工安全事故处理程序

生产安全事故调查处理的基本程序包括：报告发生的事故；事故调查组的成立；事故现场的保护与勘察；事故原因的分析；事故责任的确定；事故整改措施的落实；工伤确认及补偿。具体处理程序如图 12-1 所示。

（1）事故报告

建设工程安全事故发生后，总监理工程师应签发《工程暂停令》，并要求施工单位立即停止施工，迅速抢救伤员，排除险情，采取必要的防范措施，防止事故扩大，并做好标志，保护好现场。同时，要求发生安全事故的施工总承包单位迅速按安全事故类别和等级向相应的政府主管部门上报。根据《生产安全事故报告和调查处理条例》的有关规定，事故现场有关人员、事故单位负责人和有关部门应当按照下列程序和时间要求报告事故：

① 事故发生后，事故现场有关人员应当立即向本单位负责人报告；情况紧急时，事故现场有关人员可以直接向事故发生地县级以上人民政府安全监管部门和负有安全生产监督管理职责的有关部门报告。

② 单位负责人接到事故报告后，应当于 1 h 内向事故发生地县级以上人民政府安全监管部门和负有安全生产监督管理职责的有关部门报告。

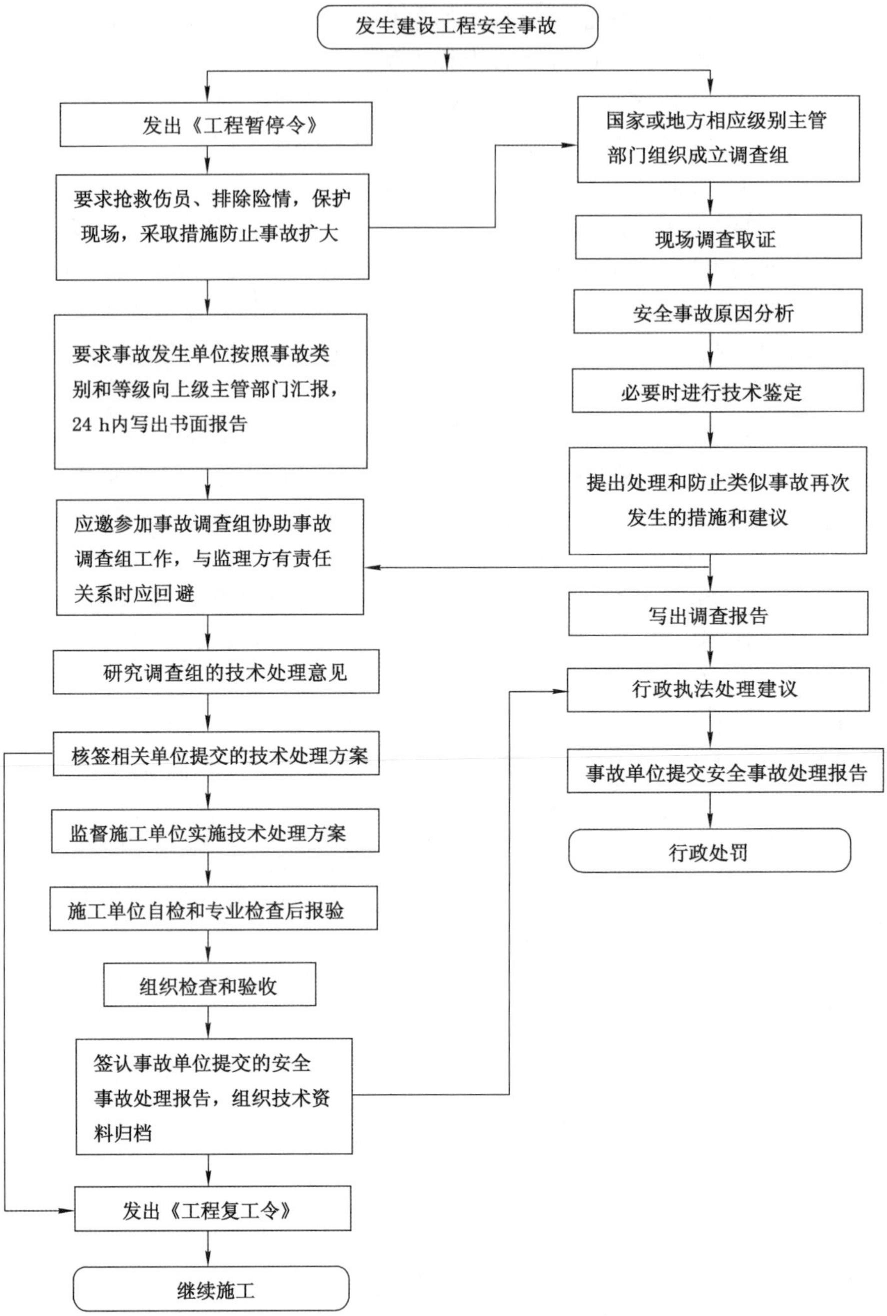

图 12-1 建筑施工安全事故处理程序

③ 安全监管部门和负有安全生产监督管理职责的有关部门接到事故报告后，应当按照事故的级别逐级上报事故情况，并报告同级人民政府，通知公安机关、劳动保障行政部门、工会和人民检察院，且每级上报的时间不得超过 2 h。

④ 特别重大事故发生后，事故发生单位必须在事故救援的同时努力保护好事故现场。首先，事故单位应立即向上级部门、当地安全监管部门以及当地政府报告事故情况，然后由

这些部门向所在省、自治区、直辖市人民政府和国家应急管理部门报告。同时，要求事故单位在24 h内完成书面事故报告。

（2）事故调查重点内容

监理工程师在事故调查组展开工作后，应积极协助，客观地提供相应证据，若监理方无责任，监理工程师可应邀参加事故调查组，参与事故调查；若监理方有责任，则应予以回避，但应配合调查组工作。事故调查应重点调查下列内容：查明事故发生的原因、人员伤亡及财产损失情况；查明事故的性质和责任；提出事故处理及防止类似事故再次发生所应采取措施的建议；提出对事故责任者的处理建议；检查控制事故的应急措施是否得当和落实；写出事故调查报告。

（3）技术处理方案审核

监理工程师接到安全事故调查组提出的处理意见涉及技术处理时，可组织相关单位研究讨论。应在安全事故的部位、原因全部查清的基础上，要求相关单位提出依据充分的技术处理方案。必要时，组织专家进行论证，以保证技术处理方案可靠、可行，保证施工安全。

（4）重点监控

技术处理方案核查后，监理工程师应要求施工单位制定详细的施工方案，必要时监理工程师应编制监理实施细则，对工程安全事故技术处理的施工过程进行重点监控，对于关键部位和关键工序应派专人进行监控。

（5）检查验收

施工单位完成自检后，监理工程师应组织相关各方进行检查验收，必要时进行处理结果鉴定。要求事故单位整理编写安全事故处理报告，并审核签认及进行资料归档。

12.2　事故调查分析

伤亡事故的调查需要遵循现行《中华人民共和国安全生产法》《企业职工伤亡事故调查分析规则》(GB 6442—86)，以及《企业职工伤亡事故报告和处理的规定》《特别重大事故调查程序暂行规定》等法律、法规、标准和规章制度的有关条文。

伤亡事故调查理论和技术的发展会有力促进安全科学的发展，事故调查的全过程就是以事故分析为基础的安全生产检查过程。

12.2.1　事故调查的一般方法

（1）普查法

它是在日常伤亡事故统计工作的基础上，根据一定的目的，选定一定的时间区间和调查范围，按某种事故、事项、内容等进行调查分析，并统一制表汇总的一种方法。普查法有自填、定期登记、询问等几种方式。

（2）综合分析法

与普查法相对应的事故分析方法通常称为事故综合分析法，常用于向安全监管部门呈报伤亡事故情况，也是有关部门监测事故发生规律、制定政策、实施计划的依据。

（3）个案调查法

与普查法相反，它是对某地区或单位的某个事故进行专门的调查，需要收集有关调查对象的一切资料，并从大量的事实材料中了解事故内在和外在因素的联系。这种方法是定性研究的重要手段，也是研究事故发生因素之间因果关系的有效方法。

12.2.2 事故调查的对象、任务、原则及程序

（1）事故调查的对象

事故调查的对象是在生产劳动过程中发生了人身伤害、财产损失、急性中毒的相关企业。一旦出现人员伤亡，财产损失时，安全监管部门必须成立调查组，开展事故调查，而且事故报告和事故处理必须按照规定程序在一定时间内进行。

（2）伤亡事故调查的主要任务

其主要任务是揭示伤亡事故的事实真相及发生经过，为事故分析提供依据；找到伤亡事故发生的原因、经过；确定其规模、性质和类别；为正确处理伤亡事故引起的纠纷提供依据，如受害者丧失劳动能力的程度，工伤的确定以及对事故责任人的处罚等；为拟定安全措施，预防同类事故再次发生，消除隐患，保证安全生产提供资料；为安全管理部门建立或修正安全管理法规、标准提供科学依据。

（3）在事故调查过程中遵循“四不放过”的原则

施工企业处理建设工程安全事故的原则，即“四不放过”的原则：安全事故原因未查清不放过；职工和事故责任人受不到教育不放过；事故隐患不整改不放过；事故责任人不处理不放过。

（4）事故调查的程序

事故调查组首先要做的工作是保护和勘察事故现场，这是事故调查分析的重要工作内容。如果事故现场被破坏了，那么事故原因的分析就非常困难。因此，保护事故现场是事故调查的基本要求，而事故现场的勘察就是专家在事故现场进行的调查搜集证据的过程，这个阶段的工作对事故原因的确定有重要影响。收集了相关证据后就可以进行事故原因的分析，这是事故调查的核心内容。在事故原因基本清楚的情况下，事故的责任就很容易确认了。事故调查组必须尽快写出事故调查报告送交相关部门审批，在此阶段事故各种整改措施必须开始落实，而受伤人员的工伤确认、评残以及经济补偿等问题是事故调查处理的最后阶段，完成整个过程才是真正完成伤亡事故处理。

12.2.3 事故调查组的成立

事故调查组是事故调查分析的专门机构，是事故调查的组织保证，成立事故调查组是事故调查分析的正式开始。事故调查组的工作职责主要包括：查明事故原因（主要原因、直接原因等）；确定事故责任人；提出事故处理意见和防范措施；提交事故调查报告。

（1）事故调查组的组成要求

2007年4月9日国务院发布的《企业职工伤亡事故报告和处理规定》中明确规定了不同类型事故调查组的组成条件与要求。

① 轻伤、重伤事故，由企业负责人或其指定人员组织生产、技术、安全等有关人员以及工会成员参加的事故调查组，进行调查。

② 死亡事故，由企业主管部门会同企业所在地设区的市（或者相当于设区的市一级）劳

动部门、公安部门、工会组成事故调查组，进行调查。

③ 重大死亡事故，按照企业的隶属关系由省、自治区、直辖市企业主管部门或者国务院有关主管部门会同同级劳动部门、公安部门、监察部门、工会组成事故调查组，进行调查。

调查组成员除了有关部门的工作人员还应该包括相关的专业技术人员，这是提高事故调查组分析能力、技术水平的重要手段，而且他们还要求与事故没有直接的利益关系。对于特别重大事故调查组来说，除了必须具有一般事故调查组所具备的特点外，由于所调查事故的影响巨大，其成员组成应该是多方面的，特别是邀请相关专家参加调查是特别重大事故调查工作能尽快开展的保证。

(2) 事故调查人员的素质要求

事故调查组是接受国家交给的任务，对事故进行调查处理工作，其对组成人员综合素质要求很高。具体要求如下：

① 事故调查组成员必须有高度的责任感和正义感。事故调查人员通过对事故的调查提出事故处理意见，这会对相关人员产生重大影响。因此，事故调查人员必须具备高度的责任感，认真负责，不偏不倚地调查和处理事故。同时，事故处理意见会涉及部分人的利益，如果没有高尚的职业道德、不能公正地处理事故，那么就违背了事故调查的初衷，让事故中的受害人员不仅身体受到伤害，其精神也受到打击。因此，高度的责任感和正义感是对事故调查处理人员素质的基本要求。

② 事故调查人员要有良好的沟通和组织能力。事故调查需要收集各种证据，不仅需要和很多人接触，而且需要很多部门的人员共同配合才能完成工作。因此，事故调查处理人员必须有良好的沟通能力和组织能力，这是事故调查工作正常开展的要求。

③ 事故调查人员要具备丰富的专业知识和工作经验。开展事故救援以及事故本身的破坏作用导致事故发生现场受到不同程度的损坏，这给事故调查和分析带来不少麻烦。如果事故调查人员没有相关的专业知识和相当的工作经验，就很难有效开展事故调查工作，不能通过各种信息对事故的原因进行合理的分析确定事故责任。因此，事故调查人员的专业知识学习和工作经验积累是做好工作的必要条件。

12.2.4　事故现场的保护

事故调查组的首要任务是进行事故现场的保护，因为事故现场的各种证据是判断事故原因以及确定事故责任的重要物质条件，需要尽最大可能给予保护。但由于在事故救援阶段，各种人员的出入不仅会对事故现场造成破坏，而且群众的围观也会给现场保护工作带来影响。因此，应该从下面几个方面开展工作，保护事故现场免受过多的破坏。

(1) 事故现场的保护责任必须明确

发生事故单位负有对事故现场进行保护的责任。发生事故单位的负责人就是事故现场保护工作的责任人。

(2) 事故现场保护要做的工作

具体包括：核实事故情况，尽快上报；确定保护区的范围，布置警戒；控制好事故肇事人员；尽量收集事故的相关信息以便事故调查组查阅。

(3) 事故现场的保护要方法得当

对露天事故现场的保护范围可以大一些，并根据实际情况进行调整；对生产车间事故现场的保护，主要采取封锁出入口、控制人员进出等措施；对事故破损部件、残留件等，要求不能触动，以免破坏事故现场。

（4）事故调查组要积极参加事故单位的现场保护工作

一般地，事故调查组都不会在第一时间到达现场，所以事故调查组赶到事故现场后要积极参加事故现场的保护，禁止随意破坏事故证据，尽可能保护事故现场，为勘察处理做好准备。

12.2.5 事故现场的处理与勘察

事故现场处理与勘察是伤亡事故调查的重要环节。其主要任务是：查明造成的人员伤亡及设备损失，设备、建筑物的破坏程度；救护受伤人员，采取措施制止事态扩大，发现和搜集事故痕迹、物证，绘制、摄制、记录事故现场情况。其基本步骤如下：

① 划定伤亡事故现场的保护范围布置警戒，在调查组人员到达前任何人不得进入事故现场，特别重大事故要立即通知当地公安部门负责事故现场的保护。

② 认真保护事故现场，一方面要及时抢救伤员，控制事故的蔓延；另一方面还要保护现场，要求现场尽量保持原状。

③ 凡是事故现场都必须进行现场勘察。勘察范围包括事故发生地点以及诱发事故发生的有关痕迹和场所。

④ 事故现场必须在事故调查组的统一组织、统一指挥下进行。

⑤ 各级安全监管部门要及时赶赴事故现场。

⑥ 要维护现场秩序，规定出入现场路线，安排专人维护秩序，并引导现场勘察人员沿制定路线进入现场。

⑦ 对事故现场遗留的各种痕迹、物证进行物理、化学鉴定。

⑧ 在法医参加的情况下进行尸体检查。

⑨ 现场记录勘察起止时间、勘察内容、勘察范围、顺序及现场保护情况，发生事故的光线和气候情况，现场的地点位置，周围环境，现场拍照内容、数量，事故现场简图，勘察指挥人，勘察人员，笔录人员等。

⑩ 事故勘察前后必须认真听取事故单位行政部门、生产部门、安全技术部门规定的详细汇报，召开各种事故现场分析会。

⑪ 对不需要保留的现场，由安全监管部门通知发生事故单位清理。对需要保留的现场，应指定专人妥善保护。对于需要保留的已损坏设备、零部件，应妥善保管并通知有关生产部门领导。对勘查事故现场需要提取痕迹、物证、贵重物品或文件的，应填写清单并向发生事故的单位出具收据。

12.2.6 事故证据的收集整理

事故的各种证据是找到事故原因的主要物质基础。其中，通过事故调查人员调查得到的证据称为直接证据，通过其他渠道得到的证据称为间接证据，通过询问事故当事人得到的信息称为事故证言。

事故调查组不仅要重视事故现场的各种证据，同时更应该注意收集有关事故的各种信息。因为事故调查组很难第一时间到达现场，很多证据可能在事故救援的过程中遭到破坏，而且也不能排除人为制造的虚假证据，所以当事人的证言是相当重要的资料。

在事故调查分析过程中，应对各种信息进行合理的分类和整理，而且要注意各种证据之间的内在联系，这是判断事故真相的重要手段。事故调查组成员必须考虑的问题包括：事故当事人或目击证人的证词是否一致；证人的证词是否能找到具体的物证等。只有收集足够的事故信息才能对事故发生发展的过程有更清晰的了解，这是确定事故的主要原因和次要原因的基础。

12.2.7 事故原因分析

安全生产事故的原因是事故调查的起点，也是事故管理工作的核心，没有调查清楚事故的原因是不可能处理好事故的。事故责任人的处理就是事故原因调查分析的直接结果，人的不安全行为是事故的主要原因之一，所以强化对安全生产事故责任人的处理也是事故管理制度的重点。整改措施是在调查事故原因的基础上采取的管理和技术措施，是防止同类型事故再次发生的根本保障。每次事故的处理都有一定的程序，调查事故原因、处理责任人、落实整改措施属于初步的防治措施，而吸取事故教训、从思想上真正重视安全生产的重要性、为长远的安全生产工作制定合理的管理制度才是事故管理的最终目的。

引发事故的原因是错综复杂的，它不仅涉及企业的生产设备、工艺流程、劳动条件和环境，而且与企业的安全管理水平、规章制度，安全教育以及职工的安全意识和劳动纪律等有直接关系。由于事故的原因是多方面的、多层次的，所以事故原因的确定必须依靠事故调查得到的各种信息和数据。导致事故发生的原因是多方面的，可概括为直接原因和间接原因。

(1) 事故的直接原因

分析事故的直接原因一般从人的不安全行为、物的不安全状态和环境的不安全因素来分析。

① 人的不安全行为，指操作者本人的不安全行为所造成的错误表现，包括疲劳作业、未执行规定的机能、错误地执行规定的机能、执行了未规定的机能等。在事故分析中这是很重要的部分。

② 物的不安全状态，指事故发生时所涉及物质(包括生产过程中的原料、燃料、产品、机械设备、工具附件和其他非生产性物质)的固有属性及其潜在的破坏能力构成了生产中的不安全因素。分析事故原因应对事故中物的作用因素有足够的重视和分析。

③ 环境的不安全因素，指生产作业场地的平面和空间布置、管路和机器设备，以及在生产过程中产生的局部过热、噪声、振动、光线、烟尘、毒气等原因。

(2) 事故间接原因

分析事故间接原因一般从以下几个方面入手：技术上和管理上的缺陷；安全生产经费投入不足；安全教育不够；劳动组织不合理；对现场工作缺乏监督检查或指导失误；没有安全操作规程或规程内容不具体、可操作性差；没有或不认真实施事故防范措施；对事故隐患整改不力等。

安全生产经费投入不足是各类事故发生的重要原因。由于没有足够的资金购买安全装置，不能提供有吸引力的薪酬招聘高素质员工，于是各种危险因素就开始不断积累，直到事故的最终爆发。因此，事故调查报告不要忽略安全生产经费投入情况的分析。

12.2.8 事故预防措施

事故预防措施是针对事故原因而制定的。如事故原因分析准确，则所制定的预防措施就能够切实可行。一般要从人、物、环境、资金投入等方面采取预防措施、管理措施或技术措施，如职工的技术培训、安全教育、规章制度的建立与完善、增加安全生产经费投入、设备维修和更新、改进工艺流程和产品结构、生产场所的改善等。其中，安全技术措施主要在安全技术、工业卫生和辅助设施等3个方面展开。

（1）安全技术方面主要包括生产设备本质安全化的直接安全技术措施、采用安全防护装置的间接安全技术措施、增加提示性安全措施（如信号装置、安全标志）、特殊安全技术措施（如限制自由接触技术设备）、其他安全技术措施（如场地合理布局、机械设备的维护保养等）。

（2）工业卫生方面的技术措施包括防尘防毒、降低噪声、防寒供暖、防暑降温、采光照明等。

（3）辅助设施方面的措施包括工人休息室、更衣室、卫生间及其有关设施。

所有这些措施并不要求全部被包括，应该根据具体事故分析的原因有针对性地制定措施，特别要着重于防止事故重复发生所采取的措施。

12.2.9 事故责任人的处理

对事故责任人的处理是对其本人及广大员工进行安全教育的一种重要方式，也是事故调查处理的重要内容之一。其目的是吸取教训，改进工作，防止事故重复发生，确保安全生产。对事故直接责任人、领导责任人、主要责任人要根据其责任大小提出相应的处理意见，这是调查报告必须涉及的内容。

（1）事故责任概述

查找事故原因的目的是确定事故责任。事故调查分析不仅要明确事故的原因，更重要的是要确定事故责任，落实防范措施，确保不再出现同类事故，这是加强安全生产的重要手段。分析事故责任首先必须明确事故性质，一般分为责任事故、非责任事故和人为破坏事故等。

① 责任事故，指由于工作不到位导致的事故，是一种可以预防的事故，责任事故需要处理相应的责任人。这种事故主要是由于人的不安全行为和物的不安全状态而导致的事故。

② 非责任事故，指由于一些不可抗拒的力量而导致的事故。这些事故主要是由于人类对自然的认识水平有限，需要在今后的工作中更加注意预防工作，防止同类事故的再次发生。

③ 人为破坏事故，指有人预先恶意地对机器设备以及其他因素进行调整，导致其他人在不知情的状况下发生了事故。这类事故一般都属于刑事案件，相关责任人要受到法律的制裁。

（2）事故责任人的责任

事故处理中事故责任人必须受到处罚，事故责任人的确定是整个事故调查分析中最难的环节，因为责任确定的过程就是将事故原因分解给不同人员的过程。因此，事故调查组就要公正地对待所有涉及事故的人员，公正、公平、科学、合理地确定相应的责任。事故责任人的责任主要包括直接责任人、领导责任人和间接责任人。

① 直接责任人，指由于当事人与重大事故有直接因果关系，是对事故发生以及导致一系列后果起决定性作用的人员。

② 领导责任人，指当事人的行为虽然没有直接导致事故发生，但由于其领导监管不力

而导致事故所应承担的责任。

③ 间接责任人，指当事人与事故的发生具有间接的关系，需要承担相应的责任。

(3) 行政责任的追究

特别重大事故由于其影响重大，有时还伴随着行政不作为，甚至是腐败问题。为此，2001年4月21日国务院发布了《国务院关于特大安全事故行政责任追究的规定》(以下简称《规定》)。其目的是有效地防范特大安全事故的发生，严肃追究特大安全事故的行政责任，保障人民群众生命、财产安全，明确政府部门的责任，其惩处对象是特别重大事故发生地的行政机关负责人。该《规定》对规范我国安全生产监督管理体制，强化安全生产责任制的落实和完善具有积极的作用。

12.2.10 事故档案管理

安全生产档案是企业单位安全生产管理水平的窗口，而事故档案的管理又是安全生产档案管理的集中体现。事故档案管理是企业单位的安全生产管理的基础工作，必须给予足够的重视。

(1) 事故档案作用

① 事故档案是事故历史的证据，它为安全生产决策提供基本参考。事故档案记录了以往的事故，要想了解企业单位的安全生产历史，事故档案就是最好的途径。而且对于安全生产工作的决策来说，通过回顾历史可以了解事故发生的变化规律，对采取适当的措施确保不发生同类事故有积极的帮助。

② 事故档案具有教育后人的作用。事故毕竟不是好事情，人们往往不愿意多提，但从防止人的不安全行为以及倡导安全的行为规范来看，开展事故案例的宣传教育很有必要，能够提高人们的危机意识和对事故的警觉性。

③ 事故档案资料是事故原因分析和事故责任确定的依据和凭证。事故发生后很多物证可能都消失了，而档案资料却能够长期保留，使事故原因的分析和确认让人信服。

(2) 事故档案主要内容

事故档案主要包括事故隐患记录、事故调查处理记录两大部分。事故隐患记录主要包括：事故隐患的登记、应急防护措施记录、事故隐患整改要求、事故隐患整改结果记录等。事故调查处理记录主要包括事故报告记录、事故损失情况登记、事故证物资料、事故当事人证言、事故调查报告、事故处理结案材料、事故整改措施意见以及落实情况记录等。

(3) 事故档案要求

事故档案管理工作要严格执行档案管理的基本规定。事故档案实行统一领导，分级管理的原则，维护档案的完整和安全，便于事后的查阅。因此，企业单位事故档案管理要求做到以下工作：

① 建立安全生产档案的制度，特别要明确事故档案管理的要求，确定专人负责管理档案。

② 确保事故档案的真实性，禁止随意修改事故档案内容。

③ 对事故档案进行标准化、规范化管理，充分运用先进技术手段实现事故档案的现代化管理。

12.3 事故报告内容

事故发生后首先要做的工作就是事故的报告，这是事故调查的起点。事故调查报告是事故调查后经过调查者的分析研究而写成的报告材料，既是企业安全生产管理的档案材料，又是对事故责任人追究法律责任的依据，应该具有严密的科学性和法律的权威性。事故调查报告的写作必须遵循实事求是的原则、严肃认真的写作态度和准确无误的科学分析。事故报告要求报告内容详细，主要包括：事故发生的单位、时间、地点、初步伤亡情况、初步分析事故原因、报告人姓名、联系方式等。事故报告最根本的要求是报告迅速，事故报告越快对事故的救援、控制以及调查分析越有利。另外，伤亡事故报告的基本原则是按照程序逐级报告，一般反对越级报告事故，因为这会给事故调查处理带来不必要的麻烦。必要时，安全监管部门和负有安全生产监督管理职责的有关部门可以越级上报事故情况。

12.3.1 事故调查报告内容及编写要点

(1) 事故调查报告主要内容

根据《生产安全事故报告和调查处理条例》的有关规定，伤亡事故调查报告的主要内容：

① 企业详细名称。

② 经济类别。

③ 事故发生时间。

④ 事故发生地点。

⑤ 事故类别。

⑥ 事故发生的原因，其中必须说明事故的直接原因。

⑦ 事故的严重级别。

⑧ 事故伤亡情况。

⑨ 事故损失工作日情况。

⑩ 事故的经济损失情况，其中必须说明事故的直接经济损失。

⑪ 事故的详细经过。

⑫ 事故的原因分析。

⑬ 事故预防措施，这部分是针对原因分析直接得到的预防措施。

⑭ 事故责任分析和事故责任人的处理意见。

⑮ 附件。

⑯ 调查组组成人员名单(签字)。

特别重大事故书面报告的内容主要包括：事故发生的时间、地点和单位；事故的简要经过，伤亡人数，直接经济损失的初步估计；事故原因的初步判断；事故发生后所采取的措施和事故控制情况；事故报告单位等。

(2) 事故调查报告填写要点

事故调查报告的性质决定了它必须具有严密的科学性和权威性，其内容必须客观实际，是反映事故本来面貌的记录。事故调查报告不仅是事故的文字记录，更是事故的定性结论，如果出现偏差，就会影响事故经验教训的吸取以及预防措施的制定与实施，最终不能真正避免事故再次发生。因此，要求事故调查报告是事故经过真实，原因分析准确，对事故责任人的处理意见客观公正，事故预防措施切实可行，真正起到吸取教训、提高认识、消除隐患、预防事故、推动安全工作的作用。撰写事故调查报告必须搞好事故调查研究，掌握一手材料，坚持实事求是的写作原则，不避重就轻，不虚构情节或扩大事实，不能将孤立的证言、未定性的材料作为事故调查报告的依据。坚持这些原则，以严肃认真、一丝不苟的科学分析态度，通过归纳、分析和探求事故发生的本质和规律才能保证事故报告的严密准确，无懈可击。

就内容而言，事故调查报告的第①项至第⑪项内容可以根据实际情况直接填写；第⑫项至第⑭项属于调查报告的核心内容，需要调查组成员认真分析归纳总结；第⑮项内容是各种支持材料，第⑯项内容明确事故调查组成员组成，接受公众的监督。填写时注意下列要点：

① 事故发生单位概况，应当包括单位的全称、所处地理位置、所有制形式和隶属关系、生产经营范围和规模、持有各类证照的情况、单位负责人的基本情况以及近期的生产经营状况等。报告的内容应该根据企业实际情况来确定，但是应当以全面、简洁为原则。

② 事故发生的时间、地点以及事故现场情况。报告事故发生的时间应当具体，尽量精确到分钟。报告事故发生的地点要准确，除事故发生的中心地点外，还应当报告事故所波及的区域。报告事故现场的情况应当全面，不仅要报告现场的总体情况，还要报告现场的人员伤亡情况、设备设施的毁损情况；不仅要报告事故发生后的现场情况，还要尽量报告事故发生前的现场情况。

③ 事故的简要经过是对事故全过程的简要叙述。核心要求在于“全”和“简”。“全”就是要全过程描述，“简”就是要简单明了。但是，描述要前后衔接、脉络清晰、因果相连。需要强调的是，由于事故的发生往往是在一瞬间，对事故经过的描述应当特别注意事故发生前作业场所有关人员和设备设施的一些细节，因为这些细节可能就是引发事故的重要原因。

④ 事故已经造成或可能造成的伤亡人数（包括下落不明的人数）和初步估计的直接经济损失。对于人员伤亡情况的报告，应当遵守实事求是的原则，不做无根据的猜测，更不能隐瞒实际伤亡人数。在土方坍塌、爆破事故中，往往出现多人被掩埋的情况，对可能造成的伤亡人数，要根据事故单位当班记录，尽可能准确地报告。对直接经济损失的初步估算，主要指事故所导致的建筑物的毁损、生产设备设施和仪器仪表的损坏等。由于人员伤亡情况和经济损失情况直接影响事故等级的划分，并决定事故调查处理的后续重大问题，在报告时应当谨慎细致，力求准确。

⑤ 已经采取的措施，主要是指事故现场有关人员、事故单位负责人、已经接到事故报告的安全生产管理部门为减少损失、防止事故扩大和便于事故调查所采取的应急救援和现场保护等具体措施。

⑥ 事故的补报。事故报告后出现新情况的，应当及时补报。自事故发生之日起 30 日内，事故造成的伤亡人数发生变化的，应当及时补报。道路交通事故、火灾事故自发生之日起 7 日内，事故造成的伤亡人数发生变化的，应当及时补报。

12.3.2　建设工程安全事故处理报告主要内容

① 职工重伤、死亡事故调查报告书。

② 现场调查资料（记录、图纸、照片）。

③ 技术鉴定和试验报告。

④ 物证、人证调查材料。

⑤ 间接和直接经济损失。

⑥ 医疗部门对伤亡者的诊断结论及影印件。

⑦ 企业或其主管部门对该事故所作的结案报告。

⑧ 处分决定和受处理人员的检查材料。

⑨ 有关部门对事故的结案批复等。

⑩ 事故调查组人员的姓名、职务,及亲笔签名。

如果整改后符合生产安全要求,签发《工程复工令》,恢复正常施工。

12.3.3 其他类型安全报告

其他类型的安全报告主要包括安全简报和安全通报。

① 安全简报是报告和反映情况的一种书面形式,是各级安全生产管理部门用于汇报、反应和交流的一种应用文体,是收集、传递和集中信息的重要手段。安全简报一般就一个具体情况介绍发展过程、成功经验、失败教训、存在问题以及应注意事项等,其特点是内容单一、文字简练、反映新情况、新经验和新动向、反映情况准确、迅速。因为简报的篇幅较短,所以必须用简明的语言来说明事实,同时还要求生动、有吸引力。

安全简报可以按下面原则分类:按出刊日期划分,有定期发布的简报和不定期发布的简报;按内容划分,有综合性简报和专题性简报。

② 安全通报是用以表彰先进、批评错误、传达重要情况的公文。一般分为表彰性通报、批评性通报和传达性通报。其结构一般分 3 层:第一层要将事情讲清楚;第二层是简要议论,对先进事迹给予评论,对错误的事情要分析原因并提出处理意见,对传达的内容给予说明;第三层提出要求,对先进事迹要提倡学习,对错误事情要提出告诫,对传达的事项提出要求并要有指导方法等内容。

12.4 案例分析

针对具有典型性、普遍性的建筑工程事故进行案例分析,可以深化对事故发生的原因认识,掌握事故发生的规律,增强安全生产意识,提高安全管理水平,有效防范事故的发生。本节将针对触电安全事故案例、起重吊装安全事故案例、坍塌安全事故案例、高处坠落安全事故案例、物体打击安全事故案例、机械伤害安全事故案例、职业卫生安全事故案例以及地下工程安全事故案例等进行事故原因分析、事故结论及责任认定,并提出事故防范措施。

12.4.1 触电安全事故案例分析

触电事故是由于电流通过人体或带电体与人体间发生放电而引起人体的病理、生理效应所造成的人身伤害事故。触电事故可分为接触触电事故和非接触触电事故。接触触电事故是当人体触及带电体且形成回路时,电流通过人体,引发热效应、化学效应、生理效应对人体造成的伤害。非接触触电事故是当人体接近但非接触带电体时,带电体对人体发生放电现象产生电弧或电火花对人体造成的伤害。建筑工程事故中触电事故发生频率较高,应该严格控制。

12.4.1.1 事故概况

2020 年 8 月 1 日上午 8 时 26 分许,陕西省某家居产业有限公司管业北区钢结构库房项目施工现场,3 名作业人员在移动脚手架过程中,脚手架顶部不慎触碰上方架空高压电线,引发触电事故,致使 3 人当场死亡。

该公司钢结构库房工程建筑面积 11 500 m^2。项目由西向东依次为 A、B、C、D、E 等 5 个独立钢结构库房区。事故发生地点位于 E 区北侧,事发时,地面已完成混凝土硬化,主体工程完成约 70%。项目内有一段长约 300 m 高压架空电力线,由西向东从 A、B 区穿过,紧沿 D、E 区北侧穿出。该家居产业有限公司在未办理土地规划、建设工程规划和建筑施工许可,未申请办理质量安全监督手续等情况下,自行设计施工图纸,擅自决定建设钢结构库房。同时该家居有限公司组织人员违规在高压线保护区新建了围墙,将部分电杆和高压线路圈入施工范围,并对原地面进行回填改造,增加事发区域地面高度为 0.8～1.5 m,致使事故发生地点架空高压线路到地面垂直距离从初始的约 6.68 m 降低至 5.44 m,不符合相关安全标准。其间主管部门曾就该段高压线路迁移事项进行多次协商,双方均未能达成一致意见。随后,建设单位与施工单位在明知作业区域内高压架空线路重大隐患严重威胁施工安全,现场安全生产条件严重不符合有关标准的情况下,仍然违规冒险组织人员在电力设施保护范围内进行库房工程施工作业。2020 年 8 月 1 日,由于作业位置发生改变,3 名作业人员在由东向西推动可移动式脚手架过程中,金属脚手架顶部不慎触碰上方 10 kV 带电高压线,致使 3 人触电身亡。

12.4.1.2 事故原因分析

(1) 直接原因

① 由于高压线路的周围存在强电场,导致附近的导体成为带电体,因此规范规定禁止在高压架空线路下方作业,在一侧作业时应具有一定安全距离,防止发生触电事故。

② 作业人员安全意识淡薄,未经任何安全教育培训,没有风险辨识能力,不清楚、不掌握作业场所重大危险因素,在未取得特种作业操作资格的情况下,违规进行高处作业和电焊作业。

(2) 间接原因

① 该项目在未办理相关土地、规划和施工许可的情况下,违规发包、超资质承揽工程,致使安全管理混乱,导致事故发生。

② 该项目在未征得电力企业及其主管部门同意情况下擅自降低高压线距地面垂直安全距离,使得脚手架易碰触高压线引发触电事故。

③ 监管部门职责履行不到位,排查整治违法建设、违规施工行为不细致、不深入,致使该项目中存在的土地、规划、建设领域违法违规行为,没有得到及时发现和查处,导致作业人员触电身亡。

12.4.1.3 事故结论与责任认定

本次事故属于责任事故,相关建设、施工单位严重违反建筑施工法律法规和行业安全标准,盲目冒险组织施工作业,有关部门监管缺失等都是严重的不负责任,最终导致事故发生。事故主要责任追究如下:

① 项目负责人在未报请电力企业和主管部门核准情况下,违规在电力设施保护范围内组织施工,违规组织进行地面回填改造,致使高压线距地面垂直距离不符合安全标准,且在明知施工区域不符合安全生产条件情况下,仍违规冒险组织人员进行施工,对事故发生负有主要责任。

② 建设单位与施工单位违反《中华人民共和国建筑法》的相关规定，在未依法办理土地使用、建设用地规划、建设工程规划、建筑施工许可和安全质量监督手续、未进行建设项目前期勘察、设计的情况下，违规将工程发包给无资质的施工单位，造成现场安全管理混乱。建设单位与施工单位均是本次事故的主要责任者，对应负责人与法人代表均应承担相应责任。

12.4.1.4 事故的防范措施

从这件事故的技术与管理方面的原因分析，应认真吸取事故教训，做好以下几个方面的防范措施：

① 施工单位要严格执行国家有关法律法规和强制性标准规范，严禁超资质承揽或违法分包工程。

② 建设单位要认真落实企业安全生产主体责任，依法履行相关建设程序，严禁违规发包、冒险组织人员进行施工。

③ 监管部门要对施工企业资质等级进行认真审核，严禁不具备相应资质和相应施工条件及能力的企业承揽建设项目，对特种作业人员严格要求持证上岗。

12.4.2 起重吊装安全事故案例分析

起重吊装事故是指在进行各种起重作业，如吊运、安装、检修、试验等作业中发生的重物坠落、夹挤、物体打击、起重机倾翻、触电等事故。起重伤害事故可造成重大的人员伤亡或财产损失。根据不完全统计，在事故多发的特殊工种作业中，起重作业事故发生的起数高，事故后果严重，重伤、死亡人数比例大。由事故原因分析可知，起重机的不安全状态和操作人员的不安全行为是事故的直接原因，环境因素和管理是事故发生的间接条件。事故的发生往往是多种因素综合作用的结果，只有加强对相关人员、起重机、环境及安全制度等整个系统的综合管理，才能减少或杜绝起重事故的发生。

12.4.2.1 事故概况

2019 年 11 月 20 日 10 时 06 分，甘肃某房地产开发有限公司项目 2# 楼建筑工地，发生一起塔式起重机在安装过程中倒塌造成 3 人死亡、1 人受伤的较大起重伤害事故，直接经济损失 60 万元。

11 月 19 日上午，塔机安装负责人组织将 QTZ63 塔机运入项目 2# 楼基坑。14 时，负责人雇佣 3 名安装人员进行塔机安装。22 时，塔机基础、8 个标准节和套架、回转机构总承、塔帽、平衡臂和配重安装到位。20 日 9 时 40 分，4 人员登上塔机平台，开始塔机套架顶升准备工作，其中 1 人在驾驶室操作塔机转动，打算将位于东南方向的起重臂向东旋转至北方向。当转至正东方向时，因隔壁小区三层裙楼楼顶广告牌阻挡，停止转动起重臂。随后塔机起重臂便由东向南至西旋转，打算转至正北方向。当起重臂转至西侧偏南时，起重臂向上仰起，平衡臂下降。此时，在平衡臂上作业的 3 人急速向塔身标准节爬梯方向逃离。紧接着平衡臂配重块坠落与塔身发生碰撞，2 人坠落至塔机基础地面，1 人被夹在已变形的驾驶室内，1 人从已倾翻的回转转盘内甩出，落在基坑东侧平台。

12.4.2.2 事故原因分析

(1) 直接原因

① QTZ63 塔机下回转部分与塔身第八节标准节连接处 8 个螺栓只安装了 5 个，东侧 4 个连接螺栓只有 2 个螺栓有效连接，西侧 1 个连接螺栓无螺母、连接失效。同时，顶升套架

与回转机构下支座四角耳板未采用销轴可靠连接。

② 起重臂由南向西旋转至 1# 楼东南角处，受已建建筑物外架影响无法通过，此时受到外力作用（反向作用力），导致起重臂上仰，产生的倾覆力矩大于平衡力矩，造成塔机上部整体向后翻转倾覆。

③ 安装负责人违章指挥，安装人员违章操作、冒险作业，塔机司机无证违规冒险操作。

（2）间接原因

① 塔机安装负责人违反《建筑起重机械安全监督管理规定》的相关规定，无塔机安装单位资质、未编制塔机安装施工专项方案、聘用无证人员驾驶塔机。

② 建设单位在未取得国有建设用地使用权登记、规划许可、施工许可等手续的情况下，擅自开工建设悦湖公馆项目，属于未批先建，违法使用土地，违法建设施工。此外，该单位未进行招投标，无建筑施工企业，未委托工程监理单位监理，直接将工程发包给劳务公司，由监理人员个人对工程进行监理，且拒不执行自然资源部门和住建部门责令停止建设的指令。

③ 劳务公司违法直接承揽劳务工程，替代施工企业进行管理，超资质承担塔机租赁、安装管理，对塔机安装审查把关不严、管理缺失。

④ 监理工程师在无监理单位资质的情况下承揽监理业务，聘用无监理资质人员开展工程监理，未审核塔机安装单位资质证书、安全生产许可证和特种作业人员的特种作业操作资格证书。

12.4.2.3　事故结论与责任认定

本次较大起重伤害事故是一起生产安全责任事故，事故主要责任追究如下：

（1）建设单位项目经理、劳务公司项目经理以及监理工程师对该起事故发生负有直接管理责任，违反有关安全管理的规定，造成严重后果，涉嫌重大责任事故犯罪，移送司法机关追究刑事责任。

（2）施工单位与劳务公司等单位受到相应经济处罚。

（3）责成有关责任部门领导向当地政府做出书面检查。

12.4.2.4　事故的防范措施

从这件事故的技术与管理方面的原因分析，应认真吸取事故教训，做好以下几个方面的防范措施：

① 严格依法审批土地出让、规划许可工作，对违反土地、规划等相关规定的行为依法予以查处；加强工程建设审批，对违反房地产开发、建筑施工、建筑机械等相关规定的行为要采取有力措施予以制止。

② 监管部门要督促建筑业企业落实安全生产主体责任，将安全生产责任落实到岗位，落实到个人，用制度管人、管事；建设单位要切实强化管理责任，督促施工企业、监理单位和各分包单位加强施工现场安全管理。

③ 施工企业要健全现场安全管理体系、落实安全责任，定期开展安全检查和隐患排查治理，突出抓好劳务分包单位、起重机械设备拆装等关键环节管理；监理单位要严格履行监理职责，落实旁站监理制度，抓重点、抓关键，对在监理过程中发现的重大隐患，要及时向建设单位和有关主管部门报告；塔机安装、经营单位要严格按照建筑施工起重机械设备安装、使用和拆除的有关规定，做到合法经营、规范管理、安全操作。

12.4.3 坍塌安全事故案例分析

建筑施工中的坍塌事故主要发生在土方工程的边坡、模板工程中的支撑体系以及脚手架工程的安装、使用与拆除过程中，属于建筑5大伤害之一。坍塌事故发生概率较大、后果较为严重，因此在施工中应当严格遵守相应的技术规范和管理要求，消除事故隐患。

12.4.3.1 事故概况

2021年6月22日14时35分，某工程有限公司建设工地在沉井第九节接高施工过程中发生一起模板坍塌事故，事故造成3人死亡，12人受伤，直接经济损失约958万元。

2021年6月12日上午，该公司项目部召开生产调度会，布置南锚碇沉井第九节接高施工任务。负责人在会上提出，是否能不拆除劲性骨架直接浇筑混凝土，项目部未予明确答复。

6月21日下午，负责人安排施工，钢筋班组自北向西拆除已安装模板作业区域内的劲性骨架。此时，模板未闭合，缆风绳和型钢桁架等模板固定措施也未安装。6月22日，信号司索工指挥塔吊司机将一块4 m高模板吊到钢筋节段外侧靠西南端位置，模板就位后，作业平台上的工人用螺栓紧固。随后井壁西侧模板系统中部偏北处率先出现失稳，瞬间向外倾覆坍塌，带动南北两侧模板整体向井孔内倾覆，并将靠近北端的梯笼挤倒。坍塌过程持续约15 s。共有15名工人随坍塌的模板体系坠落至地面，或被挤压在坍塌的模板和钢筋节段中，最终导致3人高坠死亡，12人受伤，沉井第九节西侧、南侧、北侧已安装模板及钢筋节段整体倾覆坍塌。

12.4.3.2 事故原因分析

(1) 直接原因

沉井第九节钢筋模板安装施工，在未设置缆风绳和型钢桁架的情况下，提前割断沉井西侧和北侧钢筋节段内的劲性骨架立柱支腿，造成西侧长73 m、高7 m的模板和钢筋节段平面外稳固性严重不足，在当时水平风荷载(东南向阵风与坍塌方向一致)与偏心荷载(悬挑操作平台作业人员荷载)的作用下，发生顺风向西侧向外、后连带南北侧向内的整体倾覆坍塌。

(2) 间接原因

① 施工单位关键工序监管失控，安全技术措施未有效落实，且未按施工方案组织施工，并随意削减构件材料，偷工减料。此外，对施工安全风险重视不够，施工方案编制存在严重疏漏，使得项目部管理体系混乱。

② 劳务公司安全生产意识淡薄，未按照专项施工方案和安全操作规程施工，未按规定开展班组安全教育，对作业人员违反作业工序，长时间违章行为不予制止，且安排无特种作业资质的人员进行切割、电焊作业。

③ 监理单位现场监理工作严重失职，对劳务公司提前拆除劲性骨架的违章行为未采取措施制止，对特种作业人员无证上岗等问题监理不到位。同时，对专项施工方案审查不严，安全监理责任制落实不到位，未按规定配备现场监理人员，2名现场监理工程师均未取得资质证书。

12.4.3.3 事故结论与责任认定

该模板坍塌事故是一起严重违反施工次序，施工现场监督管理不到位引发的较大生产安全责任事故。事故主要责任追究如下：

① 项目部常务副经理，对项目施工和现场管理不力，对施工方案变化的安全风险重视

不够、研判不足，对沉井第九节接高施工工序管理失控。未按规定组织安全教育和技术交底，对作业人员违反工序割除劲性骨架未落实监管责任，对事故发生负有管理责任，且涉嫌重大责任事故罪，移送司法机关依法追究刑事责任。

② 劳务公司现场施工负责人，未按照专项施工方案、安全教育和技术交底要求，违反施工次序，违规安排工人提前割除劲性骨架，对事故发生负有直接责任，且涉嫌重大责任事故罪，移送司法机关依法追究刑事责任。

③ 项目部总工程师，对沉井第九节接高施工安全风险认知不足，辨识不清，组织编制的施工方案安全保证措施缺乏操作性，变更施工方案未经专家论证，且未报上级主管部门审查，削减劲性骨架材料未经有效验算。未按规定组织开展对钢筋模板安装、劲性骨架拆除等关键工序环节的技术交底，对施工方案在现场实施过程中的技术督导不到位，对事故发生负有管理责任，移送司法机关依法追究刑事责任。

④ 监理公司副总监理工程师，分管南锚碇工程质量监理工作，未按规定履行专项施工方案审核手续，对补充方案未经专家论证、安全保证措施缺乏操作性等问题未尽审查职责。未按监理规范、监理职责进行监理，未按规定组织监理人员技术交底，未指导督促监理人员执行修改后的监理细则，对现场巡视不力的问题失察失管，对事故发生负有责任，移送司法机关依法追究刑事责任。

⑤ 施工单位、劳务公司与监理公司等单位安全生产责任制落实不到位，给予相应经济处罚，其相应领导或负责人未依法履行安全生产管理职责，督促、检查本单位安全生产工作不力，对事故发生负有领导责任，给予相应行政处罚。

12.4.3.4 事故的防范措施

从这件事故的技术与管理方面的原因分析，应认真吸取事故教训，做好以下几个方面的防范措施：

① 建设单位要加强对项目各层级施工单位、监理单位的安全生产统一协调、管理，严格危大工程安全管控流程。

② 总承包单位要加强危大工程专项施工方案编制内审、安全交底、施工监测和安全巡视，对承担的建设工程加强定期和专项安全检查，督促落实隐患排查整改。同时要督促作业班组加强现场安全管理和隐患排查整改，严格执行施工方案和技术规范，严禁违章指挥、盲目施工。

③ 监理单位要严格危大工程专项施工方案审查，规范配备建设工程监理人员，加强对监理人员履职情况监督管理，加强对危大工程及重点环节监督检查，对监理过程中发现的事故隐患严格督促施工单位整改，切实杜绝监理工作流于形式。

12.4.4 高处坠落安全事故案例分析

高处作业是建筑施工中出现频率最高的危险性作业，事故率也最高，危险性极大，因此减少和避免高处坠落事故的发生，是降低建筑业伤亡事故的关键。

12.4.4.1 事故概况

2020年4月27日8时30分许，北京某建设有限公司工地发生一起高处坠落事故，致1名员工死亡。2020年4月27日早晨，因工地清运混凝土块的运输需要，负责人安排作业人员将电动三轮翻斗车进行拆卸，然后分两次分别将翻斗和车架用人力将其下放至基坑底部。当日8时许，负责人先安排人将基坑外沿处地面混凝土挡墙上的护栏拆卸了一段，然后将钢丝绳一头拴在挡墙的立柱上，另一头拴在车身或翻斗上开始分两次将电动三轮翻斗车下放至基坑内。作业人员将翻斗下放至基坑底部后开始下放车架，车架在下放过程中左侧车把手卡在地面挡墙墙面上，1名作业人员在混凝土挡墙外使劲推翻斗车的车把，由于用力过猛，电动三轮车车把脱离挡墙，作业人员身体失去平衡，越过挡墙跌落至基坑底部。经现场勘查，基坑外沿处的混凝土挡墙高约0.6 m，挡墙上被拆除的护栏高约0.6 m，宽约1.5 m，基坑深约8 m。

12.4.4.2 事故原因分析

（1）直接原因

作业人员用危险方式处置翻斗车车把卡墙故障，高处临边作业时未采取安全防坠措施，且用力过猛，身体失衡坠落基坑。

（2）间接原因

① 组织翻斗车临边作业未制定有针对性的防坠安全措施，施工安全技术准备不足。

② 安全教育培训不到位，未对作业人员进行有针对性的安全教育培训和安全技术交底。

③ 开展安全检查和事故隐患排查治理工作不力，未能发现和纠正作业人员未采取必要的安全防坠措施进行临边吊运作业以及开展安全教育培训工作不到位的问题。

12.4.4.3 事故结论与责任认定

本起事故是事故单位安全管理缺失、作业人员违规冒险作业而造成的一般生产安全责任事故。事故主要责任追究如下：

① 现场负责人安全意识淡薄，擅自决定安排作业人员拆除施工现场安全防护设施，违规冒险吊运电动三轮翻斗车；且未对作业人员进行安全教育培训和安全技术交底，应对本起事故的发生负有主要责任，并按照规定给予其相应处理。

② 该建设有限公司安全生产责任制未落实，公司主要负责人、现场负责人等管理人员履行安全管理职责不到位；同时，公司安全教育培训、安全技术交底和事故隐患排查治理制度落实不到位，对本起事故发生负有责任，给予其相应的行政处罚。

③ 公司负责人履行法定安全生产职责不到位，对作业队安全生产工作督促检查不到位，对本起事故发生负有责任，给予其相应的行政处罚。

12.4.4.4 事故的防范措施

从这件事故的技术与管理方面的原因分析，应认真吸取事故教训，做好以下几个方面的防范措施：

① 进一步加强对安全生产重要性的认识，切实落实企业安全生产主体责任，确保各级各类人员充分履行安全生产岗位职责。

② 要严格落实公司各项安全生产规章制度，强化隐患排查和治理工作，及时消除施工现场的事故隐患。

③ 要有针对性地开展安全生产技术交底工作，详细告知作业人员保证施工安全的措施，提高职工安全生产责任意识，规范施工现场安全管理，防止类似事故再次发生。

12.4.5 物体打击安全事故案例分析

物体打击伤害是建筑行业常见事故，是由失控物体的惯性力造成的人身伤亡事故。特别在施工周期短，劳动力、施工机具、物料投入较多，交叉作业频繁时常有出现。这就要求在高处作业的人员对机械运行、物料传接、工具存放的过程中，必须确保安全，防止物体坠落伤人。

12.4.5.1　事故概况

2016 年 6 月 18 日 7 时许，山东省青岛市某轨道交通工程施工工地 1 名工人在人工挖孔桩底部作业时发生物体打击事故，事故导致 1 人死亡。

该城际轨道交通工程地下有大量电力、通信、天然气等管线，采用机械成孔存在触电、火灾爆炸等安全隐患，公司项目部申请部分墩位桩基采用人工挖孔施工。C17 号墩位 E 号挖孔桩(直径 1.2 m，桩深 16.39 m，事发时已挖至 14.5 m 左右，护壁已施作 11.5 m)由挖孔班工人张某、王某负责施工，张某负责孔下铲挖作业，王某负责孔上操作吊运机吊运渣土。2016 年 6 月 18 日，由于天气炎热，张某、王某两人(夫妻关系)5 时 15 分许便从住处来到 C17 号墩位 E 号挖孔桩，未进行班前安全教育便开始施工作业(项目部规定早晨 7 点上班后由班组长进行班前安全教育)。约 7 时许，王某操作吊运机将装满渣土的铁桶从 14.5 m 深的桩孔底部吊起，上升过程中，王某发现吊运机突然抖动了一下并且钢丝绳发生弯曲，意识到可能是钢丝绳断裂，渣土桶发生了坠落，便从孔口呼喊张某，然后立即通知周边的工人施救，将其救出后经法医鉴定张某已经死亡。

12.4.5.2　事故原因分析

(1) 直接原因

① 升降用钢丝绳断裂是事故发生的直接原因之一。事发设备的钢丝绳由工人张某负责更换，钢丝绳 U 形卡扣采用 8 mm 规格，与使用的 6 mm 钢丝绳不匹配，且夹座位置交替布置，未一致位于钢丝绳受力端，导致钢丝绳局部应力集中出现断丝。事故发生时吊运机在提升过程中，破损的钢丝绳无法承受非正常工作荷载，整体断裂造成渣土桶坠落。

② 吊运机操作人员王某操作失误是事故发生直接原因之一。钢丝绳正常吊装很难断裂，但由于操作人员操作失误(如渣土桶上沿卡在护壁最下端等情况)，导致钢丝绳与渣土桶之间拉力瞬间加大，造成钢丝绳断裂。

(2) 间接原因

① 工人王某在使用吊运机前，未检查或未发现钢丝绳存在的安全隐患。

② 工人张某在渣土桶被吊起时，未正确使用半月板，未在半月板下方躲避，致使渣土桶堕落后被击中。

③ 施工单位项目部对从业人员“三级安全教育培训”不到位，班前安全教育流于形式，导致一线施工作业人员安全防护意识不足，违反操作规程作业；生产安全事故隐患排查治理工作不到位，未及时发现吊运机钢丝绳 U 形卡扣安装方向错误和卡扣与钢丝绳不匹配等安全隐患，未制止和纠正不正确半月板违反操作规程的行为。

④ 施工单位项目部经理督促、检查项目部安全生产工作不到位，未及时消除吊运机设备存在的生产安全事故隐患。

⑤ 监理单位第一驻地监理未认真履行监理职责，对机械设备进场验收不认真，未发现吊运机存在的安全隐患。

12.4.5.3　事故结论与责任认定

该事故是一起因从业人员违反操作规程，生产经营单位主体责任落实不到位造成的一般生产安全责任事故。事故责任追究如下：

① 张某违反了项目部《人工挖孔桩操作规程》第三条的规定，孔内应设置半月板，取土吊在升降时，挖土人员应躲避在半月板下面。在渣土桶被吊起时，未正确使用半月板，且未按规范要求更换钢丝绳，对该起事故负有直接责任。鉴于张某已在事故中死亡，故不再追究其责任。

② 施工单位违反《生产经营单位安全培训规定》第十四条的规定，班组级安全培训教育不到位；违反《中华人民共和国安全生产法》第二十二条第五、六项的规定，生产安全事故隐患排查工作不到位，未及时发现和纠正违反操作规程的行为，对该起事故负有主要责任。给予施工单位相应的行政处罚。

③ 王某违反了项目部《卷扬机操作规程》第二条的规定，即“作业前，应检查卷扬机与地面的固定。并检查安全装置、防护设施、电气线路、接零或接地线、制动装置和钢丝绳等，全部合格后方可使用”。王某在作业前未检查或未发现钢丝绳存在的安全隐患，对该起事故负有次要责任。

④ 项目部经理违反《安全生产法》第十八条第五项的规定，未及时发现并消除吊运机存在的生产安全事故隐患，给予相应的行政处罚。

⑤ 监理单位违反《建设工程监理规范》第 5.5.2 条的规定，未对进场起重机械设备严格验收，对事故负有一定责任。

12.4.5.4 事故的防范措施

从这件事故的技术与管理方面的原因分析，应认真吸取事故教训，做好以下几个方面的防范措施：

① 施工单位项目部要深刻反思和吸取事故教训，严格履行安全生产主体责任，加大现场安全管理和隐患排查力度，认真落实隐患排查制度，严格执行“三级安全教育培训”和现场巡查制度，确保不发生生产安全事故。

② 施工单位对项目部的安全管理情况要经常进行检查、抽查，特别是在工期紧任务重的情况下，坚决杜绝重进度轻安全的思想，牢固树立“红线意识”，加大对项目部安全支持力度，防止类似事故再次发生。

③ 建设单位应及时组织各施工、监理单位对全线施工标段开展全面自查自纠及隐患排查工作，对发现的安全隐患及时停工整改，确保建设工地的施工安全。

④ 监理单位要严格履行监理职责，严格落实机械设备进场验收制度，并加强巡视检查，做好记录，发现机械施工存在安全隐患和工人违章作业时，要及时要求施工单位整改或者停止施工，确保现场施工安全。

⑤ 建议地铁施工监管部门要努力克服监管范围大、监管力量不足的客观问题，针对地铁施工中人工挖孔桩作业风险大的特点，进一步研究相应的管理措施，减少施工风险。

12.4.6 机械伤害安全事故案例分析

机械伤害事故是建筑行业比较常见的安全事故之一。机械伤害事故的后果严重，通常会造成搅伤、挤伤、压伤、碾伤、被弹出物体打伤、磨伤等，严重时可造成致命性伤害，乃至身亡。

12.4.6.1 事故概况

2017 年 7 月 15 日上午 6 时 20 分左右，位于江苏盐城市某建设工程 01 地块 22＃楼在施工过程中，发生一起机械伤害事故，造成 1 人死亡，直接经济损失 96.18 万元。

2017 年 7 月 15 日上午 6 时左右，施工人员卢某（2 号桩机的带班人员）在未经项目部通知的情况下（此前因配合创建文明城市，该项目部通知施工人员停工两天，待通知后复工），带领孙某、袁某进入 22# 楼工地，将 2 号桩机移到 45 号桩位准备打桩。卢某负责操作桩机上的卷扬机，袁某、孙某负责用钢丝绳套扣管桩。卢某等 3 人首先将第一节长 15 m 的预应力管桩采取桩机底座水平侧向拖桩方式拖到位。6 时 20 分左右，卢某等 3 人拟将第二节长 11 m 的预应力管桩自侧向方位斜向拖拉。该预应力管桩与桩机架距离约 20 m，同时该桩长度方向与桩机卷扬机之间有十几度的夹角。在拖拉时，该桩受到两侧堆放的其他预应力管桩的约束，拉力增大，超过了打桩机械可承受能力，导致桩导向架后侧支撑杆卡销断裂，桩架为此失去平衡倒塌。3 人发现桩架开始倒塌，随即各自逃生。在逃生时，卢某被倒塌的桩架砸中，最终导致其死亡。

12.4.6.2　事故原因分析

（1）直接原因

施工人员违章作业，野蛮施工。施工人员作业时，违反《建筑机械使用安全技术规程》（JGJ 33—2021）第 7.4.5 条中“打桩机不允许侧面吊桩和远距离拖桩”和《建筑地基基础工程施工规范》（GB 1004—2015）中“预制桩在施工现场运输、吊装过程中，严禁采用拖拉取桩方法”的规定，违规采取斜向远距离拖拉桩，在被拖管桩受到其两侧管桩约束时，仍然强行用卷扬机继续拖拉，致使拉力超过了桩架机械的承受能力，使桩导向架后侧支撑杆卡销断裂，桩架失去支撑，桩机导向架倒塌。

（2）间接原因

① 施工单位安全生产责任制不落实，施工现场管理混乱。公司安全生产责任制不落实，对施工人员进行安全教育培训和安全技术交底流于形式；安全检查及隐患排查整治不力，对工地施工人员拖拉取桩的违章作业行为未予排查整改；设备安全管理制度执行不力，打桩机未经验收合格擅自投入使用，施工人员违反劳动纪律擅自施工，是这起事故发生的主要原因。

② 总承包单位违规发包，现场安全管理混乱。将桩基础工程违规肢解发包给其他公司，未重新办理桩基础工程施工许可手续。公司安全生产责任制不落实，未建立健全安全生产规章制度。未对施工现场相关单位统一协调、管理，安全检查及隐患排查整治不力，对施工人员拖拉取桩的违章作业行为失察。

③ 监理单位现场监理工作不力。未认真履行监理工作职责，对总承包单位违反备案施工总承包合同违规将桩基础工程直接发包给施工单位、且未重新办理施工许可手续的行为监督不严，在施工单位进场施工后未进行有效制止。

④ 施工单位与总承包单位签订阴阳合同，未按照经建设行政主管部门备案的施工合同实施施工内容并履行施工总承包单位安全管理职责，是这起事故发生的次要原因。

12.4.6.3　事故结论与责任认定

本次事故属责任事故。施工人员违章作业，建设单位违规发包，施工单位未排查和治理安全隐患，监理单位未认真履行职责等共同造成了这起事故的发生。事故责任追究如下：

① 卢某违反劳动纪律擅自施工，擅自操作未经批准使用的桩机施工作业，在作业过程中，违章作业，野蛮施工，对事故的发生负有直接责任。鉴于其在事故中死亡，免予追究责任。

② 孙某、袁某在桩基工程施工过程中，具体负责捆桩作业，配合卢某实施拖桩作业，对事故的发生负有次要责任。由施工单位对其进行批评教育。

③ 施工单位项目部施工员、现场负责人安全教育培训和安全技术交底工作流于形式，安全检查及隐患排查整治不力，对施工人员违反劳动纪律擅自施工作业、打桩机未经验收合格擅自投入使用及施工人员采用拖拉取桩的违章作业行为失察，对事故的发生负有主要责任。依法对其进行行政处罚，并暂扣其安全生产考核合格证。

④ 施工单位项目部项目经理、总经理、建设单位总经理未严格落实安全生产责任制，对事故的发生负有主要领导责任，依法对其进行行政处罚。

⑤ 施工单位项目部安全员、建设单位工程部经理、监理单位监理员等 5 人未履行相应的安全管理职责，对事故的发生负有次要责任，依法对其进行行政处罚。

⑥ 责成有关责任部门领导向当地政府做书面检查。

12.4.6.4 事故的防范措施

从这件事故的技术与管理方面的原因分析，应认真吸取事故教训，做好以下几个方面的防范措施：

① 施工单位要严格落实企业安全生产主体责任，加强项目现场安全管理。要细化岗位安全生产责任制度，认真执行施工管理各项制度规定，严格履行施工设备进场施工申报程序。要加强对进场施工作业人员管理，认真落实安全生产培训和安全技术交底制度，强化对施工作业人员的岗前培训。要切实加强施工现场安全检查，坚决纠正违反劳动纪律、违章指挥、违规作业行为，杜绝类似事故发生。

② 建设单位要健全项目建设安全管理组织架构，完善各项安全生产管理规章制度，强化项目安全管理。要切实规范项目发包，认真组织对在建项目施工合同开展全面自查整改，严格执行向监管部门备案的施工合同，切实杜绝签订“阴阳合同”行为和违规发包行为。要依法与施工承包单位签订安全生产协议，对项目施工单位的安全生产工作进行统一协调管理，组织对施工现场安全隐患进行排查，并督促施工单位进行整改，切实防止事故发生。

③ 监理单位要依法对项目建设实施监理。对项目违规发包行为要及时予以制止。要认真开展施工现场安全检查，加强对施工人员安全技术交底和安全教育培训工作的督查，及时发现并督促施工单位对“三违”行为进行整改，切实履行安全生产监理职责。

12.4.7 职业卫生安全事故案例分析

职工在本岗位劳动，或者虽不在本岗位劳动，但由于企业的设备和设施不安全、劳动条件和作业环境不良，可能造成的身心健康危害，也是安全生产管理过程中的重要环节，应给予足够的重视。

12.4.7.1 事故概况

2021 年 5 月 25 日上午 9 时，安徽省淮北市某工程施工工地发生一起中毒和窒息事故，造成 4 人死亡，直接经济损失 313.9 万元。

本次事故发生于项目工程顶管工作井 W84 内，该井井口内径约 5.16 m，井深约 5.80 m，底部西、南两面均有排污管道，工作井内有一简易爬梯，用铁丝固定于东侧井壁，井内有黑色污水，水深约 1.25 m，为污水管网泄漏流入。5 月 25 日上午 8 时，作业人员应相关部门要求撤掉维修段污水管道两侧的封堵气囊。8 时 10 分许，现场作业人员先后发现

W83-1 检查井渗水并向上级报告，随后渗水量越来越大，并流入 W84 工作井。8 时 50 分许，1 名作业人员在撤离 W84 工作井后，又沿爬梯下井取铁锨，在即将抓住铁锨时昏倒跌落水中。井上两名作业人员先后下井施救，相继昏倒跌落水中。之后，又有 1 名作业人员沿爬梯下井救人时，昏倒跌落水中。

12.4.7.2 事故原因分析

（1）直接原因

施工人员违反有关规定，在未履行审批手续且未通风、未检测、未做好个人防护的情况下，擅自进入事故井内，由于井内存在较高浓度的硫化氢等有毒气体，导致施工人员在下井取工具时发生中毒后坠落污水中溺水身亡，其他人员在未做好安全防护情况下，盲目救人，导致事故伤亡扩大。

（2）间接原因

① 在进行 W83-1 污水检查井施工时，未按照设计图进行施工，也未按有关规定对原有污水管道采取专项防护措施。在施工过程中，对污水管道产生一定的扰动，未排除造成污水管道发生渗漏的可能。

② 污水管网应急抢修工程施工和验收不规范。施工单位违反有关规定，未按照有关国家标准进行施工；维修段管道验收时未进行闭水试验，未排除因应急抢修工程质量问题造成污水管道渗漏的可能。

③ 有关部门对项目监管不到位。

12.4.7.3 事故结论与责任认定

这是一起由于硫化氢浓度过高导致作业人员中毒后，坠入污水中溺水死亡的较大生产安全责任事故，事故主要责任追究如下：

① 项目经理在未取得施工许可证的情况下开工建设，并在无设计图纸的情况下开始施工 W84 工作井，在未告知设计单位情况下，擅自变更 W83-1 检查井位置及结构形式。同时，在 W83-1 检查井及过路支管施工过程中，未对原有污水管道采取专项防护措施，对事故的发生负有直接管理责任，移送公安机关立案调查。

② 监理工程师对施工现场的监理工作流于形式，对现场违章作业情况失察失管，且未按照有限空间作业相关要求制定监理细则并实施。同时，部分危险性较大分部分项工程未按照相关要求实施专项巡视检查、旁站监理，并对部分顶管作业旁站记录、危大工程巡视检查记录、安全巡查记录进行造假，对事故的发生负有直接管理责任，移送公安机关立案调查。

③ 施工单位、劳务公司与监理公司等单位对事故的发生负有责任，给予相应经济处罚，其相应领导或负责人对事故发生负有主要责任，给予相应行政与经济处罚。

12.4.7.4 事故的防范措施

从这件事故的技术与管理方面的原因分析，应认真吸取事故教训，做好以下几个方面的防范措施：

① 井下作业面临的危险主要是中毒、窒息和塌方。因此，这类施工在其安全专项施工方案中一定要把安全措施做细、做实，便于实施。

② 施工单位应全面加强企业安全生产管理，严格履行安全生产职责，加强隐患排查治理工作，及时消除事故隐患，防范事故发生。

③ 监理单位要严格履行法律、法规所规定的安全生产责任，加强工程项目安全监理工作。

④ 建设单位要增强履行工程建设基本程序的意识，落实建设单位安全生产责任，督促监理、施工单位加强对施工现场安全生产管理，确保工程施工安全。

⑤ 建立救援预警机制。施工现场要有总体应急救援预案，还要做好关键的施工节点和部位的专项应急救援预案，并且不能将预案视为一纸空文，特别是专项预案，要确保一线施工人员掌握、实施。另外，要定期开展应急救援预案的演练，教育施工人员在有人中毒的情况下，不要盲目开展救援，要科学施救，防止次生事故的发生。

12.4.8 地下工程安全事故案例分析

突水事故通常发生在地下工程建设和施工过程中，由于防治水措施不到位而导致地表水和地下水通过裂隙、断层、塌陷区等各种通道无控制地涌入工作面，造成作业人员伤亡或财产损失的事故。

12.4.8.1 事故概况

2018 年 2 月 7 日，位于广东省佛山市某地铁盾构区间工地突发突水，作业工人尝试堵漏未果，当日 20 时 40 分左右，现场透水面积扩大，导致隧道管片变形及破损，引发地面 30 多米路段坍塌。事故共造成 11 人死亡，8 人受伤，1 人失联。

事发前，右线盾构机完成 905 环掘进后，位于隧道底埋深约 30.5 m 的淤泥质粉土、粉砂、中砂交界处且具有承压水的复杂地质环境中，在进行管片拼装作业时，突遇土仓压力上升，盾尾下沉，盾尾间隙变大，盾尾透水涌砂。经现场施工人员抢险堵漏未果，突水涌砂继续扩大，下部砂层被掏空，使盾构机和成型管片结构向下位移、变形。隧道结构破坏后，巨量泥沙突然涌入隧道，猛烈冲断了盾构机后配套台车连接件，使盾构机台车在泥沙流的裹挟下突然被冲出 700 余米，并在隧道有限空间内引发了迅猛的冲击气浪，隧道内正在向外逃生的部分人员被撞击、挤压、掩埋，造成重大人员伤亡。

12.4.8.2 事故原因分析

(1) 直接原因

① 事故发生段存在深厚富水粉砂层且临近强透水的中粗砂层，地下水具有承压性，盾构机穿越该地段时发生透水涌砂涌泥坍塌的风险高。

② 盾尾密封装置在使用过程密封性能下降，盾尾密封被外部水土压力击穿，产生透水涌砂通道。

③ 涌泥涌砂严重情况下在隧道内继续进行抢险作业，撤离不及时。

④ 隧道结构破坏后，大量泥沙迅猛涌入隧道，在狭窄空间范围内形成强烈泥沙流和气浪向洞口方向冲击，导致部分人员逃生失败，造成了人员伤亡的严重后果。

(2) 间接原因

① 事故区间承包单位盾构施工安全风险管控不足，盾构施工安全风险管控不足，冒险组织抢险堵漏，且未采取有效的技术和管理措施及时消除事故隐患。同时未制定隧道坍塌应急预案，在涌水突泥应急预案中未明确紧急情况下撤人的时机和程序，且应急处置不当，未严格执行项目部及盾构分部应急预案的规定及时撤出作业人员。

② 施工单位对施工安全风险认识研判不足，应急处置不当，未及时撤出作业人员，未对承包单位的安全生产工作进行统一协调管理，未开展定期安全生产检查，且未采取有效的技

术和管理措施及时消除盾尾密封性能下降等事故隐患。

③ 建设单位对工程项目安全监督管理不力，未采取有效措施督促施工单位整改重大风险隐患问题，监理公司安全生产监理责任落实不到位，未跟进重大风险隐患问题整改落实情况。

12.4.8.3　事故结论与责任认定

这是一起由于盾尾密封承压性能下降遭遇特殊地质环境等因素叠加，引发隧道透水坍塌的生产安全责任事故。事故主要责任追究如下：

① 盾构分部安全生产第一责任人、总工程师以及工程负责人未及时消除右线盾构机盾尾密封失效的事故隐患，事故发生时对事故危害严重性预判不足，现场应急处置指挥不当，未及时下达撤离指令，对事故的发生负有直接责任，涉嫌重大责任事故罪，移送公安机关立案侦查，并由涉事企业或其上级主管部门按照管理权限及时给予相应的党纪政务处分。

② 事故区间施工单位、项目部、发包单位以及承包单位等主要负责人履行安全生产管理职责不到位，对盾构机在复杂地质条件下施工安全风险认识、研判不足，对事故负有主要领导责任，给予相应党纪政务处分。

③ 投资监管运营单位以及监理单位主要负责人，对事故负有重要领导责任，给予相应党纪政务处分。

④ 发包单位以及承包单位对事故发生负有责任，由安全监管部门根据《中华人民共和国安全生产法》等法律、法规的规定，对其公司与法人实施行政处罚。

12.4.8.4　事故的防范措施

从这件事故的技术与管理方面的原因分析，应认真吸取事故教训，做好以下几个方面的防范措施：

① 要加强复杂地质条件下盾构施工安全风险防范，有效防范遏制重特大安全事故。

② 要加强盾构施工过程中关键指标的监测监控，有效提高重大险情的应急救援能力。

③ 要加强轨道交通工程建设管理，提高风险管控能力。

④ 要全面落实企业安全生产主体责任，自觉接受属地政府部门安全监管。

⑤ 要切实履行轨道交通工程建设安全监管职责，严查严处工程建设领域各类非法违法行为。

思考题

1. 某单层工业厂房项目，檐高 20 m，建筑面积 5 800 m^2。施工单位在拆除顶层钢模板时，将拆下的 18 根钢管（每根长 4 m）和扣件运到井字架的吊盘上，5 名工人随吊盘一起从屋顶高处下落。此时恰好操作该机械的人员去厕所未归，1 名刚刚入职的合同工开动了卷扬机。在卷扬机下降工程中，钢丝绳突然折断，人随吊盘下落坠地，造成 2 人死亡、3 人重伤的恶性后果。

问题：

① 本工程这起重大事故可定为哪种等级的重大事故？依据是什么？

② 试简要分析造成这起事故的原因。

③ 重大事故发生后，事故发生单位应在 24 h 内写出书面报告，并按规定逐级上报。重大事故书面报告(初报表)应包括哪些内容？

2. 某 6 层商住楼，总建筑面积 9 800.72 m^2，建筑高度 22.55 m，框架结构，脚手架采用落地式外脚手架外挂密目安全网，地下为条形基础和独立柱基础。工人甲由办公室去材料库房，经过施工现场时，从六层脚手架上掉下一根长脚手杆，正砸在工人甲的右臂，造成骨折。

问题：

① 请简要分析造成这起事故的原因。

② 脚手架工程交底与验收的程序是什么？

③ 施工现场对安全工作应制定工作目标。安全管理目标主要包括哪些？

3. 某建筑公司中标某酒店工程。在进行水电安装作业时，项目经理部使用民工为其线路沟通进行打眼作业。由于作业面没有临时电源而无法进行工作，只等待增设电源。这时，负责打眼的 1 名民工不听劝阻，擅自将电钻的电源强行与相邻的一根碘钨灯电源线相接，在连接时不慎触电，抢救无效死亡。

问题：

① 请简要分析造成这起事故的原因。

② 主体结构施工阶段安全生产的控制要点有哪些？

4. 某 14 层商住楼，总建筑面积 31 800.5 m^2，建筑高度 48.55 m，全现浇钢筋混凝土剪力墙结构，筏板式基础。施工单位租赁了一台 QTZ200 型塔式起重机进行起重吊装作业。由于控制大臂连接销轴的止推板的安装违反安装工艺要求，致使止推板失去作用，起重大臂突然折断，将路边 10 kV 高压线砸断，正在邻楼屋面作业的 4 名民工被砸，造成 3 人死亡，1 人受伤。

问题：

① 简要分析造成这起事故的原因。

② 事故处理结案后，应将事故资料归档保存，需保存哪些资料？

③ 建立安全管理体系有哪些要求？

5. 某建筑公司在世纪新城小区工地施工中，使用吊篮脚手架进行外檐装修作业。某日，吊篮升至 10 层时，南端吊点的卡扣突然崩开，导致中间吊点承重钢丝绳的卡扣也相继崩开，倒链链条同时断裂，吊篮脚手架向南倾斜约 40°，位于吊篮中部的 1 名作业人员被抛出，坠落至地面死亡(落差为 27 m)。经事故调查，该单位在组装吊篮时未按安全技术规范进行操作，吊点设置不合理。吊索连接本应为插接，但施工时改变成为卡接的方式，且卡具安装数量未按工艺要求。在提升作业中，未能同步提升，造成吊索具受力不均。由于断裂后失稳动载的作用，最终使其他卡扣相继崩裂及倒链链条同时断裂，吊篮倾斜。篮内的作业人员又未使用安全带，致使事故发生时失去了自身保护能力，坠地身亡。

问题：

① 简要分析造成这起事故的原因。

② 何谓安全控制？安全控制的目标有哪些？

③ 进行安全生产管理时，经常提及的“三个同时”“四不放过”的内容是什么？

参考文献

[1] 艾伦·圣约翰·霍尔特. 施工安全原理[M]. 吕学文,游庆磊,译.北京:中国建筑工业出版社,2008.
[2] 陈南.电气防火教程[M].北京:中国人民公安大学出版社,2008.
[3] 丛书编委会.结构吊装工程施工技术[M].北京:化学工业出版社,2009.
[4] 杜荣军.建筑施工安全手册[M].北京:中国建筑工业出版社,2007.
[5] 和丽秋.消防燃烧学[M].北京:机械工业出版社,2014.
[6] 建设部工程质量安全监督与行业发展司.建设工程安全生产技术[M].北京:中国建筑工业出版社,2004.
[7]《建筑施工手册》编写组.建筑施工手册 4[M].北京:中国建筑工业出版社,2003.
[8] 建筑施工手册编写组. 建筑施工手册[M].4 版. 北京:中国建筑工业出版社,2011.
[9] 江正荣.建筑施工计算手册[M].3 版.北京:中国建筑工业出版社,2013.
[10] 孔伟,甘凤林.土木工程吊装[M].北京:中国电力出版社,2009.
[11] 李洪.职业健康与安全[M].北京:人民出版社,2010.
[12] 李坤宅.建筑施工安全资料手册[M].2 版.北京:中国建筑工业出版社,2008.
[13] 李美庆.安全评价员实用手册[M].北京:化学工业出版社,2007.
[14] 李世荣,兰丁筠,罗刚. 建筑工程施工安全控制[M].北京:中国建筑工业出版社.2004.
[15] 李钰.建筑施工安全[M].北京:中国建筑工业出版社,2009.
[16] 刘震.施工现场临时用电[M].北京:中国电力出版社,2007.
[17] 罗凯.建筑工程安全技术交底手册[M].北京:冶金工业出版社,2005.
[18] 罗云,程五一.现代安全管理[M].北京:化学工业出版社,2004.
[19] 罗云.建设工程应急预案编制与范例[M].北京:中国建筑工业出版社,2006.
[20] 罗云.注册安全工程师手册[M].2 版.北京:化学工业出版社,2013.
[21] 马向东.安全员工作实务手册[M].长沙:湖南大学出版社,2008.
[22] 门玉明.建筑施工安全[M].北京:国防工业出版社,2012.
[23] 屈立军.建筑防火[M].北京:中国人民公安大学出版社,2006.
[24] 任宏,兰定筠.建设工程施工安全管理[M].北京:中国建筑工业出版社,2005.
[25] 尚春明,方东平.中国建筑职业安全健康理论与实践[M].北京:中国建筑工业出版

社,2007.
[26] 王桂林.工程地质[M].北京:中国建筑工业出版社,2012.
[27] 武明霞.建筑安全技术与管理[M].北京:机械工业出版社,2007.
[28] 严心娥.土木工程施工[M].北京:北京大学出版社,2010.
[29] 叶刚.建筑施工安全手册[M].北京:金盾出版社,2005.
[30] 叶志明.土木工程概论[M].3版.北京:高等教育出版社,2009.
[31] 张迪,吴瑞卿.建筑施工安全[M].北京:中国电力出版社,2011.
[32] 赵明华.土力学与基础工程[M].武汉:武汉工业大学出版社,2000.
[33] 赵振国.建筑施工用电全解[M].北京:中国建筑工业出版社,2010.
[34] 中国建筑工业出版社.建筑施工安全技术规范[M].北京:中国建筑工业出版社,2003.
[35] 中国建筑工业出版社.新版建筑工程施工质量验收规范汇编:2014年版[M].3版.北京:中国建筑工业出版社,2014.
[36] 中国建筑股份有限公司.施工现场危险源辨识与风险评价实施指南[M].北京:中国建筑工业出版社,2008.
[37] 朱合华.地下建筑结构[M].2版.北京:中国建筑工业出版社,2011.
[38] 朱锴,张驎.安全科技概论[M].北京:中国劳动社会保障出版社,2011.
[39] 住房和城乡建设部工程质量安全监管司.建设工程安全生产法律法规[M].2版.北京:中国建筑工业出版社,2008.
[40] 住房和城乡建设部工程质量安全监管司.建设工程安全生产管理[M].2版.北京:中国建筑工业出版社,2008.
[41] 住房和城乡建设部工程质量安全监管司.建设工程安全生产技术[M].2版.北京:中国建筑工业出版社,2008.